全国船舶工业职业教育教学指导委员会推荐教材

焊接技术基础
(理论与实操)

主编　孙淑侠　杨　帅　韩　喆
参编　王　静　刘　茂　李　伟　吴勇刚
主审　王　飞　叶东南

哈尔滨工程大学出版社
Harbin Engineering University Press

内容简介

本书根据教育部对高职高专人才培养目标的要求，基于当前产业端人才需求状态，遵照行业需求和职业成长规律，强化焊接技术技能人才的理实一体化培养过程，结合产业端实际工作项目和任务编写而成，包括熔焊原理认知、焊接工艺基础认知、焊条电弧焊基础理论与操作、熔化极气体保护焊基础理论与操作、氩弧焊基础理论与操作、埋弧焊基础理论与操作6个项目14个任务。本书内容结构秉承“项目引领、任务驱动、行动导向”的理念，让学习者通过一系列职业活动，在理论认知的基础上掌握技能，形成工艺实施、技能操作和解决问题的现代焊接岗位能力。

本书可作为中高职院校焊接专业或机械类专业焊接认知的教材，也可作为企业焊工的考证培训基础教材，还可作为焊接行业工程技术人员的工作参考用书。

图书在版编目(CIP)数据

焊接技术基础：理论与实操 / 孙淑侠，杨帅，韩喆主编. -- 哈尔滨：哈尔滨工程大学出版社，2023.11
ISBN 978-7-5661-4171-2

Ⅰ. ①焊… Ⅱ. ①孙… ②杨… ③韩… Ⅲ. ①焊接-技术培训-教材 Ⅳ. ①TG4

中国国家版本馆 CIP 数据核字(2023)第 222697 号

焊接技术基础(理论与实操)
HANJIE JISHU JICHU(LILUN YU SHICAO)

选题策划 史大伟
责任编辑 王 静
封面设计 李海波

出版发行 哈尔滨工程大学出版社
社　　址 哈尔滨市南岗区南通大街 145 号
邮政编码 150001
发行电话 0451-82519328
传　　真 0451-82519699
经　　销 新华书店
印　　刷 哈尔滨午阳印刷有限公司
开　　本 787 mm×1 092 mm　1/16
印　　张 20.75
字　　数 547 千字
版　　次 2023 年 11 月第 1 版
印　　次 2023 年 11 月第 1 次印刷
书　　号 ISBN 978-7-5661-4171-2
定　　价 65.00 元
http://www.hrbeupress.com
E-mail:heupress@hrbeu.edu.cn

前　　言

焊接技术作为现代制造业中不可或缺的一部分，以其独特的连接方式和广泛的应用领域，成为工业生产中不可或缺的重要工艺。随着科技的不断进步和工业的飞速发展，焊接技术也在不断地创新和突破，为现代化产业体系的发展注入了新的活力，同时也对焊接技术技能人才提出了结构复合化、操作高端化、工作方式研究化的新需求。

本书基于当前产业端人才需求状态，遵照行业需求和职业成长规律，强化焊接技术技能人才的理实一体化培养过程，结合产业端实际工作项目和任务，融合常用焊接方法及工艺的理论与实操内容，使焊接技术技能初学者有机掌握焊接技术的基本理论和操作技能，为从事焊接技术相关工作打下坚实的基础。同时，通过本书的学习，读者还可以了解到焊接技术的最新发展趋势和前沿技术，为其进一步的研究和应用提供参考。

本书内容与焊接职业技能资格证书标准相呼应，衔接企业岗位需求，具体包括熔焊原理认知、焊接工艺基础认知、焊条电弧焊基础理论与操作、熔化极气体保护焊基础理论与操作、氩弧焊基础理论与操作、埋弧焊基础理论与操作 6 个项目 14 个任务。内容结构秉承“项目引领、任务驱动、行动导向”的理念，让学习者通过一系列职业活动，在认知知理的基础上掌握技能，形成工艺实施、技能操作和解决问题的现代焊接岗位能力。

为帮助读者更好地学习和掌握焊接技术，本书在编写过程中注重理论与实践相结合的原则。在学习时，读者应注重理论知识的理解和应用，并结合实际操作任务进行分析和思考。此外，通过具体实践活动，读者可以加深对焊接技术的理解和掌握，提高实际操作中发现问题、分析问题和解决问题的能力。

本书具有如下特色：

1. 契合产业端人才新需求

强化理论与实践的融合性，培养技术技能人才发现问题、分析问题和解决问题的能力。

2. 融合“岗课赛证”，提高人才适应性

结合企业岗位任务，有机融合职业技能证书和技能竞赛内容，整合考评标准作为学习评价标准，实现“岗课赛证”有机融合，提升核心职业能力，培养适应现代装备制造的焊接高素质技术技能人才。

3. 调整编写结构，符合人才培养规律

采用项目制任务化编写结构，细化分解知识点，增加认知活动和实操活动，做到学以致用、学而会用，形成真实岗位能力，体现人才培养的科学性。

本书充分融合产业端岗位需求，编写和审核过程中都有经验丰富的企业一线技术技能人员参与。

本书由孙淑侠、杨帅、韩喆主编,由武昌船舶重工集团有限公司王飞和武汉船舶职业技术学院叶东南主审。全书由孙淑侠和杨帅统稿。具体编写任务分工如下:武汉船舶职业技术学院孙淑侠编写项目三至项目六的基础理论和任务练习,杨帅编写项目一,韩喆编写项目二,王静编写项目三的实操任务,刘茂编写项目六的实操任务;江西职业技术大学李伟编写项目四的实操任务;武汉一冶钢结构有限责任公司吴勇刚编写项目五的实操任务。

本书在编写过程中参阅了大量国内外相关文献著述,并得到多位焊接行业专家和一线技术人员的大力支持和帮助,在此一并表示感谢。

由于编者水平有限,书中难免存在疏漏和不足之处,恳请同行专家和读者批评指正。

编　者

2023 年 7 月

目　　录

项目一　熔焊原理认知

学习目标

1. 掌握电弧焊的原理与特征；
2. 掌握焊接电弧形成的原理、构成和特点；
3. 掌握不同焊接方法工作的电弧特性；
4. 掌握熔滴的过渡形式和特点；
5. 掌握焊缝成形的过程、结构与类型。

任务 1-1　焊 接 电 弧

知识积累

知识点 1　焊接的基本概念

焊接技术属于连接工程的分支，是一种重要的材料加工工艺。随着人类社会对物质文明的追求、各种新型材料的不断开发及科学技术的不断发展，焊接技术已成为一门独立的学科。它被广泛应用于石油化工、电力、航空航天、海洋工程、核动力工程、微电子技术、桥梁、船舶、潜艇等领域，以及各种金属结构的连接等工业。

焊接的定义：被焊工件（同种或异种材质）通过加热和（或）加压，使工件达到原子结合且不可拆卸连接的一种加工方法。

由定义可知，焊接与其他连接方式不同，其不仅在宏观上形成了永久性的接头，而且在微观上建立了组织上的内在联系。

怎样才能实现焊接呢？从理论上来讲，就是当两个被焊的固体金属表面离得足够近时，就可以在接触表面上进行扩散、再结晶等物理化学过程，从而形成金属键，这个过程就是焊接的本质。然而，这只是理论上的条件，事实上即使是经过精细加工的表面，在微观上也会存在凹凸不平之处，更何况在一般金属的表面上还常常带有氧化膜、油污和水分等吸附层，这些吸附层阻碍了金属表面的紧密接触。为了克服这些阻碍的因素，在焊接工艺上通常会采取加热或者加压两种措施。因此，在焊接过程中必须由外界提供相应的能量。也就是说，能量是焊接的基本条件，而焊接能源主要来自机械能和热能。本书主要讲述焊接的相关原理、工艺和操作，所采用的能源主要是热能。

随着焊接技术逐步向高效率、高质量、低成本、低劳动强度、低能耗的方向发展，焊接热源应满足:能量密度高度集中,快速实现焊接过程,并保证得到致密而强韧的焊缝和最小的热影响区。能满足焊接条件的热源有电弧热、化学热、电阻热、高频感应热、摩擦热、等离子焰、电子束、激光束等。而在这其中,应用最多的热源是电弧热,其热能来自电弧。

知识点 2 电弧的产生

在夏天,我们常看到天空中的闪电,这是一种气体放电现象。而电弧也是一种放电现象,我们将在两电极之间的气体介质中,强烈而持久的放电现象称为电弧。电弧放电时产生高热(温度可达 6 000 ℃)和强光。人类认识且深入研究了这种现象的特质(产生光和热),并将这种特质应用于工业生产中。电弧的高热可用来进行电弧焊接、电弧切割、碳弧气刨以及电弧炼钢等;电弧的强光能用于照明(如探照灯)或放映电影(弧光灯)等。

一方面,电弧放电时可穿过气体介质,通常情况下中性气体是不能导电的,为了在气体中产生电弧而通过电流,就必须使气体分子(或原子)电离成正离子和电子。另一方面,为了使产生的电弧维持燃烧,即有持续的电流通过,要求电弧的阴极端不断发射电子,并进行定向运动,这就必须不断地输送电能给电弧,以补充能量的消耗。气体电离和电子发射是电弧中最基本的物理现象。

要使两电极之间的气体导电必须具备两个条件:一是两电极之间有带电粒子;二是两电极之间有电场。放电可分为非自持放电和自持放电两种,自持放电又分为暗放电、辉光放电、电弧放电三种。

电弧是一种等离子体。等离子体是一种以自由电子和带电离子为主要成分的物质形态,广泛存在于宇宙中,常被视为物质的第四态,被称为等离子态,或者超气态,也称电浆体,是与固体、液体、气体并列的物质第四态,如图 1-1-1 所示。等离子体具有很高的电导率,与电磁场存在极强的耦合作用。以 50 000 K 为界,等离子体可分为高温等离子体和低温等离子体两大类。电弧属于后者,温度为 5 000~6 000 K。

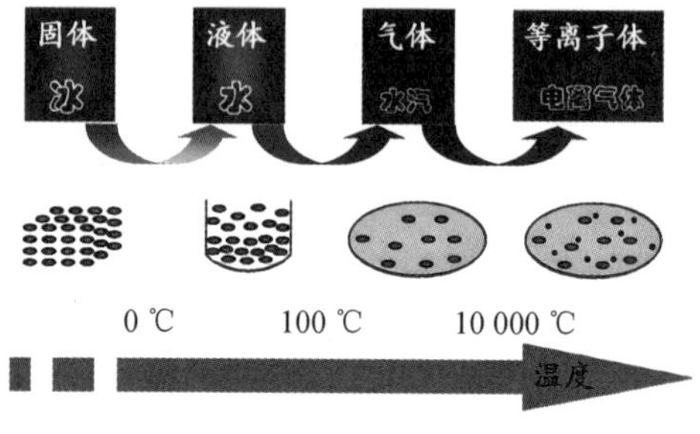

图 1-1-1 电弧等离子态示意图

电弧中带电粒子的产生包括两极间气体的电离和电极电子的发射。电离过程以热电离为主,场电离其次,光电离再次之。由于电弧是一种自持气体导电(电离气体中的电传导),其大多数载流子为一次电子发射所产生的电子。电极金属表面因一次电子发射(热离子发射、场致发射或光电发射)导致电子逸出,电极间隙中气体原子或分子会因电离(碰撞电离、光电离和热电离)而产生电子和离子。另外,电子或离子轰击发射表面又会引起二次电子发射。当间隙中离子浓度足够大时,间隙被电击穿而产生电弧。

焊接电弧不同于一般电弧,焊接电弧的主要作用是把电能转换成热能,同时产生光辐射和响声(电弧声)。引燃焊接电弧的能量来源于电场及由其产生的热、光和动能,而这个电场就是由弧焊电源提供的空载电压所产生的。

电弧是所有电弧焊接方法的能量载体,电弧是弧焊电源的负载。

知识点3 电弧的引燃

焊接中要用到电弧产生的热量，需要人工去产生电弧，这一过程称为电弧的引燃，也称为引弧。焊接电弧引燃是个十分短暂的过程，通过电焊条引弧端（电极一端）与焊件（电极另一端）的短暂接触与快速分开实现电弧的引燃，因此并不会被人们太在意。但是，对于电焊条设计者来说，这个引燃过程却具有重要的意义。

随着电焊条引弧端与焊件之间距离的微小变化，瞬间发生强烈的弧光突现、局部区域温度骤然升高、电流参数强烈变化、电磁场力变化、电弧吹力变化，并伴有电弧和液态金属熔滴爆裂发出声音的变化。上述现象表明：在短暂的焊接电弧引燃过程中，内在的物理过程是激烈复杂的，是阶段性的突变！

电弧引燃方法可分为接触短路引燃法、非接触高频高压引燃法。

1. 接触短路引燃法

手工电弧焊和熔化极气体保护焊采用接触短路引燃法。焊接电弧的引燃过程可分为三个阶段：接触、拉开、引燃。

（1）接触

焊条与焊件之间是有电压的，当焊条芯端部与焊件表面相撞，连通焊机形成的焊接回路正负两极发生短路相接。由于焊条端面和焊件表面都不可能是绝对平整的，所以只能是个别点接触。

在接触的一刹那，电流经过面积极小的接触点，接触电阻大，短路电流大，电流密度瞬间变得很大，从而产生大量电阻热，接触点温度骤然升高，高温使得部分金属熔化，甚至蒸发。

这时，焊条药皮中的低熔点物质开始熔化蒸发，接触点空间有了高温气体介质，中性粒子随温度升高运动加速，开始发生少量电离；阴极表面接触点的小块面积在电阻热的作用下，自由电子获得能量，有少量电子发射。

这种小范围的热电离和电子发射为即将发生的电弧引燃提供了物质和能量，并起到诱发作用。

（2）拉开

焊条和焊件接触后，迅速拉开一小段距离，电弧尚未形成的瞬间，两极之间的导电离子还很少，导电性很弱，焊接电流几乎为零。这短暂的瞬间即为拉开阶段。

拉开阶段带电粒子产生的环境与机制与接触阶段有很大不同。这一阶段提供了建立空间电场的条件，并将接触阶段的诱发作用扩展到整个两极之间的空间，带电粒子得以大量产生。在强大电场力的作用下，电极开始强烈发射电子，电子运动加速，撞击中性粒子发生电离。

（3）引燃

随着两极带电粒子数量和密度的增加，整个系统的能量增大到相当高的水平。当焊条引弧端被提到一定高度时，两极之间的空间发生突变，发出强烈刺眼的弧光和高热，同时还有金属熔滴的爆裂声，伴随着电弧吹力的产生及电磁场的收缩等现象，焊接电弧已引燃。

2. 非接触高频高压引燃法

非接触高频高压引燃法是指在电极与工件之间存在一定间隙,当施以高频高压击穿间隙时,击穿短路使电弧引燃。钨极氩弧焊和等离子弧焊采用的就是这种方式。

知识点4 电弧的构造

电弧通常分为三个区域:阴极区、弧柱区、阳极区,如图1-1-2所示。但并非任何电弧都包含这三个区域。

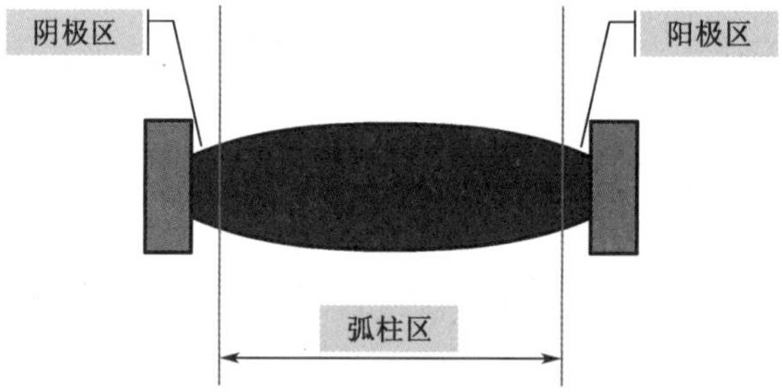

图1-1-2 电弧分区示意图

由于焊接电弧两个电极的不对称性,其电弧的形状结构有所不同,如图1-1-3所示。

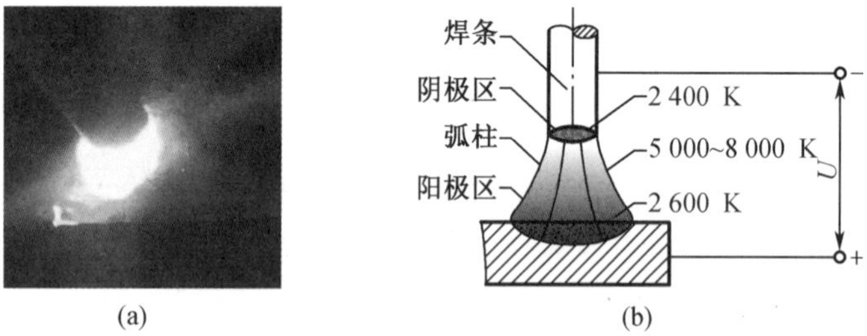

图1-1-3 电弧形状示意图

1. 阴极和阴极区

电弧中的电流从微观上看是带电粒子(电子及正离子)在电场作用下定向移动的结果,其中电子的移动构成电流的主要部分。阴极的作用是发射大量电子,在电场的作用下向阳极方向发射电子流,并接受来自弧柱的正离子流,从而构成阴极区的电流。阴极区的导电机构受气体介质、阴极材料、电流大小的影响。电弧的阴极区对电弧的产生和物理过程具有重要的意义,形成电弧放电的大部分电子是在阴极区产生或由阴极本身发射的。阴极发射电子的机制有两种:场致发射和热发射。

(1)场致发射型

当采用冷阴极材料(低熔点、低沸点材料,如铝、铁、铜等),或虽然采用热阴极材料(高熔点、高沸点材料,如钨、炭等)但使用较小电流时,阴极不可能加热到很高的温度,不足以产生较强的热电离来发射弧柱所需要的电子流。在靠近阴极的区域,正电荷过剩形成较强的正电场,这时阴极与弧柱之间形成一个正电性区,即阴极区。这个正电场的存在,可使阴极产生场致发射,向弧柱提供所需要的电子流。同时阴极发射出来的电子被加速,使其动能增加,在阴极区可能产生场致电离。场致电离产生的电子与阴极发射出来的电子合在一起构成弧柱所需的电子流。场致电离产生的正离子与弧柱送来的正离子,在电场作用下一起奔向阴极,使得阴极区保持正离子过剩,出现正电性,维持场致发射。

电弧放电时,实际上并不是整个阴极全部参加放电过程,阴极表面的放电只集中在几个很小的区域,这种小区域称为阴极斑点。它是一个非常集中、面积很小的光亮区域,电流密度很大,是电弧放电中强大电子流的来源。这些分离的阴极斑点组成斑点区,这些斑点在斑点区以很高速度跳动。冷阴极斑点的跳动,总是自动选择发射电子时消耗能量最低的点,而金属氧化物的电子逸出功比纯金属低,阴极斑点有自动寻找氧化膜的倾向。

(2)热发射型

当采用热阴极材料且使用较大电流时,阴极区可加热到很高的温度,这时阴极主要靠热电离发射电子提供电子流。此时,几乎不存在阴极区,阴极区不收缩,电流密度与弧柱区相近,电压压降很小,热阴极斑点不动。

2. 弧柱

弧柱的特性和物理过程对电弧起着重要的作用。

阴极表面电子发射只形成阴极区的电流,弧柱部分导电需要在弧柱区域也能出现大量自由电子,这就需要使弧柱区的气体原子游离。气体原子游离的方式通常有电场游离和热游离两种。

与可逆化学反应相似,在电弧中一方面由于热游离,使得正离子与电子不断增多;另一方面也存在去游离的作用,使正离子和电子减少。去游离包括复合和扩散两种方式。

3. 阳极和阳极区

阳极区是指靠近阳极的一个很小区域。在电弧中,它的主要作用是接收弧柱送来的电子流,同时向弧柱提供所需的正离子流。

阳极可分为被动型和主动型两种。在被动型中,阳极只起收集电子的作用。在主动型中,阳极不但收集电子,而且产生金属蒸气,可以产生电离,进而向弧柱提供带电粒子。

阳极表面也存在阳极斑点,即在阳极表面可看到烁亮发光的区域。阳极斑点会自动寻找熔点比较低的纯金属表面而避开氧化物,在金属表面游走。

阴极区、阳极区、弧柱三个区域对电弧的作用因电弧的情况不同而不同。对于长度只有几毫米的电弧,电弧电压主要由阴极区压降和阳极区压降组成,其中的物理过程对电弧起主要作用,这种电弧称为短弧。而对于长度较大的电弧,弧柱则起主要作用,阴极区、阳极区的过程不起主要作用,甚至可以忽略,这种电弧称为长弧。

4. 电弧的弧长与电弧电压

电弧呈钟罩形,弧长越长,下端范围越大,焊缝就越宽。如图 1-1-4 所示,电压决定弧长,从而决定电弧的作用范围,但不是线性的。电压越高,电弧弧长就越长,电弧作用范围就越大,因此焊缝很宽。电流强度决定了热输入,或者说熔化深度,以及熔滴过渡形式,从小到大一般为大颗粒、射滴、射流。低电压、大电流时电弧力较大,熔池搅拌充分、流动剧烈时,不容易夹渣。

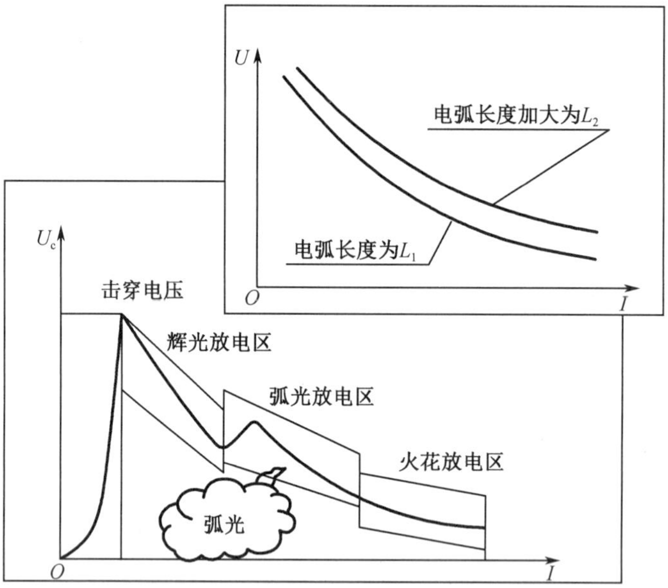

图 1-1-4 电弧长度与电压关系图

焊条电弧焊时电弧电压与电弧长度的关系可表示为

$$U_h = U_z + KL$$

式中 U_h——电弧电压,V;

U_z——在一定条件(一定电流和电极材料)下阴极压降和阳极压降之和,V;

K——比例常数,电弧电压梯度;

L——电弧长度,mm。

由此可见,电弧电压的高低取决于电弧长度的变化,当电弧长度加大时,电弧电压升高;当电弧长度减小时,电弧电压降低。

知识点 5 电弧的特性

1. 电弧静特性

在电极材料、气体介质和弧长一定的情况下,电弧稳定燃烧时,焊接电流与电弧电压变化的关系,称为焊接电弧的静特性。表示这种关系的曲线,称为电弧静特性曲线。焊接电弧是焊接回路中的负载,它起着把电能转变为热能的作用,在这一点上,它与普通电阻有相似之处,但是又有明显的区别。

普通电阻通过电流时,电阻两端电压与通过的电流值成正比。根据欧姆定律,其比值基本不变,称为电阻静特性,如图 1-1-5 中的虚线 1 所示。而焊接电弧在燃烧时,电弧两端电压与通过电弧的电流值不成正比,其比值是随着电流值的不同而变化的,如图 1-1-5 中的曲线 2 所示。

整个静特性曲线可分为下降段、水平段和上升段三部分。

下降段 a—b:a 为电弧引燃起始点,引弧电压较高(近似空载电压),而通过电弧的电流很小。电弧燃起的瞬间,两极间的气体迅速被电离,阴极在电弧热的作用下,增强了电子发射能力，弧柱的电阻值也随之下降，电弧电压很快降至 b 点，焊接电流稍有增大，从而形成 $a—b$ 区段的陡降曲线。

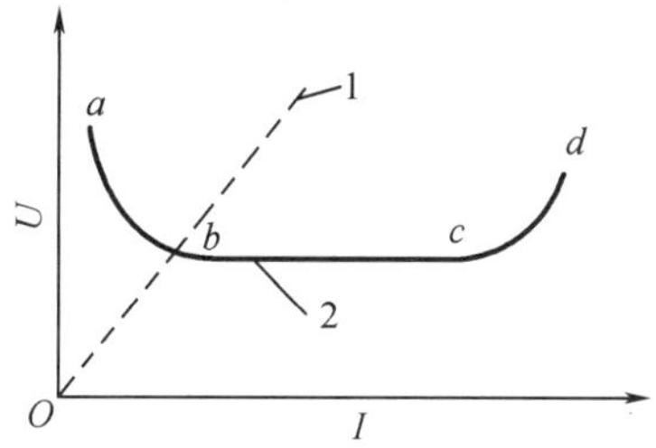

1—普通电阻静特性；2—电弧静特性。

图 1-1-5　普通电阻静特性和电弧静特性

水平段 $b—c$：该区段为电弧稳定燃烧的正常焊接区段，电弧电压与焊接电流的大小无关，而是随电极材料和弧柱中气体成分的改变而变化。焊接电流在此区段内调节，以满足电极材料需要的熔化温度，但电弧电压维持不变，形成一个水平区段。

上升段 $c—d$：该区段为气体电离饱和区段，电极直径没有改变，电流密度却已达到极限，电极间的压降也随之增大。所以焊接电流超过 c 点后，电弧电压也随之上升，形成一条陡升的曲线。

各种弧焊方法的电弧静特性曲线是不同的，它们是在一定条件下求得的，所以其静特性只是图 1-1-5 曲线 2 中的一部分，如图 1-1-6 所示。当弧长增大或减小时，电弧静特性也相应地向上或向下移动，但曲线的形状基本不变。

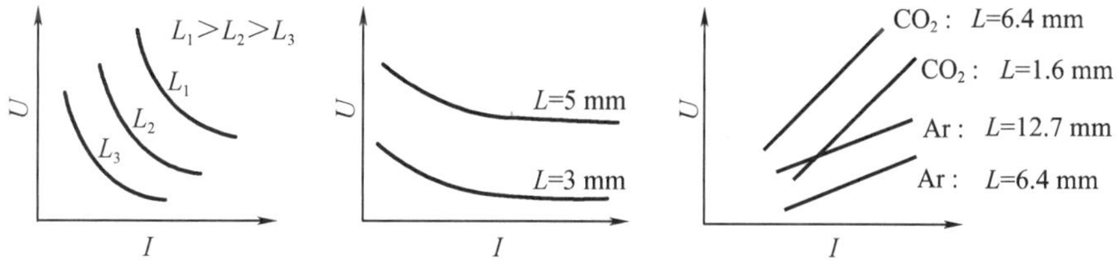

图 1-1-6　各种弧焊方法的电弧静特性曲线

小电流钨极氩弧焊时，在小电流区间电弧静特性为下降段，如图 1-1-6(a)所示。

小电流区间电弧静特性呈下降特性。在小电流区间，因电弧电流较小，弧柱的电流密度基本不变，弧柱断面面积将随电流的增大而按比例增大。如果电流增大到原来的 4 倍，则弧柱断面面积也增大到原弧柱的 4 倍，而弧柱周长却只增大 2 倍，使电弧向周围空间散失热量也只增加 2 倍。总之，减小了散热，提高了电弧温度和电离度，必然使电弧点电场强度下降，弧柱压降也呈下降趋势。同时阴极与阳极压降也呈减小趋势，于是在小电流区间，电弧电压都呈下降趋势，即电弧静特性呈负阻特性。

焊条电弧焊、埋弧焊和大电流钨极氩弧焊时，因电流密度不太大，电弧静特性为水平段，如图 1-1-6(b)所示。

中电流区间电弧静特性呈水平特性。当电流较大时，焊丝金属将产生金属蒸气和等离子流。金属蒸气和等离子流将对电弧产生附加的冷却作用。此时电弧的产热不但有周边散热损失，而且有金属蒸气与等离子流的附加损耗。这些能量消耗将随电流的增大而增大，因此在某一电流区间，可以保持电弧电场强度 E 不变，使电弧静特性呈平特性。

CO_2 气体保护焊、熔化极氩弧焊，因电流密度较大，电弧静特性呈上升特性，如图 1-1-6(c)所示。

大电流区间电弧静特性呈上升特性。当电流进一步增大时,特别是用细焊丝气体保护焊(GMAW)焊接时,电弧弧柱区尺寸受焊丝直径的限制,随着焊接电流的增大,电弧弧柱电流密度增大。同时,金属蒸气的喷射和等离子流冷却作用进一步加强,加上电磁收缩力的作用,电弧断面面积不能随电流的增大而成比例增大,使得电弧电导率减小。此时,要保证一定的电流通过,则要求较大的电场强度 E。所以在大电流区间,随着电流的增大,弧柱的电场强度增大。另外,阴极压降和阳极压降在这种情况下受影响不大。所以电弧压降 U_a 主要受弧柱压降的影响,它随着电流的增大而增大,使得电弧静特性呈上升趋势。

电弧静特性曲线的形状,决定了它对焊接电源的要求。

2. 电弧动特性

所谓焊接电弧的动特性,是指在一定的弧长下,当电弧电流快速变化时,电弧电压与电流瞬时值的关系。

如图 1-1-7 所示,焊条电弧焊的电弧静特性曲线为下降段,即中间的实线。

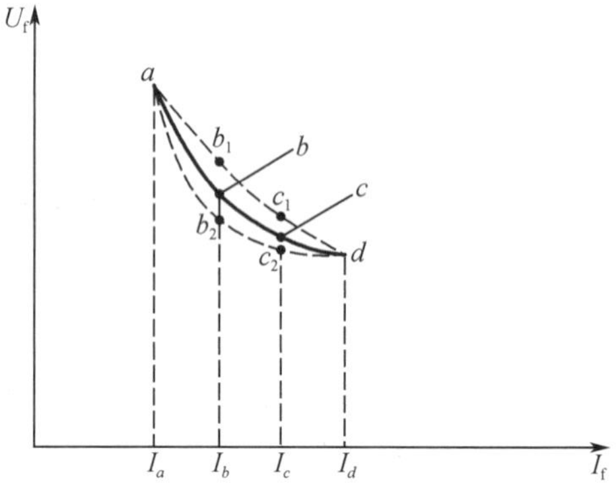

图 1-1-7 焊条电弧焊的电弧静特性曲线

在实际焊接中,电流由 a 点以很快的速度连续增大到 d 点,则随着电流的增大,电弧空间的温度升高。但是后者的变化总是滞后于前者,这种现象称为热惯性。当电流增大到 I_b 时,由于热惯性,电流空间还没有达到 I_b 时稳定状态的温度。由于电弧空间温度低,弧柱导电性差,阴极斑点和弧柱截面积增加较慢,维持电弧燃烧的电压不能降至 b 点,而是高于 b 点的 b_1 点。以此类推,对应于每一瞬间电弧电流的电弧电压,均不在 $abcd$ 实线上,而是在 ab_1c_1d 虚线上。也就是说,在电流增大的过程中,动特性曲线上的电弧电压比静特性曲线上的电弧电压高;反之,当电弧电流从 I_d 迅速减小到 I_a 时,同样由于热惯性的影响,电弧空间温度来不及下降。此时,对应于每一瞬间电弧的电压将低于静特性曲线上的电压,从而得到 dc_2b_2a 虚线。图中的 ab_1c_1d 和 dc_2b_2a 曲线为电弧的动特性曲线。电流按照不同规律变化时将得到不同形状动特性曲线。

电流变化速度越小,静特性、动特性曲线就越接近。

3. 电弧力学特性

电弧力学特性是指电弧力的特性。电弧力主要包括电磁收缩力、等离子流力、斑点力等。

(1)电磁收缩力

电流在导体中可看作许多相距很近的平行的同向电流线,这些电流线之间将产生相互吸引力,使液态或气态等可变形导体产生收缩,形成电磁收缩效应。产生电磁收缩效应的力称为电磁收缩力。

通常电弧可看作一种圆锥形的气态导体,如图 1-1-8 所示。电磁收缩效应在电弧中产生的收缩力表现为电弧内的径向压力 F_r。电极端直径小,收缩压力大;工件端直径大,收缩压力小。因此在电弧中产生压力差,形成由小直径端(电极端)指向大直径端(工件端)的电弧轴向推力 F_t。电弧轴向推力在电弧横截面上分布不均匀,弧柱轴线处最大,由内向外逐渐减小，在工件上表现为对熔池形成的压力，称为电磁静压力，形成碗状熔深焊缝，如图 1-1-9（a）所示。

电磁收缩力促使熔滴过渡，使熔池下凹，同时也对熔池产生搅拌作用，有利于细化晶粒，排除气体及夹渣，改善焊缝质量。此外，电磁收缩力还能束缚电弧，使弧柱能力更集中。

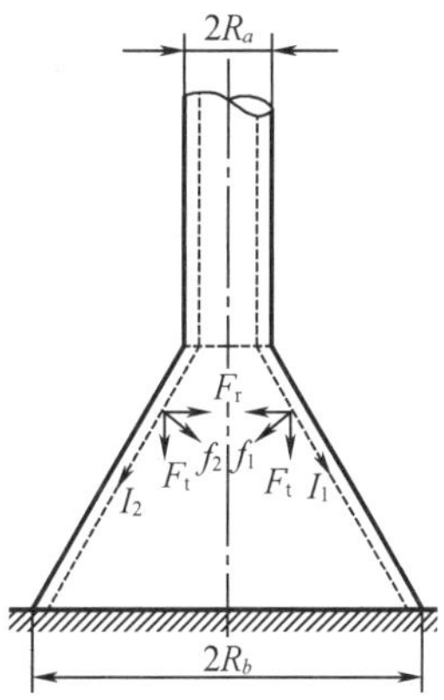

图 1-1-8 圆锥形电弧及其电磁收缩力示意图

（2）等离子流力

电弧轴向推力把靠近电极处的高温电离气体推向工件方向，高温气体流动时从电极上方不断补充新的气体，如图 1-1-10 所示。这部分由等离子气流高速运动引起的附加压力称为等离子流力，也称为电弧的电磁动压力。这种动压力在电弧中心线上最强，当钨极氩弧焊的钨极锥角较小、电流较大或熔化极氩弧焊采用喷射过渡工艺时，容易形成指状熔深焊缝，如图 1-1-9（b）所示。等离子流力有利于促进熔滴过渡，增大熔深，对熔池形成搅拌作用，也可以提高电弧挺直性。

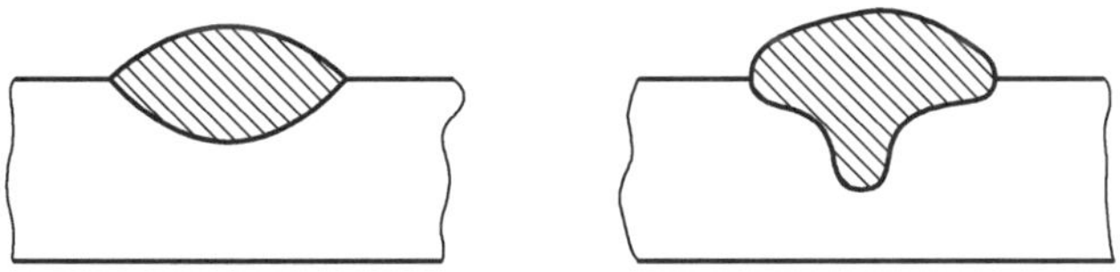

(a) 碗状熔深焊缝　　(b) 指状熔深焊缝

图 1-1-9 焊缝形状示意图

（3）斑点力

带电粒子的撞击或金属蒸发的反作用对电极斑点产生的压力，称为斑点压力或斑点力。阴极斑点电流密度大，且承受的是质量较大的正离子的撞击，因此阴极斑点力比阳极斑点力大。斑点力方向总是与熔滴过渡方向相反，因而斑点力总是阻碍熔滴过渡。因此，直流电弧焊采用反接法可以减小熔滴过渡的阻碍作用，减少飞溅。

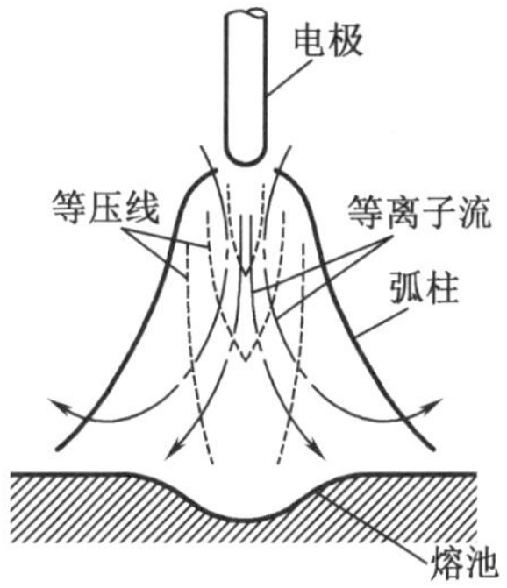

图 1-1-10 等离子流形成示意图

4. 电弧热特性

电弧作为电弧焊的热源，用于加热填充材料和工件。焊接电弧中三个区域的温度分布是不均匀的。阴极区和阳极区受材料沸点的限制，温度较低，而弧柱温度较高。阴极区、阳极区的温度则与焊接方法有关，见表 1-1-1。阴极区和阳极区靠近电极或工件，直接影响焊丝（焊条）的熔化或焊缝熔深，从而决定了焊缝质量和焊接生产效率。弧柱区温度虽然很高，但大部分热量通过对流、辐射及传导等方式损失掉了，只有很少一部分用于金属加热。弧柱的径向温度分布也是不均匀的,弧柱中心部位温度最高,由中心至边缘逐渐降低。因此弧柱中心处的工件熔深大,而周围熔深小。

表 1-1-1 常用焊接方法中阴极区与阳极区的温度比较

焊接方法	焊条电弧焊	钨极氩弧焊	熔化极氩弧焊	CO_2 气体保护焊	埋弧焊
温度比较	阳极区大于阴极区		阴极区大于阳极区		

注:表中焊条电弧焊使用酸性焊条;若是碱性焊条,则结论相反。

以钢焊条焊接工件为例,阳极区温度约为 2 600 K,阴极区温度约为 2 400 K,电弧中心区温度最高,可达 6 000~8 000 K。交流电弧的阳极区与阴极区温度基本相同。由于弧柱的受热升温或散热降温都有一定过程,跟不上快速变化的电流,所以电弧温度的变化总滞后于电流的变化,这种现象称为电弧的热惯性。

知识点 6 电弧分类与特点

1. 按电流种类分类

按电流种类可分为直流电弧、交流电弧和脉冲电弧。

(1)直流电弧

直流电弧由直流电源提供热源,电极不会发生极性变化,因此燃烧稳定,但电场作用下有电弧磁偏吹。使用直流电源进行焊接时,有正接法和反接法之分。正接是将工件接电源正极,焊条接负极;反接是将工件接电源负极,焊条(或电极)接正极。

a. 低氢碱性焊条焊接时,直流反接,电弧稳定,飞溅少,产生气孔倾向小。

b. 酸性焊条焊接时,直流正接。

c. 焊接薄板时,直流反接,以防烧穿。

d. 钨极弧焊时,直流正接,以防钨极烧损。

e. 熔化极弧焊及 CO_2 气体保护焊时,直流反接,电弧稳定,飞溅少。

(2)交流电弧

电流为 50 Hz 正弦波的电弧称为交流电弧,由交流电源提供热源。其电流电压变化规律如图 1-1-11 所示。

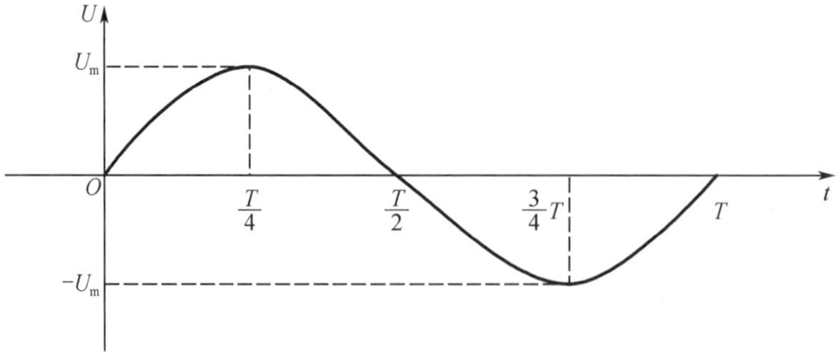

图 1-1-11 交流电弧电流变化规律

特点：

a. 每秒 100 次周期性地过零点。

b. 过零点时电弧熄灭，再反向引燃，稳定性差。

交流电弧在交流电流自然过零时将自动熄灭，但在下半周随着电压的增高，电弧又重燃。如果电弧过零后，电弧不重燃，则电弧就此熄灭。交流电弧持续燃烧的关键在于电弧电流过零后，弧隙电压的恢复过程能否始终大于弧隙的介质强度的恢复过程。

c. 具有动特性：在交流电路中，电流瞬时值随时间变化，因而电弧的温度、直径以及电弧电压也随时间变化，电弧的这种特性称为动特性。

d. 无电磁偏吹。

e. 电极材料与被焊材料物理性能差异很大时(如钨极弧焊焊接铝、镁及其合金时)，在电弧电流、电弧电压的正负两个半周中会产生不对称而形成直流分量，必须设法消除。

提高稳定性的措施：

a. 串接一个适当的电感。

b. 提高空载电压。

c. 采用方波电源。

(3)脉冲电弧

基值电流用于脉冲休止时维持电弧连续燃烧。脉冲电流用于加热熔化焊件和焊丝。

应用：钨极、熔化极弧焊等。

2. 按电弧状态分类

按电弧状态可分为自由电弧、压缩电弧。

a. 未受外界压缩的电弧称为自由电弧。

b. 经过压缩的电弧称为压缩电弧(如等离子电弧)。

3. 按电极材料分类

按电极材料可分为熔化极电弧、不熔化极电弧。

知识点 7 焊接电弧的稳定性

1. 影响焊接电弧稳定性的因素

焊接电弧燃烧是否稳定，直接影响焊接质量的好坏以及焊接过程能否正常进行。焊接电弧的稳定性是指电弧保持稳定燃烧而不产生断弧、漂移和偏吹等现象。影响焊接电弧稳定性的因素主要有以下几方面。

(1)焊工操作技术

如焊接操作中电弧长度控制不当，将会产生断弧。

(2)弧焊电源

①弧焊电源的特性及接法

若电源的特性及接法符合电弧燃烧的要求，则焊接电弧的稳定性好；反之，电弧稳定性差。

②弧焊电源的种类

直流弧焊电源比交流弧焊电源的电弧稳定性好。

③弧焊电源的空载电压

弧焊电源的空载电压越高,引弧越容易,电弧燃烧的稳定性越好。但空载电压过高时,对焊工人身安全不利。

(3)焊接电流

焊接电流越大,电弧的温度越高,弧柱区气体电离程度和热发射作用越强,则电弧燃烧越稳定。

(4)焊条涂层

焊条涂层中含电离电位较低的物质(如钾、钠、钙的氧化物)越多,气体的电离程度越高,导电性越强,则电弧燃烧越稳定;反之,则越不稳定。

(5)电弧长度

电弧过短,容易造成短路;电弧过长,电弧就会发生剧烈摆动,从而破坏焊接电弧的稳定性,并且飞溅大。

(6)焊接表面状况、气流、电弧磁偏吹等

焊接处不清洁,如有油脂、水分、锈蚀等存在时电弧稳定性差。气流、大风、电弧磁偏吹等都会降低电弧燃烧的稳定性。

2. 焊接电弧的挺直性与偏吹

电弧作为柔性导体在热收缩和电磁收缩等效应的作用下,具有抵抗外界干扰、力求保持焊接电弧沿电极轴线方向流动的性能,当电极倾斜时,电弧的指向亦随之倾斜,这就是电弧的挺直性,如图 1-1-12 所示。

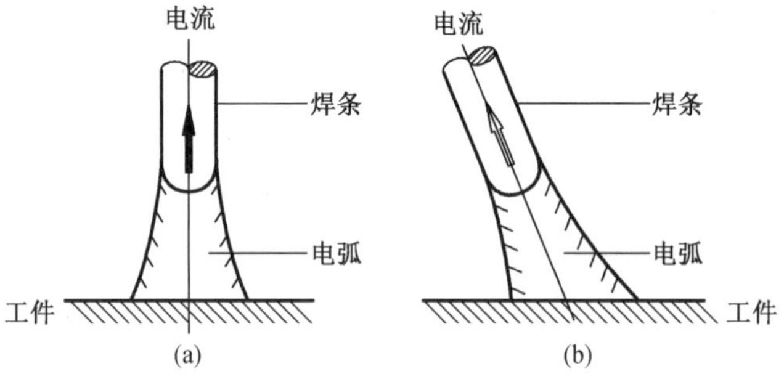

图 1-1-12 电弧的挺直性

在电弧焊接过程中,因气流干扰、不对称磁场作用或焊条偏心等影响,电弧中心偏离电极轴线,这种现象称为电弧偏吹。

(1)焊条偏心造成的电弧偏吹

焊条偏心是指焊条药皮沿焊芯直径方向偏移,通常是由焊条药皮厚薄不均导致的。如图 1-1-13 所示,药皮薄的一侧熔化得快,焊条端部产生“马蹄形”套筒,使电弧向外露一边偏吹。

(2)气流影响造成的电弧偏吹

电弧周围气体的流动(如大气中的大风气流和热对流等)会把电弧吹向一侧而造成偏吹。例如在露天大风中焊接时,如不采取防护措施,将会发生电弧偏吹。

(3)不对称磁场造成的电弧磁偏吹

导线接线位置不当或者电弧附近一侧有铁磁物质,使电弧周围磁场分布不对称,致使电弧两侧产生的电磁力不同,从而造成电弧偏吹,即不对称磁场造成的电弧磁偏吹,如图 1-1-14 所示。

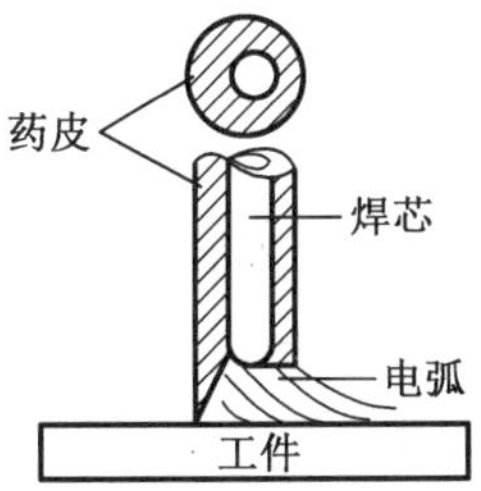

图 1-1-13 焊条偏心造成的电弧偏吹

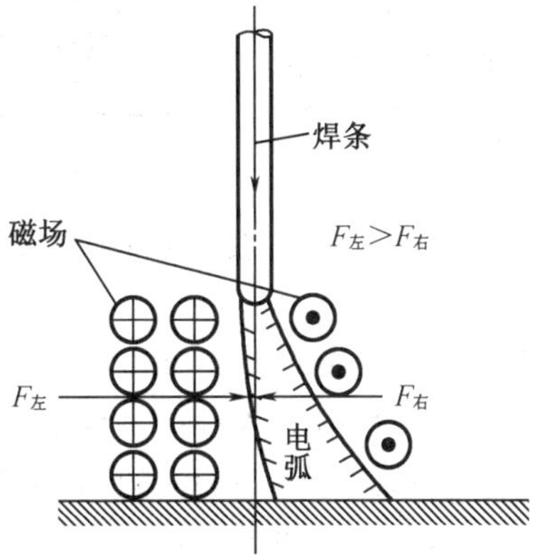

图 1-1-14 不对称磁场造成的电弧磁偏吹

直流电弧比交流电弧更容易产生磁偏吹,磁偏吹的幅度也会更大。

造成磁偏吹的原因有如下两方面。

①电源与工件的导线接线位置不当

焊接时不仅电流通过焊条和电弧在空间产生对称磁场,通过工件的电流也会产生磁场。如图 1-1-15(a)所示,导线接在工件左侧,当焊条垂直于工件时,由于电流在电弧处相互垂直,则在电弧左侧空间的磁场有焊条及电弧电流磁场与工件电流磁场产生叠加,导致电弧左侧磁场大于电弧右侧磁场,磁场大的一侧产生的指向电弧轴线的磁力大于磁场小的一侧,电弧向右侧偏吹。

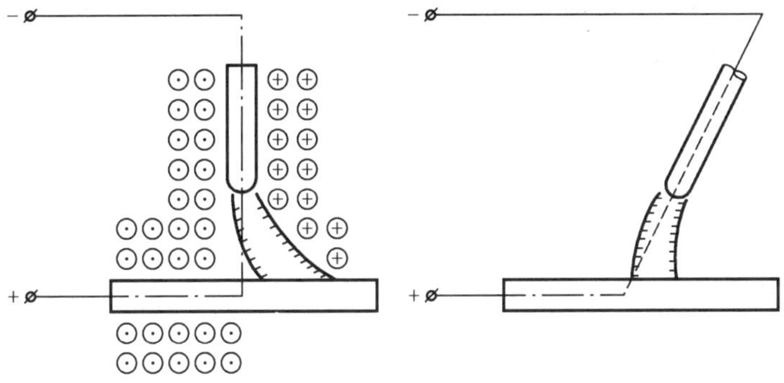

(a) (b)

图 1-1-15 磁偏吹现象及改善方法

要想改善这种情况,可以采取以下措施:

a. 如图 1-1-15(b)所示,将焊条向右倾斜,调整一下电弧左右两侧的空间大小,使两侧磁场趋于平衡,可减小磁偏吹幅度。

b. 减小弧长,也可减小磁偏吹幅度。

c. 改变焊接电源与工件连接导线的接线位置,可以改善磁偏吹,如图 1-1-16 所示。

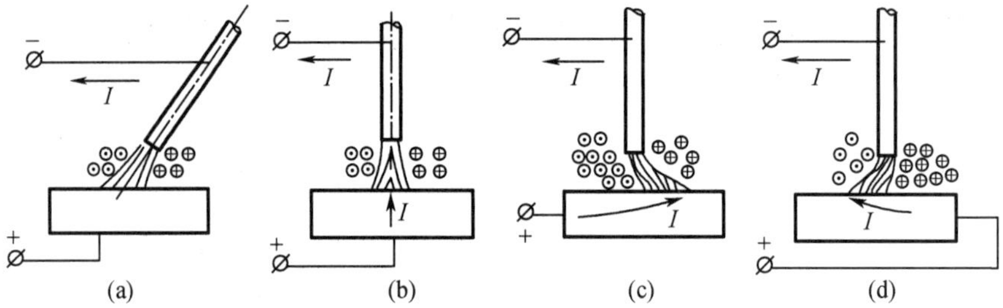

图 1-1-16 不同接线方式对磁偏吹的影响

②电弧附近的铁磁物质分布不对称

如图 1-1-17 所示,在电弧的右侧放置一块钢板,电弧向钢板一侧偏吹。因为钢板是良导磁体,电弧周围的磁场力求走磁阻小的通路,使电弧右侧的磁力线较多地集中到钢板中,钢板与电弧之间的磁场则显著减少,导致电弧向该侧偏吹。放置的钢板等铁磁物质越大、离电弧越紧,磁偏吹就越严重。

当焊接电弧走到焊件的端部时,也容易发生电弧向焊件一侧磁偏吹现象,如图 1-1-18 所示。

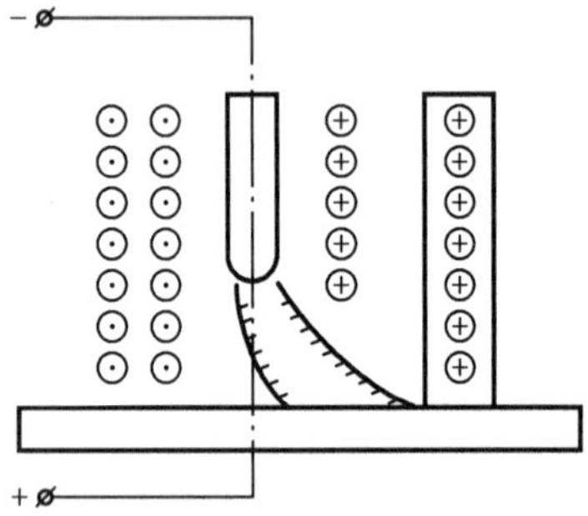

图 1-1-17 电弧一侧铁磁物质引起的磁偏吹

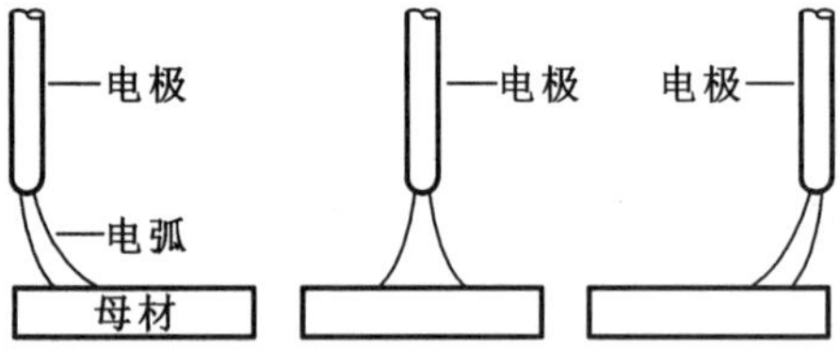

图 1-1-18 电弧在工件端部产生的磁偏吹

所以,在实际操作中应该注意这些现象。

实验活动

实验 1 电弧观察实验

1. 观察电弧的产生及变化

使用虚拟电弧试验台,选择不同电源,调节电极距离和电压/电流大小,观察电弧的产生及变化,思考并回答以下问题:

(1)选择不同电源,直流电源和交流电源哪个更容易产生稳定电弧?为什么?

(2)选择不同电源，调节电极距离，电弧有怎样的变化？

____

____

____

(3)选择不同电源，调节电源的电压/电流大小，电弧有怎样的变化？

____

____

____

(4)选择不同电源，调节电源的电压/电流大小，调节电极距离，电弧有怎样的变化？

____

____

____

2. 电弧的应用

寻找生活中的电弧，列举你所知道到的几种电弧应用：

__________、__________、__________、__________、__________。

实验 2　电弧引燃实验

1. 直流焊接电源接触短路引燃实验

使用虚拟电弧试验台，选择直流焊接电源，调节电极间的距离，直到引燃电弧，使用慢镜头观察并记录：

(1)引燃电弧时，正负电极间的空隙距离为__________；

(2)电源电压是__________；

(3)引燃后电压是__________，电流是__________。

2. 交流焊接电源接触短路引燃实验

使用虚拟电弧试验台，选择交流焊接电源，使用初始设置的电压，调节电极间的距离，直到引燃电弧，使用慢镜头观察并记录：

(1)引燃电弧时，两电极间的空隙距离为__________；

(2)电源频率是__________，电压是__________；

(3)引燃后电压是__________，电流是__________。

(4)观察电弧燃烧是否稳定，为什么？

____

(5)调节电源电压，直到电弧稳定燃烧，此时电压是__________，电流是__________。

3. 高频高压引燃实验

使用虚拟电弧试验台，选择高频高压焊接电源，调节电源的频率与电压，直到引燃电弧，观察并记录：

(1)正负电极间的空隙距离为__________；

(2)引燃电弧时的电源频率是____________,电压是____________。

(3)引燃后电压是____________,电流是____________。

实验3 电弧结构观察实验

1. 冷阴极材料电弧实验

使用虚拟电弧试验台,选择冷阴极材料,接通焊接电源、阴极、工件,引燃电弧后,使用慢镜头观察,标注出电弧的各部分名称,记录并思考回答以下问题:

(1)阴极材料是否熔化?保持电源的电压和电流不变,如何才能维持电弧持续燃烧?

(2)调节电流大小,观察电弧形状有什么变化。

2. 热阴极材料电弧实验

使用虚拟电弧试验台,选择热阴极材料,接通焊接电源、阴极、工件,使用小电流,引燃电弧后,使用慢镜头观察,标注出电弧的各部分名称,记录并思考回答以下问题:

(1)调节使用小电流,阳极材料是否熔化?观察电弧形状有什么变化。

(2)调节使用大电流,阳极材料是否熔化?观察电弧形状有什么变化。

实验4 电弧特性实验

1. 小电流钨极氩弧焊电弧静特性实验

使用小电流钨极氩弧焊虚拟试验台,接通焊接电源、电极、工件,按下列步骤操作,观察、记录并思考回答以下问题:

(1)逐步调节增加焊接电流,电弧电压的变化为____________,为什么?

(2)调节电弧长度,观察电弧静特性曲线有什么变化。

2. 焊条电弧焊电弧静特性实验

使用焊条电弧焊虚拟试验台,接通焊接电源、电极、工件,按下列步骤操作,观察、记录并思考回答以下问题:

(1)逐步调节增加焊接电流,电弧电压的变化为____________,为什么?

(2)调节电弧长度,观察电弧静特性曲线有什么变化。

____

____

3. CO_2 气体保护焊电弧静特性实验

使用 CO_2 气体保护焊虚拟试验台,接通焊接电源、电极、工件,按下列步骤操作,观察、记录并思考回答以下问题:

(1)逐步调节增加焊接电流,电弧电压的变化为__________,为什么?

____

(2)调节电弧长度,观察电弧静特性曲线有什么变化。

____

实验 5　焊接电弧的稳定性

1. 调节电压电流观察电弧稳定性实验

(1)使用电弧焊虚拟试验台,调节电压/电流大小,观察电弧的稳定性变化,电弧的稳定性与电流电压的关系是怎样的?为什么?

____

____

(2)调节电极间的距离,观察电弧有怎样的变化。其稳定性有什么变化,为什么?

____

____

2. 电弧磁偏吹实验

使用电弧焊虚拟试验台,接通焊接电源、电极、工件,引燃电弧,按下列步骤操作,观察、记录并思考回答以下问题:

(1)调节导线接在工件的位置,观察电弧有什么变化,为什么?

____

____

(2)在电弧一侧放置钢板,并调节钢板的位置,观察电弧有什么变化,为什么?

____

____

(3)沿焊缝移动电弧,观察电弧有什么变化,为什么?

____

____

任务 1-2 焊缝成形

知识积累

知识点 1 熔滴过渡

熔滴过渡是指在电弧热作用下,焊丝或焊条端部的熔化金属形成熔滴,受到各种力的作用从焊丝端部脱离并过渡到熔池的全过程。它与焊接过程稳定性、焊缝成形、飞溅大小等有直接关系,并最终影响焊接质量和生产效率。

1. 熔滴过渡的类型

熔滴过渡有三种类型:自由过渡、接触过渡(短路过渡)和渣壁过渡。

(1) 自由过渡

自由过渡是指熔滴在电弧空间自由飞行,焊丝端头和熔池之间不发生直接接触的过渡方式。

①滴状过渡

如图 1-2-1 所示,滴状过渡的特点是熔滴直径大于焊丝直径,并在电弧柱内熔池过渡,发生电流在 200~280 A。

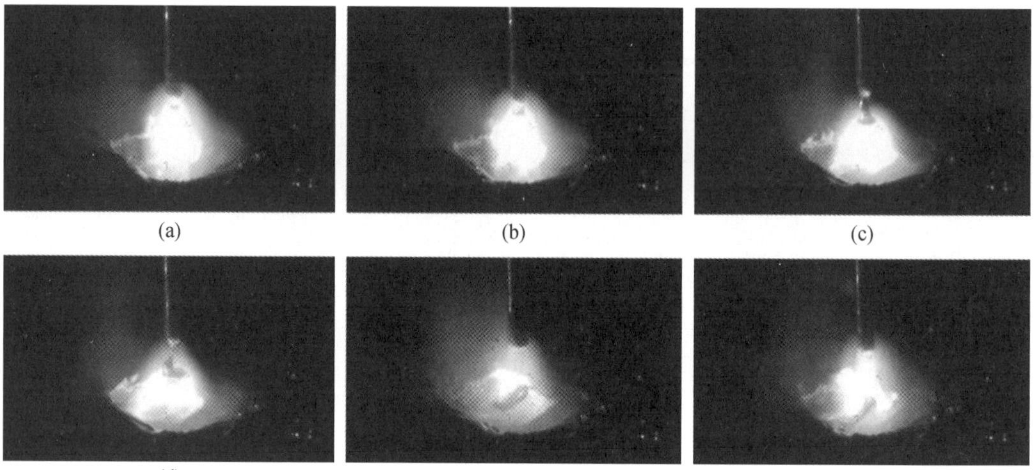

(a) (b) (c) (d) (e) (f)

图 1-2-1 滴状过渡

由于熔滴尺寸一直在变大,且在电弧持续加热下,熔滴表面会发生汽化和蒸发,同时内部也会发生部分汽化,导致受力不均,进而磁吹力、表面张力和重力的平衡状态被打破,部分熔滴飞出去,发生焊接飞溅,如图 1-2-2 所示。

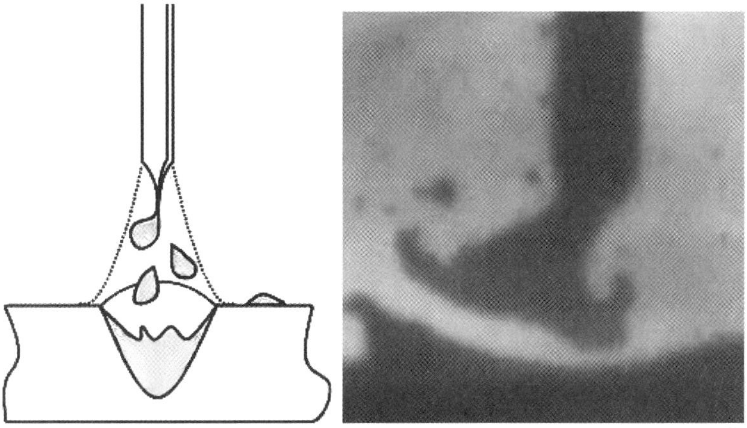

(a) (b)

图 1-2-2 滴状过渡引起的飞溅

粗滴过渡：发生在电流较小、电弧电压较高时，如小电流熔化极惰性气体保护焊（MIG 焊）。过渡频率低，主要是重力与表面张力的平衡。时间长、尺寸大、飞溅大，电弧稳定性及焊缝质量都较差。

细滴过渡：发生在较大电流时，如大电流 CO_2 气体保护焊。过渡频率高，电弧稳定，飞溅少，焊缝质量高。

②喷射过渡

在 MIG 焊时会出现这种形式的过渡，其又可分为射滴过渡、射流过渡、旋转射流过渡、亚射流过渡等。焊接电流在 280 A 以上，熔滴尺寸不大于焊丝直径，呈连续射流状向熔池移动，如图 1-2-3 所示。

图 1-2-3 喷射过渡

在混合气体保护状态下，电弧迅速熔化焊丝尖端部分，逐渐形成熔滴。在熔滴长大过程中，由于重力和表面张力作用，电磁力会掐断焊丝和熔滴的粘连，这样熔滴就会下坠移动到熔池中。电弧把熔滴完全包裹在其中。

在喷射过渡过程中会产生跳弧现象（图 1-2-4）。所谓跳弧，是指电弧突然由熔滴根部扩张到缩颈上部的过程。

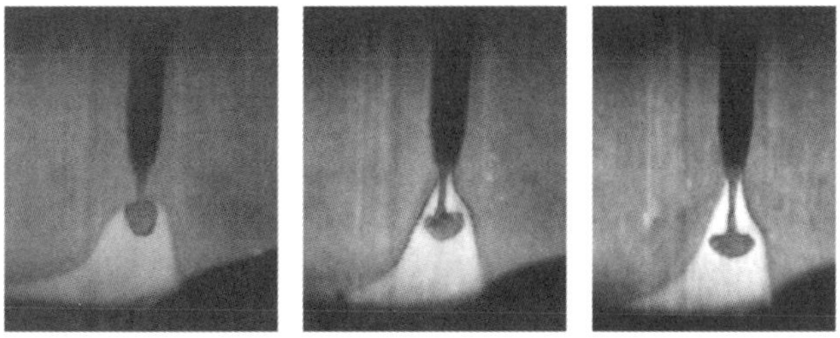

(a) 跳弧前 (b) 跳弧 (c) 跳弧后

图 1-2-4 喷射过渡的形成机理（跳弧）

喷射过渡模式状态下,热量集中,熔滴过渡频率和速率高,不易受到电弧的过度加热,因而发生焊接飞溅的概率也低,电弧稳定。

射滴过渡:如图 1-2-5 所示,熔滴直径接近焊丝直径,尺寸规则呈球形,沿轴向过渡,电弧呈钟罩形。

形成原因:主要是熔滴被弧柱笼罩,电弧呈钟罩形,从而使电磁收缩力形成较强的推力。

出现场合:铝及其合金的氩弧焊及钢的脉冲氩弧焊等场合。

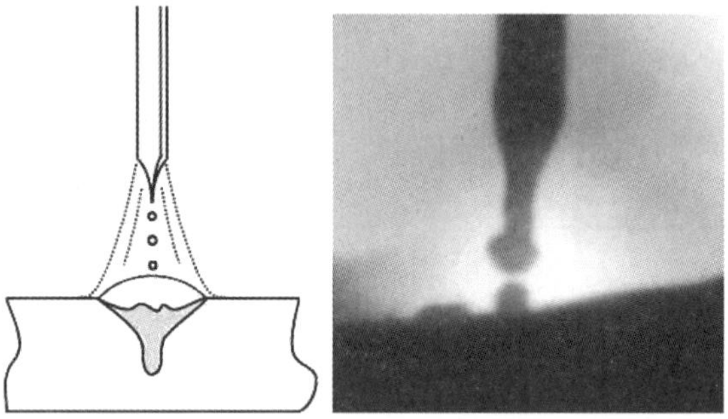

(a)　　(b)

图 1-2-5　射滴过渡

射流过渡:如图 1-2-6 所示,电流密度大,熔滴直径小于焊丝直径。

形成原因:电流密度大,焊丝熔化端部呈尖锥状,形成圆锥电弧,出现金属蒸发,电弧跳弧(此时电流称为射流过渡的临界电流),形成很强的等离子流力。

出现场合:大电流 MIG 焊或大电流富氩混合气体保护焊。

特点:对焊件的穿透力强,可得到焊缝中心部位熔深明显增大的指状焊缝,适合焊接厚度较大的工件,不适合焊薄板。

射流状态的极端状况——旋转射流过渡:如图 1-2-7 所示,也称紊乱状过渡,一般发生在电流超过 360 A 的状态下。大电流导致焊丝尖端加热过度,焊丝前端的很大一部分都处于熔融状态,形成不规则的熔滴,且不容易与焊丝掐断。此时,由于熔滴长度过长,电磁力、重力和表面张力的受力平衡被打破,常常会导致熔滴受到向上的力,从而向上移动。大多数情况下,向上移动的熔滴最终都会漂移到电弧柱以外的空间,从而形成飞溅。

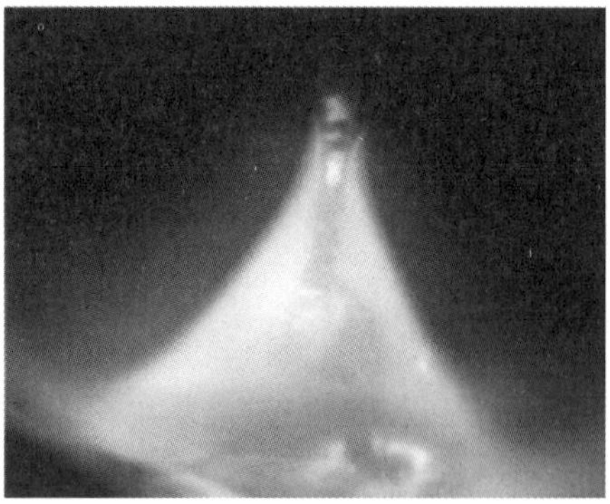

图 1-2-6　射流过渡

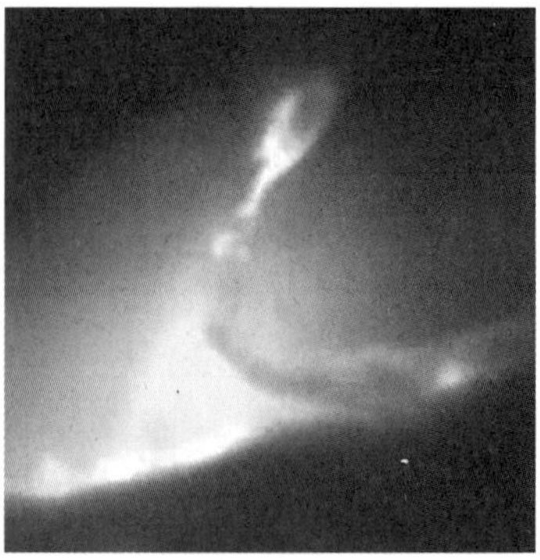

图 1-2-7　旋转射流过渡

亚射流过渡:如图 1-2-8 所示,是介于接触过渡与射滴过渡之间的熔滴过渡形式。

形成原因:因其电弧较短,在电弧热作用下,形成的熔滴变大,在即将以射滴过渡时与熔池短路,在电磁收缩力的作用下断裂形成过渡。

特点:短路前就已经形成细颈;弧长短,短路时间短;熔深大;飞溅小,焊缝成形美观;电弧自调节能力强;主要用于铝及其合金的焊接。

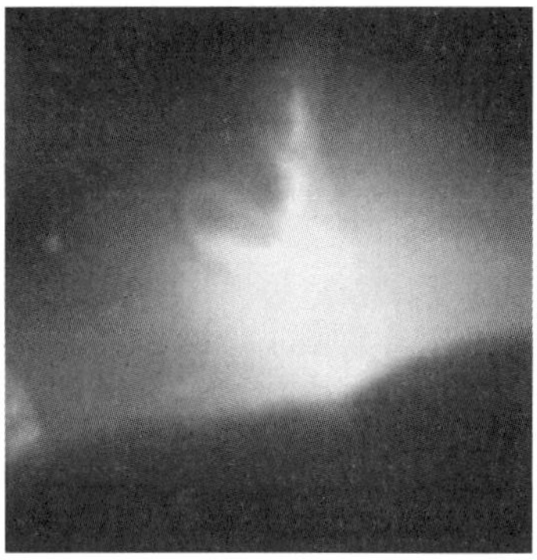

图 1-2-8 亚射流过渡

(2)接触过渡

接触过渡又称短路过渡,如图 1-2-9 所示,是指当电流较小、电弧电压较低时,弧长较短,熔滴未长成大滴就与熔池接触形成液态金属短路,电弧熄灭,随之金属熔滴在表面张力及电磁收缩力的作用下过渡到熔池中去,熔滴脱落之后电弧重新引燃,如此交替进行的过渡方式。短路过渡是燃弧、熄弧交替进行的。由于电磁收缩力的作用,在电弧内部如同在水中一样产生压力,也称为电弧静压 P,P 与电弧电流 I 的平方成正比,即 $P\propto I^2$,有利于熔滴过渡。

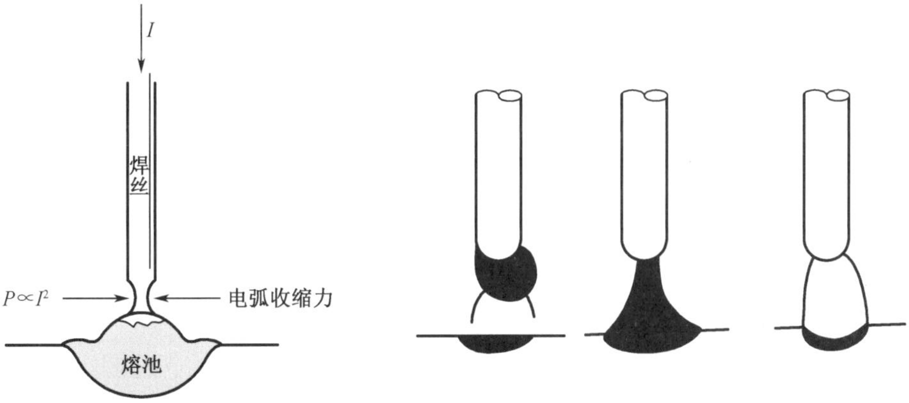

图 1-2-9 接触过渡

形成条件:低电压、小电流。

特点:电弧稳定,飞溅较小,熔滴过渡频率高,焊缝成形好,适合全位置焊接。

稳定性控制:熔滴过渡频率越高,熔滴尺寸越小,飞溅越小,过渡过程越稳定。

(3)渣壁过渡

渣壁过渡(图 1-2-10)是埋弧焊和焊条电弧焊时熔滴过渡形式之一。

(a) 焊条电弧焊渣壁过渡示意图　(b) 埋弧焊渣壁过渡示意图

图 1-2-10 渣壁过渡

在埋弧焊时,电弧在熔渣形成的空腔内燃烧,熔滴的大部分通过渣壳的内壁流向熔池,这种过渡形式称为沿渣壁过渡。

焊条熔滴渣壁过渡的特点是熔滴总是沿着焊条套筒内壁的某一侧滑出套筒,并在没有脱离套筒边缘之前,已脱离焊芯端部与熔池接触(不构成短路),然后向熔池过渡,故又称沿套筒过渡。渣壁过渡电弧稳定,飞溅小,综合工艺性能优良,是理想的过渡形式。细熔滴和深套筒是焊条熔滴渣壁过渡形式的基本条件,减小熔滴和熔渣表面张力,增大焊条药皮厚度,加长套筒,都有利于渣壁过渡。

以上各种熔滴过渡形式,与电流、电压有着密切的关系。图 1-2-11 描述了各种熔滴过渡形式与电流电压的关系。

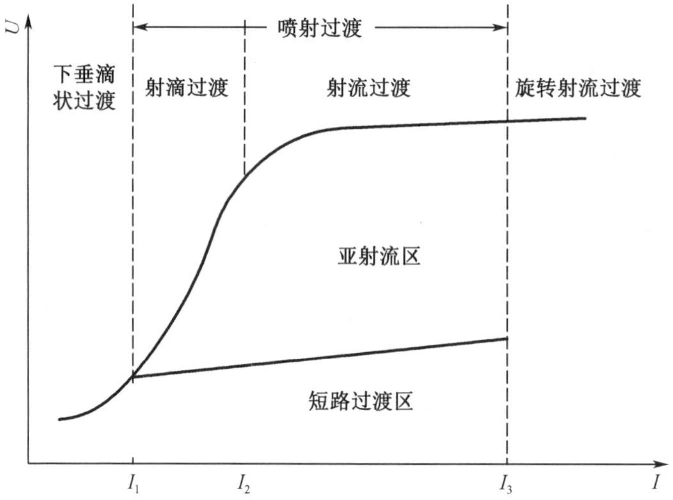

图 1-2-11 熔滴过渡电流、电压分布图

增大电流可提高焊接效率,从而提高作业效率。但同时,电流的增大会增加焊接飞溅。如何降低飞溅是大电流焊接作业必须解决的问题。大多数情况下,向上移动的熔滴最终都会漂移到电弧柱以外的空间,从而形成飞溅。

2. 熔滴上的作用力及其对熔滴形成的影响

焊丝端部熔化金属形成的熔滴受到各种力的作用,各种力对熔滴过渡的影响是不同的。作用在熔滴上的力主要有重力、表面张力、电磁力、等离子流力、斑点压力等,如图 1-2-12 所示。

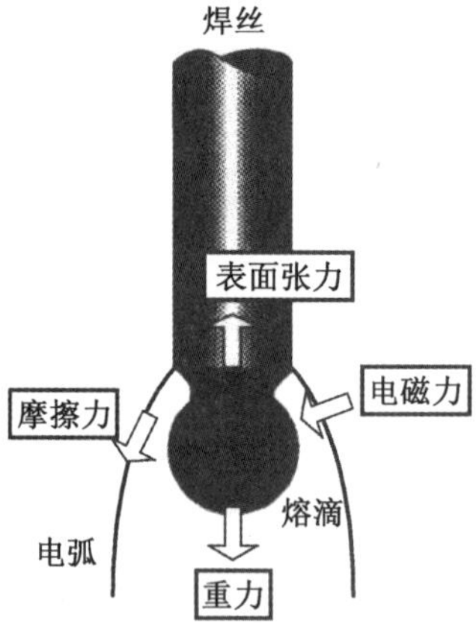

图 1-2-12 熔滴的受力分析

(1)重力

重力对熔滴过渡的影响取决于焊缝的空间位置。平焊位置,重力方向与熔滴过渡的方向相同,可促使熔滴脱离焊丝末端,有利于熔滴过渡;立焊和仰焊位置,重力阻碍熔滴脱离焊丝末端,不利于熔滴过渡。

(2)表面张力

表面张力垂直作用于焊丝末端与熔滴相交并且相切的圆周面上,是在焊丝端头上保持熔滴的主要作用力。表面张力可以分解为径向分力和轴向分力。其中,径向分力使熔滴在焊丝末端产生缩颈;轴向分力使熔滴保持在焊丝末端,阻碍熔滴过渡。因此,通常情况下(如平焊位置),表面张力是阻碍熔滴过渡的。焊丝越细,表面张力越小,越有利于熔滴过渡。但在仰焊、立焊、横焊时,由于熔滴与熔池接触时表面张力有将熔滴拉入熔池的作用,且使熔滴或熔池不易流淌,有利于熔滴过渡。

(3)电磁力

导体本身磁场所产生的力称为电磁力。熔化极电弧焊时,电流通过焊丝、熔滴、电极斑点及弧柱的导电截面是变化的,电磁力轴向分力的方向也是变化的,但总是由小截面指向大截面。

(4)等离子流力

在电磁力的收缩作用下,电弧等离子体在电弧轴线方向产生的流体静压力称为等离子流力,其大小与弧柱截面积成反比,即从焊丝末端向熔池表面逐渐减小。等离子流力随等离子流从焊丝末端侧面切入,然后流向熔池,有助于熔滴脱离焊丝,促进熔滴过渡。焊丝直径越小,焊接电流越大,产生的等离子流力就越大。

(5)斑点压力

在电场作用下,弧柱中的电子或正离子以极高的速度向焊丝端部的熔滴撞击所产生的力称为斑点压力。无论电源极性是正接还是反接,它的方向总是与熔滴过渡的方向相反,是阻碍熔滴过渡的力。当然,正离子的质量要大于电子的质量,所以正离子撞击熔滴时斑点压力较大。由于直流正接时,焊丝作阴极,熔滴受到正离子的撞击,所以斑点压力的阻碍作用大,对熔滴过渡的阻碍作用较强。

熔滴过渡是上述所说的各种力综合作用的结果。当然,焊丝尺寸、电弧电压和焊接电流等也影响熔滴过渡的形式。

知识点 2　焊接接头

1. 焊接接头的构成与特性

用焊接方法将由两个或两个以上零件连接在一起的不可拆卸的接头称为焊接接头,如图 1-2-13 所示。焊接接头是组成焊接结构的关键单元,焊接接头的性能与焊接结构的性能和安全可靠性等有直接的联系。在实际焊接制造中,因焊接方法的不同,焊接接头的类型也各种各样。工程实际中应用最为广泛的焊接方法是熔化焊,因此下面以熔化焊中的焊接接头为例进行讲解。

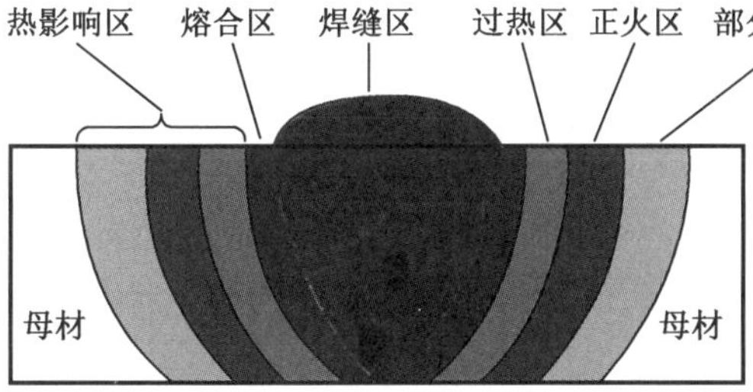

图 1-2-13　焊接接头的组成

熔化焊焊接接头一般由焊缝区、熔合区、热影响区等组成,其中热影响区又分为过热区、正火区、部分相变区。焊缝区及热影响区的微观组织与原始母材明显不同。一般来说,影响焊接接头性能的因素主要有两方面:在力学方面,主要有焊接接头的几何不连续性、焊接接头中存在的焊接缺陷、焊接残余应力与变形等;在材质方面,主要是焊接材料及焊接热循环引起的组织变化和焊接热塑性变形循环引起的材质变化。

焊接接头力学性能包括焊接接头在各种条件下的强度、韧性和塑性。在焊接过程中,各部分的温度不同,如图 1-2-14 所示。各区温度随着焊接移动而快速变化,形成不同的金属组织。熔合区和热影响区中的过热区(或淬火区)往往是粗大的过热组织或粗大的淬硬组织,塑性和韧性明显下降,是焊接接头中机械性能最差的薄弱部位。

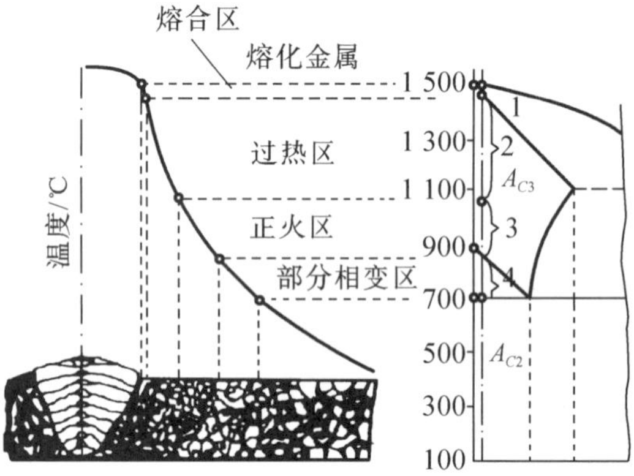

图 1-2-14 焊接接头主要区域的温度变化

2. 焊缝成形与形状参数

焊缝是指焊件经焊接后所形成的结合中心部分,即填充金属与部分母材熔化形成熔池,又以较快的速度冷却凝固后形成的区域,如图 1-2-15 所示。焊缝金属组织是由液体金属结晶形成的铸态组织,晶粒粗大,成分偏析,组织不致密。但是,由于焊接熔池小,冷却快,化学成分控制严格,碳、硫、磷含量都较低,还通过渗合金调整焊缝化学成分,使其含有一定的合金元素,因此,焊缝金属的性能问题不大,可以满足性能要求,特别是强度容易达到。

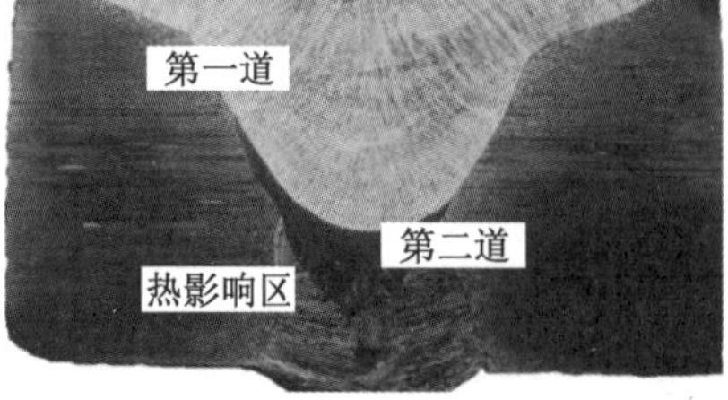

(a)成形后的焊缝

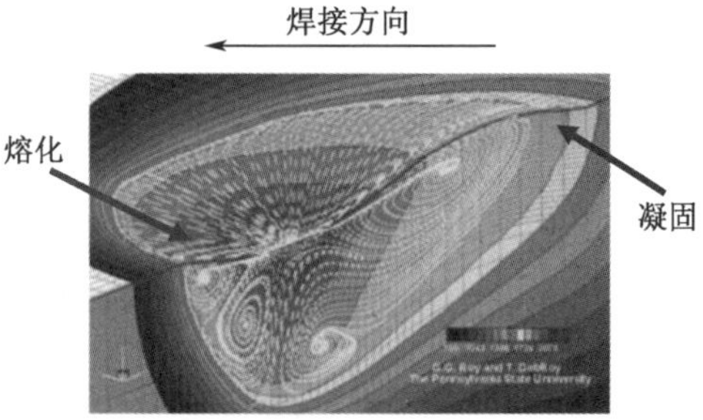

(b)焊缝成形过程中的熔池

图 1-2-15 焊缝成形及其过程中的熔池

焊缝几何形状对焊缝质量有着直接影响。如图1-2-16所示,焊缝几何形状的参数有焊趾、焊缝宽度、余高和熔深等,基于这几个几何尺寸还有一个衡量焊缝的指标参数——焊缝成形系数。

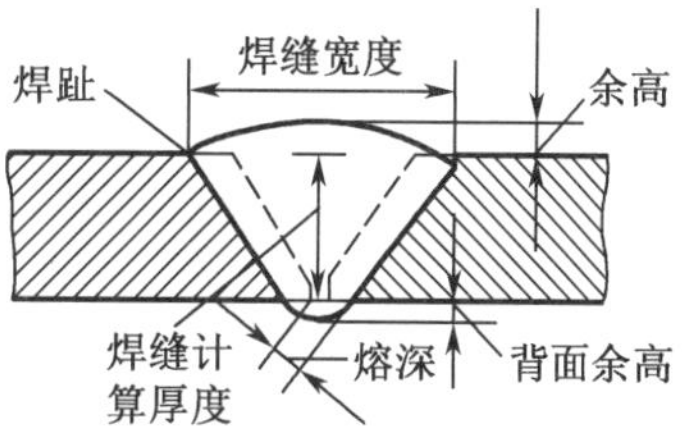

图1-2-16 焊缝几何形状示意图

(1)焊趾

焊缝表面与母材的交接处称为焊趾。

(2)焊缝宽度

焊缝表面两焊趾之间的距离称为焊缝宽度。

(3)余高

超出母材金属表面连线上的那部分焊缝金属的最大高度称为余高。

a. 余高可避免熔池金属凝固收缩时形成缺陷,并增大焊缝截面承受静载荷的能力。

b. 余高过大将引起应力集中或疲劳寿命下降,因此要限制余高的尺寸。

c. 通常在平焊位置余高值应为0~3 mm,或者余高系数(焊缝宽度和余高值之比)为4~8。

d. 当焊件承受动载荷或疲劳寿命是主要问题时,焊后应将余高去除。

(4)熔深

在焊接接头横截面上,母材金属或前道焊缝熔化的深度称为熔深。

a. 一定的熔深保证了焊缝金属和母材金属的结合强度。

b. 当填充金属材料一定时,熔深的大小决定了焊缝金属的化学成分。

(5)焊缝成形系数

熔宽和熔深的比值称为焊缝成形系数或焊缝形状系数。

焊缝成形系数小时会形成窄而深的焊缝,在焊缝中心由于区域偏析会聚集较多的杂质,抗热裂纹性能差,所以形成系数值不能太小。

3. 焊接接头与焊缝的形式

焊接接头是连接焊接结构各零部件的基本元件,是焊接结构中不可拆卸的组成部分,其作用是将被焊工件连接成整体,并传递结构所承受的载荷。对于全焊结构来说,焊接接头的性能和质量是决定结构工作寿命和可靠性的重要因素。正确的接头设计对于保证结构的整体质量具有重要的意义。

焊接接头设计的工作内容主要包括:在结构设计过程中,根据拟采用的焊接工艺方法和焊接材料种类,正确合理地布置焊缝,确定接头的类型、坡口形状和尺寸。对于承载接头,则应进行强度和或其他性能的校核。为此,设计人员应充分考虑结构的特点、材料特性、接头的工作条件、生产加工能力和制造成本等。正确、合理和经济的焊接接头的设计,不仅要考虑焊接结构,还要考虑焊接工艺过程,是两者通力合作、统筹考虑的结果。

实际应用过程中,焊接接头的类型随着结构、使用环境和工艺的不同而设计成多种多样,从不同的角度出发有不同的分类。焊接接头类型分为12种:对接接头、T形接头(十字接头)、十字接头、搭接接头、塞焊搭接接头、槽焊接头、角接接头、端接接头、套管接头、斜对接接头、卷边接头、锁底接头。5种基本接头类型分别是对接接头、搭接接头、角接接头、端接接头、T形接头(图1-2-17)。

焊缝形式分为5种:对接焊缝、角焊缝、塞焊缝、槽焊缝和端接焊缝(含点焊缝)。图1-2-18是常见的焊接接头和焊缝形式。

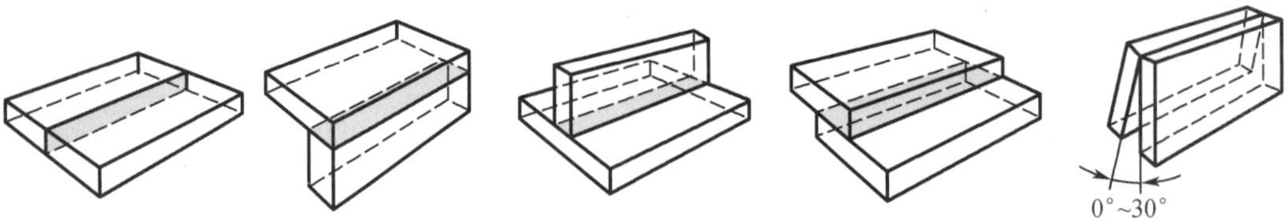

(a) 对接接头　(b) 角接接头　(c)T 形接头　(d) 搭接接头　(e) 端接接头

图 1-2-17　焊接接头的基本类型

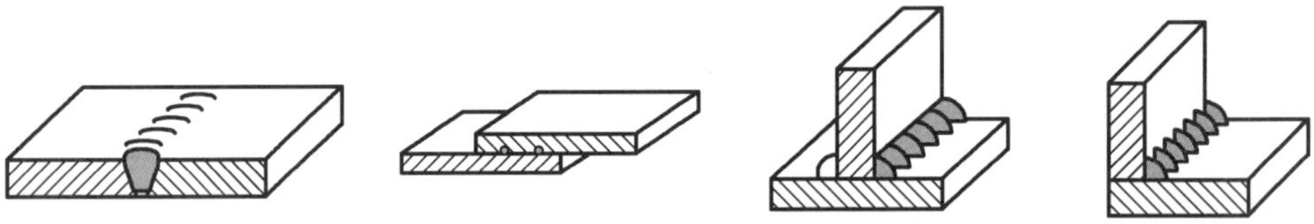

对接接头　搭接接头　T 形接头　角接接头

(a) 对接焊缝　(b) 点焊缝　(c) 角焊缝

图 1-2-18　常见焊接接头与焊缝形式

实验活动

实验 6　熔滴过渡观察实验

1. 使用虚拟熔滴过渡试验台,观察出现的熔滴形状,完成相应任务和下列问题。

(1)第一种是__________过渡,根据提示完成相应的选择。

该熔滴过渡有什么特点?

____

(2)第二种是__________过渡,根据提示完成相应的选择。

该熔滴过渡有什么特点?

____

(3)第三种是__________过渡,根据提示完成相应的选择。

该熔滴过渡有什么特点?

____

(4)第四种是__________过渡,根据提示完成相应的选择。

该熔滴过渡有什么特点?

____

实验 7 焊接接头与焊缝认知实验

1. 焊接接头与焊缝形式辨识练习

在虚拟实训系统中，根据出现的虚拟焊件，找出所有的焊接接头，并辨识各焊接接头的类型及其对应的焊缝形式，记录如下：

（1）焊接接头 1 为____________，其对应的焊缝为____________。

（2）焊接接头 2 为____________，其对应的焊缝为____________。

（3）焊接接头 3 为____________，其对应的焊缝为____________。

（4）焊接接头 4 为____________，其对应的焊缝为____________。

2. 焊接接头组织与焊缝形状参数辨识练习

（1）在虚拟实训系统中，根据出现的虚拟焊接接头，辨识出焊接接头的各组织，焊接接头区域 1 为____________，区域 2 为____________，区域 3 为____________，区域 4 为____________。

（2）焊接接头最容易断裂的区域为____________，为什么？

____

（3）在虚拟实训系统中，根据出现的虚拟焊接接头，辨识出焊缝各形状参数，焊缝宽度为____________，焊缝余高为____________，焊缝熔深为____________，焊缝成形系数为____________。

项目二　焊接工艺基础认知

学习目标

1. 理解坡口的作用，熟悉坡口形式和特点；
2. 了解焊接位置的概念，并总结焊接位置的形式；
3. 识读基础焊接工艺文件；
4. 掌握不同焊接工艺参数对焊缝成形质量的影响；
5. 熟悉焊接操作安全规范。

任务 2-1　焊接坡口认知

知识积累

知识点 1　坡口及其作用

按照现代焊接结构的设计程序，当结构设计根据构件的形状特征和承载状况决定接头的形式（对接或角接）后，接头的细部（坡口形状和尺寸）则取决于拟采用的焊接工艺方法、焊接材料种类及规格、焊接参数和坡口制备方法等。这部分工作属于焊接工艺范畴，必须由熟悉制造工艺的焊接工程师来完成。

焊接接头设计的基本原则是保证焊缝质量符合制造技术条件或相关标准的要求，并能以最高的焊接效率、最低的焊接材料消耗量和最少的制造成本完成焊接接头。为了实现这个目的，设计师们应全面掌握有关焊接工艺方面的专业知识，熟悉生产单位的制造工艺和加工手段。

在企业生产中的焊接工艺规程中，对焊接接头进行了描述，其中包括有坡口形式（表 2-1-1）。

坡口是指焊件的待焊部位加工并装配成的一定几何形状的沟槽或孔。坡口的功能主要是：保证电弧能深入接头根部，使焊接接头根部焊透；便于清渣，以获得较好的焊缝成形；起到调节焊缝金属中的母材和填充金属比例的作用，从而保证焊件质量。普通情况下用机加工方法加工出的型面，要求不高时也可以气割。坡口及其处理实例如图 2-1-1 所示。

表 2-1-1 预焊接工艺规程

广州××有限公司	预焊接工艺规程编号:LG-pWP-S-007 日期:________ 焊接评定报告编号:LG-PQR-007 pWPS No 焊接方法:GTAW+SMAW 机械化程度(手工、半自动、自动):手工
焊接接头: 坡口形式:单“V” 衬垫(材料及规格):无 其他:无	**简图** 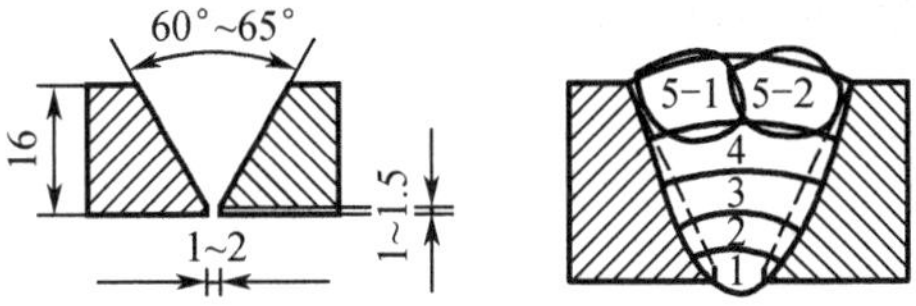

母材:

类别号:Fe-8　　组别号:Fe-8-2

与类别号:Fe-8　　组别号:Fe-8-2 相焊及

标准号:GB 24511　　钢号:S31008

与标准号:GB 24511　　钢号:S31008 相焊

母材厚度范围:

对接焊缝 5~32　角焊缝 不限 ;管子直径、壁厚范围:对接焊缝 厚度 5~32

角焊缝 不限

焊接金属厚度范围:

对接焊缝 0~23　角焊缝 不限

其他 /

焊接材料		
材料类别	焊丝	焊条
焊材标准	NB/T47018-2017	NB/T47018-2017
填充金属尺寸/mm	ϕ2.0	ϕ3.2
焊材型号	S310	E310-16
焊材牌号(钢号)	H12Cr-26Ni21Si	A402
其他	/	/

耐蚀堆焊金属化学成分(%) 无

c	Si	Mn	P	S	Cr	Ni	Mo	V	Ti	Nb
/	/	/	/	/	/	/	/	/	/	/

其他:

(a)　　(b)　　(c)

图 2-1-1　坡口及其处理实例

知识点 2　坡口的形式及特点

1. 坡口形式

坡口一般为斜面,有时也为曲面。焊接生产中,焊接接头的坡口根据其形状的不同,可以分为基本型坡口、组合型坡口和特殊型坡口。

(1)基本型坡口

基本型坡口是一种形状简单、加工容易、应用普遍的坡口,主要有 I 形坡口、V 形坡口、X 形坡口和 U 形坡口。另外,还有双 U 形坡口、单边 V 形坡口、J 形坡口等。

①V 形坡口

V 形坡口是最常用的坡口形式。这种坡口便于加工,焊接时为单面焊接,不用翻转焊件,但焊后容易产生变形,常用于中厚板对接焊缝的焊接。

②X 形坡口

X 形坡口是在 V 形坡口基础上发展起来的。采用 X 形坡口后,在同样厚度下,能减少焊缝金属量约 1/2,并且是对称焊接,所以焊后焊件的残余变形小,其缺点是需要翻转焊件。

③U 形坡口

在厚度相同的情况下,U 形坡口空间面积比 V 形坡口小得多。对容易产生裂纹、淬硬倾向较大、厚度较大、只能单面焊接的焊件,可采用 U 形坡口。但由于这种坡口根部有圆弧,所以加工比较复杂,尤其是在圆筒焊件的筒壳上加工更加困难。

常用的坡口形式见表 2-1-2。

表 2-1-2　常用的坡口形式

接头类型	坡口名称	坡口形式	适用范围
对接接头	I 形坡口		I 形坡口是不开坡口,适用厚度在 6 mm 以下的钢板
	V 形坡口(带钝边)	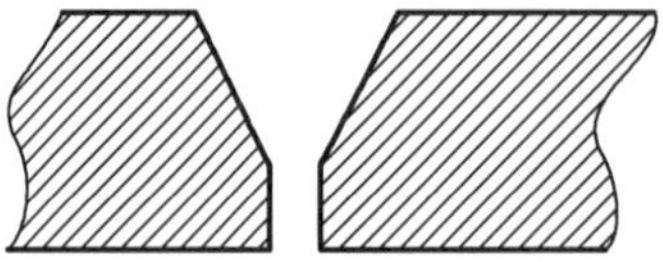	钢板厚度在 7～40 mm 时,可用 V 形坡口

表 2-1-2(续 1)

接头类型	坡口名称	坡口形式	适用范围
对接接头	X 形坡口 (双 V 形坡口)	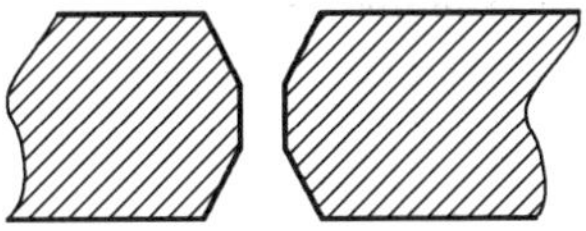	钢板厚度在 12~60 mm 时,可采用 X 形坡口
	U 形坡口	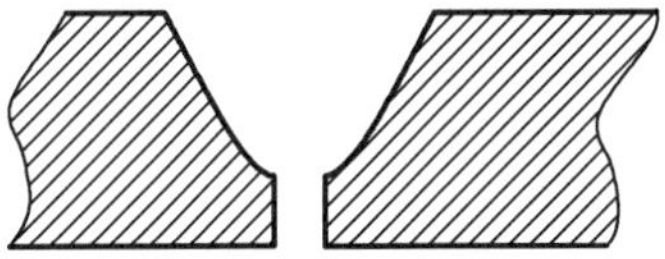	U 形坡口加工较困难,一般应用于较重要的焊接结构
T 形接头	I 形坡口	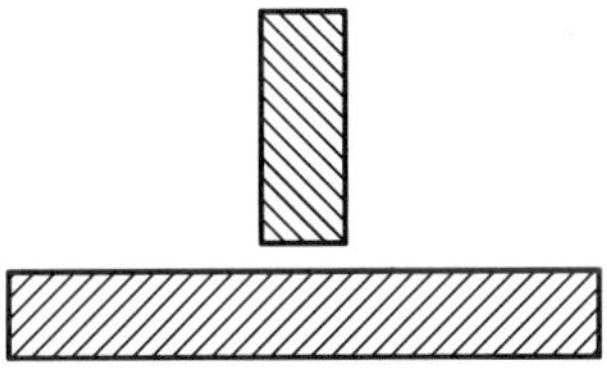	钢板厚度在 2~30 mm 时,可采用 I 形坡口(即不开坡口)
	单边 V 形坡口	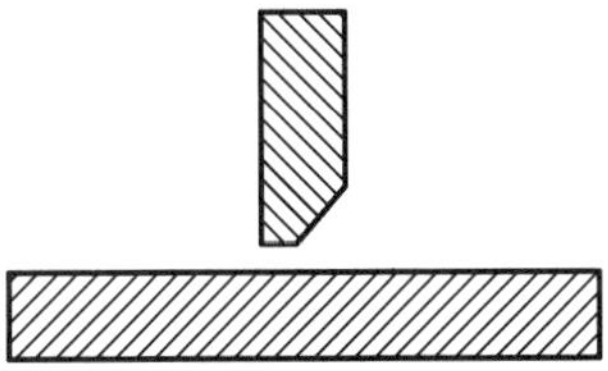	T 形接头要求焊缝承载较大时,可按照钢板厚度和对结构强度的要求,考虑使用单边 V 形坡口、带钝边双单边 V 形坡口或带钝边双 J 形坡口等形式,从而保证接头焊透及接头的强度
	带钝边双单边 V 形坡口	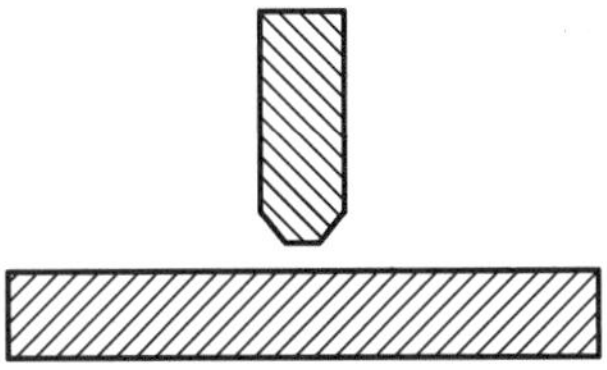	
	带钝边双 J 形坡口	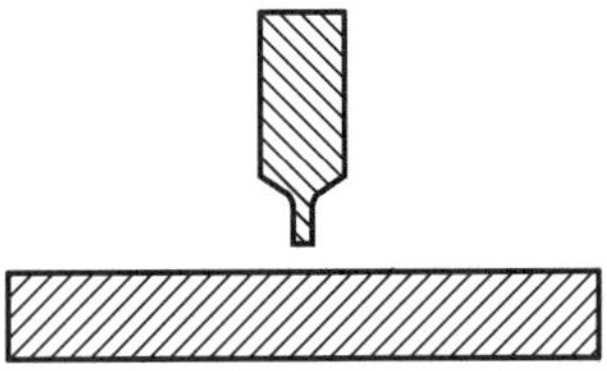	

表 **2-1-2**(续 2)

接头类型	坡口名称	坡口形式	适用范围
角接接头	I 形坡口	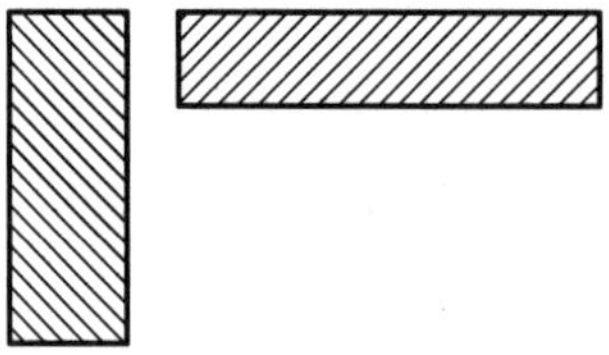	开坡口的角接接头在焊接结构中较少采用
	Y 形坡口	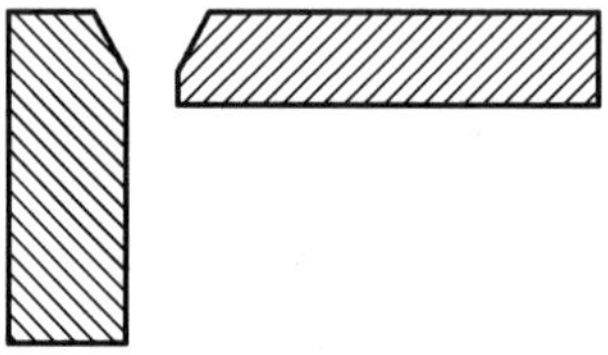	
	带钝边单边 V 形坡口	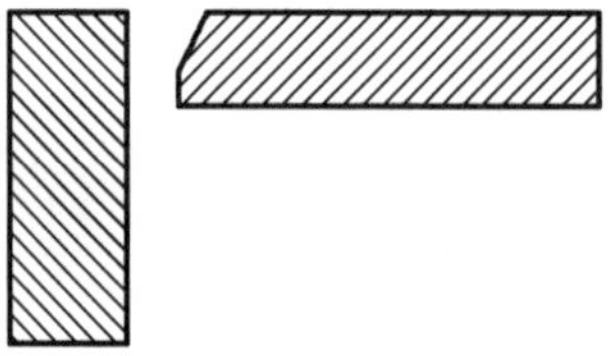	
	K 形坡口	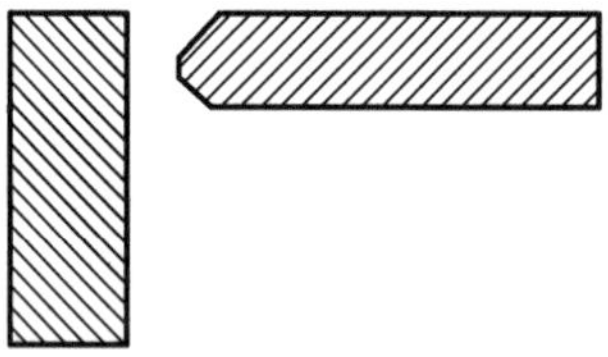	
搭接接头	I 形坡口(不开坡口)	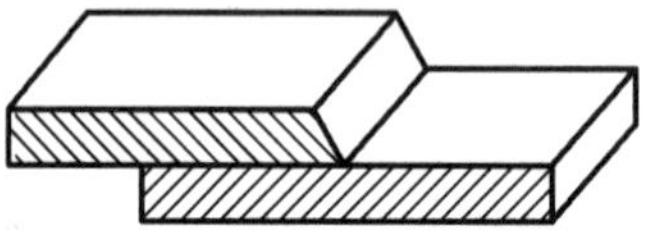	一般用于厚度为 12 mm 以下钢板,其重叠部分一般为 3~5 倍板厚,只用在不重要的结构中
	圆孔内塞焊坡口	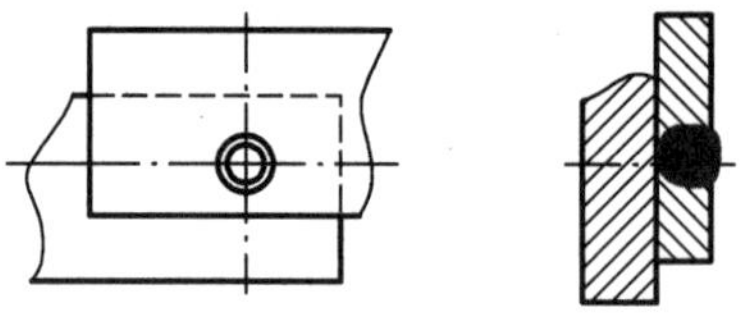	圆孔内塞焊缝的最小中心间隔应为孔径的 4 倍
	长孔内角焊坡口	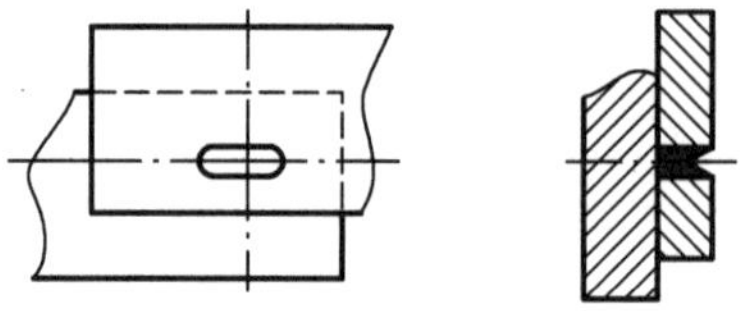	槽焊缝的纵向最小间距应为槽孔长度的 2 倍,垂直于槽孔长度方向的两排槽孔的最小间距应为槽孔宽度的 4 倍

(2)组合型坡口

组合型坡口由两种或两种以上基本型坡口组成,包括 VY 形坡口、UY 形坡口、双 Y 形坡口、双 V 形坡口、带钝边双 U 形坡口、带钝边单边 V 形坡口、K 形坡口等。

(3)特殊型坡口

特殊型坡口是不属于基本型又不同于组合型的形状特殊的坡口,如卷边坡口、带垫板坡口、锁边坡口、圆孔内塞焊坡口、长孔内角焊坡口等。

2. 坡口尺寸

坡口尺寸主要包括坡口角度、坡口面角度、根部间隙、钝边、根部半径等。坡口的几何尺寸如图 2-1-2 所示。

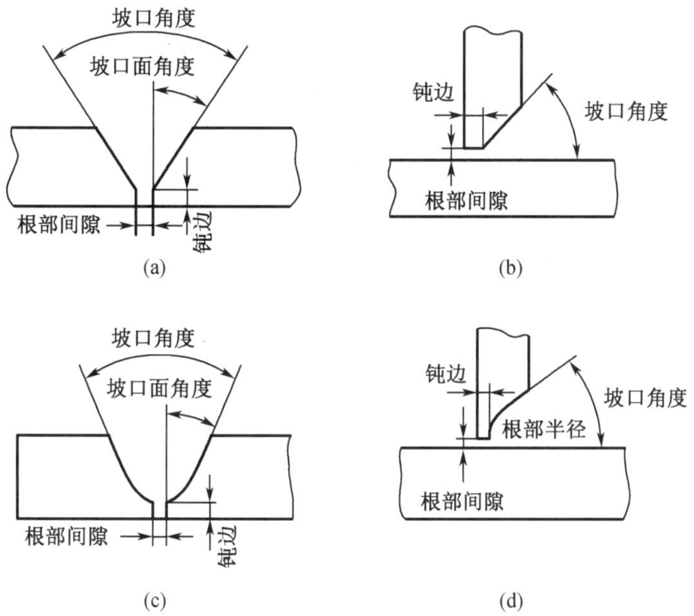

图 2-1-2　坡口的几何尺寸

钝边是为了防止烧穿,钝边尺寸要保证第一层焊缝焊透。根部间隙在打底焊时,能保证根部焊透。坡口角度的作用是使电弧能深入焊缝的根部,保证钝边焊透,且便于清渣,以获得外形美观的焊缝。坡口角度是影响焊缝成形、焊接稀释率、熔合区形状的一个重要焊接工艺因素,甚至还影响焊接电弧的稳定性。

3. 坡口角度对电弧焊的影响

(1)电弧到达位置

焊条焊丝只要接触到被焊工件产生短路就会形成电弧开始熔化。但是,开有坡口焊缝的焊接,在坡口夹角大小不同的焊缝里,焊条焊丝端部所伸到坡口内的位置是不同的。夹角大,焊丝端部离坡口根部近;夹角小,焊丝端部离坡口根部远。也就是说,开有 V 形或 Y 形坡口的焊缝,焊条焊丝通过在坡口斜坡面随着坡口夹角大小的变化所接触到不同的点产生短路。而没有坡口的拼板对接焊缝,焊丝端部是在钢板平面接触产生电弧开始熔化。

由于电弧是由电压控制的,电弧长度与电压成正比,随着电压的变化而变化,在电流电压一定的情况下,电弧的形状是不变的,会随着坡口角度的大小而上下移动,不会发生左右移动。坡口角度越小,电弧为保持原来形状,电弧上移,电弧距离坡口根部就越远;反之,坡口角度越大,电弧为保持原来形状,电弧下移,这个距离就越近。改变坡口角度,电弧所能到达坡口根部的距离明显不同。

(2)穿透深度

在焊接电流、电压不变的前提下,坡口角度大小不同,熔深差距很小,但未融合深度差距很大,穿透深度差距也很大。坡口角度越大,未融合深度越小,穿透深度越大。穿透深度过大,如果不扣槽清根再焊接,则焊接质量难以得到保证;如果扣槽清根,会大大增加工作量,且增加生产成本。坡口角度越小,未融合深度越大,穿透深度越小,填充金属越易堆积于表面。

穿透深度是随着坡口角度大小的变化而变化的,30°~45°坡口形成了负数,50°正好为零,随着坡口角度的加大,穿透深度也随着加大直至焊穿。同时,随着坡口角度由小变大,电弧至根部距离由大变小,未融合深度也由大变小,而穿透深度由小变大。因此,角度减小,钝边需要随着减小甚至不留钝边,角度加大,钝边也要适当地加大,角度大小与钝边成正比。45°以下角度坡口,需减小钝边厚度来保证焊缝质量,但是角变形较难控制。70°以上角度坡口虽然能充分焊透,但是存在浪费材料和延长工期等问题。恰到好处的坡口角度,即达到理想焊缝质量要求的坡口角度为50°~60°。

4. 坡口加工方法

生产中实用的坡口加工方法有很多种,主要根据焊件的尺寸、形状及加工条件来确定,表2-1-3是几种常用的坡口加工方法。坡口加工质量对焊接过程有很大影响,应符合图样或技术条件要求。

表2-1-3 几种常用的坡口加工方法

加工方法大类	方法名称	适用范围
机械加工	剪切	用剪板机剪切加工,常用于I形坡口。由于采用剪切加工的坡口面有喇叭口和飞边,一般经剪切后需进行切削加工
	车削加工	用车床加工,适用于管子加工
	刨削	用刨床或刨边机加工,常用于板件加工
	铲削或磨削	用手工或风动、电动工具铲削或使用砂轮机(或角向磨光机)磨削加工。此类方法效率较低,多用于焊接缺陷返修部位的开槽
	坡口机加工	用开坡口的专业机器加工。钢板坡口机和平板铣边机主要针对板材进行坡口工作,部分坡口机可附带管件坡口加工功能。便携式、台式管道坡口机主要用于在现场对管道进行坡口加工
热切割	火焰切割	用氧-乙炔(丙烷)火焰手工切割或自动切割机切割,可以加工I形、V形、X形和K形坡口,是生产中切割碳钢和低合金钢材料坡口的基本方法
	碳弧气刨	刨削面精度不高,且噪声大、污染严重,所以主要用于清根时的开槽,效率较高;另一个主要用途是去除有缺陷的焊缝,用于焊缝返修

5. 坡口选择原则

为获得高质量的焊接接头，应选择合适的坡口形式。坡口的选择主要取决于母材厚度、焊接方法和工艺要求。选择时，应注意以下问题：

a. 能够保证工件焊透且便于焊接操作；

b. 坡口形状容易加工；

c. 尽可能提高焊接生产效率；

d. 焊后应力和变形尽可能小。

知识点 3 焊接位置

在焊接工艺规程中有一项“焊接位置”的描述（表 2-1-4）。

1. 焊接位置的定义与参数

表 2-1-4 预焊接工艺规程

焊接位置：

对接焊缝位置 1G

立焊焊接方向（向上、向下） /

角焊缝位置 /

立焊焊接方向（向上、向下） /

焊后热处理：

温度范围 /

保温时间 /

预热：

最小预热温度/℃ /

最大层间温度/℃ /

保持预热时间 /

加热方式 /

保护气体：

	气体种类	混合比%	流量/(L/min)
保护气	Ar	99.99	12~16
尾部保护气	/	/	/
背面保护气	Ar	99.99	12~16

电特性：

电流种类 DC 极性 DCEN

焊接电流范围/A GTAW：90~120 SMAV：120~135

电弧电压/V GTAW：12~16 SM A W：22~26

（按所焊位置和厚度，分别列出电流和电压范围，记入下表）

焊道/焊层	焊接方法	填充材料		焊接电流		电弧电压/V	焊接速度/(cm/min)	线能量/(kJ/cm)
		牌(型)号	直径/mm	极性	电流/A			
1	GTAW	S310	2.0	DCEN	90~110	12~16	8~12	/
2	GTAW	S310	2.0	DCEN	110~120	12~16	8~12	/
3	SMAW	A402	3.2	DCEP	120~135	22~26	10~14	/
4~5	SMAW	A402	3.2	DCEP	120~135	22~26	10~14	/

表 2-1-4(续)

钨极类型及尺寸 WT20ϕ3.2	喷嘴直径/mm 10
熔滴过渡形式 /	焊丝送进速度/(m/min) /

技术措施

摆动焊或不摆动焊 不摆动	摆动参数/mm /
焊前清理和层间清理 刷、打磨	背面清根方法 /
单道焊或多道焊(每面) 多道	单丝焊或多丝焊 单丝
导电嘴至工件距离/mm /	捶击: 无

编制		审核		批准	

根据 GB/T 3375—94《焊接术语》规定,焊接位置是指熔焊时焊件接缝所处的空间位置,有平焊、立焊、横焊和仰焊等位置。平焊最易保证焊接质量,横焊次之,立焊又次之,仰焊最难保证质量,应尽量避免。焊接位置可用焊缝倾角和焊缝转角来表示,如图 2-1-3 所示。

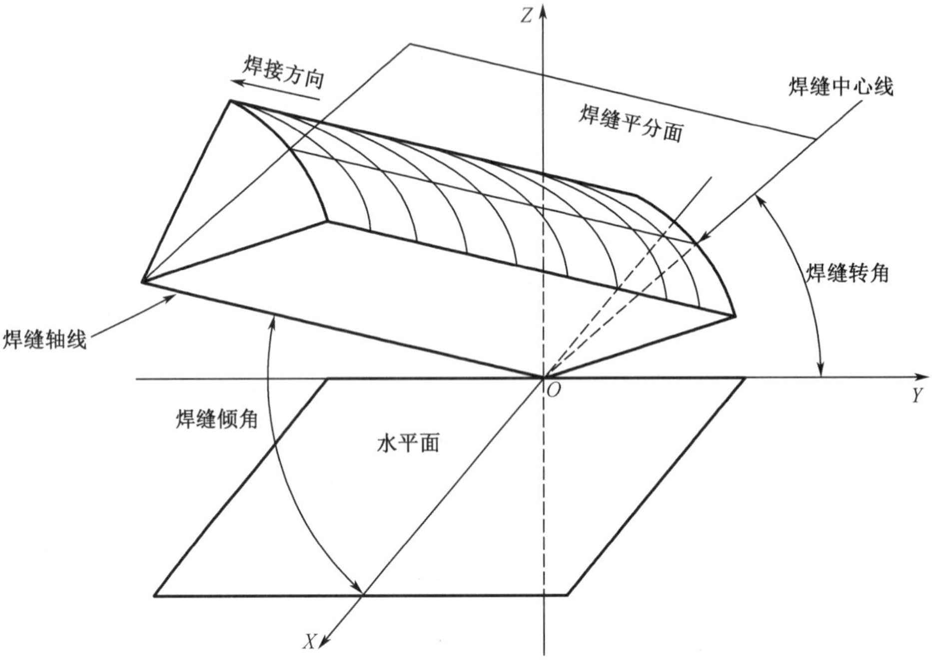

图 2-1-3 焊接位置焊缝角度示意图

焊缝倾角:焊缝轴线与水平参照面 X 轴之间的夹角。

焊缝转角:焊缝中心线(焊根和盖面层中心连线)与水平参照面 Y 轴之间的夹角。

我国焊接工艺标准与美国机械工程师学会(ASME)的焊接工艺规程(WPS)中的焊接位置的名称对应如图 2-1-4 所示。

2. 焊接位置的形式

常见的焊接位置见表 2-1-5。

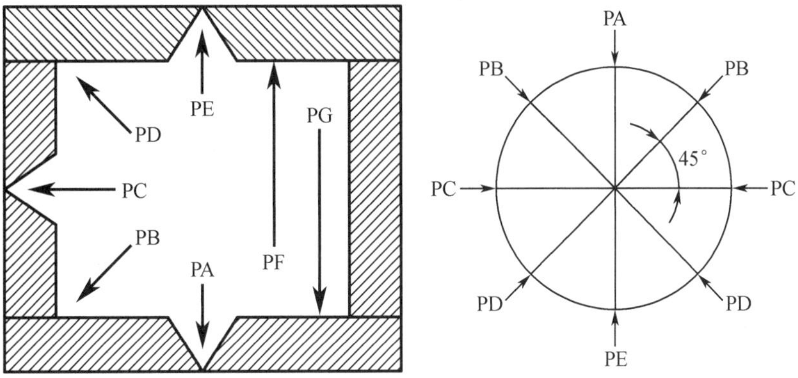

(a) (b)

图 2-1-4 焊接位置名称

表 2-1-5 常见的焊接位置

试件形式	焊接位置	示意图	代号
板-板对接	平焊位置	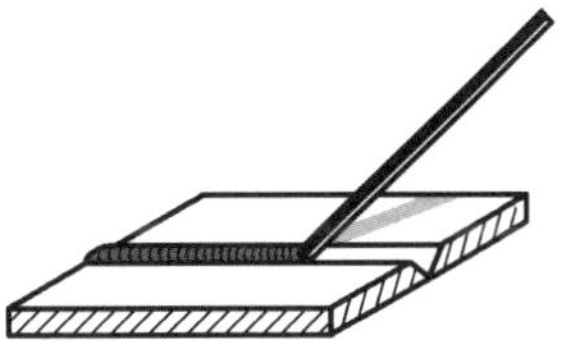	PA ASME:1G
	立向上焊位置	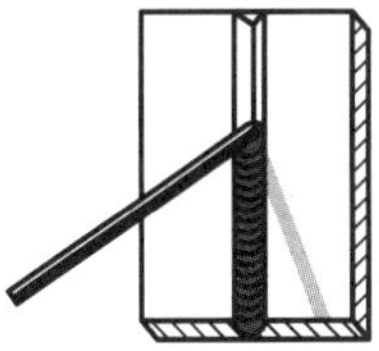	PF ASME:3Gu
	立向下焊位置	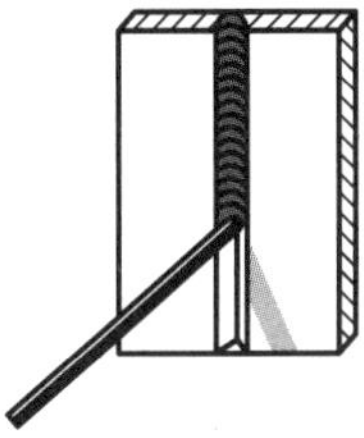	PG ASME:3Gd
	横焊位置		PC ASME:2G
	仰焊位置	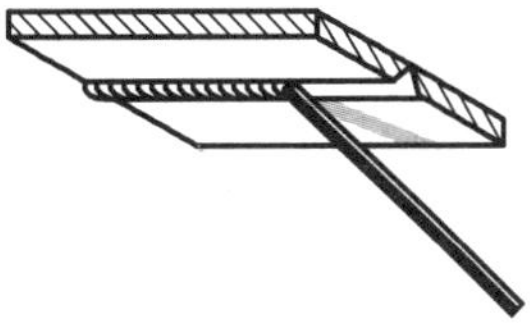	PE ASME:4G

表 2-1-5(续 1)

试件形式	焊接位置	示意图	代号
板-板角接	平焊位置 (船形焊)		PA ASME:1F
	横焊位置		PB ASME:2F
	立向上焊位置	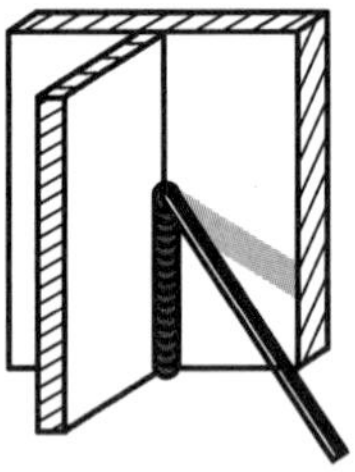	PF ASME:3Fu
	立向下焊位置	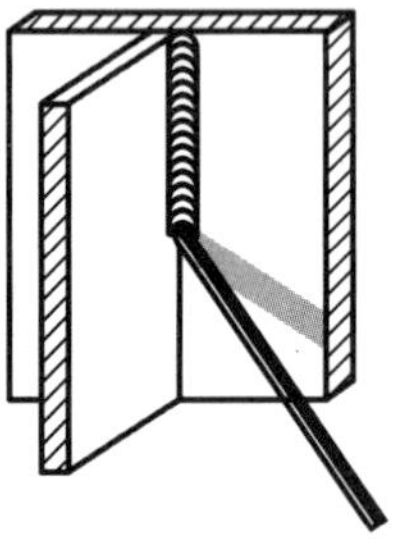	PG ASME:3Fd
	仰焊位置	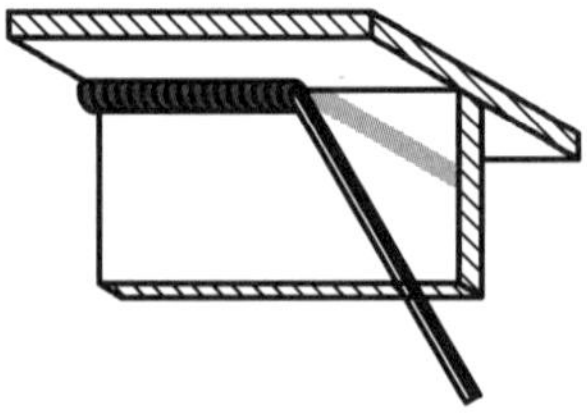	PD ASME:4F

表 2-1-5(续 2)

试件形式	焊接位置	示意图	代号
管-管对接	水平转动	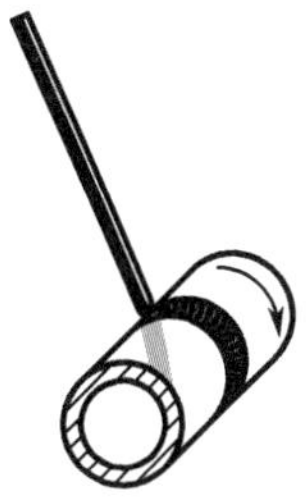	PA ASME:1G
	水平固定 (向上焊)		PF ASME:5Gu
	水平固定 (向下焊)		PG ASME:5Gd
	垂直固定		PC ASME:2G
	45°固定		H-L045 ASME:6G

表 2-1-5(续 3)

试件形式	焊接位置	示意图	代号
管-板角接	水平转动	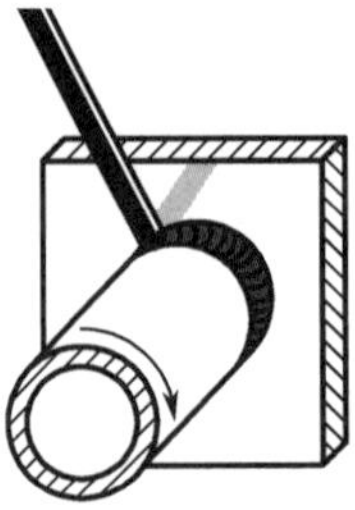	PB ASME:2F
	垂直固定平焊		PB ASME:2F
	垂直固定仰焊	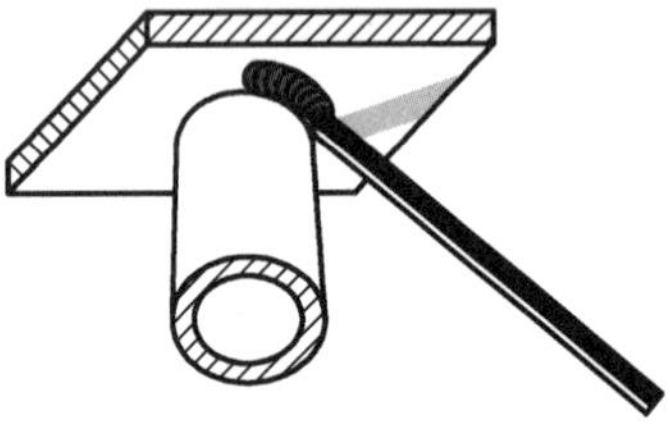	PD ASME:4F
	水平固定 (向上焊)	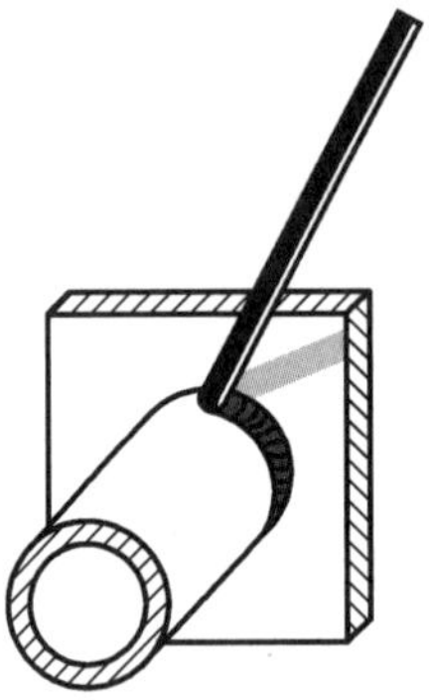	PF ASME:5Fu
	水平固定 (向下焊)		PG ASME:5Fd

注:本表中的焊接位置代号是根据 EN 287/EN ISO 6947:1997 及 ASME 规范第Ⅸ卷规定。

知识点 4　焊缝标注与识读

焊接装配图是重要的焊接工艺文件之一，在焊接施工图样中，需要标注出焊缝的基本形式和尺寸等，如图 2-1-5 所示。

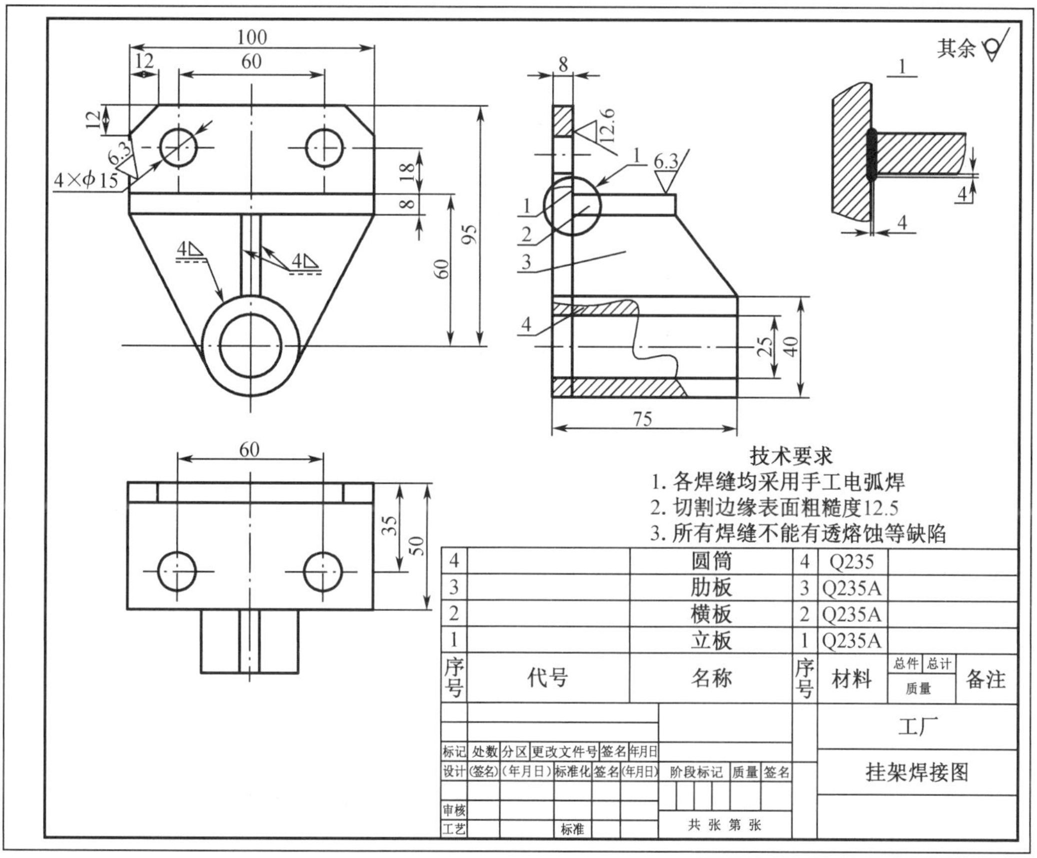

图 2-1-5　挂架的焊接装配图

1. 焊缝标注方法

图样上焊缝有两种表示方法，即符号法和图示法，如图 2-1-6 所示。焊缝标注以符号标注法为主，在必要时允许辅以图示法。

符号法：通过焊缝符号和指引线表明焊缝形式和尺寸的标注方法。图 2-1-6(a) 标注含义是：角焊接，焊缝高度为 10 mm。下面的带板符号表示参照基准为底面平行。

图示法：比如用连续或断续的粗线表示连续或断续焊缝；在需要时绘制焊缝局部剖视图或放大图表示焊缝剖面形状；用细实线绘制焊前坡口形状等。

2. 焊缝符号国家标准

焊缝符号是一种工程语言，能简单明了地在图纸上说明焊缝的形状、几何尺寸和焊接方法。焊缝符号可以表示：

a. 所焊焊缝的位置。

b. 焊缝横截面形状（坡口形状）及坡口尺寸。

(a) 符号法　　(b) 图示法

图 2-1-6　焊缝的表示方法

c. 焊缝表面形状特征。

d. 焊缝某些特征或其他要求。

我国现行的焊缝符号国家标准是 GB/T 324—2008《焊缝符号表示法》。

(1)符号标注法的要素

焊缝符号标注中有许多要素,其中指引线[图 2-1-7(a)]和焊缝基本符号[图 2-1-7(b)]构成了焊缝的基本要素,属于必须标注的内容。除焊缝基本要素之外,在必要时还应加注其他辅助要素,如辅助符号、补充符号、焊缝尺寸符号及焊接工艺等内容,如图 2-1-7(c)所示。

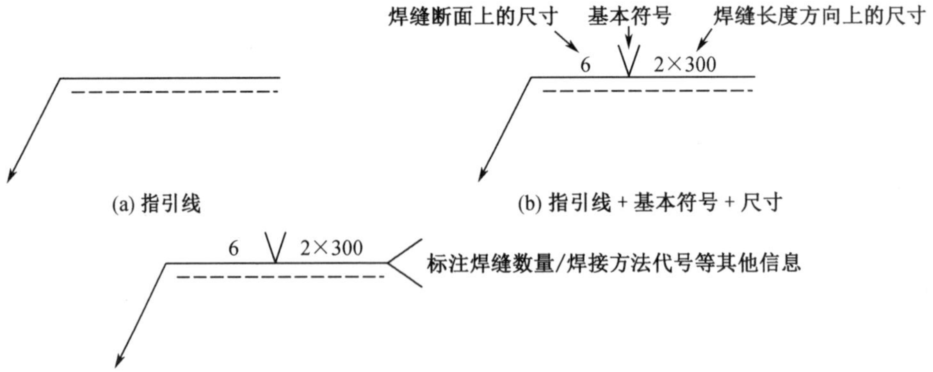

(a) 指引线　　(b) 指引线 + 基本符号 + 尺寸

(c) 指引线 + 基本符号 + 尺寸 + 补充符号及信息(此处的补充符号位为尾注符号)

图 2-1-7　焊缝符号图

注:

a. 指引线,有多种表示方式,见后面详细内容。

b. 基本符号,包含很多种,详见基本符号表。

c. 补充符号,包含很多种,详见补充符号表。

d. 尺寸标注,焊缝及坡口尺寸很多,详见焊缝尺寸标注规则。

(2)指引线及其标注

指引线由箭头线和基准线组成。基准线有实线基准线和虚线基准线。虚线基准线可画在实线基准线的上方或下方,如图 2-1-8 所示。

箭头可指向接头侧和非接头侧。如图 2-1-9 所示,焊缝在箭头侧,焊缝基本符号及尺寸标注在实线基准线上;焊缝在非箭头侧,焊缝基本符号及尺寸标注在虚线基准线上。标注双面或对称焊缝时可不加虚线。

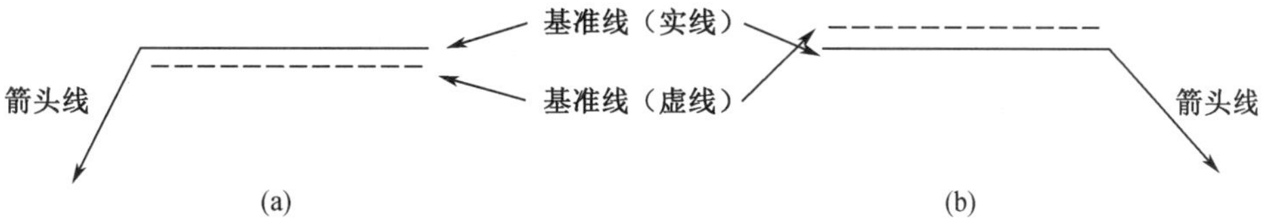

图 2-1-8 指引线样式

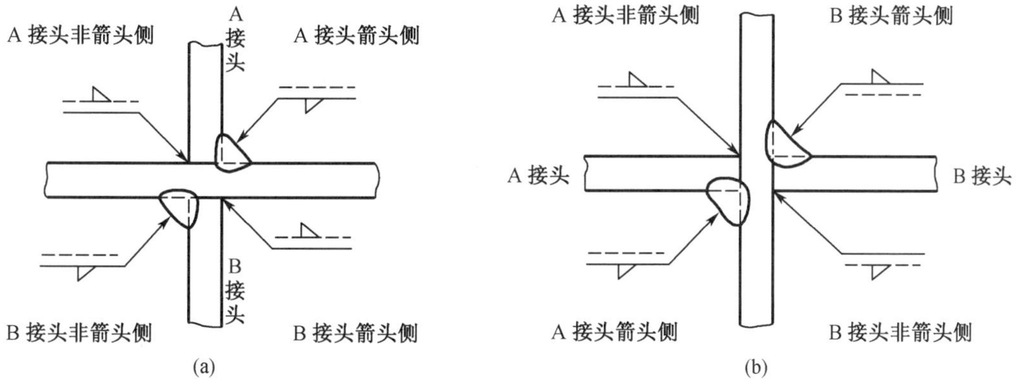

图 2-1-9 标注示例

(3)基本符号

基本符号表示焊缝横截面的基本形式或特征,具体见表 2-1-6。

表 2-1-6 焊缝基本符号

序号	名称	示意图	符号
1	I 形焊缝		
2	V 形焊缝		
3	单边 V 形焊缝		
4	带钝边 V 形焊缝		

表 2-1-6(续 1)

序号	名称	示意图	符号
5	带钝边单边 V 形焊缝	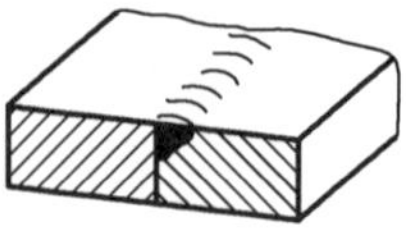	
6	带钝边 U 形焊缝	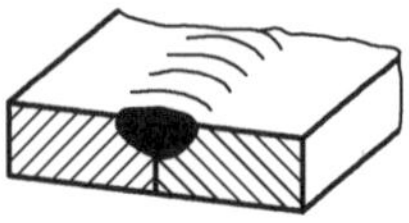	
7	带钝边单边 U 形焊缝	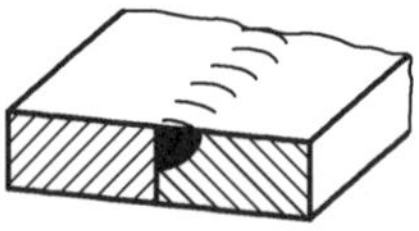	
8	封底焊缝	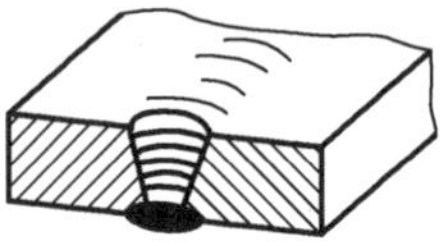	
9	角焊缝	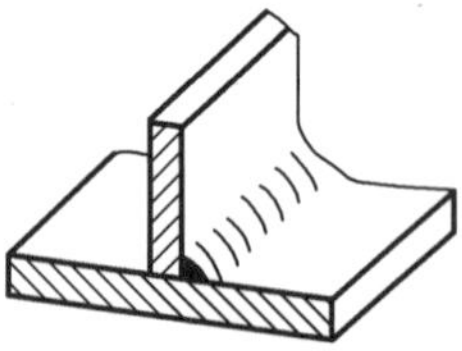	
10	塞焊缝或槽焊缝		
11	点焊缝	 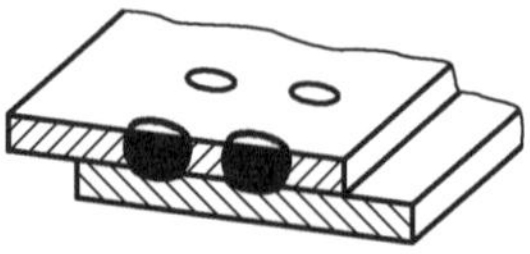	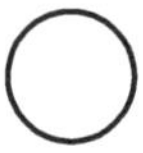

表 2-1-6(续 2)

序号	名称	示意图	符号
12	缝焊缝	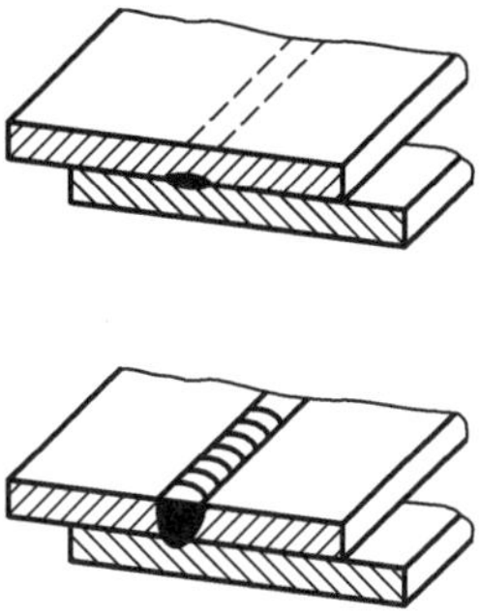	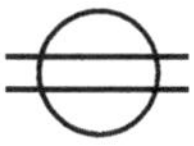
13	陡边 V 形焊缝	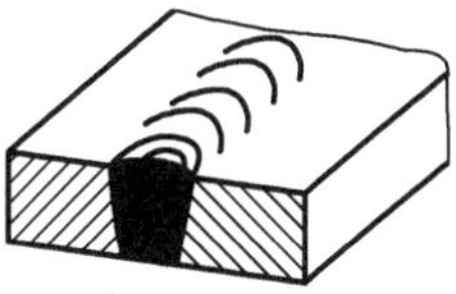	
14	陡边单 V 形焊缝	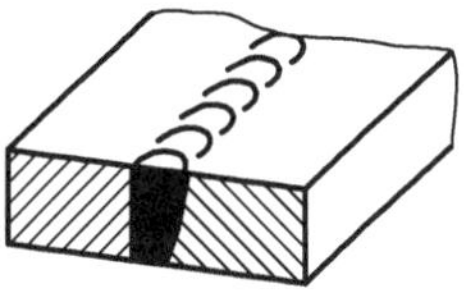	
15	端焊缝	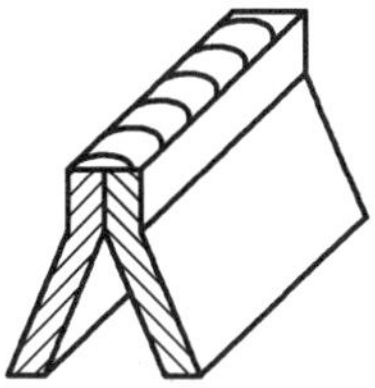	
16	堆焊缝	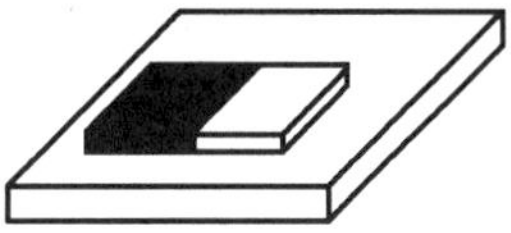	
17	卷边焊缝 (卷边完全熔化)		

表 2-1-6(续 3)

序号	名称	示意图	符号
18	平面连接(钎焊)	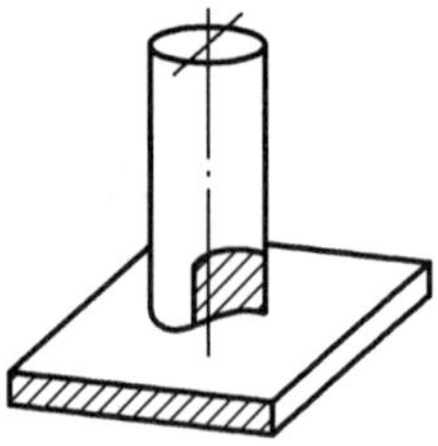 	=
19	斜面连接(钎焊)	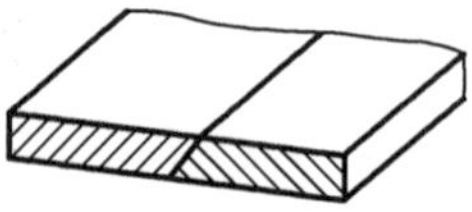	//
20	折叠连接(钎焊)		

标注双面焊焊缝或接头时,基本符号可以组合使用,见表 2-1-7。

表 2-1-7　焊缝基本符号组合

序号	名称	示意图	符号
1	双面 V 形焊缝	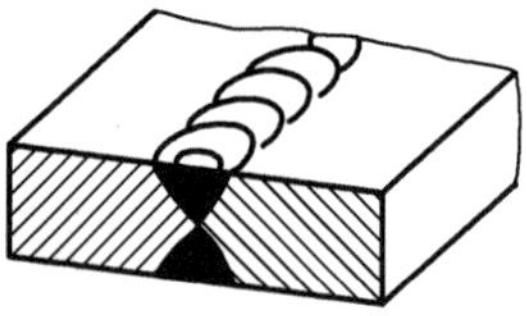	X
2	双面单边 V 形焊缝	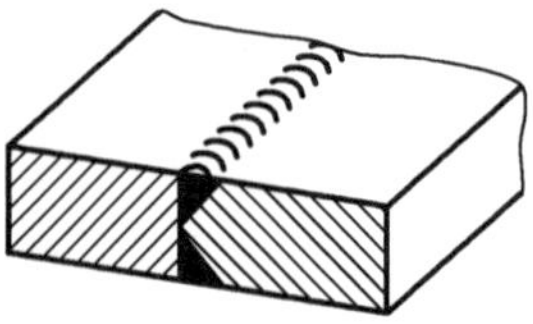	K

表 2-1-7(续)

序号	名称	示意图	符号
3	双面带钝边 V 形焊缝		
4	双面带钝边单边 V 形焊缝	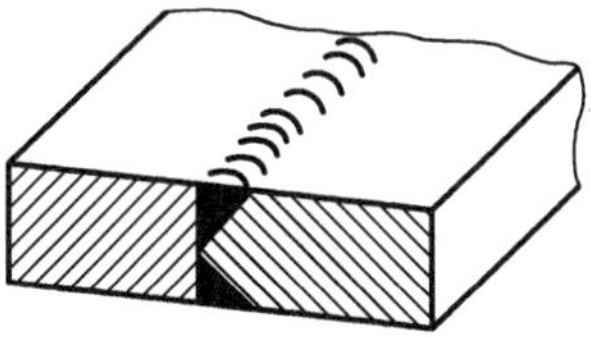	
5	双面 U 形焊缝	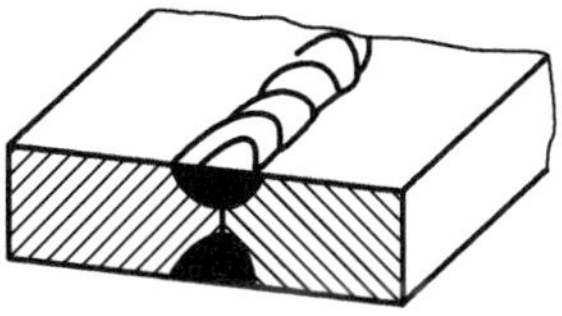	

(4)补充符号

补充符号用来补充说明有关焊缝或接头的某些特征，诸如表面形状、衬垫、焊缝分布、施焊地点等，见表 2-1-8。

表 2-1-8 焊缝补充符号

序号	名称	符号	说明
1	平面		焊缝表面通常经过加工后平整
2	凹面		焊缝表面凹陷
3	凸面		焊缝表面凸起
4	圆滑过渡		焊趾处圆滑过渡
5	永久衬垫	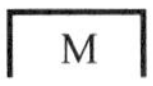	衬垫永久保留

表 2-1-8(续)

序号	名称	符号	说明
6	临时衬垫	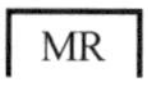	衬垫在焊接完成后拆除
7	三面焊缝		三面带有焊缝
8	周围焊缝		沿着焊件周边施焊的焊缝, 标注位置为箭头与基准线的交点处
9	现场焊缝		在现场焊接的焊缝, 标注位置为箭头与基准线的交点处
10	尾部		可以表示所需的信息。 当尾部需标注的内容较多时,可参照下列顺序排列: ①相同焊缝数量。 ②焊接方法代号(按照 GB/T 5185—2005 规定)。 ③缺欠质量等级(按照 GB/T 19418—2003 规定)。 ④焊接位置(按照 GB/T 16672—1996 规定)。 ⑤焊接材料。 ⑥其他。 每项之间用"/"分开

(5)尺寸及标注

必要时,可以在焊缝符号中标注尺寸。焊缝及坡口的尺寸组成和符号见表 2-1-9。

表 2-1-9 焊缝及坡口的尺寸组成和符号

符号	名称	示意图	符号	名称	示意图
δ	焊件厚度	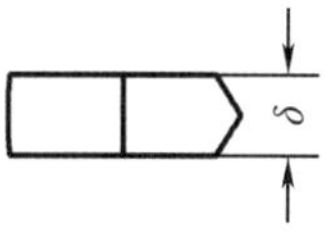	c	焊缝宽度	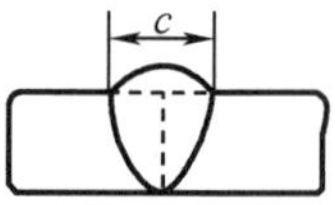
α	坡口角度	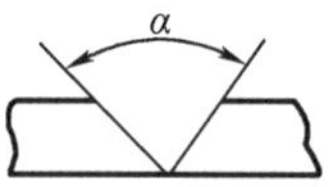	K	焊脚尺寸	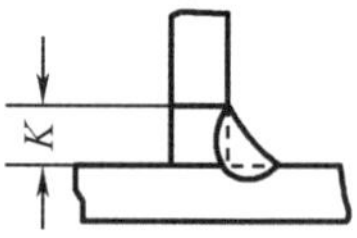
β	坡口面角度	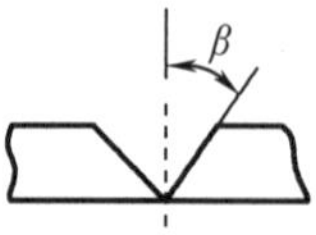	d	点焊:熔核直径 塞焊:孔径	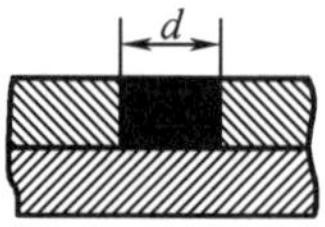

表 2-1-9(续)

符号	名称	示意图	符号	名称	示意图
b	根部间隙	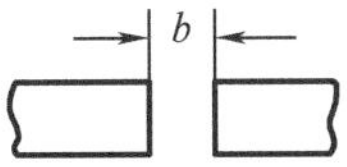	n	焊缝段数	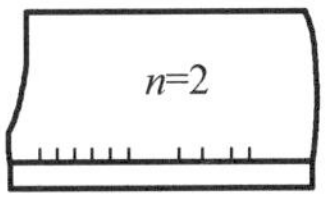
P	钝边	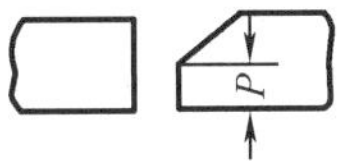	l	焊缝长度	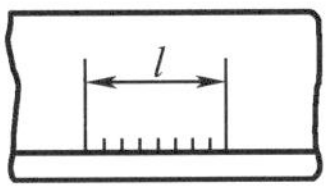
R	根部半径	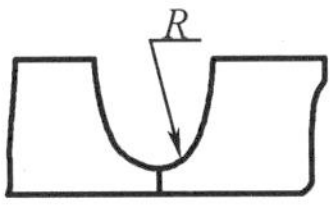	e	焊缝间距	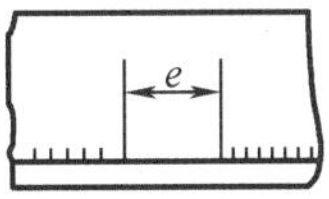
H	坡口深度	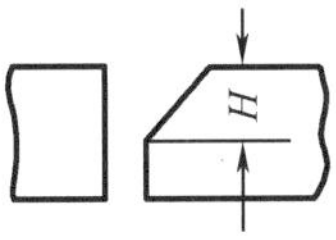	N	相同焊缝数量	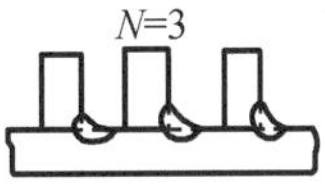
S	焊缝有效厚度	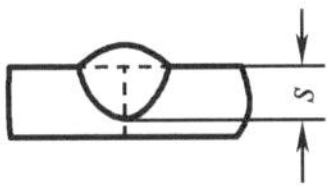	h	余高	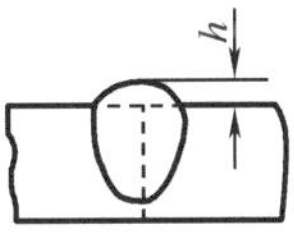

①焊缝尺寸标注原则

a. 焊缝横截面上的尺寸标在基本符号的左侧。

b. 焊缝长度方向尺寸标在基本符号的右侧。

c. 坡口角度、坡口面角度、根部间隙等尺寸标在基本符号的上侧或下侧。

d. 相同焊缝数量符号标在尾部。

e. 当需要标注的尺寸数据较多又不易分辨时,可在数据前面增加相应的尺寸符号。

当箭头线方向变化时,上述原则不变,如图 2-1-10 所示。

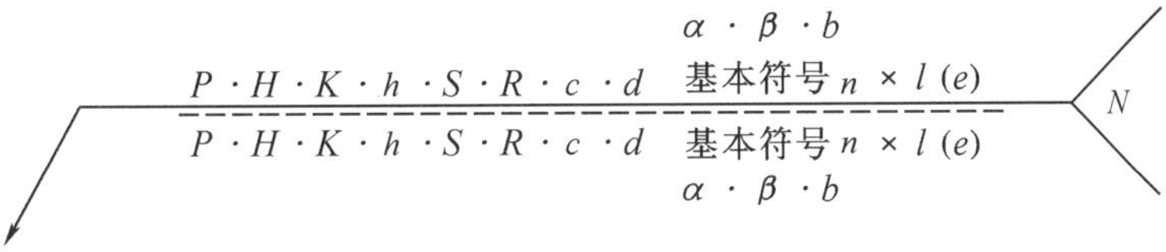

图 2-1-10 焊缝尺寸标注原则示意图

②焊缝尺寸的其他规定

a. 确定焊缝位置的尺寸不在焊缝符号中标注,应将其标注在图样上。

b. 在基本符号的右侧无任何尺寸标注又无其他说明时,说明焊缝在工件的整个长度方向是连续的。

c. 在基本符号的左侧无任何尺寸标注又无其他说明时,说明对接焊缝应完全焊透。

d. 塞焊缝、槽焊缝带有斜边时,应标注其底部尺寸。

3. 焊缝符号其他常见标准

除了国家焊缝符号标准 GB/T 324—2008《焊缝符号表示法》外,生产中常用的焊缝符号标准还有国际标准 ISO 2553:2019、美国焊接学会标准 AWS A2.4:2007 等。

知识点 5 焊条电弧焊工艺参数及优缺点

在焊接工艺规程中有一项"电特性"的描述(表 2-1-10)。我们在前面学习电弧和弧焊电源时,已经了解了电弧的静特性、动特性以及弧焊电源的外特性等电特性,那么,在具体的焊接中,需要采用的焊接电流、电弧电压怎么确定?

表 2-1-10 焊接工艺规程示例

焊接位置: 对接焊缝位置 / 立焊焊接方向(向上、向下) / 角焊缝位置 / 立焊焊接方向 /	**焊后热处理:** 温度范围 / 保温时间 /
预热: 最小预热温度/℃ / 最大层间温度/℃ / 保持预热时间 / 加热方式 /	**保护气体:** 气体种类 混合比/% 流量/(L/min) 保护气 Ar 99.99 12~16 尾部保护气 / / / 背面保护气 Ar 99.99 12~16

电特性:

电流种类 DC 极性 DCEN

焊接电流范围/A GTAW:90~120 SMAV:120~135

电弧电压/V GTAW:12~16 SMAW:22~26

(按所焊位置和厚度,分别列出电流和电压范围,记入下表)

焊道/焊层	焊接方法	填充材料		焊接电流		电弧电压/V	焊接速度/(cm/min)	线能量/(kJ/cm)
		牌(型)号	直径/mm	极性	电流/A			
1	GTAW	S310	2.0	DCEN	90~110	12~16	8~12	/
2	GTAW	S310	2.0	DCEN	110~120	12~16	8~12	/
3	SMAW	A402	3.2	DCEP	120~135	22~26	10~14	/
4-5	SMAW	A402	3.2	DCEP	120~135	22~26	10~14	/
钨极类型及尺寸	WT20φ3.2			喷嘴直径/mm	10			

焊接参数是焊接时为保证焊接质量而选定的各物理量(如焊接电流、电弧电压、焊接速度等)的总称。

焊条电弧焊的焊接参数主要包括焊条直径、焊接电流、电弧电压、焊接速度、焊接层数等。焊接参数选择得正确与否,直接影响焊缝的形状、尺寸、焊接质量和生产效率。因此,选择合适的焊接参数是焊接生产中十分重要的一个环节。

1. 工艺参数

(1)焊条直径

在生产中,为了提高生产效率,应尽可能选用直径较大的焊条,但是,如用直径过大的焊条进行焊接,会造成未焊透或焊缝成形不良,因此,必须正确选择焊条的直径。焊条直径的选择与下列因素有关。

①焊件厚度

厚度较大的焊件应选用直径较大的焊条;反之,薄焊件应选用直径较小的焊条。焊条直径与焊件厚度之间的关系见表 2-1-11。

表 2-1-11 焊条直径与焊件厚度之间的关系 单位:mm

焊件厚度	≤1.5	2	3	4~5	6~12	≥12
焊条直径	1.5	2	3.2	3.2~4	4~5	4~6

②焊缝位置

在板厚相同的条件下,焊接平焊缝所用的焊条直径应比其他位置的大一些,立焊时焊条直径最大不超过 5 mm,而仰焊、横焊时最大直径不超过 4 mm,这样可形成较小的熔池,减少熔化金属的下淌。

③焊接层次

在进行多层焊时,如果第一层焊缝所采用的焊条直径过大,会造成因电弧过长而不能焊透。为了防止根部焊不透,对于多层焊的第一层焊道,应采用直径较小的焊条进行焊接,以后各层可以根据焊件厚度选用直径较大的焊条。

④接头类型

搭接接头、T 形接头因不存在全焊透的问题,所以应选用较大的焊条直径以提高生产效率。

(2)焊接电流

焊接时,流经焊接电路的电流称为焊接电流,其大小直接影响着焊接质量和焊接生产效率。

增大焊接电流能提高生产效率,但电流过大易造成焊缝咬边、烧穿等缺陷,同时增加了金属飞溅,也会使接头的组织产生过热而发生变化;而电流过小则易造成夹渣、未焊透等缺陷,降低焊接接头的力学性能,所以应选择合适的电流。焊接时决定电流强度的因素有很多,如焊条类型、焊条直径、焊件厚度、接头类型、焊缝位置和层数等,但主要影响因素是焊条直径、焊缝位置、焊条类型和焊接层次。

①焊条直径

焊条直径越大,熔化焊条所需要的电弧热量越多,焊接电流也越大。碳钢酸性焊条焊接电流大小与焊条直径的关系,一般可根据下面的经验公式来选择:

$$I_h = (35 \sim 55)d$$

式中 I_h——焊接电流,A;

d——焊条直径,mm。

②焊缝位置

在焊条直径相同的条件下,焊接平焊缝时,由于运条和控制熔池中的熔化金属都比较容易,因此可以选择较大的电流进行焊接。但在其他位置焊接时,为了避免熔化金属从熔池中流出,要使熔池尽可能小些。通常立焊、横焊的焊接电流比平焊的焊接电流小10%~15%,仰焊的焊接电流比平焊的焊接电流小15%~20%。

③焊条类型

当其他条件相同时,碱性焊条使用的焊接电流应比酸性焊条小10%~15%,否则焊缝中易形成气孔。不锈钢焊条使用的焊接电流比碳钢焊条小15%~20%。

④焊接层次

焊接打底层,特别是单面焊双面成形时,为保证背面焊缝质量,常使用较小的焊接电流;焊接填充层时,为了提高效率、保证熔合良好,常使用较大的焊接电流;焊接盖面层时,为防止咬边和保证焊缝成形,使用的焊接电流应比填充层稍小些。

值得注意的是,在实际生产中,焊工一般可根据焊接电流的经验公式或表2-1-12(各种焊条直径所使用电流的参考值表)的参考值先算出一个大概的焊接电流,然后在钢板上进行试焊调整,直至确定合适的焊接电流。在试焊过程中,可根据下述几点来判断所选择的电流是否合适。

表2-1-12 各种焊条直径所使用电流的参考值

焊条直径/mm	1.6	2	2.5	3.2	4	5	6
焊接电流/A	25~40	40~65	50~80	100~130	160~210	200~270	260~300

①看飞溅

电流过大时,电弧吹力大,可看到较大颗粒的铁液向熔池外飞溅,焊接时爆裂声大;电流过小时,电弧吹力小,熔渣和铁液不易分清。

②看焊缝成形

电流过大时,熔深大、焊缝余高低、两侧易产生咬边;电流过小时,焊缝窄而高、熔深浅,且焊缝两侧与母材金属熔合不好;电流适中时,焊缝两侧与母材金属熔合得很好,圆滑过渡。

③看焊条熔化状况

电流过大时,当焊条熔化大半根时,其余部分均已发红;电流过小时,电弧燃烧不稳定,焊条容易粘在焊件上。

(3)电弧电压

焊条电弧焊的电弧电压主要由电弧长度决定。电弧长,则电弧电压高;电弧短,则电弧电压低。在焊接时,电弧电压由焊工根据具体情况灵活掌握。

在焊接过程中,电弧不宜过长,否则会出现下列几种不良现象:

a. 电弧燃烧不稳定、易摆动,电弧热能分散,飞溅增多,造成了金属和电能的浪费。

b. 焊缝厚度小,容易产生咬边、未焊透、焊缝表面高低不平、焊波不均匀等缺陷。

c. 对熔化金属的保护差，空气中氧、氮等有害气体容易侵入，焊缝产生气孔的可能性增加，使焊缝金属的力学性能降低。

在焊接时，应力求使用短弧焊接。所谓短孤，一般认为是焊条直径的 50%～100%，相应的电弧电压为 16～25 V。在立焊、仰焊时，弧长应比平焊时更短一些，以利于熔滴过渡，防止熔化金属下淌。碱性焊条焊接时应比酸性焊条的弧长短些，以利于电弧的稳定和防止产生气孔。

(4)焊接速度

单位时间内完成的焊缝长度称为焊接速度。焊接速度应该均匀适当，既要保证焊透，又要保证不烧穿，同时还要使焊缝宽度和高度符合图样设计要求。

如果焊接速度过慢，使高温停留时间增长，则会使热影响区宽度增加，焊接接头的晶粒变粗、力学性能降低，同时会使变形量增大，焊接较薄的焊件时，则易烧穿。如果焊接速度过快，熔池温度不够，则易造成未焊透、未熔合、焊缝成形不良等缺陷。

焊接速度直接影响焊接生产效率，所以应该在保证焊缝质量的基础上，采用较大的焊条直径和焊接电流，同时根据具体情况适当加快焊接速度，以保证在所获得焊缝高低和宽窄一致的条件下，提高焊接生产效率。

(5)焊接层数

焊道：指每熔敷一次所形成的一条单道焊缝。

焊层：指多层焊时的每一个分层。每个焊层可由一条焊道或数条并排相搭接的焊道组成。

焊层焊道有单层单道焊、单层多道焊和多层焊及多层多道焊。图 2-1-11 所示为多层多道焊。

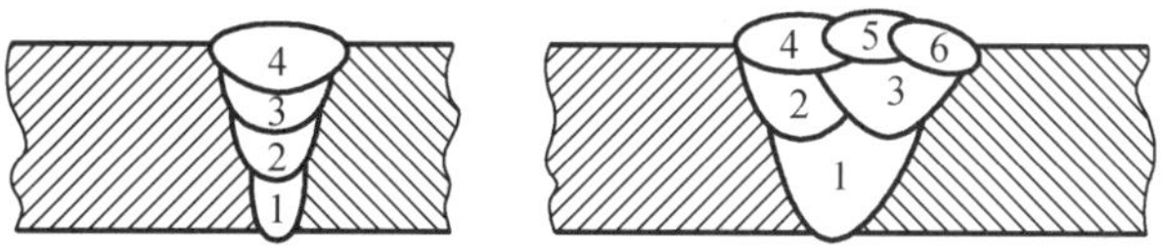

(a)4 层 4 道焊　　(b)3 层 6 道焊

图 2-1-11　多层多道焊示意图

焊接中厚板时，一般要开坡口并采用多层多道焊。对于低碳钢和强度等级低的低合金钢的多层多道焊，每道焊缝的厚度不宜过大，否则对焊缝金属的塑性不利，因此对质量要求较高的焊缝，每层厚度最好不大于 4 mm。同样，每层焊道的厚度不宜过小，否则会因焊接层数增多而不利于提高生产效率。根据实际经验，当每层厚度为焊条直径的 0.8～1.2 倍时，生产效率较高，并且比较容易保证质量和便于操作。

2. 焊条电弧焊的优缺点

(1)焊条电弧焊的优点

①工艺灵活、适应性强

对于不同的焊接位置、接头类型、焊件厚度及焊缝，只要是焊条所能达到的位置，均能进行方便的焊接。对于一些单件、小件、短的、不规则的、空间任意位置的和不易实现机械化焊接的焊缝，焊条电弧焊更机动灵活、便于操作。

②应用范围广

焊条电弧焊的焊条能够与大多数焊件金属的性能相匹配，因而，接头的性能可以达到被焊金属的性能。焊条电弧焊不但能焊接碳钢、低合金钢、不锈钢及耐热钢，而且能焊接铸铁、高合金钢及有色金属等。此外，还可以进行异种钢焊接和各种金属材料的堆焊等。

③易于分散焊接应力和控制焊接变形

由于焊接是局部的不均匀加热,因此焊件在焊接过程中都存在着焊接应力和变形。对于结构复杂而焊缝又比较集中的焊件、长焊缝和大厚度焊件,其应力和变形问题更为突出。采用焊条电弧焊,可以通过改变焊接工艺,如采用跳焊、分段退焊、对称焊等方法,来减少变形和改善焊接应力的分布。

④设备简单、成本较低

焊条电弧焊使用的交流焊机和直流焊机的结构都比较简单, 维护保养也比较方便,设备轻便易于移动,而且焊接过程中不需要辅助气体保护,并具有较强的抗风能力。故投资少,成本相对较低。

(2)焊条电弧焊的缺点

①焊接生产效率低、劳动强度大

由于焊条的长度是一定的,因此每焊完一根焊条后必须停止焊接,更换新的焊条。而且每焊完一个焊道后需要清渣,焊接过程不能连续地进行,所以生产效率低、劳动强度大。

②焊缝质量依赖性强

由于采用手工操作,焊缝质量主要靠焊工的操作技术和经验来保证,因此,焊缝质量在很大程度上依赖于焊工的操作技术及现场发挥,甚至焊工的精神状态也会影响焊缝质量。而且焊条电弧焊不适用于活泼金属、难熔金属及薄板的焊接。

尽管半自动、自动焊在一些领域得到了广泛的应用,有逐步取代焊条电弧焊的趋势,但焊条电弧焊目前仍然是焊接生产中使用最广泛的焊接方法。

实训活动

实训 1　常见焊接接头的焊接坡口问题观察

在虚拟焊接实训车间,对出现的焊接接头,除了坡口外,其他焊接工艺默认合理,观察其坡口形式和焊接状态,根据任务提示回答问题,并调整坡口相关尺寸,改善焊接质量。记录并思考完成表 2-1-13。

表 2-1-13　焊接问题

任务序号	焊接问题	原因分析	调节措施
焊接 1			
焊接 2			
焊接 3			

实训 2　焊缝标注与识读

识读图 2-1-12 的焊接装配图,找出标注的所有焊接符号,并说明每处标注的焊接符号的具体含义。

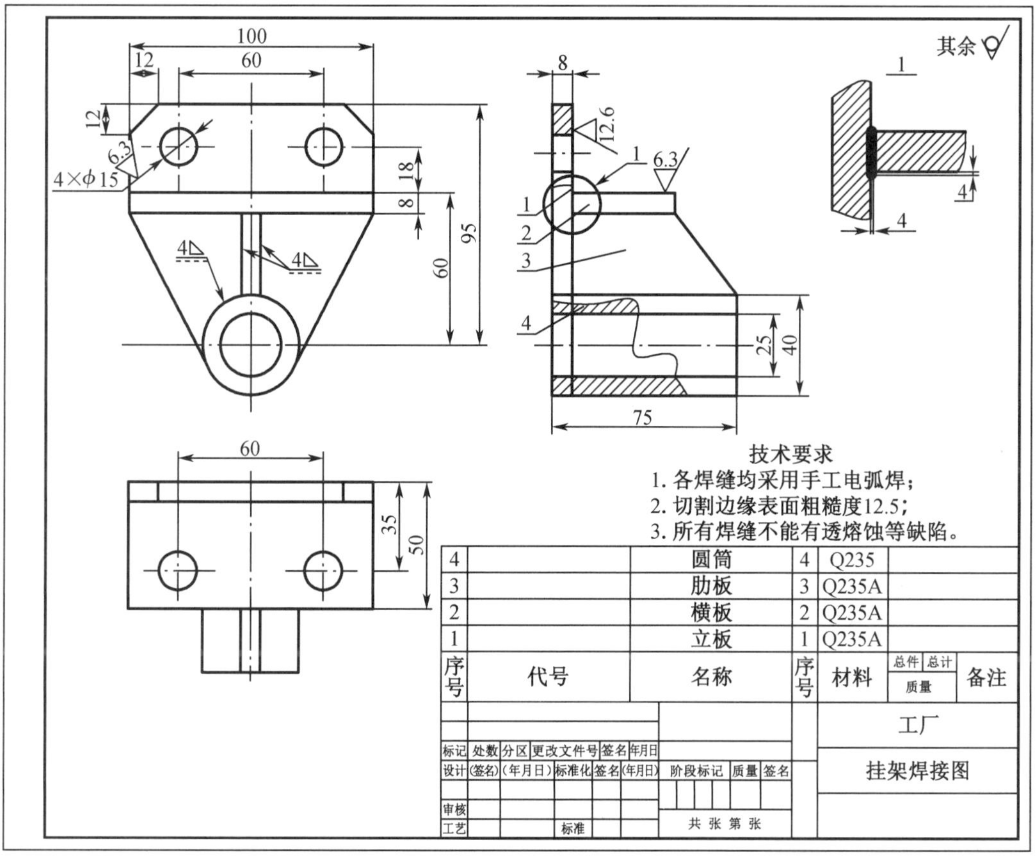

图 2-1-12　焊接装配图

实训 3　焊条电弧焊工艺参数观察

在虚拟实训车间中，如果坡口处理合理，根据出现的焊接现象，判断焊接工艺中的主要问题，观察、思考、记录完成表 2-1-14。

表 2-1-14　焊接主要工艺参数观察分析记录

任务编号	观察到的现象	原因分析
1		
2		
3		
4		

任务 2-2 安全操作规范认知

知识积累

知识点 1 电焊安全操作规范

1. 特性与危害

在焊接作业过程中,焊工与各种易燃易爆气体、压力容器和电机、电器相接触,同时还会产生有毒气体、有害粉尘、弧光辐射、噪声、高频电磁场和射线等,有时要在高空、水下、狭小空间进行工作,这使得焊接现场有可能发生爆炸、火灾、烫伤、中毒(急性中毒)、触电和高空坠落等工伤事故。另外,焊工也可能受尘肺、慢性中毒、血液疾病、电光性眼病和皮肤病等职业病危害。因此,焊接时必须按规定进行防护,规范作业。

2. 电焊安全操作规范

(1)基本要求

• 从事电焊工种工作者,应经过专业安全培训,取得特种作业人员操作证,并定期接受安全教育,方可作业。

• 电焊作业场所应尽可能设置挡光屏蔽,以免弧光伤害周围人员的眼睛。

• 电焊作业点与易燃易爆物相距 10 m 以上,并且焊接现场要配备灭火器。

• 电焊机不准放在高温或潮湿的地方,应放在防雨和通风良好的地方。电焊机、氧气瓶、乙炔气瓶要分开放,距离应不小于 5 m。

• 严禁在易燃易爆、带压力的设备、容器和管道上或盛有易燃、易爆、有毒物的工作物上施焊,焊接带电的设备必须切断电源。

• 禁止焊接悬挂在起重机上的工件和设备。

• 露天作业遇到六级以上大风或大雨时应停止高空作业或焊接作业;雷雨时,应停止露天焊接作业。

• 电焊机必须设置单独的电源开关,禁止两台电焊机同时接在一个电源开关上;不准私自拆接电源线,电焊机电源的装拆应由电工进行。

• 交流弧焊机一次电源线长度应不大于 3 m,电焊机二次线电缆长度应不大于 30 m,二次线接头不得超过 2 个。一、二次接线柱处应加防护罩。所有手把导线与地线不准与氧气、乙炔软管混放。

• 严禁利用建筑物的金属结构、管道、轨道或其他金属物体搭接起来形成焊接回路。

• 电焊机要设单独的开关,开关应放在防雨的闸箱内,拉合时应戴手套侧向操作。

• 接拆电焊机电源线或焊机的修理应由电气保养人员进行,其他人员不得拆修。

• 焊钳、电焊线应经常检查、保养,发现有损坏应及时修好或更换,电焊机外壳必须设有可靠的保护接零,必须定期检查焊机的保护接零线。接线部分不得腐蚀、受潮及松动。

• 焊接过程发现短路现象应先关好焊机,再寻找短路原因,防止焊机烧坏。

• 禁止在易燃、易焊物体上和装载易燃易爆的容器内外进行焊接,若需要焊接,应将容器内外所有残存物清除干净。

• 禁止在可燃粉尘浓度高的环境下进行焊接作业。

(2)防护用品的穿戴

• 使用电焊机必须按规定穿戴防护用品。

• 作业时应该穿戴好必备防护用品,包括防尘毒器具、绝缘鞋、脚盖、口罩、焊工用工作服、工作帽、带有特制滤光镜片的防护面罩或眼镜、电焊手套等。工作服不要束在裤腰里,脚盖应捆在裤脚筒里。

• 严禁穿化纤服、短袖、短裤、凉鞋,女工辫发必须扎在工作帽内。

• 高空作业要戴好安全帽和安全带。

(3)焊接设备、用具及作业环境的检查

• 焊工开始焊接前应认真检查工具、设备是否完好,如对开关、电源线、电缆线、电焊机、电焊机外壳的接地(接零)保护线、电焊钳、焊条等进行检查、测试。不得有松动或虚连。

• 使用焊机前检查电器线路是否完好,二次线圈和外壳接零或接地是否良好,电焊机外壳必须有良好的保护。焊机、导线、焊钳等接点应采用螺栓或螺母拧接牢固。

• 使用焊机前应检查焊机电源线的绝缘是否良好,检查电焊钳柄绝缘是否完好。电焊钳不用时,应放到绝缘体上。

• 电焊机的配电系统开关、漏电保护装置等必须灵敏有效,开关箱内必须装设二次宽载降压保护器,导线绝缘必须良好。检查配电箱,应关闭牢靠,稳压电源指示正确。

• 把线、地线禁止与钢丝绳接触,更不得用脚手架、钢丝绳、铁板等裸露导体或机电设备代替零线。电焊回线不准搭在易燃、易爆管道或机床设备上,焊钳线和回线必须良好。

• 工作前应认真检查四周工作环境是否允许烧焊,确认为正常方可开始工作,操作前必须检查周围是否有易燃、易爆物品,如有,必须移开才能工作。

• 电焊工作台必须装好屏风板,肉眼切勿直视电弧。

• 电焊机的输入、输出线头要接牢固,应有可靠的接地线,焊钳绝缘装置要齐全良好,电焊机工作温度不得超过 60~70 ℃。严格按照焊机铭牌上标示的数据使用焊机。

• 电焊机的一次与二次绕组之间,绕组与铁芯之间,绕组、引线与外壳之间,绝缘电阻均不得低于 0.5 MΩ。

• 作业中注意检查电焊机及调节器,温度超过 60 ℃应冷却。电焊时的二次电压不得偏离 60~80 V;发现故障、电线破损、熔丝一再烧断应停机维修或更换。

(4)焊接过程中的安全规定

• 合闸刀开关时,应左手合闸,人体应偏斜站,头部要在开关的侧面,手套与鞋不得潮湿。开启电开关时要一次推到位,然后开启电焊机;停机时先关焊机再关电源开关。工作时,焊机铁心不应有强烈震动,压紧铁心的螺丝应拧紧。应在空载状态下调节电流,焊机工作时,不允许有长时间短路。

• 注意保护手把线与回线不受机械损伤,手把线、回线需要穿过铁路时,应从轨道下通过。

• 焊接密封容器应打开孔洞设立绝缘保护。

• 在容器内焊接,容器必须可靠接地,通风良好,并应有人监护;应把有害烟尘排出,以防中毒;容器内油漆未干不准施焊;严禁往容器内输入氧气。最少有两人一起工作,一人操作、一人监视保护。

● 在密闭金属容器内施焊时,容器必须可靠接地、通风良好,并应有人监护。

● 施焊地点潮湿时,焊工应站在干燥的绝缘板或胶垫上作业,配合人员应穿绝缘鞋或站在绝缘板或胶垫上作业。

● 在存有有毒物质的场所焊接时,要清除残存物,经化验合格后加强通风方可作业,工作者要戴好防毒口罩,工作场所有专人防护,采取可靠的安全措施。

● 焊接预热工件时,应有石棉布或挡板等隔热措施。

● 当清除焊缝焊渣时,应戴防护眼镜或面罩,头部应避开敲击焊渣飞溅方向,防止铁渣飞溅伤人。

● 采用电弧气刨清根时,应戴防护眼镜或面罩,防止铁渣飞溅伤人。

● 多台焊机在一起同时施焊时,焊接平台或焊件必须接地,并设置防光棚。

● 转动机器设备进行焊接时,必须断电,设立"修理施工、禁止运转"的安全标志或设专人负责看守。

● 在焊接各种胎型及笨重物件时,工件必须放置平稳,两人或两人以上抬放工作物时,动作要协调,以免碰伤手脚。

● 焊接中突然停电,应立即关好电焊机。焊机发生故障或漏电时,应立即切断电源,并联系电气维修人员修理。

● 高处焊接应采取相应的防护措施,工作过程中设专人监护;高空作业要扎好安全带,工作点要牢固,焊条工具等要放好,防止掉下伤人;下边做好安全措施和防火措施,设专人监视,注意行人等安全工作。严禁手持把线爬梯登高。

● 电焊机如有故障或电线破损漏电或保险丝一再烧断时,应停止使用,并报告有关人员修理。

● 移动电焊机或往远处拉线时,必须先切断电源,再行移动;拉动手把线时,要注意防止绊动风动夹具阀门,以防夹具误动伤人。

● 更换场地,移动把线时,应切断电源。更换焊条应戴手套。

● 雨天或厂房漏雨时,应将焊机遮盖好,所有导线、手把线应架在干燥或不导电的建筑物上。

● 焊接笨重工作物需要使用天车时,应严格遵守《起重司索工安全技术操作规程》,检查钢丝绳及吊、卡具是否符合安全要求。吊运时,捆绑牢固、不得倾斜,并应叫周围工作人员让开。

● 在转胎、交车线及其他移动场地上焊接时,要注意安全。

● 接近高压线作业时,必须经安全技术部门同意,并采取必要的安全措施后,方可焊接。

● 仰面焊接时,要扎紧衣领、袖口,防止火花烫伤。

● 直流焊机起动时,必须用星形(Y)接法,待运转正常后,再转至三角形(△)接线进行工作。

● 焊接有锈工作物,进行除锈或清除焊渣药皮时,必须戴好防护眼镜。

● 焊接完的灼热工件,不准放在电线、乙炔橡胶软管及氧气瓶、氧气橡胶软管及安全道上,应放置在规定的或安全的地方。

● 移动焊机时,不准用手把线或其他导线作捆绑绳索使用。

● 在未采取切实可靠的安全措施之前,严禁在火星能飞溅到的用可燃材料作保温层、冷却层、隔音、隔热的部位或地方焊接。

• 焊接盛装过易燃、易爆、有毒的液体或气体的容器(如钢瓶、油箱、槽车等)时,必须用清洗液等清洗干净,确认安全并打开孔盖或留下 30 mm 的出气孔后,方可焊接。

• 在地坑或锅炉容器内部焊接时,应设专人监护;下地坑焊接时,应检查有无有毒气体;禁止在坑内使用瓦斯灯或电压超过 12 V 的照明灯。

• 工作中,不准触摸焊机内部,以免触电; 焊条头不得乱扔,应放在指定的安全地点。

• 进行高处作业时,还应遵守以下规定:

a. 使用的木梯不得有腐朽缺蹬现象,梯子应放置稳固,与地面成 60°~70°夹角;不准两个梯子接在一起使用,不准爬在梯子最上部的两蹬上作业。

b. 挂好安全带。使用的工具应用绳索传递,不准随手上下抛扔。

c. 高处作业处下面 10 m 范围内,不准放易燃、易爆物品,应设监护人员。

d. 高处作业时,焊线应挂在安全可靠处,地面设监护人员。不准将管线缠在身上上下及作业。

(5)电焊作业消防安全规定

• 在存在可燃物的场所以及易燃、易爆气体或液体的扩散区域施焊前应严格办理动火审批手续,做好充分准备后,在规定的时间内、规定的地点进行焊接。

• 施工时,应清除周围的易燃、易爆物品或进行可靠的防护措施。在焊接和切割工作场所,必须有防火设备,如消防栓、灭火器、砂箱以及装满水的水桶等。

• 在已使用过的罐体上进行焊接作业时,必须查明是否有易燃、易爆气体或物料,严禁在未查明之前动火焊接。

• 如附近有与明火作业相抵触的工种在作业(如油漆等)时,严禁焊接。

• 电弧切割或焊接有色金属及表面涂有油品等物件时,作业区环境应良好,人要在上风处。

• 电焊着火时,应先切断焊机电源,再用二氧化碳、1211 干粉等灭火器灭火,禁止使用泡沫灭火器。

• 在有火灾及爆炸危险隐患的场所,一般不得进行焊接作业,需要检修及焊接的设备应拆卸并移到安全地点进行修理焊接。在这些场所焊接时,应严格执行动火制度。要求进行电焊作业的地点要与易燃易爆车间、仓库、油库、气柜、堆垛等保持足够的安全距离,并尽量远离正在生产易燃易爆的装置、设备和管道。

• 重点工程、重点部位的施工应设专人进行看守监护。在重点工程和重点部位进行电弧焊接时,应有科学合理的安全保障措施,技术方案切实可行,并设有专人看护及施工指导,准备好灭火器材,以确保安全施工。

• 施工作业结束后要立即消除火种、彻底清理工作现场,并进行一段时间的监护,确认没有问题后再离开现场,做到不留死角。

(6)作业后的安全注意事项

• 停止作业关闭设备时,要先关电焊机,再拉闸刀开关。

• 电焊结束后,应切断焊机电源,并将电源线及焊接线整理好放在指定地点,将焊机擦拭干净,清扫场地,并检查操作地点,确定没有明火后,方可离去。

• 焊割完的灼热工件应放在安全地点,工作地点溅落的火星应彻底熄灭。

• 下班前将焊机电源切断,焊线绕好,露天的要盖好焊机,并详细检查工作场地,彻底熄灭火种后方可下班。

●做好交接班,并与接班者共同检查安全。

(7)应急措施

●焊机不符合规范要求,应停止作业,自行整改,对不能整改的立即联系安全员或设备员处理。

●一旦发生火灾事故,立即切断电源,使用附近的灭火器进行扑救,并按照事故报告程序逐级或立即报告车间安全员或领导,同时拨打火灾电话;火灾较大时拨打“119”报警电话,启动应急救援预案,组织人员撤离。

●一旦发生触电事故,立即切断电源,使触电人员脱离触电场所,对受伤人员现场组织抢救。同时保护好事故现场,按事故报告程序,逐级或立即报告车间安全员或领导;对触电人员进行现场急救,必要时采取人工呼吸或胸外复苏,并将受伤人员送往周围医院或拨打120救护车。

知识点2 电弧焊安全用电及急救措施

1.防触电常识:安全电压电流与电弧焊电压电流

安全电压是指不使人直接致死或致残的电压,一般环境条件下允许持续接触的“安全特低电压”是36 V。行业规定安全电压为不高于36 V,持续接触安全电压为24 V,安全电流为10 mA。

电击对人体的危害程度,主要取决于通过人体电流的大小和通电时间的长短。电流强度越大,致命危险越大;持续时间越长,死亡的可能性越大。能让人感觉到的最小电流称为感知电流,交流为1 mA,直流为5 mA;人触电后能自己摆脱的最大电流称为摆脱电流,交流为10 mA,直流为50 mA;在较短的时间内危及生命的电流称为致命电流,如100 mA的电流通过人体1 s,足以使人致命。在有防止触电保护装置的情况下,人体允许通过的电流一般可按30 mA考虑。

电弧焊的空载电压一般为50~90 V,焊接电压一般为30 V左右,焊接电流在50~600 A。空载电压高于安全电压,虽然工作电压不高,但工作电流远远大于安全电流。除此以外,电焊的外部供电通常是220 V单相电或380 V三相电,远大于安全电压。因此进行电弧焊作业时,要十分注意防触电保护。

设备接地、电线电缆完好无破损、接线牢固等都是为了避免漏电、触电。

2.触电后急救措施

当发现有人触电时,必须使触电者迅速脱离电源,然后根据触电者的具体情况,进行相应的现场急救。

(1)脱离电源

人在触电后可能由于失去知觉或超过人的摆脱电流而不能自己脱离电源,此时抢救人员不要惊慌,要在保护自己不被触电的情况下使触电者脱离电源。

①脱离低压电源的方法

a.迅速关断电源。触电地点附近有开关或者插头,可立即断开开关或拔掉插头,切断电源,把人从触点处移开(图2-2-1)。

b.电源开关远离触电地点,可用有绝缘柄的电工钳或干燥木柄的斧头分相切断电线,断开电源,但要注意切断电线时人体切不可接触电线裸露部分和触电者。

图 2-2-1 触电后安全处理(迅速关断电源)

c. 电线搭落在触电者身上或被压在身下时,可用干燥的木棒、竹竿、手杖等绝缘工具把电线挑开,挑开的电线要放置好,不要使人再接触(图 2-2-2)。

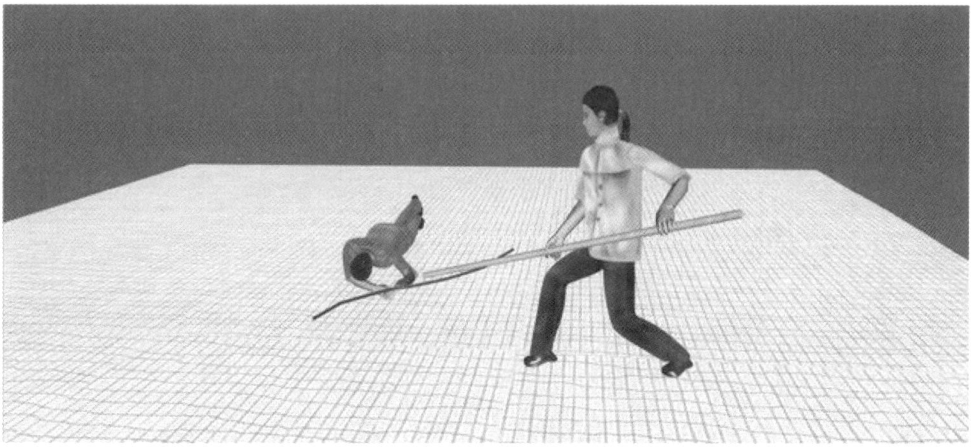

图 2-2-2 触电后安全处理(挑离搭落在触电者身上的电线)

d. 可戴上手套拖拽触电者,若触电者穿的是比较宽松的干燥衣服,救护者可站在干燥木板上直接拖拽触电者的干燥衣物,将触电者拉开(图 2-2-3)。

e. 可用干燥的木板等绝缘物塞入触电者身下,隔断电流的通路,使触电者脱离电源(图 2-2-4)。

②脱离高压电源的方法

a. 立即通知有关供电或客户停电。

b. 如果电源开关离触电现场不远,则可戴上绝缘手套、穿上绝缘靴,用相应电压等级的绝缘工具按顺序断开电源开关或熔断器。

c. 抛掷裸金属使线路短路接地,迫使保护装置动作,断开电源。注意抛掷裸金属之前,应将金属线的一端固定可靠接地,然后在另一端系上重物抛掷,注意抛掷的一端不可触及触电者和其他人。另外,抛掷者抛出线后,要迅速离开接地的金属线 8 m 以外或双腿并拢站立,防止跨步电压伤人。在抛掷短路线时,应注意防止电弧伤人或断线危及人员安全。

图 2-2-3　触电后安全处理(可戴上手套拖拽触电者)

图 2-2-4　触电后安全处理(将绝缘物塞入触电者身下)

(2)触电后急救——人工呼吸法

a. 使触电者仰卧,迅速解开上衣领口、围巾、紧身衣和腰带,使胸部可以自由伸张;先清除触电者口腔内的血块、痰液、异物等。使触电者头部尽量后仰,以保持呼吸道畅通。

b. 救护人员跪在触电者一侧,捏紧触电者的鼻孔,使嘴张开(图 2-2-5)。

c. 救护人员做深呼吸后,紧凑伤员的嘴巴大口吹气,同时观察其胸部是否膨胀,以胸部略有起伏为宜。吹气用力的大小,要根据不同的触电者有所区别。

d. 吹气完毕,立即离开触电者的嘴巴,使其胸部自行回缩,此时应根据触电者的胸部复原情况,观察呼吸道有无梗阻现象。

以上步骤要连续不断地重复进行。对成年人每分钟吹气 14~16 次,大约每 5 s 一个循环:吹气时间间隔稍短,约 2 s;呼气时间要长,约 3 s。对儿童每分钟吹气 18~24 次,这时不必捏紧鼻孔,让一部分空气漏掉。对儿童吹气一定要把握好吹气量的大小,不可让其胸腹过分膨胀,防止吹破肺泡。

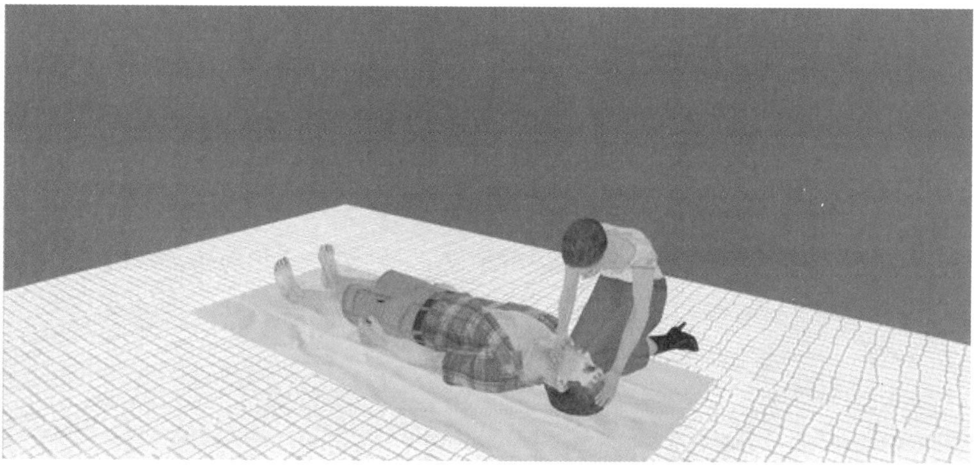

图 2-2-5 触电后急救(救护人员跪在触电者头部旁)

若触电者牙关紧闭,一时无法撬开,可用口对鼻吹气,方法与口对口吹气相似,只是此时应使触电者嘴唇紧闭,防止漏气。口对鼻吹气时,救护者的嘴唇应完全盖紧触电者鼻孔,吹气压力应稍大,吹气时间应稍长,这样有利于外部气体充分进入肺内,以便加速体内外气体的交换。

(3)触电后急救——胸外心脏挤压法

a. 使触电者仰卧在结实的平地或木板上,松开衣领和腰带,清除口中异物,使呼吸道畅通。触电者背部着地应平整结实,以保证挤压效果。

b. 救护者跪在触电者一侧,或跪在其腰部两侧,右手掌放在触电者胸上,中指指尖置于其颈部凹陷边缘,掌根所处位置即为正确挤压区。

c. 将左手压在右手掌上,掌根用力向下按压胸骨下端,使其下陷 3~4 cm(图 2-2-6)。

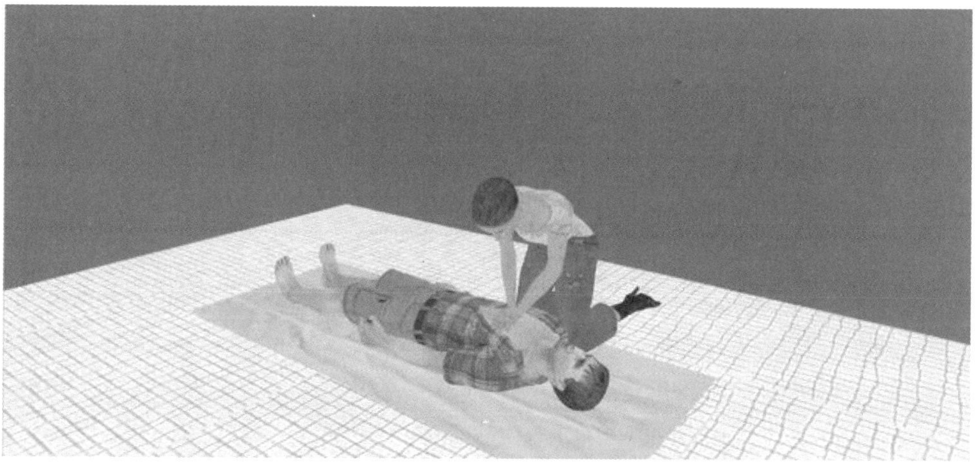

图 2-2-6 触电后急救(将左手压在右手掌上)

d. 突然放松按压,但手不能离开胸壁,依靠胸部的弹性自动恢复原状,使心脏扩张,血液流回心脏。

知识点 3 电弧焊易燃易爆品识别

因电弧焊有明火,所以要特别注意防火防爆,需要识别工作环境中的易燃易爆物品。易燃易爆化学物品具有较大的火灾危险性,一旦发生灾害事故,往往危害大、影响大、损失大,扑救困难,造成资金损失、房屋摧毁等。

所谓易燃易爆化学物品,指国家标准 GB 12268—2012《危险货物品名表》中以燃烧爆炸为主要特性的压缩气体,包括:

- 第 1 类:爆炸品;
- 第 2 类:气体;
- 第 3 类:易燃液体;
- 第 4 类:易燃固体、易于自燃的物质和遇水放出易燃气体的物质;
- 第 5 类:氧化性物质和有机过氧化物;
- 第 6 类:毒物质和感染性物质;
- 第 7 类:放射性物质;
- 第 8 类:腐蚀性物质;
- 第 9 类:杂项危险物质和物品。

常见的易燃易爆品包括:

- 烟花爆竹、炸药、雷管、汽油、柴油、煤油、酒精、油漆、过氧化氢、香蕉水等。
- 煤气罐、氧气瓶等气体易燃易爆危险品一般都灌装在压缩罐里,在闻到可疑气味、看到可疑的压缩罐时,要提高警惕。
- 一些不易燃的高压气体管道或储气罐,同样需要注意,焊接造成管道或储气罐强度受损而产生爆裂伤人。
- 还有一些容易被人们所忽视的日常用品,也属于易燃易爆危险品的范畴,例如:高度酒、打火机、发胶、气雾杀虫剂、啫喱水、指甲油、染发剂、香水、氢气球等。
- 一些容易被人们所忽视的易燃日常用品容易因电焊引发火灾,例如:干燥的柴火、纸张、衣物、被褥等。

易燃易爆品具有以下特性:

1. 易燃烧爆炸

在《易燃易爆化学物品消防安全监督管理品名表》中列举的压缩气体和液化气体,超过半数是易燃气体。易燃气体的主要危险特性就是易燃易爆,处于燃烧浓度范围之内的易燃气体,遇着火源都能着火或爆炸,有的甚至只需极微小能量就可燃爆。易燃气体与易燃液体、固体相比,更容易燃烧,且燃烧速度快,一燃即尽。简单成分组成的气体比复杂成分组成的气体易燃、燃速快、火焰温度高、着火爆炸危险性大。氢气、一氧化碳、甲烷的爆炸极限范围分别为 4.1%~74.2%、12.5%~74%、5.3%~15%。同时,由于充装容器为压力容器,受热或在火场上受热辐射时还易发生物理性爆炸。

2. 扩散性

压缩气体和液化气体由于气体的分子间距大，相互作用力小，所以非常容易扩散，能自发地充满任何容器。气体的扩散性受密度影响：比空气轻的气体在空气中可以无限制地扩散，易与空气形成爆炸性混合物；比空气重的气体扩散后，往往聚集在地表、沟渠、隧道、厂房死角等处，长时间不散，遇火源发生燃烧或爆炸。掌握气体的密度及其扩散性，对指导消防监督检查、评定火灾危险性大小、确定防火间距和选择通风口的位置都有实际意义。

3. 可缩性和膨胀性

压缩气体和液化气体的热胀冷缩程度比液体、固体显著得多，其体积随温度升降而胀缩。因此容器（钢瓶）在储存、运输和使用过程中，要注意防火、防晒、隔热，在向容器（钢瓶）内充装气体时，要注意极限温度和压力，严格控制充装，防止超装、超温、超压造成事故。

4. 静电性

压缩气体和液化气体从管口或破损处高速喷出时，由于强烈的摩擦作用，会产生静电。带电性也是评定压缩气体和液化气体火灾危险性的参数之一，掌握其带电性有助于在实际消防监督检查中，指导检查设备接地、流速控制等防范措施是否落实。

5. 腐蚀毒害性

一些含氢、硫元素的气体具有腐蚀作用，如氢、氨、硫化氢等都能腐蚀设备，严重时可导致设备裂缝、漏气。对这类气体的容器，要采取一定的防腐措施，定期检验其耐压强度，以防万一。压缩气体和液化气体，除了氧气和压缩空气外，大都具有一定的毒害性。

6. 窒息性

压缩气体和液化气体都有一定的窒息性（氧气和压缩空气除外）。易燃易爆性和毒害性易引起注意，而窒息性往往被忽视，尤其是那些不燃无毒气体，如二氧化碳、氮气、氦气、氩气等惰性气体，一旦发生泄漏，均有致人窒息死亡的可能。

7. 氧化性

压缩气体和液化气体的氧化性主要有两种情况：一种是明确列为助燃气体的，如氧气、压缩空气、一氧化二氮；另一种是列为有毒气体，本身不燃，但氧化性极强，与可燃气体混合后能发生燃烧或爆炸，如氯气与乙炔混合即可爆炸，氯气与氢气混合见光即可爆炸，氟气遇氢气即可爆炸，油脂接触氧气能自燃，铁在氧气、氯气中也能燃烧。因此，在消防监督中不能忽视气体的氧化性，尤其是列为有毒气体的氯气、氟气，除了注意其毒害性外，还应注意其氧化性，在储存、运输和使用中要与其他可燃气体分开。

知识点4　电弧伤眼的处理方法

很多电焊工作者（或观看电焊的人），在没有采取正确的安全防护措施进行（或观看）电焊作业时，多会出现“电焊打眼”或瞬间视野一片漆黑的症状，俗称“电焊打眼”或“弧光打眼”。

1. 症状

电焊伤眼后被伤者会出现眼疼、流泪、眼中有沙（感觉与沙眼病类似）等症状，轻者经使用相关消炎药物有效治疗短期便可恢复，重者需多天才能恢复（其间会睁不开眼、怕光），电焊伤眼严重者需入院接受正规的治疗，所以电焊工作者和观看电焊的人要进行有效的安全防护。

长时间不戴防护眼镜看电焊弧光,眼睛会被电弧光中强烈的紫外线所刺激,从而导致电光性眼炎,即平常所说的电弧光“打”了眼睛。

电光性眼炎的主要症状是眼睛磨痛、流泪、怕光。从眼睛被电弧光照射到出现症状,一般要经过 2~10 h。电光性眼炎如果继发感染,会造成角膜溃疡,恢复后也会有角膜薄翳而影响视力。

万一发生电光性眼炎,可到医院就医,用 4%普鲁卡因药水点眼,症状会有所缓解。但是,电光性眼炎的发病多数在夜间、在家里出现,因此掌握必要的急救措施可减轻痛苦。应闭眼休息,尽量不要揉眼睛,忌烟忌酒。

2. 急救

a. 发生了电光性眼炎后,其简便的应急措施是用煮过而又冷却的人奶或鲜牛奶点眼,能够止痛。

b. 使用方法是开始几分钟点一次,而后随着症状的减轻,点人奶或鲜牛奶的时间可适当地延长。

c. 还可用毛巾浸冷水敷眼,闭目休息。

d. 经过应急处理后,除了休息外,还要注意减少光的刺激,并尽量减少眼球转动和摩擦。一般经过 1~2 天即可痊愈。

e. 家长应教育儿童不要观看电焊工人作业,否则极易患电光性眼炎。

f. 从事电焊工作的工人,禁忌不戴防护眼镜进行电焊操作,也需要提醒周围的人注意防护,以免造成不必要的事故。

实训活动

实训 1 焊前点检

在实训车间或虚拟焊接实训车间进行点检实训,并填写焊前基础点检表 2-2-1。

表 2-2-1 焊前基础点检表

序号	点检内容		点检	问题与处理记录
1	防护用品的穿戴	电弧焊工作服:无破损,扣好,领口、袖口扎紧	□合格 □不合格	
2		劳保鞋:无破损,尺码合适,鞋带系紧	□合格 □不合格	
3		脚盖:无破损,正确扎进裤筒内,盖住脚面	□合格 □不合格	
4		焊接手套:无破损,套住手和衣袖	□合格 □不合格	
5		口罩:无破损,佩戴正确	□合格 □不合格	

表 2-2-1(续)

序号	点检内容		点检	问题与处理记录
6	焊接设备、用具	电源开关:电压指示正常、接线紧固无破损、电流保护复位正常	□合格 □不合格	
7		电焊机:进线接线正确、牢固无破损;电压电流指示正常,调节正常,正确接地	□合格 □不合格	
8		焊把与输出电缆:输出电缆接线正确、牢固、无破损,焊把无破损、接线牢固无外露、操作灵活	□合格 □不合格	
9		面罩:无破损,遮光镜片无破损、无油污;紧固无晃动	□合格 □不合格	
10		护目镜:完好	□合格 □不合格	
11		开坡口工具:锉刀手柄牢固、纹齿正常;角磨机无破损,能正常使用,砂轮片在正常使用范围内	□合格 □不合格	
12		除渣工具:敲渣锤、锤子手柄牢固,錾子、钢丝刷无缺损	□合格 □不合格	
13		焊条保温桶:无破损,能合盖,保温良好	□合格 □不合格	
14		焊缝检测尺:无损坏,刻度线清晰,操作灵活,能正确调零	□合格 □不合格	
15	作业环境	无易燃易爆物品	□合格 □不合格	
16		灭火器:齐全,压力指示正常	□合格 □不合格	
17		隔断:能隔断与周围区域的弧光与飞溅火星	□合格 □不合格	
18		通风、排烟除尘良好	□合格 □不合格	
19		周围人员:周围无其他人员,做好提醒	□合格 □不合格	
20		作业指示警示牌:醒目,正确放置	□合格 □不合格	

项目三　焊条电弧焊基础理论与操作

学习目标

知识目标

1. 熟悉电弧焊常用工具和设备；
2. 掌握电弧焊设备的原理特点与适用范围；
3. 熟悉碳弧气刨的常见缺陷与防治措施；
4. 掌握焊条的组成、分类、型号及牌号；
5. 掌握焊接缺陷及其对焊缝质量的影响，分析产生原因并给出预防措施。

技能目标

1. 能正确应用工具进行坡口处理；
2. 能正确根据预防角变形装配定位；
3. 能正确选用焊条；
4. 能正确选用焊接工艺参数；
5. 能熟练进行焊接操作：引弧、运条、起头、接头与结尾；
6. 能正确进行多层平焊；
7. 能正确进行焊后处理；
8. 能正确完成单面焊双面成形。

任务 3-1　焊条电弧焊基础理论认知

子任务 3-1-1　电弧焊常用设备与工具认知

知识积累

知识点 1　电弧焊常用的设备工具及其作用

1. 焊条电弧焊焊接系统的构成

焊条电弧焊的焊接系统由焊接电源、焊接电缆及其附件（包括搭铁器等）、焊钳（也称为焊把）、焊条、工件构成，如图 3-1-1 所示。其中焊接电源是主要设备，为焊接提供所需的电流和电压。电弧焊电源按输出电流种类分为交流弧焊电源、直流弧焊电源。

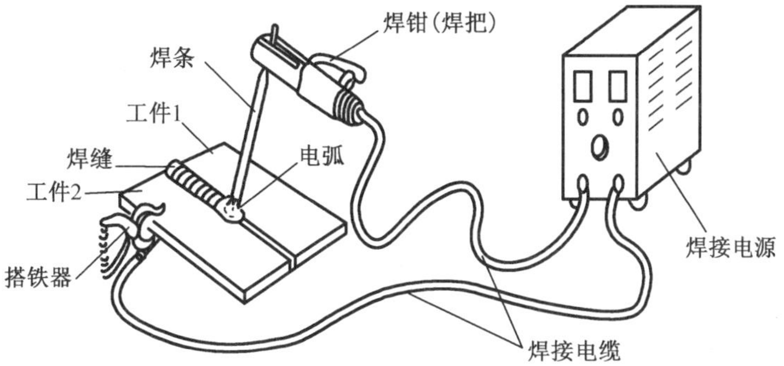

图 3-1-1 焊条电弧焊焊接系统的构成

2. 常用焊接配套设备、护具及手工工具

焊接还需要用到护具、工具、器具等配套设备(表 3-1-1)。

表 3-1-1 配套设备

名称与用途	外形	名称与用途	外形
名称:角向砂轮机 用途:除锈、打磨坡口		名称:敲渣锤 用途:去除焊缝上的熔渣	
名称:焊条保温桶 用途:焊条保温		名称:钢丝刷 用途:清理铁锈及熔渣	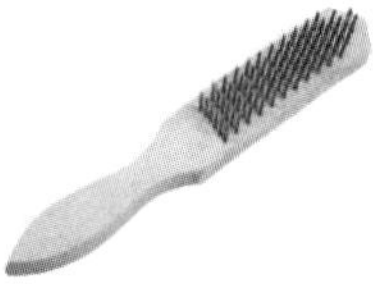
名称:锤子 用途:去除难以敲掉的金属飞溅物		名称:锉刀 用途:修理焊件坡口和钝边	
名称:焊缝检测尺 用途:检测焊缝、焊件、坡口、装配等尺寸	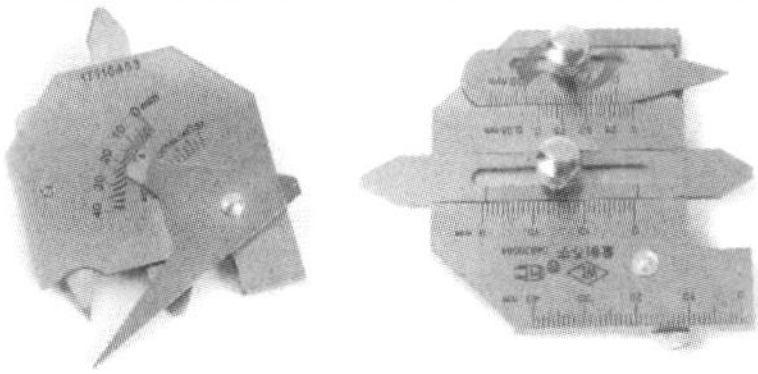	名称:錾子 用途:去除金属飞溅物	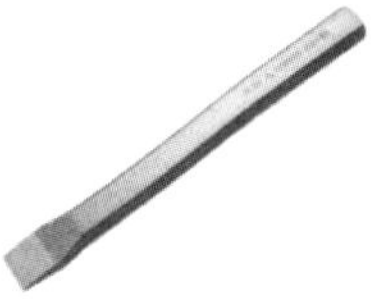
名称:面罩 用途:遮蔽飞溅、弧光、辐射	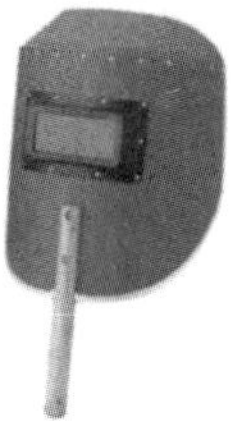 手持式  头盔式  光控式		

知识点 2　弧焊电源的原理及性能指标

1. 电弧对焊条电弧焊电源特性的主要要求

电弧焊的工作电压都大大低于工业用电电压,需要通过变压器降压,如图 3-1-2 所示。电弧焊电源与一般电力电源不同,由于弧焊电源的负载是电弧,因此弧焊电源必须要适应电弧负载的特性,即电弧的静特性与动特性。

要保证焊条电弧焊引弧容易,就需要提供较高的初始电压,且不能因为短路而烧毁弧焊电源;要保证电弧稳定燃烧,就需要比初始电压低的工作电压,工作电流又要比引燃电流大。这就要求弧焊电源输出端的电压电流关系特性具有下降性,如图 3-1-3 中的粗线,该线也称为弧焊电源外特性曲线。

为了满足工作的适应范围,弧焊电源还要有可调节性,要具有足够宽的焊接调节范围。

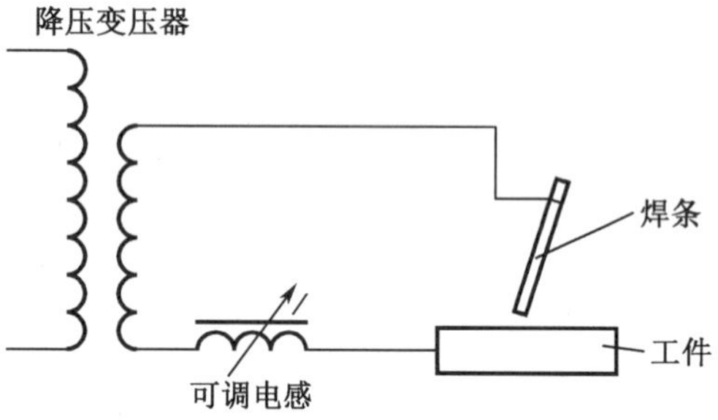

图 3-1-2　弧焊电源原理图

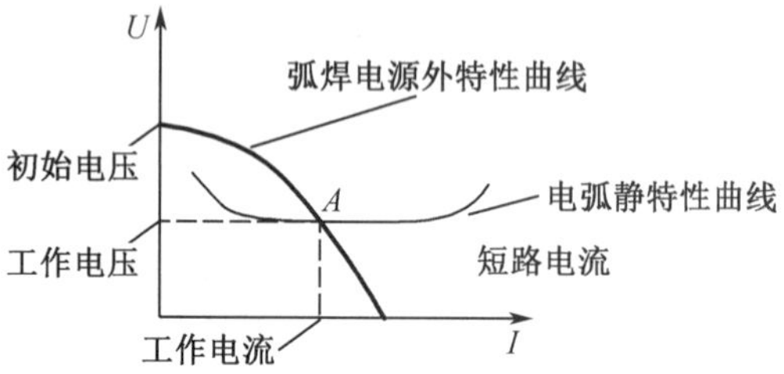

图 3-1-3　弧焊电源的输出电压电流特性

2. 弧焊电源的性能指标

(1)电弧焊电源的空载电压

空载电压是指焊接电路开路时,电焊机两个输出端之间的电压(即产生电弧之前,焊钳与焊件之间的电压)。弧焊电源空载电压高则容易引弧,对于交流弧焊电源则电弧燃烧稳定。空载电压太低,引弧将发生困难,电弧燃烧也不稳定。但空载电压高,则设备体积大,质量大,耗费的材料也多,而且功率因数低,对设备使用和制造都不利。空载电压高也不利于焊工人身安全。综合考虑以上因素,在确保引弧容易、电弧稳定的条件下,空载电压应尽可能低些。一般为 55~90 V(直流焊机)或 60~80 V(交流焊机)。

电弧电压(亦称工作电压)是指电弧形成后,为保持电弧稳定,焊机两个输出端之间的电压。该电压与弧长成正比,一般为 16~35 V。

(2)弧焊电源短路电流

当电极和焊件短路时,焊机的输出电流称为短路电流 I_s。在引弧和熔滴过渡时,经常发生短路,短路电流 I_s 一般应稍大于焊接电流,这将有利于引弧。但 I_s 过大,会引起焊接飞溅,电源易过载。一般情况下,短路电流满足以下要求较为合适:$1.25<I_s<2$。

(3)电弧焊电源的外特性及工作区

在电弧稳定燃烧时,输出端的电流电压变化关系的特性就是外特性,也称为电源的静特性。如图 3-1-4 所示，弧焊电源的外特性分为平特性、缓降特性、陡降特性、垂降特性、垂降外拖特性等。

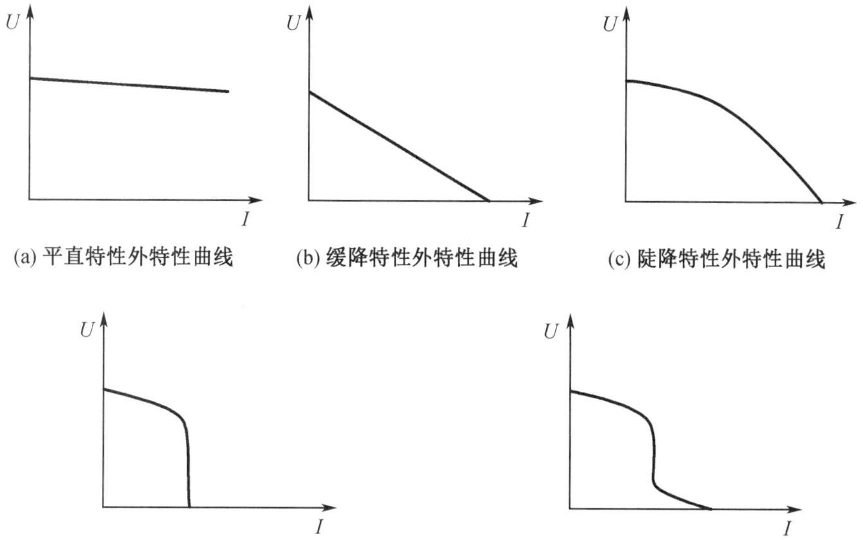

(a) 平直特性外特性曲线 (b) 缓降特性外特性曲线 (c) 陡降特性外特性曲线

(d) 垂降特性外特性曲线 (e) 垂降外拖特性外特性曲线

图 3-1-4 弧焊电源的外特性曲线类型

弧焊电源的外特性曲线与电弧的静特性曲线必须有交点，电弧才能稳定燃烧。如图 3-1-5 所示，电源外特性曲线与电弧静特性曲线的交点 *A*、*B* 就是工作点。焊工沿着焊件移动焊条时，电弧长度不断发生变化是难免的。随着电弧长度的增加，电压也增大，而又由于电弧静特性曲线因电弧长度变化而升降，稳定工作的电弧长度范围决定了电弧的静特性曲线移动范围。例如，图 3-1-5 中在电弧静特性曲线 1 和电弧静特性曲线 2 之间稳定工作，电源外特性曲线上 *AB* 段即为弧焊电源的工作范围。

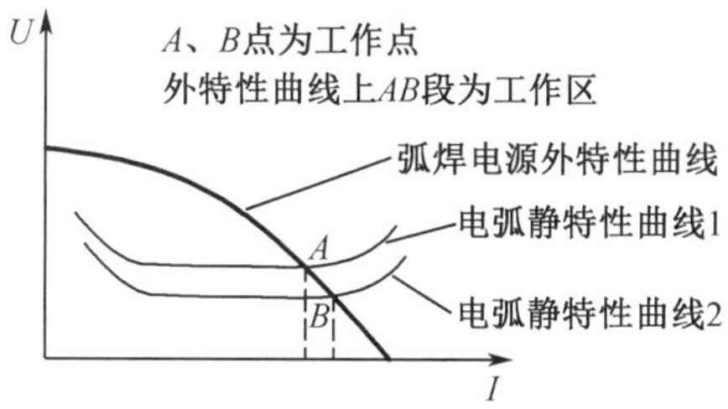

图 3-1-5 弧焊电源的工作点及工作区

不同陡降特性曲线电流的稳定性也不同。如图 3-1-6 所示，外特性曲线 2 相比外特性曲线 1 陡降特性更强，电流变化 $\Delta I_2<\Delta I_1$，这说明越具有陡降特性的电源，电流越稳定。

陡降特性的弧焊电源更适合小电流焊接，电流更稳定，如焊条电弧焊。

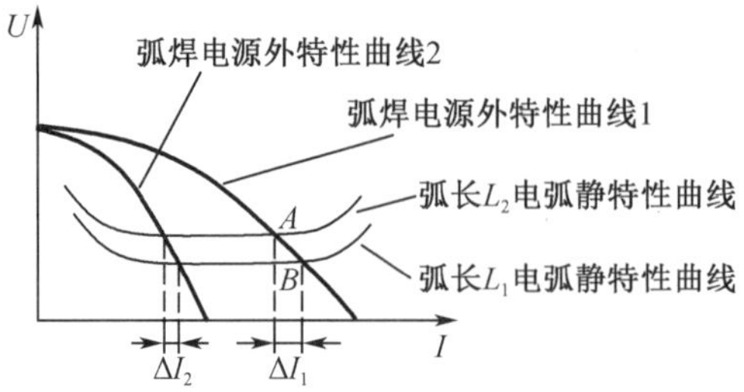

图 3-1-6 弧焊电源外特性曲线对电流的影响

(4)电弧焊电源的动特性

焊接电源一般都存在一定的感抗和电磁惯性,所以电源输出的电流和电压不可能与其负载电弧同步变化,必然有一个过渡过程才能在外特性曲线上固定下来。弧焊电源这种过渡过程的性能被称为电源的动特性。可以用弧焊电源的输出电压、电流与时间的关系来表达动特性:

$$U_t=f_1(t),I_t=f_2(t)$$

具有熔滴短路过渡的熔化极弧焊,电弧负载是一个“空载→短路→燃弧→短路”不断重复的动态负载,因此对弧焊电源的动态特性有很高的要求。短路时要提供合适的短路电流,电极抬起时,焊接电源要很快达到空载电压;如果焊接电源输出的电流和电压不能很快地适应弧焊过程中的这些变化,电弧就不能稳定地燃烧,甚至熄灭。

为了焊接过程的稳定,还应对动特性提出要求,其中主要有以下两点:

a. 从短路电压为零起,到恢复端电压止,时间不应超过 0.05 s,若时间过长,则会灭弧。

b. 短路电流值一般不应大于工作电流的 50%,过大会引起飞溅,过小则显得电弧无力,对起弧不利。

动特性好的电源容易起弧,飞溅少,电弧突然拉长也不容易灭弧,操作者感觉电弧“柔和”,似有“弹性”;反之,引弧时焊条很容易粘在焊件上,动辄断弧,飞溅严重,感觉电弧“暴躁”。

(5)电弧焊电源的调节特性

焊接时,根据母材的特性、厚度、几何形状的不同,选用不同的焊接电流、电弧电压。因此要求弧焊电源能在较大范围内均匀、灵活地调节工艺参数。这就要求弧焊电源能够通过调节输出不同的外特性曲线,使之与电弧静特性曲线相交,得到一系列的工作点。

(6)负载持续率

使用中应注意不能长时间高于电源额定值工作,以免过载使设备损坏。负载持续率是指电焊机在断续工作方式及断续周期工作方式中,负载工作时间与整个周期之比的百分率。用公式可表示为

$$负载持续率=\frac{焊机负载工作时间}{整个周期}\times100\%$$

GB/T 8118—2010《电弧焊机通用技术条件》规定弧焊电源的工作周期为 5 mm、10 min、

20 min 和连续。

负载持续率是设计焊机时用以表明某种服务类型的重要参数，按 GB/T 8118—2010 规定分为 35%、60%、100%三种。

值得注意的是，在实际焊接生产中，随着焊接（负载）时间的增多，间歇时间减少，那么负载持续率便会不断增高，弧焊电源就容易发热、升温，甚至烧毁。因此，焊工必须按规定的额定负载持续率使用弧焊电源。

（7）额定电流、额定电压、额定功率

额定值是规定的使用限额，按额定值使用弧焊电源，应是最经济合理、安全可靠的，既充分利用了设备，又保证了设备的正常使用寿命。额定焊接电流即是在额定负载持续率下工作时允许使用的最大电流。额定焊接电流不是最大焊接电流。

值得注意的是，超过额定值工作称为过载，严重过载将会损害设备。

知识点 3　弧焊电源的分类与型号

1. 弧焊电源的分类

弧焊电源按输出电流种类分为交流弧焊电源、直流弧焊电源、交直流两用电源。交流电又可分为正弦交流电、方波交流电；直流电又可分为恒压直流电、脉冲直流电、脉动直流电。

弧焊电源按结构可进一步分为：

a. 交流弧焊机，包括动铁芯式交流弧焊机、动线圈式交流弧焊机、串联式交流弧焊机、晶闸管式交流弧焊机、变换抽头式交流弧焊机、逆变式交流弧焊机。

b. 直流弧焊机，包括动铁芯式直流弧焊机、动线圈式直流弧焊机、磁放大器或饱和电抗式直流弧焊机、晶体管式直流弧焊机、晶闸管式直流弧焊机、变换抽头式直流弧焊机、逆变式直流弧焊机。

c. 交直流两用弧焊机。

d. 机械驱动式弧焊机，包括直流弧焊发电机、交流弧焊发电机、交流发电机整流弧焊机。

注：直流弧焊发电机由于体积大、效率低、空载损耗大、噪声大、造价高、维修难等缺点，已属国家淘汰产品，但在没有外部供电的情况下（如野外施工）也可使用。

各种弧焊电源各有特点和适用范围。在电弧焊机上一般标有显著的产品型号，在铭牌上除了产品型号外，还有详细的额定技术参数，供选用查看（图 3-1-7）。

2. 弧焊电源的型号

根据 GB/T 10249—2010《电焊机型号编制方法》规定，弧焊电源型号采用汉语拼音字母和阿拉伯数字表示，各项编排次序如图 3-1-8 所示，由产品符号代码（包括大类名称、小类名称、附注特征和系列序号）、基本规格、派生代号和改进序号组成。型号中的 1、2、3、6 各项用汉语拼音字母表示；4、5、7 各项用阿拉伯数字表示；3、4、6、7 项如不用，则其他各项紧排。

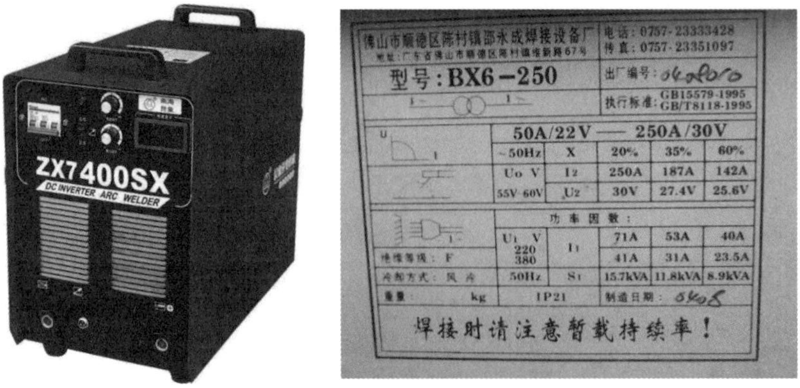

图 3-1-7 电弧焊机的标识与铭牌

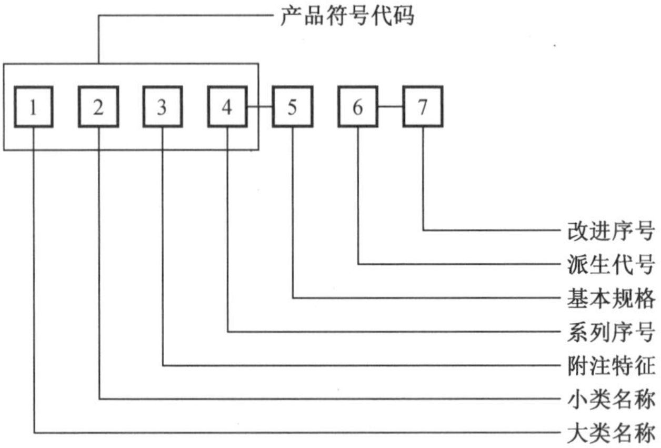

图 3-1-8 弧焊电源的型号规则

第 1 项:大类名称——例如,“B”表示弧焊变压器,“Z”表示弧焊整流器,“A”表示弧焊发电机。

第 2 项:小类名称——例如,“X”表示下降特性,“P”表示平特性,“D”表示多特性。

第 3 项:附注特征——例如,“E”表示交直流两用电源。

第 4 项:系列序号——区别同小类的各系列和品种。弧焊变压器中“1”表示动铁芯式,“3”表示动线圈式;弧焊整流器中“1”表示动铁芯式,“3”表示动线圈式,“5”表示晶闸管式,“7” 表示逆变式。

产品符号代码 3、4 项可以根据情况省略。

第 5 项:基本规格——表示额定焊接电流,单位为 A。

例如:

BX3-300:动圈式弧焊变压器,具有下降外特性,额定焊接电流为 300 A。

ZX5-400:晶闸管式弧焊整流器,具有下降外特性,额定焊接电流为 400 A。

各类焊条电弧焊电源型号的代码符号详见表 3-1-2。

表 3-1-2 焊条电弧焊电源产品符号代码

产品名称	第一字母		第二字母		第三字母		第四字母	
	代表字母	大类名称	代表字母	小类名称	代表字母	附注特征	数字序号	系列序号
电弧焊机	B	交流弧焊机（弧焊变压器）	X P	下降外特性 平特性	L	高空载电压	省略 1 2 3 5 6	磁放大器或饱和电抗式 动铁芯式 串联电抗式 动线圈式 晶闸管式 变换抽头式
	A	机械驱动式弧焊机（弧焊发电机）	X P D	下降外特性 平特性 多特性	省略 D Q C T H	电动机驱动 单纯弧焊发电机 汽油机驱动 柴油机驱动 拖拉机驱动 汽车驱动	省略 1 2	直流 交流发电机整流 交流
	Z	直流弧焊机（弧焊整流器）	X P D	下降外特性 平特性 多特性	省略 M L E	一般电源 脉冲电源 高空载电压 交直流两用电源	省略 1 3 4 5 6 7	磁放大器或饱和电抗器式 动铁芯式 动线圈式 晶体管式 晶闸管式 变换抽头式 逆变式

知识点 4 常用焊条电弧焊机的结构原理、特点与适用范围

前面学习了电弧焊电源的特性指标要求，了解到电弧焊通常采用具有下降外特性的弧焊电源，同时还要能在一定范围内调节。那么，弧焊电源如何获得下降的外特性呢？如何实现可调节性呢？不同弧焊电源有不同的实现方式。

1. 交流弧焊机

目前各种弧焊变压器都是通过增大主回路电感量来获得下降外特性的，其原理如图 3-1-9。左侧是一普通降压变压器，回路中串有一可调电感器。在焊条短路瞬间，变压器输出端电压趋向于零，电流趋向很大，而感抗器具有阻碍电流快速变化的特性，限制了瞬间最大电流，同时提供一个

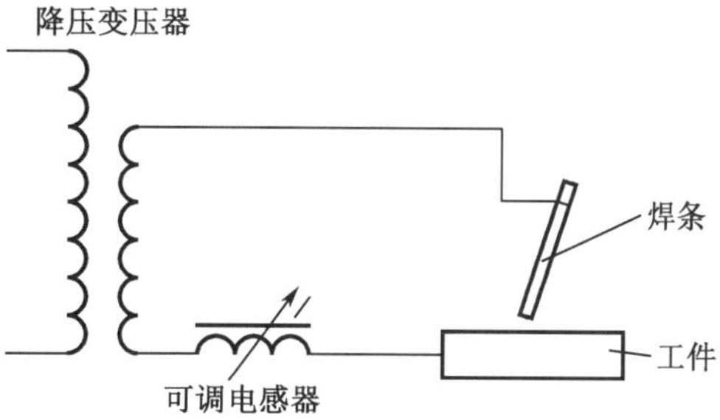

图 3-1-9 弧焊电源调节原理图

感抗电压,此时多余的能量就由变压器和电感器的磁漏转化为电磁场,弧焊电源温度不会因快速升高而烧毁。随着电弧点燃,电弧负载提供弧焊电源,电感器可使得其弧焊电源具有下降外特性,同时还具有稳定焊接电弧的作用。

(1)变换抽头式交流弧焊机

BX6-200-2 弧焊电源是抽头式交流弧焊电源,如图 3-1-10 所示。抽头换挡方式基于电流调节,因在一般交流弧焊机中作为电流粗调而得到应用。但是,把抽头换挡作为单一的电流调节方式做成抽头式焊机,却只有 20 年左右的历史。抽头式焊机属空气漏磁式,具有焊接性能好,动特性好的优点。因没有做机械运动的调节部件,故振动小、噪声低、结构简单、制造和维修容易。BX6 变换抽头式焊机额定负载率一般只有 20%,只有几个固定焊接电流挡位,焊接电流不能精细调节,焊接强度不理想,因此,抽头式小容量焊机仅供工地施工或作为农村、小型企业和个体户作零星修理之用,只能用于简单修补。

图 3-1-10 BX6-200-2 弧焊电源

抽头式弧焊变压器是依靠焊机本身的漏磁形成漏磁感抗来增加焊接回路电感,以获得下降外特性和稳定电弧的。抽头式弧焊变压器的弧焊电源原理如图 3-1-11 所示。变换抽头式弧焊变压器的铁芯有二芯柱式和三芯柱式两种。一次绕组分为两部分,二次绕组也分为两部分,两绕组分开以调节漏磁,没有接入的初级绕组所占的空间就构成了漏磁空间,变压器的漏抗数值就发生变化,从而达到调节焊接电流的目的,其基本工作原理与动线圈式弧焊变压器相似。焊接电流通过绕组抽头旋钮进行有级调节,但不能细调。

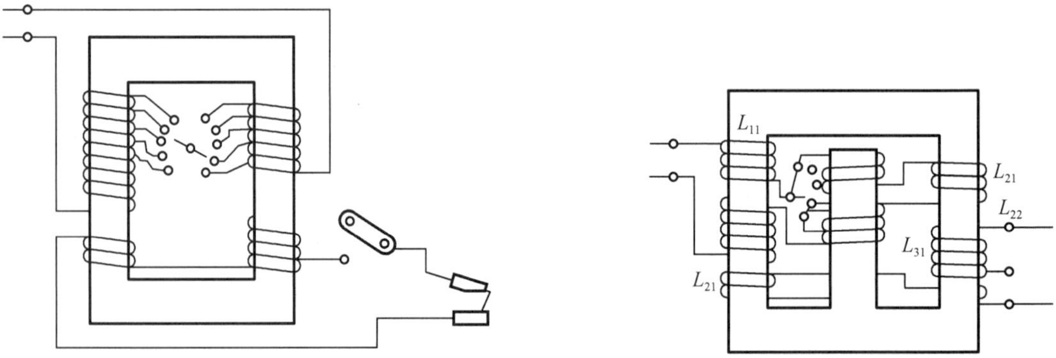

(a) 二芯柱抽头式　　(b) 三芯柱抽头式

图 3-1-11 抽头式弧焊变压器弧焊电源原理图

(2)动铁芯式交流弧焊机

图 3-1-12(a)所示为 BX1-315 型动铁芯式交流弧焊机的外形结构,焊机前面有手摇柄,顺时针摇动使动铁芯向里进入,加大焊接电流,逆时针摇动使动铁芯向外退出,减小焊接电流,焊接电流调节范围宽,是较常用的交流弧焊机之一。动铁芯式交流弧焊机空载电压高于变换抽头式焊机,特别是小电流焊接稳定性好,负载率在 35%左右,适用于一般低碳

钢、部分低合金结构钢的焊接。

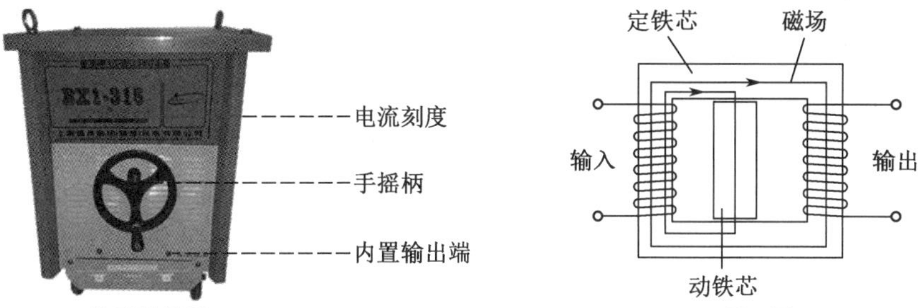

(a) 外形结构图　　(b) 原理图

图 3-1-12　BX1-315 型动铁芯式交流弧焊机

BX1 型动铁芯式交流弧焊机通过调节动铁芯进入主磁路环的多少,形成分流磁路实现调节磁漏,其原理如图 3-1-12(b)所示。动铁芯进入越多,磁漏越大,焊接电压越低。通常动铁芯式交流弧焊机与抽头式交流弧焊机组合可实现大范围较精细的调节,通过抽头旋钮调节实现粗调,通过动铁芯手摇柄调节实现细调。

(3)动线圈式交流弧焊机

图 3-1-13(a)所示为 BX3-500 型动线圈式交流弧焊机的外形结构。焊机顶面有手摇柄,供单人手工操作,顺时针摇动手摇柄使两线圈距离增大,减小焊接电流,逆时针摇动手摇柄使两线圈距离减小,加大焊接电流。其焊接电流调节范围宽,是较常用的交流弧焊机之一。动线圈式交流弧焊机空载电压高,负载率在 35%左右,适用于一般低碳钢、部分低合金结构钢的焊接,可焊接 3~30 mm 厚的低碳钢、低合金钢及各种不同的机械结构,使用 1.5~6 mm 的涂药焊条,在整个电流调节范围内,可保持焊弧稳定,焊接时飞溅小,焊缝平滑。另外,其也可进行结构的填补工作。

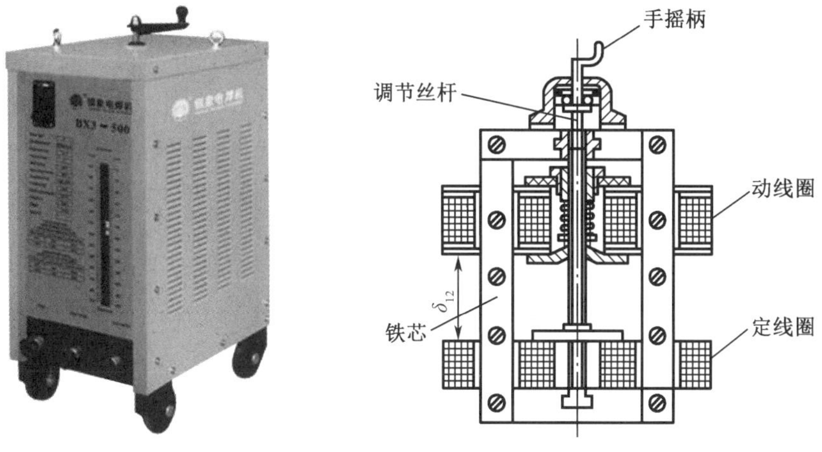

(a) 外形图　　(b) 结构图

图 3-1-13　BX3-500 型动线圈式交流弧焊机

BX3-500 型动线圈式交流弧焊机通过调节动线圈来改变两线圈之间的距离,实现调节磁漏。图 3-1-13(b)所示为其结构图。两线圈距离越大,磁漏越大,焊接电压越低。通常动线圈式交流弧焊机与变换抽头式交流弧焊机组合可实现大范围较精细的调节,通过抽头调节旋钮调节抽头实现粗调,通过动线圈手摇柄调节动线圈实现细调。

2. 直流弧焊机

在焊条电弧焊中,交流电焊机及其一些附加装置价格低廉,设备成本较低,但采用交流电源焊接时的效果不如直流电源。

与交流电源相比,直流电源能提供稳定的电弧和平稳的熔滴过渡。一旦电弧被引燃,直流电弧能保持连续燃烧;而采用交流电源焊接时,由于电流和电压方向的改变,并且每秒钟电弧要熄灭和重新引燃 120 次,电弧不能连续稳定燃烧。在焊接电流较低的情况下,直流电弧对熔化的焊缝金属有很好的润湿作用,并且能规范焊道尺寸,所以非常适用于焊接薄件。因为直流电弧比较短,所以其比交流电源更适合于仰焊和立焊。

但有时直流电源的电弧偏吹是一个突出问题,解决的办法是变换为交流电源。对于为交流电源或直流电源焊接而设计的交、直流两用焊条,绝大多数在直流电源条件下的焊接应用效果更好。

(1)晶闸管式直流弧焊机

在前面的交流弧焊机中,都是通过控制主回路电感器的方式来获得弧焊电源的下降外特性曲线。随着晶体管的出现,使用晶体管电子控制方式获得弧焊电源的下降外特性曲线更精确、更灵敏。晶闸管式直流弧焊机则是替代晶体管式直流弧焊机的新型弧焊电源。其主要用在直流弧焊机上,基本原理如图 3-1-14 所示。图 3-1-15 ZX_5-315A 焊机就是晶闸管式直流弧焊机结构图。以 ZX_5 为代表的系列晶闸管式直流弧焊机主要由主变压器、控制面板、风冷机组等组成,如图 3-1-16 所示。

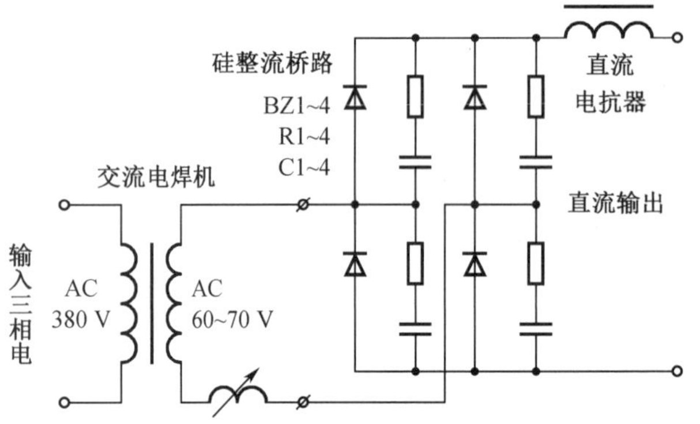

图 3-1-14 晶闸管式直流弧焊机电路原理图

图 3-1-15 ZX_5-315A 型晶闸管式直流弧焊机结构图

ZX_5 型晶闸管式直流弧焊机主电路由主变压器、晶闸管整流弧焊机、平衡电抗器(相间变压器)和滤波电抗器组成;控制电路主要包括晶闸管触发脉冲电路、信号控制电路和稳压电源等。图 3-1-17 所示为 ZX_5 型晶闸管式直流弧焊电源电气原理图。

该电源采用了电流负反馈控制,采用晶闸管在电源变压器的次级回路中,既起整流作用,又利用触发相位角来改变输出直流电压大小,焊机从直流输出端的分流器上,取出电流信号,作为电流负反馈信号,随着直流输出电流的增加,负反馈亦增加,可控硅的导通角减小,输出直流电压下降,从而获得了下降的外特性。该弧焊电源采用了引弧电路和推力电路，使引弧容量、动态性能良好，适用于各种牌号药皮焊条的直流电弧焊，也可以用于钨极氩弧焊。

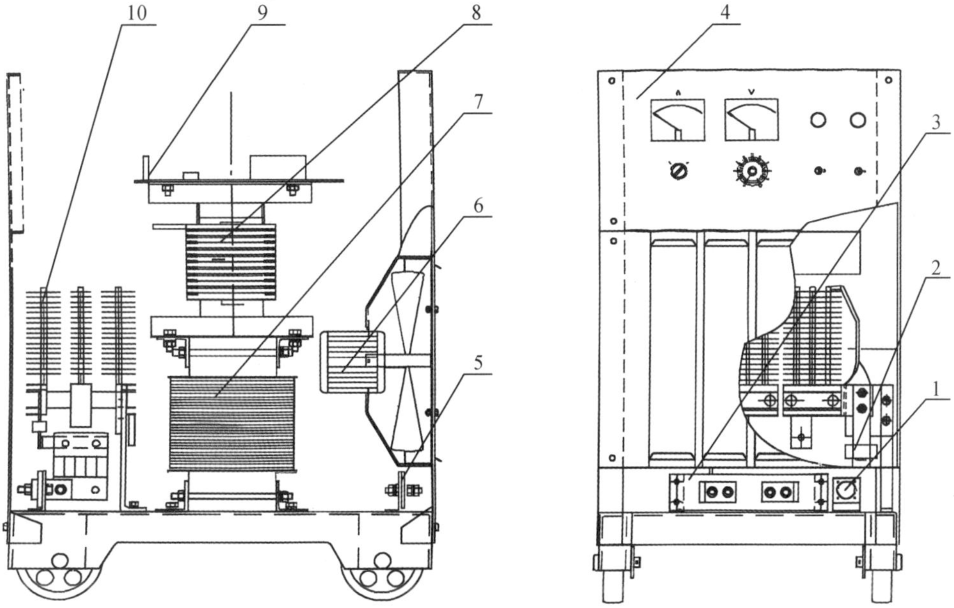

1—多芯插座；2—霍尔传感器；3—输出接线板；4—控制面板；5—输入接线板；6—风冷机组；7—主变压器；8—输出电抗器；9—主控制板；10—晶闸管。

图 3-1-16 晶闸管式直流弧焊机结构图

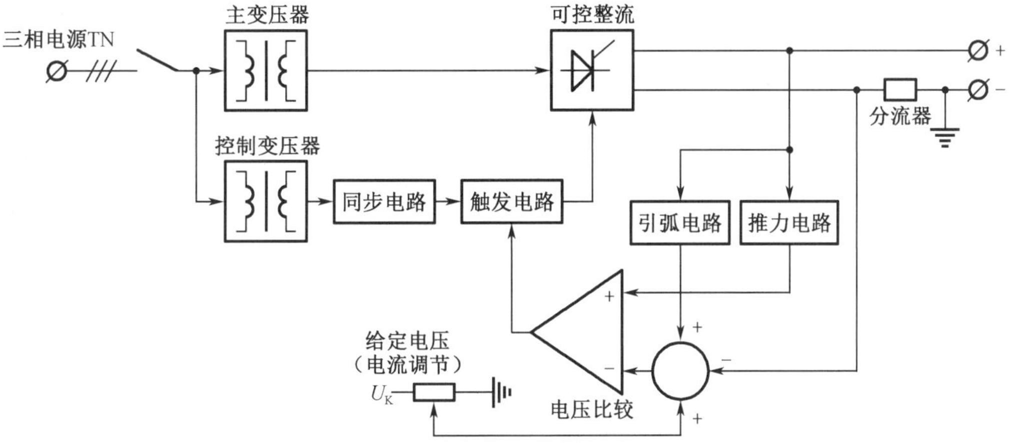

图 3-1-17 ZX_5 型晶闸管式直流弧焊电源电气原理图

（2）逆变式直流弧焊机

图 3-1-18 所示为 ZX7-200E 型逆变式直流弧焊机结构图。将直流电变换成交流电的过程称为逆变，实现这种变换的装置叫作逆变器。为了适应更多的弧焊工艺要求，需要更好地控制弧焊电源的外特性。逆变器可以实现更多种特性的弧焊电源，是一种新型的弧焊电源，主要用于直流弧焊电源。

弧焊逆变器的逆变系统主要有以下三种：

a. 交流→直流→交流；

b. 交流→直流→交流→直流；

c. 交流→直流→交流→直流→交流(方波形电流)。

逆变式直流弧焊电源的基本原理如图3-1-19所示,将工频(50 Hz)单相或三相交流电,先经整流器整流和滤波变成直流,再通过大功率开关电子元件(晶闸管、晶体管、场效应管或绝缘栅双极晶体管),逆变成十到数十千赫兹的中频交流电,同时经变压器降至适合于焊接的几十伏电压,再次整流并经电抗滤波输出相当平稳的直流焊接电流。

图 3-1-18 ZX7-200E 型逆变式直流弧焊机结构图

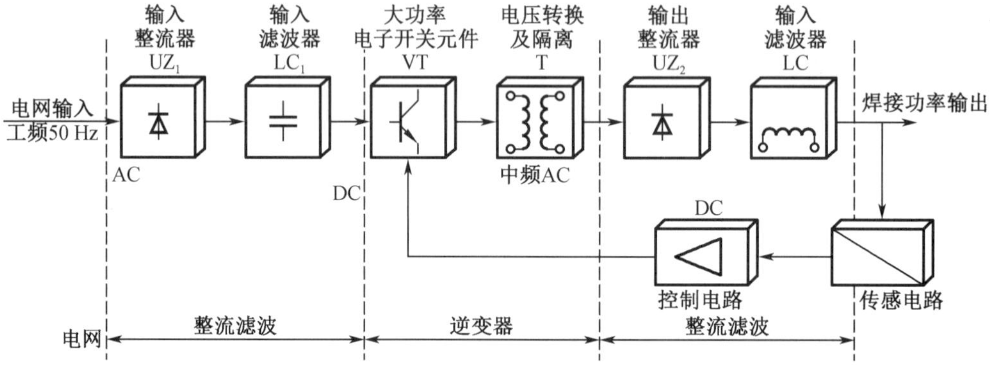

(a)

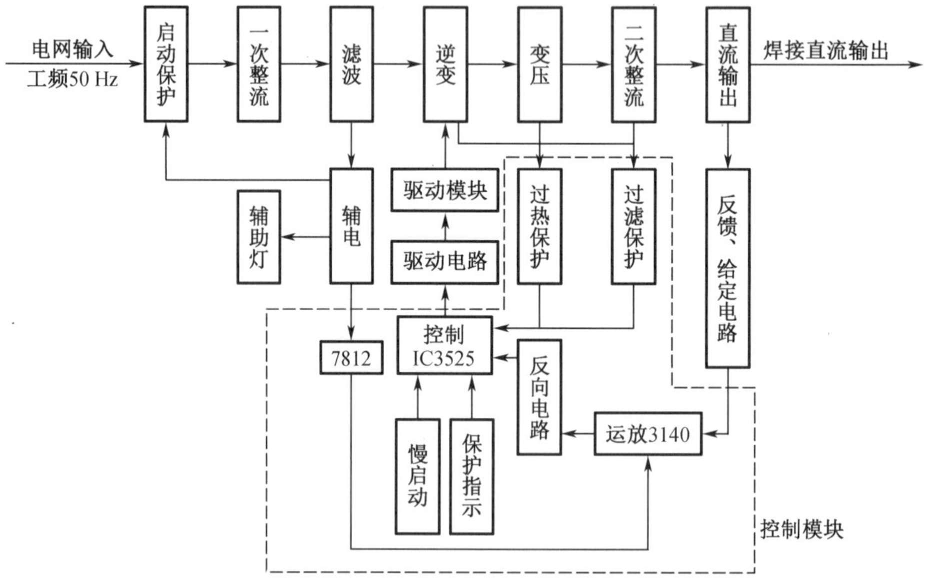

(b)

图 3-1-19 两种逆变式直流弧焊机电路原理图

其变换顺序可简单地表示如下：

工频交流(经整流滤波)→直流(经逆变)→中频交流(降压、整流、滤波)→直流。

图 3-1-19(b)中各部分的作用如下：

• 启动保护：因机器在开机的瞬间给电容充电时会产生浪涌电流损坏电源开关及电路，在避免机器误接 380 V 或电网波动太大带来的损坏的情况下，保证机器安全启动。在输入电压过高时启动保护，不损坏工作电路。

• 一次整流：把市电交流电整流输出为直流电，提供逆变与辅电的电源。

• 滤波：平衡一次整流后的电压使后面的电路平稳。

• 逆变：完成直流的逆变并输出稳定的高频电流。

• 变压：进行电压电流的变换。

• 二次整流：把高频交流电转换成直流输出。逆变降压后的交流电，由于其频率高，则感抗大，在焊接回路中功率就会大大降低，所以需再次进行整流。

• 辅助电源：把高压直流电转换成稳定低压的直流电，提供给控制电路、驱动电路。

• 过流保护：时刻对主回路中的电流进行采样，一旦电流超过允许值，便通过控制模块停止逆变电路工作。

• 驱动模块：提供逆变所需的开关信号。

• 反馈、电流给定：对输出电流进行采样，给控制模块提供反馈信号，以保证整机稳定输出。

• 控制模块：电源由 7812 提供，它把给定与反馈的信号比较后供给 3140，经 3140 把信号放大来控制 3525 的 9 脚脉宽，9 脚脉宽改变则 11、14 脚的脉宽改变，场管的驱动电压也改变，以此达到控制电流大小的目的。其通过控制 3525 的 8 脚的电压来控制 11、14 脚的输出。

弧焊逆变器的基本特点是工作频率高，由此带来很多优点。目前各类逆变式弧焊电源已逐步应用于多种焊接方法，成为更新换代的重要产品。常用的国产型号有 ZX7-250、ZX7-400、ZX7-630 等。

逆变式直流弧焊机的主要特点如下：

• 体积小、质量轻，节省材料，携带、移动方便。

• 高效节能，效率可达 80%~90%，比传统焊机节电 1/3 以上。

• 动特性好，引弧容易，电弧稳定，焊缝成形美观，飞溅少。

• 适合与机器人结合，组成自动焊接生产系统。

• 可一机多用，完成多种焊接和切割过程。

• 逆变焊机有热引弧功能，起弧更方便。

• 电流调节较方便，只要旋一下电位器即可。

与交流电不同，直流电有正负极之分。

知识点 5　电弧焊的极性与接法及选择

1. 电弧焊的极性

电弧焊时可采用直流弧焊电源或交流弧焊电源，将电弧的两极(焊条等焊材为一极，焊件为另一极)接到弧焊电源的两极，产生电弧，电弧的两极产生的热量加热熔化焊材和母材。热阴极(W、C)和冷阴极(Fe、Al、Cu)等电子发射方式不同，阳极区中性粒子的电离方式也不同,在阴、阳极区可能形成正、负电场,导致在阴极区形成的阴极压降 U_K(或阴极产热 P_K)和在阳极区形成的阳极压降 U_A(或阳极产热 P_A)不一致。由于电弧阴极区、阳极区的温度和能量转换机制不同,电弧两极的热源特征也不同,这就造成了电弧焊机的极性。

用交流电弧焊机焊接时其电弧为交流电弧,交流电弧的阳极、阴极不断交换,故其两电极的热源特征基本一致,因此交流电弧焊机没有极性,两极的接法无极性差别。

用直流电弧焊机焊接时其电弧为直流电弧,直流电弧的阳极、阴极很稳定,故其两电极的热源特征区别较大,因此直流电弧焊机具有明显的极性,两极的接法成为一个不可忽视的控制参数。

2. 直流电弧焊机的接法

直流电弧焊机正、负两极与焊条、焊件有两种不同的接线法:一种是将焊件接至直流电弧焊机的正极,焊条接至负极,这种接法称为正接法[图 3-1-20(*a*)],又称正极性;另一种是将焊件接至直流电弧焊机的负极,焊条接至正极,这种接法称为反接法[图 3-1-20(*b*)],又称反极性。

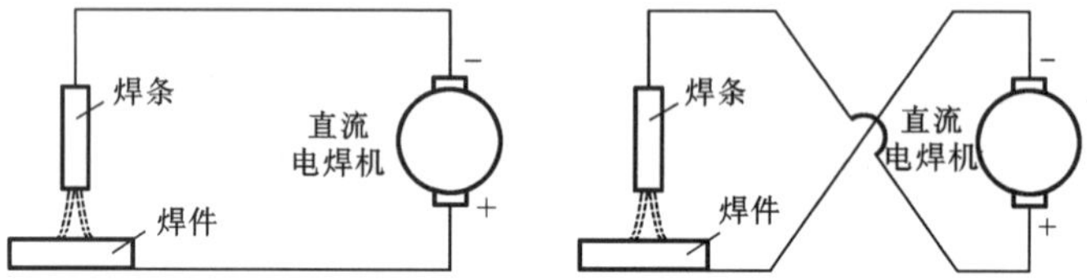

(a) 正接法　　(b) 反接法

图 3-1-20　直流电弧焊机的正接与反接

直流电弧焊机的接法原则:

a. 易焊性原则:确保电弧稳定、熔滴过渡稳定、飞溅少。

b. 热源与熔深匹配原则:直流电弧焊机焊接厚板时,为了获取较大的熔深,通常是将产热较大的一极接至工件;焊接薄板时,为了避免工件烧穿,通常是将产热较小的一极接至工件。

至于哪一极产热大,要看母材所选的焊材,根据焊材所产生电弧的两极热源特征和电弧稳定性特征,结合上面的接法原则,才能决定具体采用哪种接法。在后续的相关部分再分别学习各种焊材在直流电弧焊中的极性接法。

实验活动

实验 1　电弧焊电源特性观察实验

1. 电弧焊交流电源特性实验

在虚拟电弧焊实验台中,接好焊接系统,使用默认工艺参数,按下列步骤操作并观察记录如下:

(1)未焊接时,为＿＿＿＿＿＿,该电压称为＿＿＿＿＿＿。

（2）引弧瞬间，输出最大电流为____________，该电流称为____________。

（3）稳定燃烧后，调节电弧长度，根据提示的电弧状态，电弧稳定的电压范围为____________，该电压称为____________；电弧稳定的电流范围为____________，该电流称为____________。

（4）稳定燃烧调节电弧长度时，电压电流视图表中不动的线是____________，上下移动的线是____________，其移动的规律是________________________，为什么？

____

____

2. 电弧焊直流电源特性实验

在虚拟电弧焊实验台中，接好焊接系统，使用默认工艺参数，本实验的负载与实验 1 的负载一致，按下列步骤操作并观察记录如下：

（1）未焊接时，为____________，与实验 1 相比____________。

（2）引弧瞬间，输出最大电流为____________，与实验 1 相比____________。

（3）稳定燃烧后，调节电弧长度，根据提示的电弧状态，电弧稳定的电压范围为____________，与实验 1 相比____________；电弧稳定的电流范围为____________，与实验 1 相比____________。

（4）本实验中交流电源的外特性曲线与直流电源的外特性曲线相比有什么不同？各有什么优缺点？

____

____

3. 电弧焊电源认知

在电弧焊设备虚拟认知中心模块中，查看各电弧焊设备的型号，根据提示完成相应任务，记录并思考：

（1）第一种电弧焊机的型号是____________，其电流种类是____________，其外特性是____________，其结构类型是________________________，其额定电压是________________________，其额定电流是________________________。

（2）第二种电弧焊机的型号是____________，其电流种类是____________，其外特性是____________，其结构类型是________________________，其额定电压是________________________，其额定电流是________________________。

（3）第三种电弧焊机的型号是____________，其电流种类是____________，其外特性是____________，其结构类型是________________________，其额定电压是________________________，其额定电流是________________________。

（4）第四种电弧焊机的型号是____________，其电流种类是____________，其外特性是

____________,其结构类型是____,其额定电压是____,其额定电流是____。

实验 2 常用焊条电弧焊机的特点观察实验

1. 变换抽头式交流弧焊机实验

使用虚拟变换抽头式交流弧焊机,按提示接线,从小到大调节不同的挡位,观察每个挡位的电流刻度值,完成提示的任务,记录并思考:

(1)各挡位的电流值如下:____

____

(2)各挡位的外特性曲线陡降率关系为______________________________

____

2. 逆变式直流弧焊机实验

使用虚拟逆变式直流弧焊机,按提示接线,按任务提示的电流值调节电源直到任务所要求的值,记录并思考:

(1)各任务所调节出的电流值如下:__________________________________

____

(2)各任务所调节后的外特性曲线陡降率关系为________________________

____

实验 3 电弧焊的极性实验

1. 交流电弧焊机极性实验

使用两台虚拟交流电弧焊机,分别按对调的方式接线,观察比较两组电弧及焊缝,记录并思考:

(1)两组电弧有什么区别?焊缝有什么区别?

____

____

(2)为什么会出现上面观察到的现象?在工作中交流电弧焊机接线需要注意什么?

____

____

2. 直流电弧焊机极性实验

使用两台虚拟直流电弧焊机,分别按对调的方式接线,观察比较两组电弧及焊缝,记录并思考:

(1)两组电弧有什么区别？焊缝有什么区别？

____

____

(2)为什么会出现上面观察到的现象？在工作中交流电弧焊机接线需要注意什么？

____

____

子任务 3-1-2　焊 条 认 知

知识积累

知识点 1　焊条的组成、分类、型号及牌号

焊条(图 3-1-21)是焊条电弧焊用的焊接材料。实施焊条电弧焊时,焊条既作为电极,又作为填充金属,其熔化后与母材熔合形成焊缝。焊条电弧焊属于熔化极电弧焊。

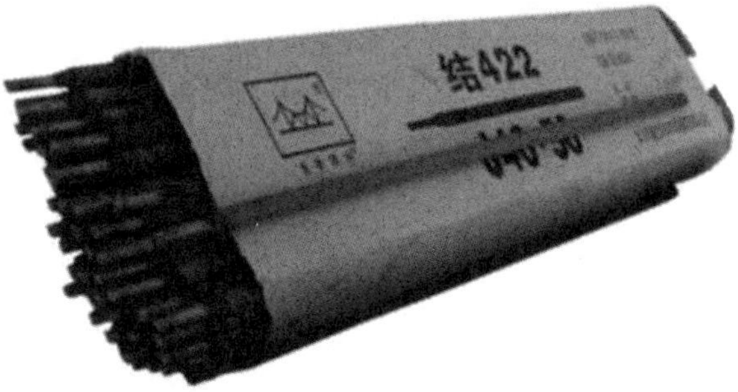

图 3-1-21　焊条实物

1. 焊条的组成及作用

焊条由焊芯和药皮组成(图 3-1-22)。焊条前端(引弧端)药皮有 45°左右的倒角,以便于引弧;在尾部(夹持端)有一段裸焊芯,长 10~35 mm,以便于焊钳夹持和导电,焊条长度一般为 250~450 mm。焊条直径是以焊芯直径来表示的,常用的有 $\phi2$ mm、$\phi2.5$ mm、$\phi3.2$ mm、$\phi4$ mm、$\phi5$ mm、$\phi6$ mm 等规格。

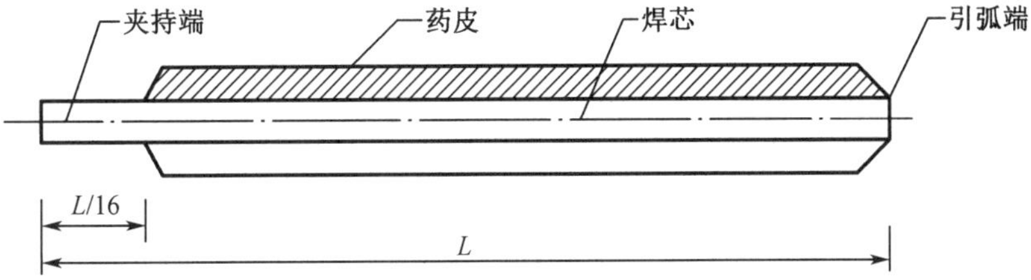

图 3-1-22　焊条组成示意图

(1)焊条焊芯

焊条中被药皮包覆的金属芯称为焊芯。焊接时,焊芯有两个作用:一是传导焊接电流,产生电弧把电能转换成热能;二是焊芯本身熔化,作为填充金属与熔化后的母材液体金属熔合形成焊缝。

焊芯一般是一根具有一定长度及直径的钢丝,用于制造焊条。在埋弧焊、气体保护电弧焊、电渣焊、气焊等中用作填充金属时,则称为焊丝。不同种类焊条所用的焊芯见表 3-1-3。

表 3-1-3　不同种类焊条所用的焊芯

焊条种类	所用的焊芯
碳钢焊条	低碳钢焊芯(H08A、HOSE 等)
低合金钢焊条	低碳钢或低合金钢焊芯
不锈钢焊条	不锈钢或低碳钢焊芯
堆焊焊条	低碳钢或合金钢焊芯
铸铁焊条	低碳钢、铸铁、非铁合金焊芯
有色金属焊条	有色金属焊芯

焊芯材料的性能、代号等在后续各具体项目的实际运用中再具体学习。

(2)焊条药皮

压涂在焊芯表面上的涂料层称为药皮。生产实践证明,焊芯和药皮之间要有一个适当的比例,这个比例就是焊条药皮与焊芯(不包括夹持端)的质量比,称为药皮的质量系数,用 K_b 表示。K_b 值一般为 40%~60%。

①焊条药皮的作用

a. 隔离保护作用:利用焊条药皮熔化后所产生的大量气体和形成的熔渣,隔离空气防止空气中氧、氮的侵入,保护熔滴和熔池金属。

b. 冶金处理渗合金作用:通过熔渣与熔化金属的冶金反应,除去有害杂质(如氧、氢、硫、磷)和添加有益元素,使焊缝获得符合要求的力学性能。

c. 改善焊接工艺性能:焊接工艺性能是指焊条使用和操作时的性能,包括稳弧性、脱渣性、全位置焊接性、焊缝成形性、飞溅多少等。好的焊接工艺性能可使电弧稳定燃烧、飞溅少、焊缝成形好、易脱渣、熔敷效率高,适用于全位置焊接等。

②焊条药皮的组成

焊条药皮由各种矿物类、铁合金和金属类、有机物类及化工产品等原料组成。焊条药皮组成物按其在焊接过程中的作用可分为稳弧剂、造渣剂、造气剂、脱氧剂、黏结剂及合金化元素(如需要)六大类,其组成成分及主要作用见表 3-1-4。

表 3-1-4　焊条药皮组成物的名称、组成成分及主要作用

名称	组成成分	主要作用
稳弧剂	碳酸锦、碳酸钠、钢硝石、水玻璃、大理石或石灰石、花岗石、铁白粉等	改善焊条的引弧性能和提高焊接电弧稳定性
造渣剂	钛铁矿、赤铁矿、金红石、长石、大理石、石英、花岗石、萤石、菱苦土、锰矿、铁白粉等	形成具有一定物理、化学性能的熔渣，起良好的机械保护作用和冶金处理作用
造气剂	分无机物和有机物两类。无机物常用碳酸盐类矿物，如大理石、菱镁矿、白云石等；有机物常用木粉、纤维素、淀粉等	形成保护气体，有效地保护焊缝金属，同时也有利于熔滴过渡
脱氧剂	锰铁、硅铁、钛铁等	对熔渣和焊缝金属进行脱氧
黏结剂	水玻璃或树胶类物质	将药皮牢固地黏结在焊芯上
合金化元素	铬、钼、锰、硅、钛、钨、钒的铁合金和铬锰等纯金属	向焊缝金属中掺入必要的合金成分，以补偿已经烧损或蒸发的合金元素和补加特殊性能要求的合金元素

③焊条类型

焊条具体类型和特点见表 3-1-5～表 3-1-7。

表 3-1-5　焊条按药皮类型和熔渣特性分类

序号	按药皮类型分类	按熔渣特性分类	备注
1	钛型	酸性焊条	药皮熔化后的熔渣主要是由酸性氧化物组成的焊条； 酸性焊条的工艺性能优于碱性焊条
2	纤维素型		
3	金红石型		
4	钛铁矿型		
5	氧化铁型		
6	金红石+铁粉型		
7	氧化铁+铁粉型		
8	钛酸型		
9	碱性型	碱性焊条	药皮熔化后的熔渣主要是由碱性氧化物组成的焊条； 碱性焊条的力学性能、抗裂纹性能优于酸性焊条
10	碱性+铁粉型		

表 3-1-6 常用药皮的成分、性能特点

代号	药皮类型	药皮成分、性能特点	用途
03	钛型	包含二氧化钛和碳酸钙的混合物,同时具有金红石焊条和碱性焊条的某些性能,交直流两用;全位置焊接	非合金钢及细晶粒钢焊条; 热强钢焊条
10	纤维素型	含有大量的可燃有机物,尤其是纤维素,由于其强电弧特性,特别适用于向下立焊;由于钠影响电弧稳定性,焊条主要适用于直流焊接,通常使用直流反接;全位置焊接	
11	纤维素型	含有大量的可燃有机物,尤其是纤维素,由于其强电弧特性,特别适用于向下立焊;由于钾增强电弧稳定性,适用于交直流两用,直流时使用直流反接;全位置焊接	
13	金红石型	含有大量的二氧化钛(金红石)和增强电弧稳定性的钾,能在低电流条件下产生稳定的电弧,特别适用于金属薄板的焊接,交直流两用;全位置焊接	
14	金红石+铁粉型	在金红石药皮类型的基础上,添加了少量铁粉。加入铁粉可以提高电流承载能力和熔敷效率,交直流两用;全位置焊接	
15	碱性型	碱度较高,含有大量的氧化钙和萤石;由于钠影响电弧稳定性,只适用于直流反接;可得到低氢含量、高冶金性能的焊缝;全位置焊接	
16	碱性型	碱度较高,含有大量的氧化钙和萤石;由于钾增强电弧稳定性,适用于交流焊接;可得到低氢含量、高冶金性能的焊缝;全位置焊接	
19	钛铁矿型	包含钛和铁的氧化物,通常在钛铁矿中获取;虽然不属于碱性药皮焊条,但可以制造出高韧性的焊缝金属;交直流两用;全位置焊接	
20	氧化铁型	包含大量的铁氧化物,熔渣流动性好,通常只在平焊和平角焊中使用;主要用于角焊缝和搭接焊缝,采用交流和直流正接	
05	碱性型	含有大量碱性矿物质和化学物质,如石灰石(碳酸钙)、白云石(碳酸钙、碳酸镁)和萤石(氟化钙);通常只使用直流反接	不锈钢焊条
06	金红石型	含有大量金红石矿物质,主要是二氧化钛(氧化钛),含有低电离元素	
07	钛酸型	改进的金红石类,使用一部分二氧化硅代替氧化钛,熔渣流动性好,引弧性能良好,电弧易喷射过渡,但不适用于薄板立向上位置的焊接	

表 3-1-7 酸性焊条和碱性焊条的性能对比

酸性焊条	碱性焊条
对水、铁锈的敏感性不大，使用前须经 75~150 ℃烘干，保温 1~2 h	对水、铁锈的敏感性较大，使用前须经 350~400 ℃烘干，保温 1~2 h
电弧稳定，可用交流或直流施焊	需用直流反接施焊，在药皮中加稳弧剂后，可交直流两用
焊接电流较大	焊接电流比同规格酸性焊条小 10%~15%
可长弧操作	需短弧操作，否则易产生气孔
合金元素过渡效果差	合金元素过渡效果好
熔深较浅，焊缝成形较好	熔深较深，焊缝成形一般
熔渣呈玻璃状，脱渣较方便	熔渣呈结晶状，脱渣不及酸性焊条方便
焊缝的常、低温冲击韧度一般	焊缝的常、低温冲击韧度高
焊缝的抗裂性较差	焊缝的抗裂性好
焊缝的含氢量较高，影响塑性	焊缝的含氢量低
焊接时烟尘较少	焊接时烟尘稍多，且烟尘中含有有害物质

2. 焊条的其他方式分类

焊条的其他方式分类见表 3-1-8。

表 3-1-8 按焊条用途及性能分类

按焊条用途分类	按焊条性能分类
非合金钢及细晶粒钢焊条	超低氢焊条
热强钢焊条	低尘、低毒焊条
不锈钢焊条	立向下焊条
堆焊焊条	底层焊条
低温钢焊条	铁粉高效焊条
铸铁焊条	抗潮焊条
铜及铜合金焊条	水下焊条
铝及铝合金焊条	重力焊条
镍及镍合金焊条	躺焊焊条
特殊用途焊条	—

3. 焊条的型号

我国颁布了非合金钢及细晶粒钢焊条、热强钢焊条、不锈钢焊条等国家标准。

(1)非合金钢及细晶粒钢焊条型号

根据国家标准 GB/T 5117—2012《非合金钢及细晶粒钢焊条》,非合金钢及细晶粒钢焊条型号是按熔敷金属的力学性能、药皮类型、焊接位置、电流类型、熔敷金属化学成分和焊后状态等进行划分的。

- 第一部分为字母“E”,表示焊条。
- 第二部分为“E”后紧邻的两位数字,表示熔敷金属的最小抗拉强度代号(如 43、50、55、57)。
- 第三部分为“E”后的第三和第四两位数字,表示药皮类型、焊接位置和电流类型。
- 第四部分为熔敷金属的化学成分分类代号,可为“无标记”,或短划“-”后的字母、数字,或字母和数字的组合。
- 第五部分为焊后状态代号,其中“无标记”表示焊态,“P”表示热处理状态,“AP”表示焊态和焊后热处理两种状态均可。

除了以上强制分类代号外,根据供需双方协商,可在型号后依次附加可选代号。

非合金钢及细晶粒钢焊条型号举例如图 3-1-23 所示。

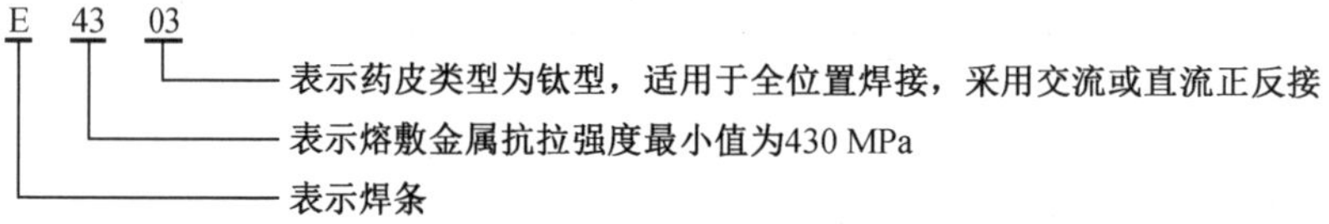

图 3-1-23 非合金钢及细晶粒钢焊条型号规则

(2)热强钢焊条型号

根据国家标准 GB/T 5118—2012《热强钢焊条》,热强钢焊条型号是按熔敷金属力学性能、药皮类型、焊接位置、电流类型、熔敷金属化学成分等进行划分的。

- 第一部分为字母“E”,表示焊条。
- 第二部分为“E”后紧邻的两位数字,表示熔敷金属的最小抗拉强度代号(如 50、52、55、62)。
- 第三部分为“E”后的第二和第四两位数字,表示药皮类型、焊接位置和电流类型,见表 3-1-9。
- 第四部分为熔敷金属化学成分分类代号,为短划“-”后的字母、数字,或字母和数字的组合。
- 除了以上强制分类代号外,根据供需双方协商,可在型号后附加扩散氢代号“HX”,其中 X 代表 15、10 或 5,分别表示每 100 g 熔敷金属中扩散氢含量的最大值(mL)。

表 3-1-9 焊条药皮类型、焊接位置和电流类型

<table>
<tr><th>代号</th><th>药皮类型</th><th>焊接位置</th><th>电流类型</th><th>备注</th></tr>
<tr><td>03</td><td>钛型</td><td rowspan="10">全位置</td><td>交流或直流正反接</td><td>非合金钢及细晶粒钢焊条、热强钢焊条</td></tr>
<tr><td>10</td><td>纤维素型</td><td>直流反接</td><td>非合金钢及细晶粒钢焊条、热强钢焊条</td></tr>
<tr><td>11</td><td>纤维素型</td><td>交流或直流反接</td><td>非合金钢及细晶粒钢焊条、热强钢焊条</td></tr>
<tr><td>12</td><td>金红石型</td><td>交流或直流正接</td><td>非合金钢及细晶粒钢焊条</td></tr>
<tr><td>13</td><td>金红石型</td><td rowspan="2">交流或直流正反接</td><td>非合金钢及细晶粒钢焊条、热强钢焊条</td></tr>
<tr><td>14</td><td>金红石+铁粉型</td><td>非合金钢及细晶粒钢焊条</td></tr>
<tr><td>15</td><td>碱性型</td><td>直流反接</td><td>非合金钢及细晶粒钢焊条、热强钢焊条</td></tr>
<tr><td>16</td><td>碱性型</td><td rowspan="2">交流或直流反接</td><td>非合金钢及细晶粒钢焊条、热强钢焊条</td></tr>
<tr><td>18</td><td>碱性+铁粉型</td><td>非合金钢及细晶粒钢焊条、热强钢焊条</td></tr>
<tr><td>19</td><td>钛铁矿型</td><td>交流或直流正反接</td><td>非合金钢及细晶粒钢焊条、热强钢焊条</td></tr>
<tr><td>20</td><td>氧化铁型</td><td rowspan="3">平焊、
平角焊</td><td>交流或直流正接</td><td>非合金钢及细晶粒钢焊条、热强钢焊条</td></tr>
<tr><td>24</td><td>金红石+铁粉型</td><td>交流或直流正反接</td><td>非合金钢及细晶粒钢焊条</td></tr>
<tr><td>27</td><td>氧化铁+铁粉型</td><td>交流或直流正反接</td><td>非合金钢及细晶粒钢焊条、热强钢焊条</td></tr>
<tr><td>28</td><td>碱性+铁粉型</td><td>平焊、
平角焊、
横焊</td><td>交流或直流反接</td><td>非合金钢及细晶粒钢焊条</td></tr>
<tr><td>40</td><td>不做规定</td><td colspan="2">由制造商确定</td><td>非合金钢及细晶粒钢焊条、热强钢焊条</td></tr>
<tr><td>45</td><td>碱性型</td><td rowspan="2">全位置</td><td>直流反接</td><td>非合金钢及细晶粒钢焊条</td></tr>
<tr><td>48</td><td>碱性型</td><td>交流或直流反接</td><td>非合金钢及细晶粒钢焊条</td></tr>
</table>

热强钢焊条型号举例如图 3-1-24 所示。

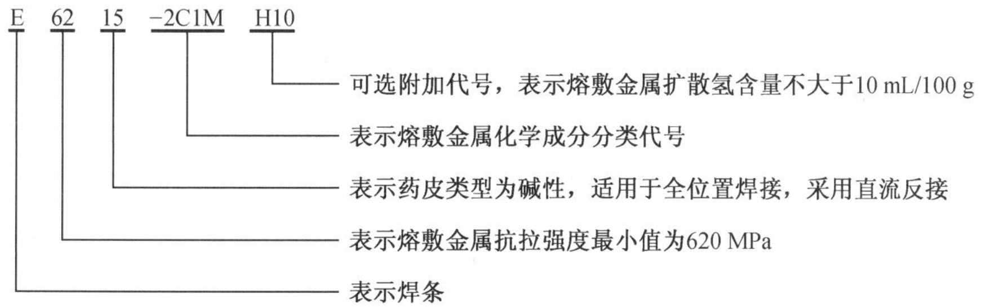

图 3-1-24 热强钢焊条型号规则

热强钢焊条的药皮类型、焊接位置和电流类型代号与非合金钢及细晶粒钢焊条的相同。

(3)不锈钢焊条型号

根据国家标准 GB/T 983—2012《不锈钢焊条》,不锈钢焊条型号是按熔敷金属化学成分、焊接位置和药皮类型等进行划分的。

● 第一部分为字母“E”,表示焊条。

● 第二部分为“E”后面的数字,表示熔敷金属化学成分分类,数字后的字母“L”表示碳含量较低,“H”表示碳含量较高,如有其他特殊要求的化学成分,则该化学成分用其元素符号表示放在数字后面。

● 第三部分为短划“-”后的第一位数字,表示焊接位置,“1”表示平焊、平角焊、仰角焊、向上立焊,“2”表示平焊、平角焊,“4”表示平焊、平角焊、仰角焊、向上立焊和向下立焊。

● 第四部分为最后一位数字,表示药皮类型和电流类型,见表 3-1-10。

表 3-1-10 不锈钢焊条药皮类型和电流类型

代号	药皮类型	电流类型
5	碱性	直流
6	金红石型	交流或直流
7	钛酸型	交流或直流

注: 46 型、47 型采用直流焊接。

不锈钢焊条型号举例如图 3-1-25 所示。

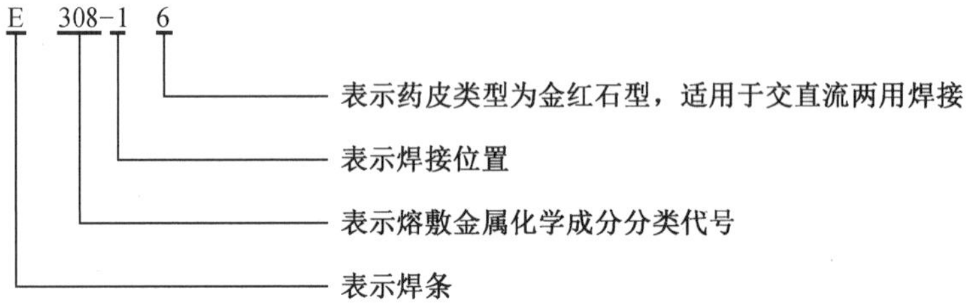

图 3-1-25 不锈钢焊条型号规则

4. 焊条的牌号

焊条型号和牌号都是焊条的一种编码代号。

焊条型号:依据我国改革后的焊条编码标准体系,焊条制造厂产品出厂时按国家最新焊条型号编码标准标明的焊条对应型号。

焊条牌号:依据我国早期的焊条编码标准体系,焊条制造厂产品出厂时按国家焊条牌号编码标准标明的焊条对应牌号。

早期,我国焊条制造厂在原机械电子工业部组织下,在金属材料等的牌号标准体系下,编写了《焊接材料产品样本》,实行统一焊条牌号制度。近年来,随着焊条的国家标准参照国际标准做了较大修改,造成了《焊接材料产品样本》中的焊条牌号不能完全与国家标准的焊条型号一一对应。虽然焊条牌号不是现行国家标准,但考虑到多年使用已成习惯,现在生产中仍有广泛应用。

《焊接材料产品样本》规定，焊条牌号组成包括汉字（或汉语拼音字母）+三位数字。

- 汉字（或汉语拼音字母）表示按用途分的焊条各大类。
- 前两位数字表示各大类中的若干小类。
- 第三位数字表示药皮类型和电流类型。

焊条牌号中表示各大类的汉字（或汉语拼音字母）的含义见表 3-1-11。

表 3-1-11　焊条牌号中表示各大类的汉字（或汉语拼音字母）的含义

焊条类别		大类的汉字（或汉语拼音字母）	焊条类别	大类的汉字（或汉语拼音字母）
结构钢焊条	碳钢焊条	结（J）	低温钢焊条	温（W）
	低合金钢焊条		铸铁焊条	铸（Z）
钼和铬钼耐热钢焊条		热（R）	铜及铜合金焊条	铜（T）
不锈钢焊条	铬不锈钢焊条	铬（G）	铝及铝合金焊条	铝（L）
	铬镍不锈钢焊条	奥（A）	镍及镍合金焊条	镍（Ni）
堆焊焊条		堆（D）	特殊用途焊条	特殊（TS）

焊条牌号中第三位数字的含义见表 3-1-12。

表 3-1-12　焊条牌号中第三位数字的含义

焊条牌号	药皮类型	电流类型	焊条牌号	药皮类型	电流类型
××0	不定型	不规定	××5	纤维素型	交直流
××1	氧化钛型	交直流	××6	低氢钾型	交直流
××2	钛钙型	交直流	××7	低氢钠型	直流
××3	钛铁矿型	交直流	××8	石墨型	交直流
××4	氧化铁型	交直流	××9	盐基型	直流

（1）结构钢焊条牌号

汉字“结（J）”表示结构钢焊条；

第一、二位数字表示熔敷金属抗拉强度等级；

第三位数字表示药皮类型和电流类型。

例如，结 422（J422）表示：

- 熔敷金属抗拉强度最小值为 420 MPa；
- 药皮类型为钛钙型，交直流两用的结构钢焊条。

（2）钼和铬钼耐热钢焊条牌号

汉字“热（R）”表示钼和铬钼耐热钢焊条；

第一位数字表示熔敷金属主要化学成分等级,见表 3-1-13;

第二位数字表示同一熔敷金属主要化学成分组成等级中的不同编号,按 0,1,…,9 顺序排列;

第三位数字表示药皮类型和电流类型。

表 3-1-13 钼和铬钼耐热钢焊条牌号第一位数字的含义

焊条牌号	焊缝金属主要化学成分等级/%	
	铬	钼
热 1××(R1××)	—	0. 5
热 2××(R2××)	0. 5	0. 5
热 3××(R3××)	1	0. 5
热 4××(R4××)	2. 5	1
热 5××(R5××)	5	0. 5
热 6××(R6××)	7	1
热 7××(R7××)	9	1
热 8××(R8××)	11	1

例如,热 307(R307)表示:

- 熔敷金属主要化学成分代号为 3,其中铬的质量分数为 1%、钼的质量分数为 0. 5%;
- 熔敷金属主要化学成分的等级编号为 0;
- 药皮类型编号为 7,是低氢钠型,直流反接的钼和铬钼耐热钢焊条。

(3)不锈钢焊条牌号

不锈钢焊条包括铬不锈钢焊条和铬镍不锈钢焊条,汉字“铬(G)”表示铬不锈钢焊条,“奥(A)”表示铬镍不锈钢焊条。

第一位数字表示熔敷金属主要化学成分等级,见表 3-1-14;

第二位数字表示同一熔敷金属主要化学成分组成等级中的不同编号,按 0,1,…,9 顺序排列;

第三位数字表示药皮类型和电流类型。

表 3-1-14 不锈钢焊条牌号第一位数字的含义

焊条牌号	焊缝金属主要化学成分等级/%	
	铬	镍
铬 2××(G2××)	13	—
铬 3××(G3××)	17	—
奥 0××(A0××)	18(超低碳)	9

表 3-1-14(续)

焊条牌号	焊缝金属主要化学成分等级/%	
	铬	镍
奥 1××(A1××)	18	9
奥 2××(A2××)	18	12
奥 3××(A3××)	25	13
奥 4××(A4××)	25	20
奥 5××(A5××)	16	25
奥 6××(A6××)	15	35
奥 7××(A7××)	铬锰氮不锈钢	—

例如,铬 202(G202)表示:

- 熔敷金属主要化学成分代号为 2,其中铬的质量分数为 13%;
- 熔敷金属主要化学成分的等级编号为 0;
- 药皮类型编号为 2,是钛钙型,交直流两用的铬不锈钢焊条;

例如,奥 137(A137)表示:

- 熔敷金属主要化学成分代号为 1,其中铬的质量分数为 18%,镍的质量分数为 9%;
- 熔敷金属主要化学成分的等级编号为 3;
- 药皮类型编号为 7,是低氢钠型,直流反接的铬镍奥氏体不锈钢焊条。

(4)低温钢焊条牌号

汉字“温(W)”表示低温钢焊条;

第一、二位数字表示低温钢焊条工作温度等级,见表 3-1-15;

第三位数字表示药皮类型和电流类型。

例如,温 707(W707)表示:

- 工作温度等级为-70 ℃;
- 药皮类型编号为 7,是低氢钠型,直流反接的低温钢焊条。

表 3-1-15　低温钢焊条牌号第一、二位数字的含义

焊条牌号	低温温度等级/℃	焊条牌号	低温温度等级/℃
温 70×(W70×)	-70	温 19×(W19×)	-196
温 90×(W90×)	-90	温 25×(W25×)	-253
温 10×(W10×)	-100		

(5)堆焊焊条牌号

汉字“堆(D)”表示堆焊焊条;

第一位数字表示焊条的用途、组织或熔敷金属的主要成分,见表 3-1-16;

第二位数字表示同一用途、组织或熔敷金属主要成分中的不同编号,按 0,1,…,9 的顺

序排列;

第三位数字表示药皮类型和电流类型。

表 3-1-16 堆焊焊条牌号第一位数字的含义

焊条牌号	用途、组织或熔敷金属的主要成分	焊条牌号	用途、组织或熔敷金属的主要成分
堆 0××(D0××)	不规定	堆 5××(D5××)	阀门用
堆 1××(D1××)	普通常温用	堆 6××(D6××)	合金铸铁用
堆 2××(D2××)	普通常温用及常温高锰钢	堆 7××(D7××)	碳化钨型
堆 3××(D3××)	刀具及工具用	堆 8××(D8××)	钴基合金
堆 4××(D4××)	刀具及工具用	堆 9××(D9××)	待发展

例如,堆 127(D127)表示:

- 焊条的用途、组织或熔敷金属的主要成分编号为 1,为普通常温用;
- 同一用途、组织或熔敷金属主要成分的等级编号为 2;
- 药皮类型编号为 7,是低氢钠型,直流反接的堆焊焊条。

注:对于特殊性能的焊条,可在焊条牌号后缀表示主要用途的汉字(或汉语拼音字母),如高韧性、压力容器用焊条为 J507R 超低氢焊条为 J507H,打底焊条为 J507D,低尘焊条为 J507DF,立向下焊条为 J507X 等。

5. 常用焊条型号与牌号的对照

常用非合金钢及细晶粒钢焊条、热强钢焊条型号与牌号对照见表 3-1-17。

表 3-1-17 常用非合金钢及细晶粒钢焊条、热强钢焊条型号与牌号对照表

序号	型号	牌号	序号	型号	牌号
1	E4303	J422	10	E5003-1M3	R102
2	E4311	J425	11	E5015-1M3	R107
3	E4316	J426	12	E5503-CM	R202
4	E4315	J427	13	E5515-CM	R207
5	E5003	J502	14	E5515-1CM	R307
6	E5016	J506	15	E5515-2CMWVB	R347
7	E5015	J507	16	E6215-2C1M	R407
8	E5015-G	J507MoNb、J507NiCu	17	E5515-N5	W707Ni
9	E5515-G	J557、J557Mo、J557MoV	18	E5516-N7	W906Ni

常用不锈钢焊条型号与牌号对照见表 3-1-18。

表 3-1-18 常用不锈钢焊条型号与牌号对照表

序号	型号(新)	型号(旧)	牌号	序号	型号(新)	型号(旧)	牌号
1	E410-16	E1-13-16	G202	8	E309-15	E1-23-13-15	A307
2	E410-15	E1-13-15	G207	9	E310-16	E2-24-21-16	A402
3	E410-15	E1-13-15	G217	10	E310-15	E2-24-21-15	A407
4	E308L-16	E00-19-10-16	A002	11	E347-16	E0-19-10Nb-16	A132
5	E308-16	E0-19-10-16	A102	12	E347-15	E0-19-10Nb-15	A137
6	E308-15	E0-19-10-15	A107	13	E316-16	E0-18-12Mo2-16	A202
7	E309-16	E1-23-13-16	A302	14	E316-15	E0-18-12Mo2 15	A207

知识点 2 焊条的选用与管理

1. 焊条的选用原则

(1)强度等强原则

低碳钢、中碳钢及低合金钢焊件,按焊件的抗拉强度选用相应强度的焊条,使熔敷金属的抗拉强度与焊件的抗拉强度相等或相近,该原则称为等强原则。如焊接 Q235A 时,由于其抗拉强度在 420 MPa 左右,故选用熔敷金属抗拉强度最小值为 430 MPa 的 E4303(J422)、E4316(J426)或 E4315(J427)焊条。对于结构复杂、刚度大的焊件,可以考虑选用比母材强度低一级的焊条。

(2)性能相近原则

不锈钢、耐热钢、堆焊等焊件选用焊条时,应从保证焊接接头的特殊性能出发,要求焊缝金属化学成分与母材相同或相近。如焊接 06Cr19Ni10 不锈钢时,由于其铬、镍的质量分数分别约为 19%、10%,为了使焊缝与焊件具有相同的耐蚀性,必须要求焊缝金属化学成分与母材相同或相近,所以应选用铬、镍含量相近的 E308-16(A102)或 E308-15(A107)焊条。

(3)异构就低原则

对于强度不同的低碳钢之间、低合金高强度结构钢之间以及它们之间异种钢的焊接,要求焊缝或接头的强度、塑性和韧性都不低于母材相应性能的最低值,故一般根据强度等级较低的钢材来选用相应的焊条。如焊接 Q235A 与 Q355 异种钢时,按 Q235A 来选用抗拉强度为 420 MPa 左右的 E4303(J422)、E4316(J426)或 E4315(J427)焊条。对于碳钢、低合金钢与奥氏体钢的异种钢焊接,应选用铬、镍含量较高的奥氏体钢焊条。

(4)重要碱性原则

重要焊缝要选用碱性焊条,重要焊缝是指受压元件(如锅炉、压力容器)的焊缝,承受振动载荷或冲击载荷的焊缝,对强度、塑性、韧性要求较高的焊缝,焊件形状复杂、结构刚度大的焊缝等。

对于这些焊缝,要选用力学性能好、抗裂性能强的碱性焊条。如焊接 20 钢时,按等强原则选用 E4303(J422)、E4316(J426)或 E4315(J427)焊条都符合要求。

当焊接抗拉强度相等的压力容器用钢 Q245R 时,则须选用同强度的碱性焊条 E4316(J426)或 E4315(J427)焊条。

(5)宜用酸性原则

在满足性能要求的前提下尽量选用酸性焊条。酸性焊条的工艺性能优于碱性焊条,即酸性焊条对铁锈、油污等不敏感;析出有害气体少;稳弧性好,可交直流两用;脱渣性好;焊缝成形美观等。总之,在酸性焊条和碱性焊条均能满足性能要求的前提下,应尽量选用工艺性能较好的酸性焊条。

常用钢材推荐选用的焊条见表3-1-19。

表3-1-19 常用钢材推荐选用焊条表

钢号	焊条型号	对应牌号
Q235AF Q235A、10、20	E4303	J422
Q245R(20R、20g)	E4316	J426
	E4315	J427
25	E4303	J422
	E5003	J502
Q295(09Mn2V、9Mn2VD、9Mn2VDR)	E5015 E4315	J507 J427
Q355、Q355R	E5003	J502
	E5016	J506
	E5015	J507
Q390	E5016	J506RH
	E5015	J507RH
Q390(15MnVR、15MnVRE)	E5016	J506
	E5015	J507
	E5515-G	J557
20MnMo	E5015	J507
	E5515-G	J557
15MnVNR	E5716	—
	E5715-G	—
15MnMoV 18MnMoNbR 20MnMoNb	E7015-D2	J707
12CrMo	E5515-CM	R207
15CrMo 15CrMoR	E5515-1CM	R307

钢号	焊条型号	对应牌号
12Cr1MoV	E5515-1CMV	R317
12Cr2Mo 12Cr1Mo1R	E6215-2C1M E6014-B3	R407
15Mo	E5015-IM3	R107
07Cr19Ni11Ti	E308-16	A102
	E308-15	A107
	E347-16	A132
	E347-15	A137
06Cr19Ni10	E308 16	A102
	E308-15	A107
06Cr18Ni11Ti	E347-16	A132
	E347-15	A137
022Cr19Ni10	E308L-16	A002
	E316-16	A202
06Cr17Ni12Mo2	E316-15	A207
	E316L-16	A022
06Cr17Ni12Mo2Ti	E318-16	A212
	E410-16	G202
06Cr13	E410-15	G207

2. 焊条使用中的极性问题

除了焊条本身规定的使用电流及接法外，在具体工作中，需要注意以下原则：

● 厚板酸焊直流正接原则：使用焊条电弧焊和酸性焊条焊接厚板时，一般采用直流正接。这是因为电弧正极的温度和热量比负极高，采用正接能获得较大的熔深。

● 薄板酸碱直流均反接原则：为了防止烧穿，常采用反接，在使用碱性低氢钠型焊条时，均采用直流反接。

3. 焊条的管理

焊条（包括其他焊接材料）的管理包括验收、保管、领用、发放等方面，其控制程序简图如图 3-1-26 所示。

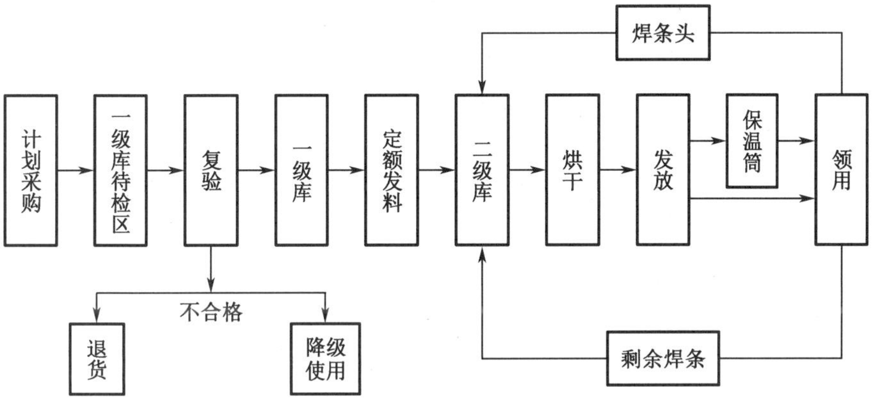

图 3-1-26　焊条管理控制程序简图

（1）焊条的验收

对于制造锅炉、压力容器等重要焊件的焊条，焊前必须进行焊条的验收，也称复验。复验前要对焊条的质量证明书进行审查，正确、齐全、符合要求者方可复验。复验时，应对每批焊条编制“复验编号”，并按照其标准和技术条件进行外观、理化试验等检验。复验合格后，焊条方可入一级库，否则应退货或降级使用。

另外，为了防止焊条在使用过程中混用、错用，同时也为了便于在出现焊接质量问题时找出原因，焊条的“复验编号”不但要登记在一级库、二级库台账上，而且要登记在烘烤记录单、发放领料单甚至焊接施工卡上，以保证焊条使用时的追踪性。

（2）焊条的保管、领用、发放

在质保期内且符合质量要求的焊条才能发放使用，如图 3-1-27 所示质量不合规焊条不能发放使用。

焊接材料有效期限的确定：

★JB/T 3223—2017《焊接材料质量管理规程》规定自生产日期算起按下述方法确定：

a. 焊材质量证明书或说明书推荐的期限。

b. 酸性焊材及防潮包装密封良好的低氢型焊材为两年。

c. 石墨型焊材及其他焊材为一年。

☆超过上述规定有效期限的焊条、焊剂及药芯焊丝，应按规定复验合格后才能发放使用。

焊条实行三级管理:一级库管理、二级库管理、焊工焊接时管理。一级、二级库内的焊条要按其型号、牌号、规格分门别类堆放,放在离地面、墙面300 mm以上的木架上。

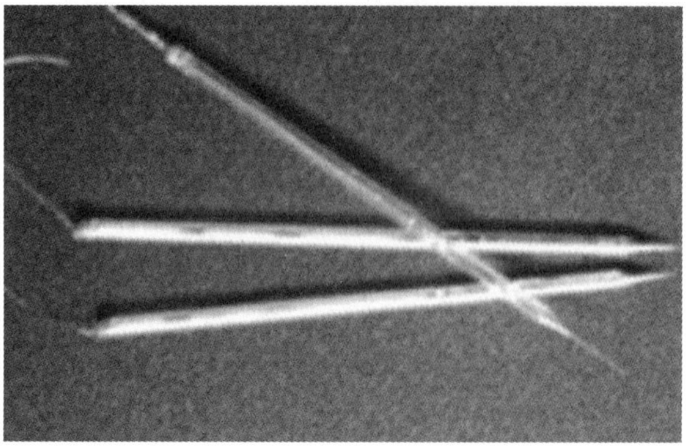

图3-1-27 质量不合规焊条

一级库内应配有空调设备和去湿机,保证室温不低于5 ℃,相对湿度不大于60%;二级库内应有焊条烘烤设备,焊工施焊时也需要妥善保管焊条,焊条要放入保温筒内,随取随用,不可随意乱丢、乱放。

焊条的领用、发放要建立严格的限额领料制度,焊接材料领料单应由焊工填写,二级库保管人员根据焊接工艺要求和焊接材料领料单发放焊条,并审核其型号、牌号、规格是否符合要求,同时还要按发放焊条根数收回焊条头。

4. 受潮焊条危害与检查

(1)产生焊接裂纹和气孔

焊条受潮吸收的水分在焊接电弧热的作用下变成气体,分解出氢,形成焊接裂纹和气孔,碱性焊条尤甚。焊条包装时用聚乙烯塑料袋封口,也不能保证长期的彻底防潮。

(2)力学性能各项指标偏低

焊条受潮,导致力学性能各项指标偏低。

(3)现场检查焊条受潮情况的简易方法

- 检查焊条的包装情况,如果包装破损,那么焊条吸潮肯定严重。
- 检查焊条的制造日期,制造后长期存放的焊条表面容易出现白霉状的斑痕。
- 将几根焊条放在手中滚动,吸潮后的焊条失去了清脆的金属声。
- 取一根焊条微弯10°~15°,如果弯曲时发出明显的脆裂声音,则说明焊条比较干燥。
- 取一根焊条竖着落地,观察其弹跳力,干燥的焊条弹跳力较好,回弹较高。
- 将焊条接入焊接回路中短路数秒,如果药皮表面有水蒸气出现,则是不干燥的焊条。
- 取一根焊条直接进行试焊,若是受潮的焊条,在焊接过程中会有药皮爆裂或药皮成块脱落现象,并产生较多的水汽。
- 观察焊芯端部表面是否有锈迹。
- 取一束焊条,如果药皮表面有黑斑存在,则表明焊条内部的焊芯已锈蚀。也可敲掉药皮,直接检查焊芯是否锈蚀。

(4)焊接操作过程中受潮焊条工艺性能的变化

- 在同一电流值时,电弧吹力变大,熔深增加;

- 飞溅数量增多,颗粒变大;
- 对于酸性焊条,熔渣覆盖不良,且焊缝成形变差;
- 对于低氢型焊条,熔渣的内面(指与焊缝接触的一面)出现许多小孔。

(4)焊条的烘干

焊条的烘干时间、温度应符合标准要求,并做好温度、时间记录。烘干温度不宜过高或过低,温度过高会使焊条中一些成分发生氧化,过早分解,从而失去保护等作用;温度过低,焊条中的水分就不能完全蒸发掉,焊接时就可能形成气孔,产生裂纹等缺陷。

此外,还要注意烘干时间、温度的配合问题,据有关资料显示,烘干温度和时间相比,温度较为重要,如果烘干温度过低,即使延长烘干时间,其烘烤效果也不佳。

一般酸性焊条的烘干温度为 75~150 ℃,时间为 1~2 h;碱性焊条在空气中极易吸潮且药皮中没有有机物,因此,其烘干温度比酸性焊条高,一般为 350~450 ℃,时间 1~2 h。焊条累计烘干次数一般不宜超过 3 次。图 3-1-28 所示为焊条红外线烘烤箱结构。

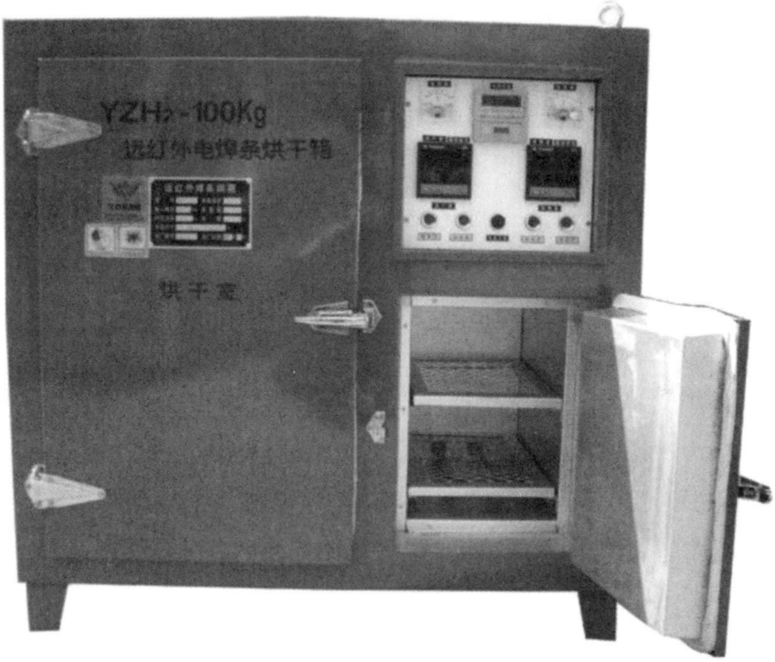

图 3-1-28 焊条红外线烘烤箱结构

实训活动

实训 1 焊条的认知练习

在虚拟焊接实训车间中,辨认所出现的焊条,完成提示的任务,思考并记录完成表 3-1-20 任务。

表 3-1-20　焊条的认知

任务序号	用途类型	焊条型号	焊条牌号	型号牌号含义	药皮代号	药皮类型	焊接位置	电流类型	电弧特性分析
焊条 1									
焊条 2									
焊条 3									
焊条 4									
焊条 5									
焊条 6									
焊条 7									
焊条 8									
焊条 9									
焊条 10									

任务 3-2　焊条电弧焊基本操作

子任务 3-2-1　引弧与运条

知识积累

知识点 1　焊接姿势、焊条夹持和焊钳与面罩握法

1. 焊接姿势

焊接基本操作姿势有蹲姿、坐姿和站姿，如图 3-2-1 所示。

(a) 蹲姿　　(b) 坐姿　　(c) 站姿

图 3-2-1　焊接基本操作姿势

2. 夹持焊条

焊钳与焊条的夹持角度通常有 80°、90°和 120°三种，如图 3-2-2 所示。

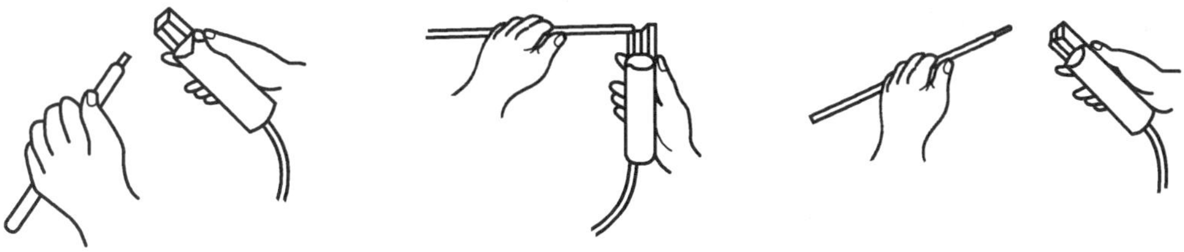

(a) 80°　　(b) 90°　　(c) 120°

图 3-2-2　焊钳与焊条的夹角

3. 焊钳与面罩的握法

一般采用右手焊接，焊钳的握法如图 3-2-3 所示。

面罩的握法一般为左手握面罩，自然上提至内护目镜框与眼平行，向脸部靠近，面罩与鼻尖距离 10~20 mm 即可。

图 3-2-3 焊钳的握法

知识点 2 引弧方法及注意事项

1. 引弧方法

引弧是指在电弧焊中,使焊接材料(焊条、焊丝等)引燃电弧的过程。焊条电弧焊时,引燃焊接电弧的过程称为引弧。常用的电弧焊引弧方法有划擦法和直击法两种,如图 3-2-4 所示。

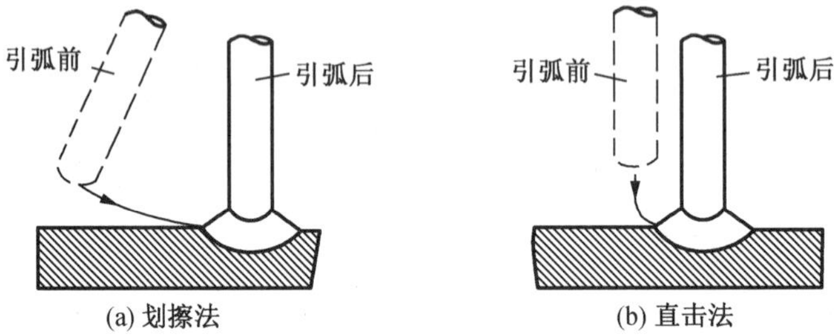

图 3-2-4 引弧方法

影响电弧顺利引燃的因素有工件清洁度、焊接电流、焊条质量、焊条酸碱性、操作方法等。划擦引弧和直击引弧的操作要领、优缺点及应用如下。

(1) 划擦引弧

操作要领:类似划火柴。先将焊条端部对准焊缝,然后将手腕扭转,使焊条在焊件表面上轻轻划擦,划的长度以 20~30 mm 为佳,以减少对工件表面的损伤,即可引燃电弧,然后将手腕扭平后迅速将焊条提起 2~4 mm,使弧长约为所用焊条外径的 1.5 倍,做预热动作(即稍停片刻),其弧长不变,预热后将电弧压短至与所用焊条直径相符。在始焊点做适量横向摆动,且在起焊处稳弧(即稍停片刻)形成熔池后再进行正常焊接。

优点:易掌握,不受焊条端部清洁情况(有无熔渣)限制。

缺点:操作不熟练时,易损伤焊件。

应用:适合直流焊机以及碱性焊条引弧方式。

(2) 直击引弧

操作要领:焊条垂直于焊件,使焊条末端对准焊缝,然后将手腕下弯,使焊条轻碰焊件,引燃后,手腕放平,迅速将焊条提起 2~4 mm,使弧长约为焊条外径的 1.5 倍,稍做预热后,压低电弧,使弧长与焊条内径相等,且焊条横向摆动,待形成熔池后向前移动,手腕托稳焊钳,进入正常焊接程序。

优点:直击法是一种理想的引弧方法,适用于各种位置引弧,不易碰伤工件。

缺点：受焊条端部清洁情况限制，用力过猛时药皮易大块脱落，造成暂时性偏吹，操作不熟练时易粘于工件表面。

应用：在狭小的工作面上或不允许烧伤焊件表面时，应采用直击法，这种引弧方式多用于交流焊机。

2. 引弧注意事项

- 注意清理工件表面，以免影响引弧及焊缝质量。
- 引弧前应夹持好焊条，然后使用正确操作方法进行焊接。
- 初学引弧，要注意防止电弧光灼伤眼睛。对刚焊完的焊件和焊条头不要用手触摸，也不要乱丢，以免烫伤和引起火灾。
- 引弧前应尽量使焊条端部焊芯裸露，若不裸露可用锉刀轻锉或轻击地面。
- 焊条与焊件接触后，提起时间、高度应适当。焊条上提不要太快、太高，也不要太慢。

太快、太高：气体电离差，难以形成稳定电弧，不能引燃电弧，或电弧只燃烧一瞬间就熄灭。

太慢：可能使焊条与焊件粘在一起造成焊接回路短路，若短路时间过长，短路电流过大，容易烧毁电焊机。所以，引弧时手腕动作必须灵活准确。

- 引弧时，如果焊条与焊件粘在一起，不必惊慌，只需将焊条压向焊件，并左右摇动几下，就可脱离焊件。如果这时还不能脱离焊件，则可松开焊钳钳口，使焊接回路断开，待焊条冷却后再从工件上敲下来。

知识点 3　运条基础

焊接过程中，为了保证焊缝成形美观，焊条要做必要的运动，简称运条。运条同时存在三个基本动作：焊条沿焊接方向的均匀移动、焊条沿中心线不停地向下送进和横向摆动，如图 3-2-5 所示。

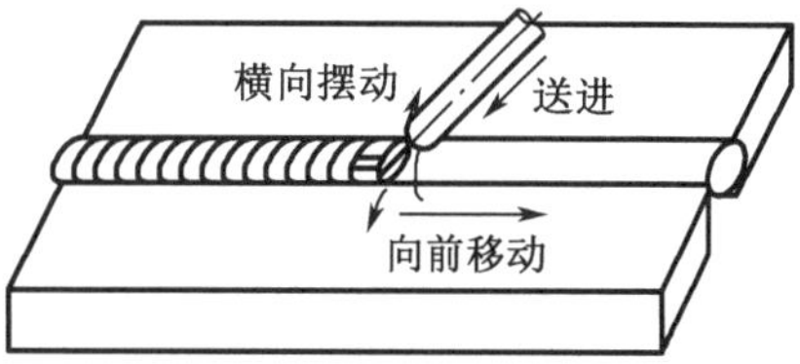

图 3-2-5　运条的三个基本动作

1. 焊接速度与焊条角度

(1)焊接速度

沿焊接方向移动焊条的移动速度即焊接速度。焊接速度应达到匀速运动，不能时快时慢，该速度的大小对焊缝成形起到非常重要的作用。

若焊条移动速度太慢，则熔化金属堆积过多，加大了焊缝断面，焊缝会过高、过宽，外形不整齐，并且使焊件加热温度过高，焊接薄板时会发生烧穿现象。

若焊条移动速度太快，则电弧来不及熔化足够的焊条和母材，造成焊条和焊件不熔化，焊缝断面太小使焊缝较窄，容易形成未焊透等缺陷，如图 3-2-6 所示。

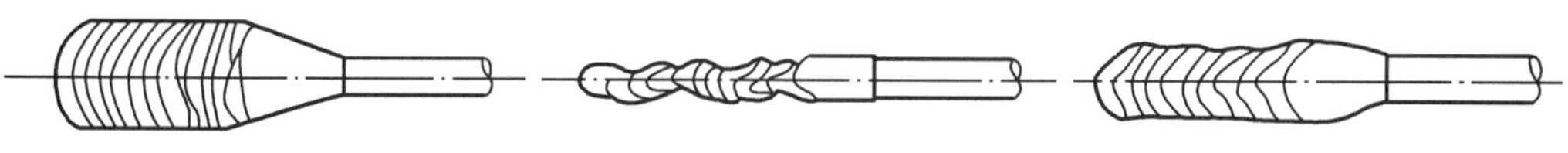

(a) 太慢　　(b) 太快　　(c) 适中

图 3-2-6　焊接速度对焊缝成形的影响

(2)焊条角度

焊接时工件表面与焊条所形成的夹角称为焊条角度，包括转角和倾角。如图3-2-7所示的板对接平焊运条时，转角为90°，倾角应与前进方向成70°~85°的夹角，将熔化金属和熔渣推向后方。如果熔渣流向电弧的前方，会造成夹渣等缺陷。

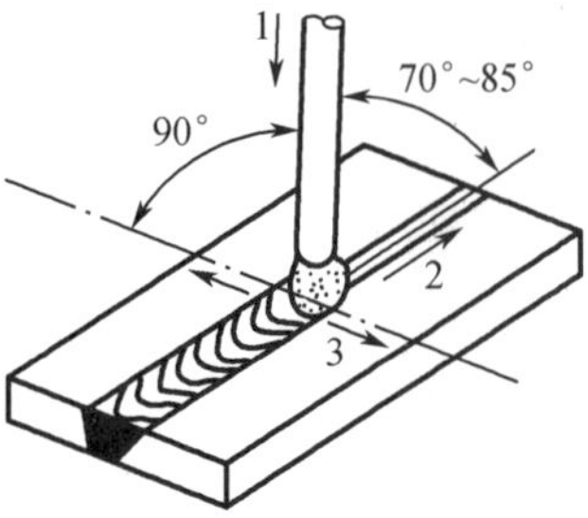

图3-2-7 焊条角度与应用

焊条角度的选择具体还应根据焊接位置、工件厚度、工作环境、熔池温度等有所区别，如图3-2-8所示。掌握好焊条角度是为控制铁水与熔渣很好地分离，防止熔渣超前现象和控制一定的熔深。立焊、横焊、仰焊时，还有防止铁水下坠的作用。

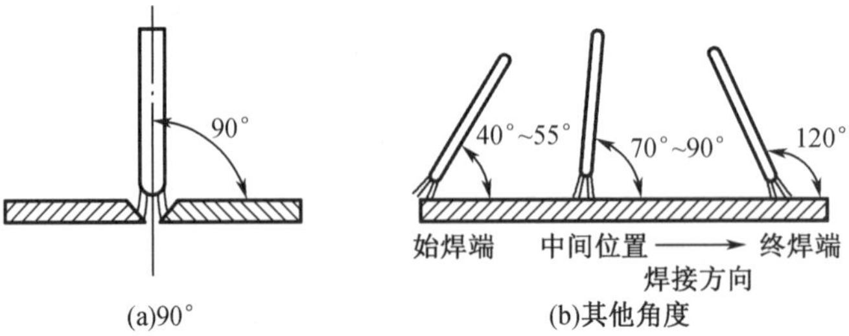

图3-2-8 焊条角度的选择

2. 焊条送进

弧长的变化直接影响熔深及熔宽，焊条向熔池方向(向下送焊条)送进的目的是随着焊条的熔化来维持弧长不变。焊条下送速度应与焊条的熔化速度相适应，如图3-2-9所示。

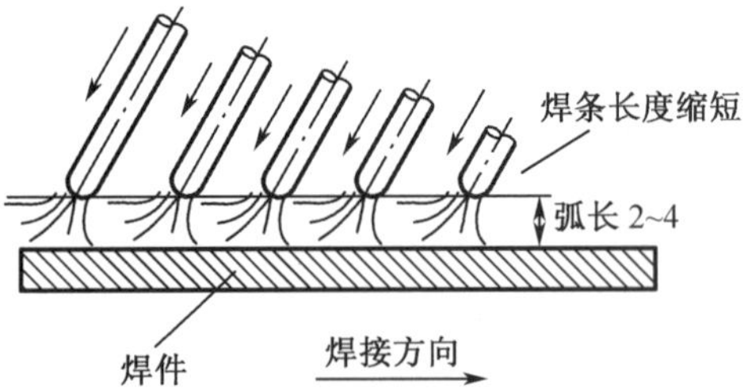

图3-2-9 焊条沿熔池方向送进

如果下送速度太慢，会使电弧逐渐拉长，直至灭弧，如图3-2-10所示；如果下送速度太快，会使电弧逐渐缩短，直至焊条与熔池发生接触短路，导致电弧熄灭。

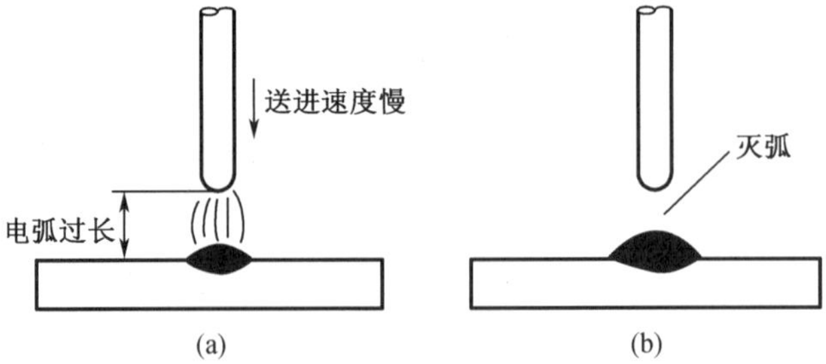

图3-2-10 焊条送进速度太慢导致灭弧

3. 横向摆动

横向摆动可根据需要获得一定宽度的焊缝，如图 3-2-11 所示，特别是当焊件开坡口时，由于焊口较宽，常采用摆动焊条使两侧金属能够焊透，具体要求如下。

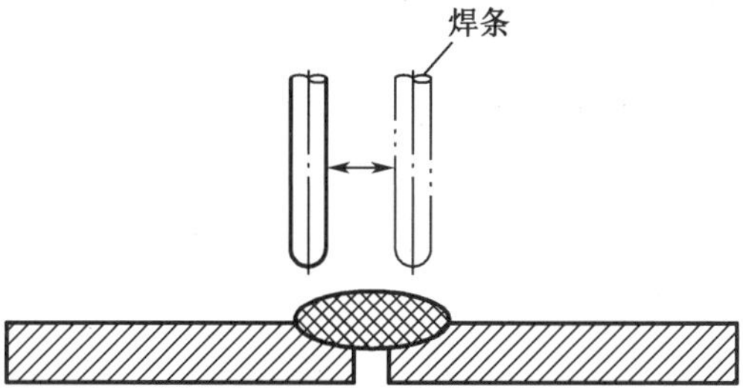

图 3-2-11　焊条横向摆动获得一定宽度的焊缝

(1) 焊件厚度不同，摆动幅度不同

焊件越薄，摆动幅度应该越小；焊件越厚，摆动幅度应该越大，如图 3-2-12 所示。

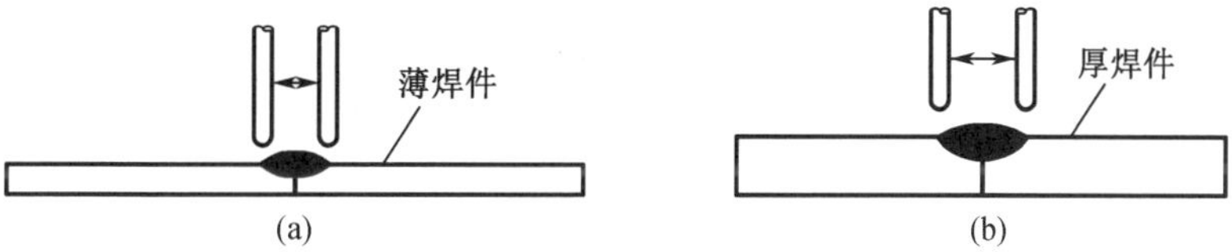

图 3-2-12　焊件厚度与焊条摆动幅度的关系

(2) 坡口形状不同，摆动幅度不同

I 形坡口摆动幅度应稍小，V 形坡口摆动幅度应较大，如图 3-2-13 所示。

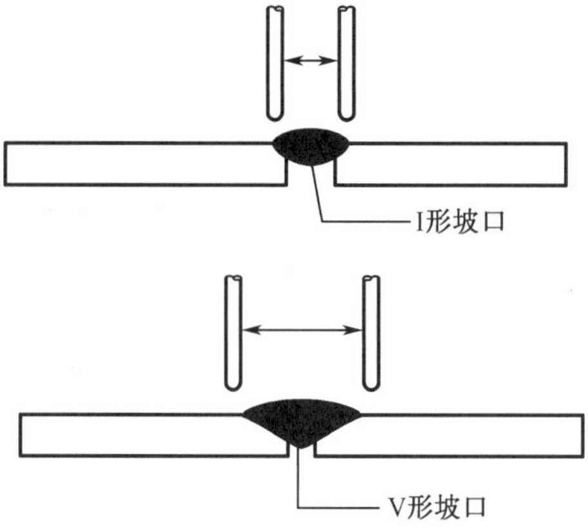

图 3-2-13　坡口形状与焊条摆动幅度的关系

(3) 焊道层次不同，摆动幅度不同

多层多道焊时，外层应比内层摆动幅度大，如图 3-2-14 所示。

4. 操作要领

手持面罩，看准引弧位置，用面罩挡着面部，将焊条端部对准引弧处，用划擦法或直击法引弧，迅速而适当地提起焊条，形成电弧。

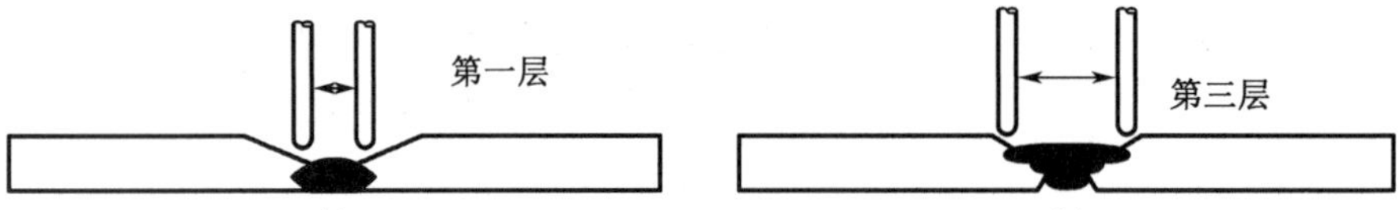

(a) (b)

图 3-2-14 焊接层次与焊条摆动幅度的关系

操作中如发现熔渣与铁水混合不清,可把电弧稍拉长一些,同时将焊条向焊接方向倾斜,如图 3-2-15 所示,从角度 1 倾斜到角度 2,并向熔池后面推送熔渣,减少夹渣缺陷。

运条过程中,要观熔池、听弧音,熔孔形状记在心。

焊接时要做到:眼精、手稳、心静、气匀。

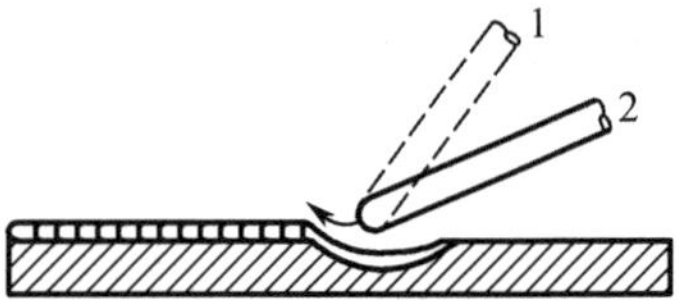

图 3-2-15 推送熔渣操作要领

知识点 4 运条方式

运条常用的有 6 种方式,包括锯齿形、月牙形、三角形、圆圈形、直线法、直线往复法,其中前 4 种有焊条横向摆动,如图 3-2-16 所示。

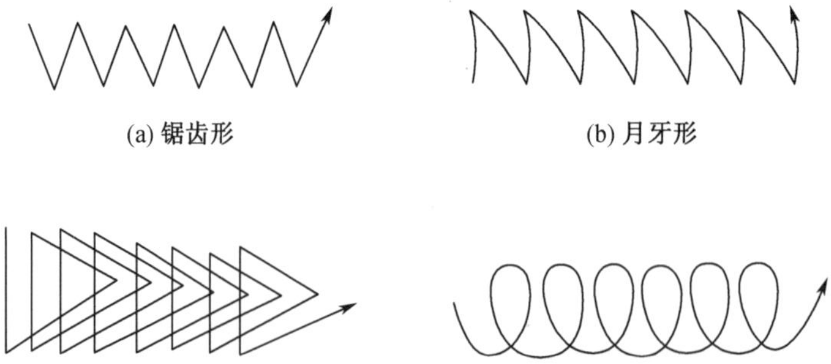

(a) 锯齿形 (b) 月牙形 (c) 三角形 (d) 圆圈形

图 3-2-16 运条方式焊条横向摆动操作示意

1. 锯齿形

焊接时,焊条做锯齿形连续摆动及向前移动,并应在两边稍停片刻。摆动的目的是控制熔化金属的流动和得到必要的焊缝宽度,以获得良好的焊缝成形,如图 3-2-16(a)所示。这种方法的特点是操作容易掌握,各种焊接位置均可采用,在生产中应用较广,多用于厚板对接焊。

2. 月牙形

焊接时,焊条沿焊接方向做月牙形的左右摆动,同时需要在两边稍停片刻,以防咬边,如图 3-2-16(b)所示。这种方法应用范围和锯齿形运条法基本相同,但此法焊出的焊缝较高。特点是金属熔化良好,有较长的保温时间,气体容易析出,熔渣易上浮,焊缝质量较高。

3. 三角形

焊接时,焊条做连续的三角形运动,并不断向前移动,如图 3-2-16(c)所示。其特点是焊缝断面较厚,不易产生夹渣等缺陷。

斜三角形运条法适用于焊接平、仰位置的 T 形接头焊缝和有坡口的横焊缝,特点是能够借焊条的摆动不定来控制熔化金属,焊缝成形良好。

正三角形运条法只适用于开坡口的对接接头和 T 形接头焊缝的立焊,特点是一次就能焊出较厚的焊缝断面,焊缝不易产生夹渣,生产效率较高。

4. 圆圈形

焊接时,焊条连续做正圆圈或斜圆圈运动并向前移动,如图 3-2-16(d)所示。其特点是熔池存在时间长,熔池金属温度高,气体和熔渣容易上浮,有利于控制熔化金属不受重力作用而产生下淌现象,利于焊缝成形。适用于焊接较厚焊件的平焊缝。

5. 直线法

焊接时焊条不做横向摆动,沿焊接方向作直线形运动,常用于开 I 形坡口的对接平焊、多层焊的第一层焊道或多层多道焊。

6. 直线往复法

焊接时焊条末端沿焊缝的纵向做来回直线形摆动,特点是焊接速度快、焊缝窄、散热快,适用于薄板和接头间隙较大的多层焊的第一层焊道。

薄板对接平焊一般不开坡口,焊接时不宜横向摆动,可较慢地直线运条,短弧焊接。应通过调节焊条的倾角和弧长,控制熔渣的运动和熔池成形,避免因操作不当造成夹渣、咬边和焊缝不平整等缺陷。

实训活动

实训 1 引弧练习

1. 定点划擦引弧练习

采用直流弧焊机以及酸性焊条,按下列步骤进行引弧练习。

(1)先在练习用钢板件上按图 3-2-17 尺寸,用粉笔画网格线。

(2)依次在网格交点采用划擦引弧法进行引弧练习。

(3)引弧后,焊成直径约 10 mm 的焊点后灭弧。

(4)如此循环,完成若干个焊点的引弧练习,直到能稳定一次性引燃电弧。

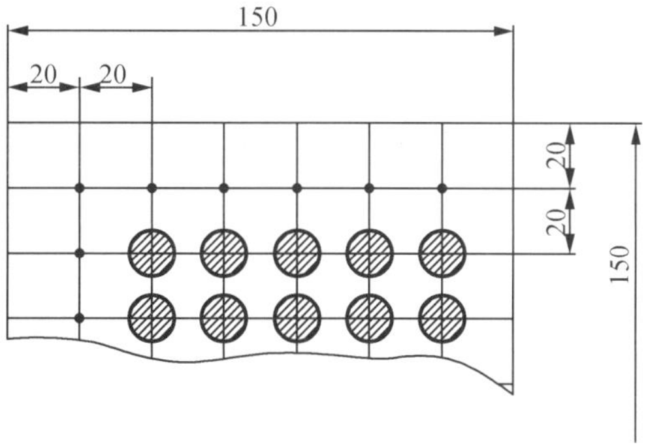

图 3-2-17 引弧练习

清点记录并思考完成下表:

完成的总引弧点数	练习时长	一次性引燃个数	焊点成规则圆形的个数
练习心得与反思			

2. 定点直击引弧练习

采用直流弧焊机以及碱性焊条,其他与练习 1 一样,只是运用直击法练习引弧。

清点记录并思考完成下表:

完成的总引弧点数	练习时长	一次性引燃个数	焊点成规则圆形的个数
练习心得与反思			

实训 2 运条练习

1. 模拟练习

(1)直线运条练习

采用焊钳夹持笔或粉笔,手握焊钳在地板上进行直线运条练习,练习手臂、手腕稳定性,走线可控能匀速走直;练习 N 组,直到能匀速走稳走直。

(2)锯齿形运条练习

同上,按图 3-2-18(a)进行锯齿形运条练习。摆动停留时间控制分别为 2 s、1 s、2 s。

(3)月牙形运条练习

同上,按图 3-2-18(b)进行月牙形运条练习。摆动停留时间控制分别为 2 s、1 s、2 s。

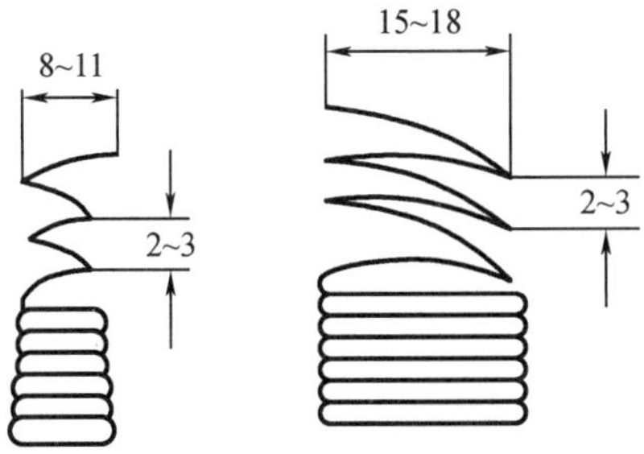

δ=5 mm
(a) 锯齿形运条练习图

δ=12 mm
(b) 月牙形运条练习图

图 3-2-18　运条练习

2. 真实练习

在钢板上进行练习 1 中三项运条练习，每种练习 10 组，重点练习 3 个方向的移动协调稳定，直到焊缝美观合格。练习结果记录如下：

练习内容	完成的总次数	练习时长	无断弧焊缝个数	均匀美观焊缝个数
直线运条练习				
锯齿形运条练习				
月牙形运条练习				
练习心得与反思				

子任务 3-2-2 平 敷 焊

知识积累

平敷焊是焊件处于水平位置时,在焊件上堆敷焊道的一种操作方法(图 3-2-19)。其在选定焊接工艺参数和操作方法的基础上,通过电弧电压、焊接速度控制熔池温度、熔池形状来完成焊接焊缝。

图 3-2-19 平敷焊操作方法

平敷焊是初学者进行焊接技能训练时必须掌握的一项基本技能,焊接技术易掌握,焊缝无烧穿、焊瘤等缺陷,易获得良好焊缝成形和焊缝质量。前面已经学习了引弧和运条,在焊接中还需注意起头、接头、收尾和电流的影响。

知识点 1 电弧焊起头

1. 起头基础

起头是指在刚开始焊接的阶段,这部分焊道略高些,质量难以保证。因为焊件未焊之前温度较低,而引弧之后又不能迅速提高焊件温度,所以起点部分的熔深较浅,容易产生未焊透缺陷。

对于焊条来说在引弧后的 2 s 内,由于焊条药皮未形成大量保护气体,最先熔化的熔滴几乎是在无保护气体的情况下过渡到熔池中去的,这种保护不好的熔滴中含有大量气体,如果这些熔滴在施焊中得不到二次熔化,其内部的气体就会残留在焊道中形成气孔。

a. 为了解决熔深比太浅的问题,选用酸性焊条时,可在引弧后先稍拉长电弧,使电弧对端部及坡口根部预热,然后适当缩短电弧进行正常焊接。

b. 选用碱性焊条时,由于药皮特性对坡口根部焊透有利,因此,无须像酸性焊条那样拉长电弧预热,应在离坡口前端一段距离引弧后,迅速拉回起焊端(引弧点的位置如图 3-2-

20 所示，通常在离焊缝起点外 10 mm 处），并压低电弧进行焊接。

c. 为了减少气孔，可将前几滴熔滴甩掉。操作中的直接方法是采用跳弧焊，即电弧有规律地瞬间离开熔池，将熔滴甩掉，但焊接电弧并未中断。

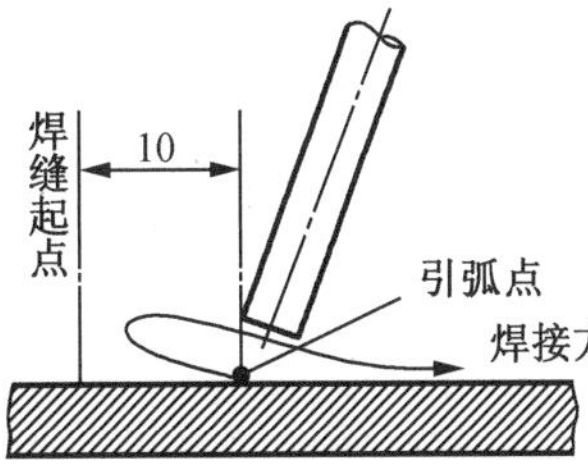

图 3-2-20 焊接起弧操作示意

d. 另一种间接方法是采用引弧板，即在焊前装配一块金属板（图 3-2-21），从金属板上开始引弧，然后切割掉这部分。采用引弧板，不但保证了起头处的焊缝质量，也能使焊接接头始端获得正常尺寸的焊缝，常用于焊接重要结构。

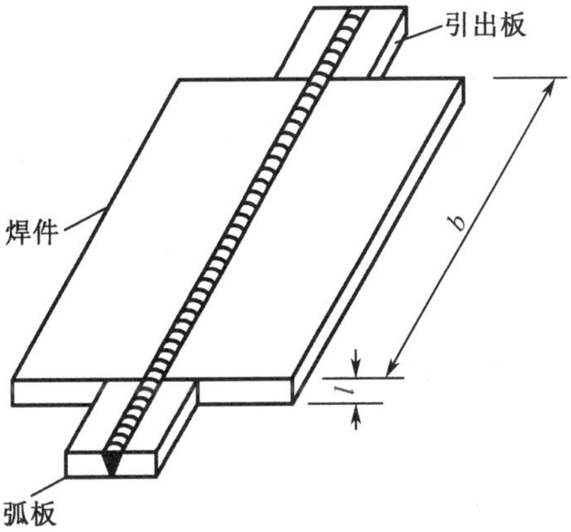

图 3-2-21 对接焊缝施焊时的引弧板和引出板

2. 多层多道焊各层起头

进行多层多道焊时，引弧点每层焊道要错开 25 mm 左右，主要的原因：避免接头集中在一起引起缺陷叠加；避免接头处应力集中；接头时便于操作；消除引弧处产生的未融合等缺陷；避免接头过高。

具体操作如下：(1) 先焊的焊缝或底层的焊缝比较长，依次后焊的焊缝要错开 25 mm；(2) 环形焊缝接头时，要重叠 5~10 mm，将接头接好；(3) 有条件的可将引弧点 5~10 mm 处理掉，保证接头熔合良好。

知识点 2 焊道接头方法

1. 焊道的连接方式

焊条电弧焊时，由于受到焊条长度的限制或操作姿势的变化影响，不可能用一根焊条完成一条焊缝，因而出现了焊道前后两段的连接现象。焊道连接一般有以下几种方式：

a. 后焊焊缝的起头与先焊焊缝结尾相接，如图 3-2-22(a) 所示。

b. 后焊焊缝的起头与先焊焊缝起头相接，如图 3-2-22(b) 所示。

c. 后焊焊缝的结尾与先焊焊缝结尾相接，如图 3-2-22(c) 所示。

d. 后焊焊缝的结尾与先焊焊缝起头相接，如图 3-2-22(d) 所示。

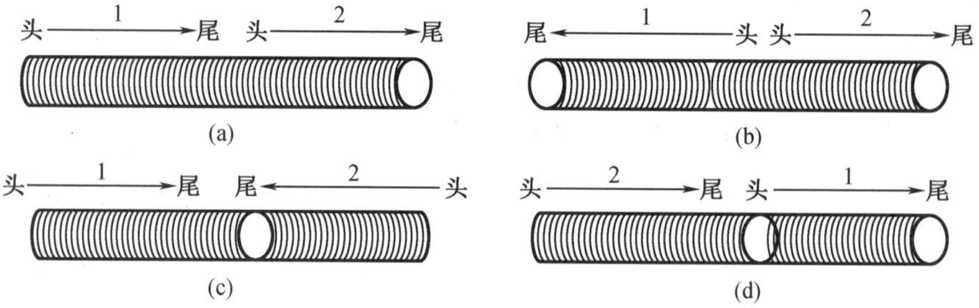

图 3-2-22　焊缝接头的四种方式

2. 焊道连接注意事项

焊道接头包括热接头和冷接头,热接头是指焊完一根焊条,马上换第二根焊条接着焊。此时接头还是通红,温度很高,焊条直接接触接头弧坑处即可引弧接着焊。冷接头是指焊完一根焊条后,没有马上换焊条接着焊,而是等弧坑冷却、颜色变暗后引弧焊接。此时接头温度较低,接头方法如下:

a. 接头时,引弧应在弧坑前 10 mm 任何一个待焊面上进行,然后迅速移至弧坑前沿处划圈进行正常焊。

b. 接头时,应对前一道焊缝端部进行清理,必要时可对接头处进行修整,这样有利于提高接头的质量。

知识点 3　焊缝收尾方法

焊接时电弧中断和焊接结束,都会产生弧坑缺陷,常出现疏松、裂纹、气孔、夹渣等现象。为了克服弧坑缺陷,就必须采用正确的收尾方法,常用的收尾方法有三种。

1. 划圈收尾法

焊条移至焊缝终点时,做圆圈运动,直到填满弧坑再拉断电弧。此法适用于厚板收尾,如图 3-2-23(a)所示。

2. 反复断弧收尾法

焊条移至焊缝终点时,在弧坑处反复熄弧、引弧数次,直到填满弧坑为止。此法适用于薄板和大电流焊接,不适用于碱性焊条,如图 3-2-23(b)所示。

3. 回焊收尾法

焊条移至焊缝收尾处即停住,并随焊条角度改变回焊一小段。此法适用于碱性焊条,如图 3-2-23(c)所示。

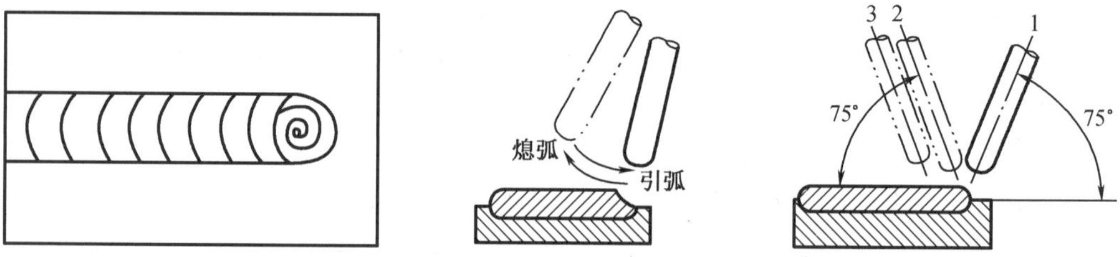

(a) 划圈收尾法　(b) 反复断弧收尾法　(c) 回焊收尾法

图 3-2-23　焊缝的收尾方法

收尾方法的选用还应根据实际情况来确定,可单项使用,也可多项结合使用。无论选用何种方法都必须将弧坑填满,直到无缺陷为止。

知识点4 焊接电流

1. 焊接电流对焊缝形状的影响

焊接电流是最重要的焊接参数。焊接电流主要根据焊条直径、焊接位置、焊接层数等确定。焊接电流与焊接速度应互相配合,不同的焊接电流和焊接速度会对焊缝形状造成不同的影响,如图3-2-24所示。

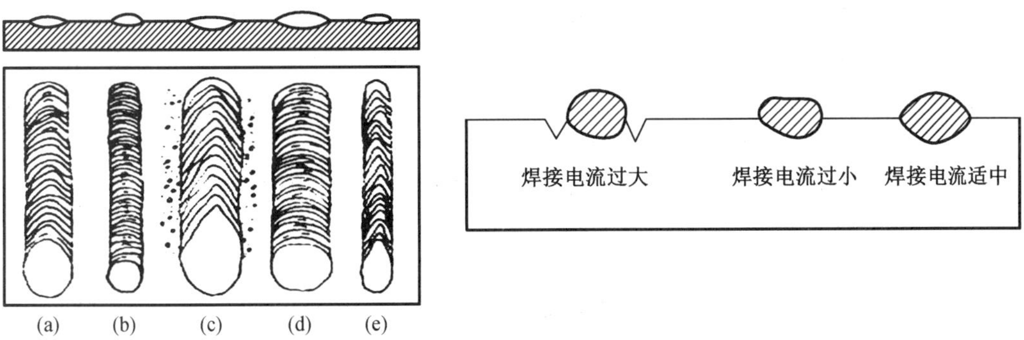

图3-2-24 不同焊接电流和焊接速度对焊缝形状的影响

如图3-2-24(a)所示,焊接电流和焊接速度合适时,焊缝形状规则,焊波均匀并呈椭圆形,焊缝到母材过渡平滑,焊缝外形尺寸符合要求。

如图3-2-24(b)所示,焊接电流过小时,电弧吹力小,熔池金属不易流开,焊波变圆,焊缝到母材过渡突然,余高增大,熔宽和熔深均减小,并且会导致电弧燃烧不稳定,产生夹渣缺陷。

如图3-2-24(c)所示,焊接电流过大时,焊条熔化过快,会使焊条发热,甚至使焊条尾部发红,药皮发红脱落,失去对后续焊缝的保护,同时飞溅增多,焊波变尖,熔宽和熔深均增加,焊缝出现塌陷,容易产生咬边缺陷,严重时可能产生烧穿缺陷。

如图3-2-24(d)所示,焊接速度太慢时,焊波变圆,熔宽、熔深和余高均增加,焊接薄件时,可能产生烧穿缺陷。

如图3-2-24(e)所示,焊接速度过快时,焊波变尖,熔宽、熔深和余高均减小,达不到焊缝质量要求。

2. 焊接电流大小的观察方法

(1)听电弧声音

焊接电流较大时,发出"哗哗"的声音;焊接电流较小时,发出"丝丝"的声音,且容易断弧;焊接电流适中时,发出"沙沙"的声音,同时夹杂清脆的"噼啪"声。

(2)看飞溅多少

电流过大时,电弧吹力大,可看到较大颗粒的铁水向熔池外飞溅,焊接时爆裂声大;电流过小时,电弧吹力小,熔渣和铁水不易分清。

(3)看焊缝成形

电流过大时,熔深大,焊缝余高低,焊缝宽而低,两侧易产生咬边,焊波较稀;电流过小时,焊缝窄而高,熔深浅,且两侧与母材金属熔合不好;电流适中时,焊缝两侧与母材金属熔合的很好,高度适中,圆滑过渡。

(4)看焊条熔化状况

电流过大时,焊条熔化了大半截,其余部分均已发红;电流过小时,电弧燃烧不稳定,焊条易粘在焊件上。

(5)看熔池形状

电流过大时,椭圆形熔池长轴较长;电流过小时,熔池呈现扁形;电流适中时,熔池呈鸭蛋形。

3. 焊接电流的选择

(1)根据焊条直径的大小选择焊接电流

焊接时电流大小可以通过查表和计算方式确定。计算的经验公式为

$$I=10d^2$$

式中,I 为焊接电流,单位为 A;d 为焊条直径,单位为 mm。

一般可通过查表方式选用焊接电流,低碳钢焊接电流与焊条直径的匹配关系见表 3-2-1。

表 3-2-1 低碳钢焊接电流与焊条直径的匹配关系

焊条直径/mm	1.6	2.0	2.5	3.2	4.0	5.0	5.8
焊接电流/A	25~40	40~65	50~80	100~130	160~210	200~270	260~300

(2)根据焊接位置选择焊接电流

当焊接位置不同时,选用的焊接电流大小也不同。

a. 平焊时,由于运条和控制熔池中的熔化金属都比较容易,所以可选用较大的焊接电流。

b. 立焊时,选用的焊接电流比平焊时减小 10%~15%。

c. 横焊、仰焊时,焊接电流比平焊时减小 16%~20%。

(3)根据焊条性质选择焊接电流

使用碱性焊条比使用酸性焊条焊接时的电流减小 10%。

(4)根据焊接层位置选择焊接电流

通常情况下,焊接打底层焊道时,使用较小的焊接电流,有利于保证焊接质量;焊接填充层焊道时,通常采用较大的焊接电流;而盖面层焊接时,为了防止咬边和获得美观的焊缝成形,应使用适中的焊接电流。

实训活动

实训 1 平敷焊练习 1

对两块小于 6 mm 的钢板进行板对接平焊,采用 I 形坡口,正面焊接一道焊缝。按如下

步骤和要求进行操作：

装配及定位焊：按图 3-2-25 尺寸，进行装配定位，焊件装配应保证两板对接处平齐，间隙要均匀。

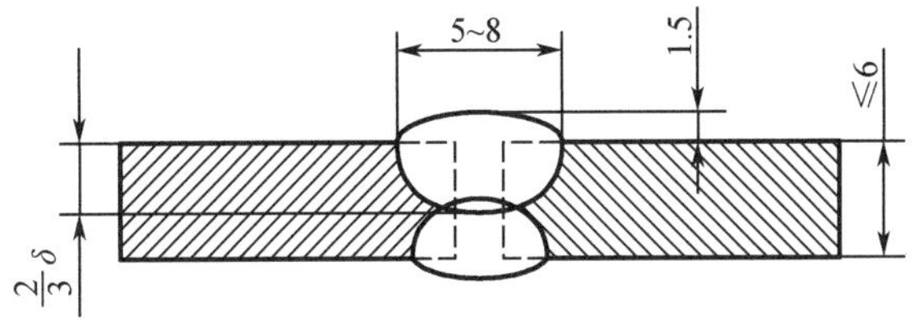

图 3-2-25 装配及定位焊

焊接方法：进行正面焊接，用直径 3. 2 mm 的焊条，焊接电流 90～120 A，直线运条，短弧焊接。焊接中注意根据熔渣调节焊条角度。

熔深达到板厚的 2/3，焊缝宽度为 5～8 mm，余高小于 1. 5 mm；

焊接完成后，进行焊缝外观检查和尺寸测量，观察、记录并思考总结：

评价内容	评价标准	分值	自评得分	教师评分	综合得分
引弧起头处质量	焊透到指定焊缝深度	1. 5			
焊缝接头处质量	无凸起、无凹坑，与前后保持一致	1. 5			
焊缝整体外形	直线度、均匀度	2			
定位装配	对接处平齐，坡口宽度合适	1			
焊缝宽度	5～8 mm	2			
焊缝余高	1. 5 mm	2			
练习心得、反思、发现与疑问					

子任务3-2-3 碳弧气刨

知识积累

知识点1 碳弧气刨设备

1. 碳弧气刨的用途

碳弧气刨在焊接生产中,主要用来刨槽、消除焊缝缺陷和背面清焊根、开坡口(特别是中、厚板对接坡口及管对接U形坡口)。

2. 碳弧气刨的工作原理

碳弧气刨是指以石墨棒或碳棒作电极,利用工件间产生的电弧将金属熔化,并用压缩空气将其吹掉,实现在金属表面上加工沟槽的方法。工作原理如图3-2-26所示。

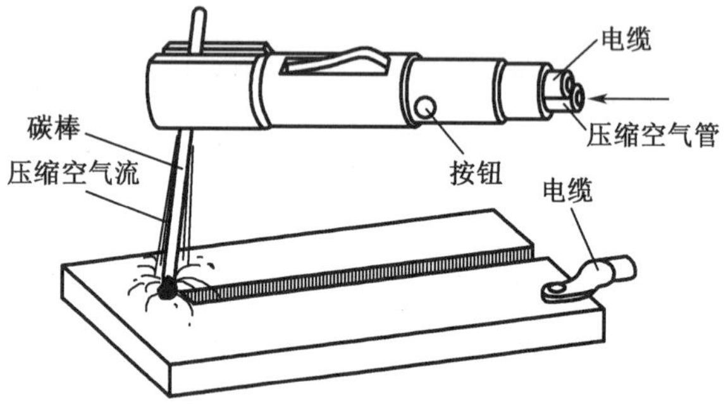

图3-2-26 碳弧气刨工作原理示意图

3. 碳弧气刨设备

碳弧气刨设备主要包括电源、气刨枪、碳棒等,如图3-2-27所示。

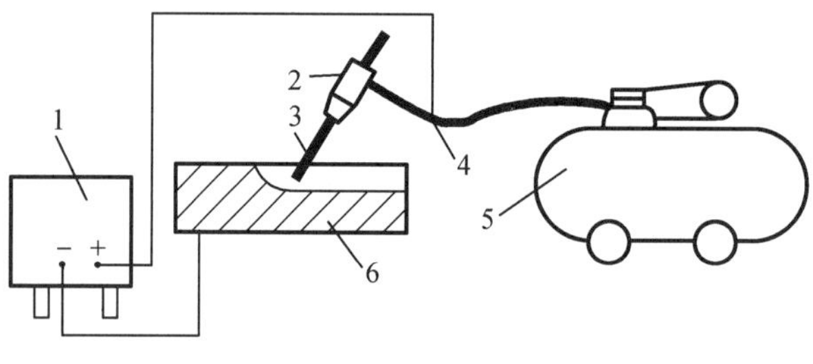

1—电源;2—气刨枪;3—碳棒;4—电缆气管;5—空气压缩机;6—工件。

图3-2-27 碳弧气刨设备

(1)电源

碳弧气刨一般采用具有陡降外特性且动特性较好的手工直流弧焊电源。由于碳弧气刨一般使用的电流较大,且连续工作时间较长,因此,应选用较大的焊机。例如,当使用ϕ7 mm的碳棒时,碳弧气刨电流为350 A,故宜选用额定电流为500 A的手工直流弧焊电源。使用工频交流弧焊电流进行碳弧气刨时,由于电流过零时间较长会引起电弧不稳定,故在实际生产中一般不使用。近年来研发成功的交流方波弧焊电源,尤其是逆变式交流方波弧焊电源的过零时间极短,且动态特性和控制性能优良,可应用于碳弧气刨。

(2)气刨枪

碳弧气刨枪在焊条电弧焊钳的基础上,增加了压缩空气的进气管和喷嘴。碳弧气刨枪有侧面送气和圆周送气两种类型。侧面送气气刨枪优点是结构简单,压缩空气紧贴碳棒喷出,碳棒长度调节方便,缺点是只能向左或向右单一方向进行气刨。圆周送气气刨枪优点是喷嘴外部与工件绝缘,压缩空气由碳棒从四周喷出,碳棒冷却均匀,适合各个方向操作,缺点是结构比较复杂。碳弧气刨有手工气刨和自动气刨两种,如图 3-2-28 所示。

(a) 手工气刨枪

(b) 自动气刨机

图 3-2-28 两种碳弧气刨枪

(3)碳棒

碳棒(图 3-2-29)是由碳、石墨加上适当的黏合剂,通过挤压成形,焙烤后镀一层铜制成的。碳棒主要有圆碳棒、扁碳棒、半圆碳棒三种,其中圆碳棒最常用。对碳棒的要求是耐高温、导电性好、不易断裂、使用时散发烟雾及粉尘少。使用时,无镀铜的黑色一头靠近工件。

(a) 扁碳棒实物图

(b) 圆碳棒实物图

图 3-2-29 两种碳棒实物图

4. 碳弧气刨特点

(1)碳弧气刨的优点

a. 手工碳弧气刨时,灵活性很强,可进行全位置操作。可达性好,使用简便。

b. 清除焊缝的缺陷时,在电弧下可清楚地观察到缺陷的形状和深度。

c. 效率高。自动碳弧气刨具有较高的精度,同时可减轻劳动强度。

d. 与用风铲或砂轮相比,效率高,噪音小,并可减轻劳动强度。

e. 与等离子弧气刨相比,设备简单,压缩空气容易获得且成本低。

f. 由于碳弧气刨是利用高温而不是利用氧化作用刨削金属的,因而不但适用于黑色金属,而且还适用于不锈钢、铝、铜等有色金属及其合金。

(2)碳弧气刨的缺点

噪声大,烟雾大,还有粉尘污染和弧光辐射。焊件表面需要打磨,否则可能会渗碳。

知识点 2　碳弧气刨应用

1. 碳弧气刨工艺

(1)碳棒规格

碳棒直径根据被刨削金属的厚度和电流来选择,被刨削的金属越厚,碳棒直径越大。可参照表 3-2-2 选用碳棒的规格。碳棒直径还与刨槽宽度有关,碳棒直径越大,刨槽越宽,一般碳棒直径应比刨槽宽度小 2~4 mm。

表 3-2-2　工件厚度与碳棒规格对照表　　单位:mm

工件厚度	3	4~6	6~8	8~12	10~15	>15
碳棒直径(ϕ)	一般不刨	4	5~6	6~8	8~10	10

(2)电流

刨削电流与碳棒直径呈正比关系。可按公式计算电流值:

$$I=(30\sim50)d$$

也可按常用碳棒规格与电流选用表(表 3-2-3)进行选择。

表 3-2-3　常用碳棒规格与电流选用

断面形状	碳棒规格/mm	适用电流/A	断面形状	碳棒规格/mm	适用电流/A
圆碳棒	ϕ3×355	150~180	扁碳棒	3×12×355	200~300
	ϕ4×355	150~200		5×10×355	300~400
	ϕ5×355	150~250		5×12×355	350~450
	ϕ6×355	180~300		5×15×355	400~500
	ϕ7×355	200~350		5×18×355	500~600
	ϕ8×355	250~400		3×20×355	550~600

电流小,熔化速度慢,则容易产生夹碳现象。

夹碳:碳棒的头部顶到液态金属和未熔化的金属上,熄灭电弧,碳棒再往前送或向上提起时,头部就会脱落并粘在未熔化的金属上,这种现象称为夹碳,如图 3-2-30 所示。电流过小,熔化速度慢,则容易送进相对过快,产生夹碳现象。除了电流选择外,刨削速度过快也容易产生夹碳现象,在操作时,刨削速度要严格控制在选定范围之内,并注意引弧动作。

电流过大时,碳棒头容易发红,镀铜层容易脱落。碳棒烧损很快,甚至熔化,造成严重渗碳。

渗碳:碳原子渗入钢表面层的过程。碳弧气刨发生渗碳后,渗碳层非常淬硬,在焊接的时候由于应力作用很容易产生裂纹,导致焊接失败。因此,一般碳弧气刨产生渗碳层以后,都需要利用机械打磨处理。

铜斑:由于电流过大或碳棒表面的镀铜质量不好,致使铜皮脱落并黏附在刨槽中。焊前必须彻底清除铜斑,以免影响焊接质量。

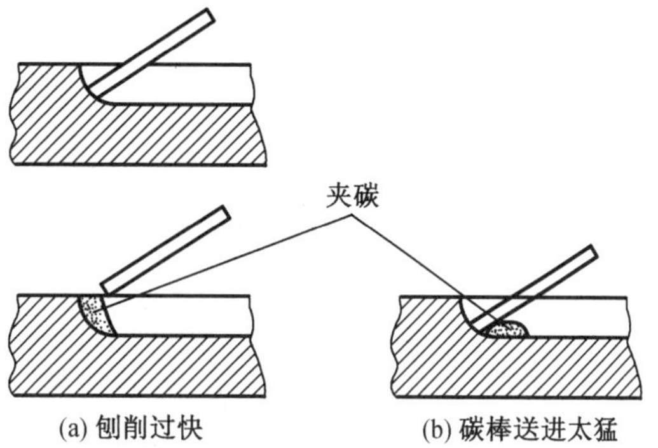

图 3-2-30 夹碳缺陷示意图

(3)刨削速度

刨削速度对刨槽尺寸、表面质量都有一定影响。速度太快会使碳棒与金属相碰,碳粘于刨槽顶端,形成夹碳缺陷。相反,速度过慢又易出现“黏渣”问题。通常刨削速度为 0.5~1.2 m/min 较合适。

黏渣:在碳弧气刨中,压缩空气不足且使用大电流时,若刨削速度过慢,则金属的熔化量多而集中,压缩空气吹不干净,熔渣就会粘在刨槽的两侧,这种缺陷称为黏渣,如图 3-2-31 所示。倾角太小时也会导致黏渣。

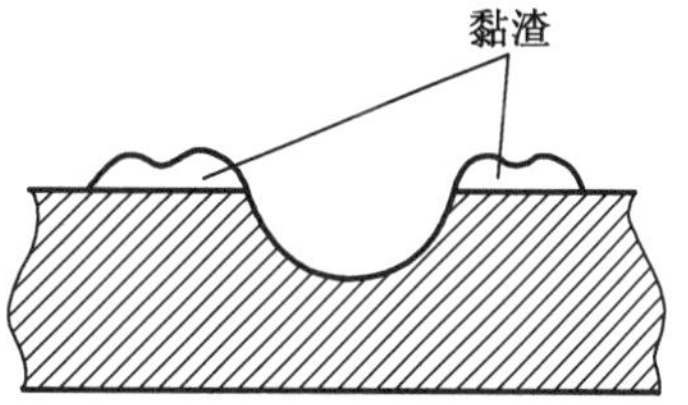

图 3-2-31 碳弧气刨黏渣示意图

(4)电弧长度

气刨时,电弧长会引起电弧不稳定,甚至造成息弧。操作时一般宜用短弧,以提高生产效率和碳棒利用率。一般电弧长度以 1~2 mm 为宜。

(5)碳棒伸出长度和倾角

碳棒从钳口到电弧端的长度为伸出长度,如图 3-2-32 所示。一方面,伸出长度越长,钳口离电弧越远,压缩空气吹到熔池的吹力不足,不能将熔化的金属顺利吹掉;另一方面,伸出长度越长,碳棒的电阻越大,烧损也越快。操作时,碳棒合适的伸出长度为 80~100 mm,当烧损到 20~30 mm 时就要进行调整。

碳棒与刨槽方向的夹角称为碳棒倾角,如图 3-2-32 所示 α。刨槽的深度与碳棒的倾角有关。倾角增大,刨槽深度增加;反之,倾角减小,则刨槽深度减小。碳棒与工件的倾角一般为 25°~45°。

(6)压缩空气压力

压缩空气的压力大,能迅速吹走液体金属,使碳弧气刨顺利进行;反之,压缩空气压力小,刨削力弱,吹走熔化金属能力降低,刨削表面变得粗糙。一般压缩空气压力为 0.4~0.6 MPa。刨削电流增大,空气压力也应增大。应适当控制压缩空气中的水、油量,水分和油分过多会使刨槽表面质量下降。

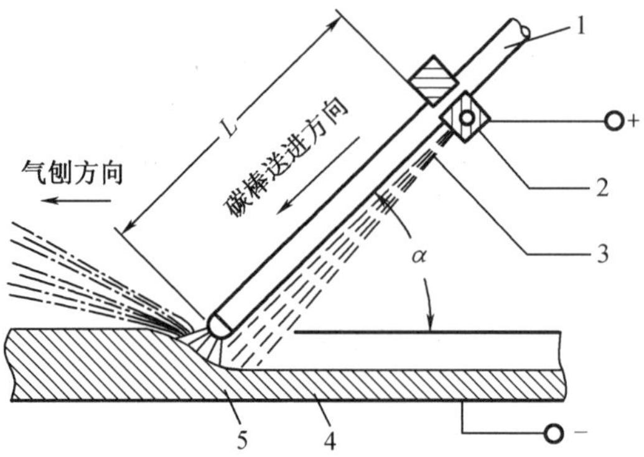

1—碳棒;2—气刨枪夹头;3—压缩空气;4—工件;5—电弧;L—碳棒伸出长度;α—碳棒与工件夹角。

图 3-2-32 碳弧气刨原理示意图

2. 刨槽形状不符合要求的情形

(1)碳弧气刨时刨槽形状不对称

碳棒一般应正对刨槽,即碳棒转角为 90°,以便刨槽对称。当碳棒转角不是 90°时,容易造成槽偏,如图 3-2-33 所示。

(a) 刨槽形状对称 (b) 刨槽形状不对称

图 3-2-33 碳棒位置与刨槽形状关系

(2)其他形状不符合要求情形

刨槽宽窄、深浅不均以及刨偏等现象。

这是由于刨削时碳棒上、下摆动,操作不稳,或操作者注意力不集中造成的。在要求高或规则加工的地方,可以采用自动碳弧气刨来保证质量。例如,在锅炉筒体对接焊缝清焊根时,应尽可能采用半自动或自动碳弧气刨手段。对于手工碳弧气刨操作工,应努力提高操作技术水平,工作时应思想集中、全神贯注。

3. 缺陷焊缝返修时碳弧刨削的操作

焊缝经探伤后,发现有超标准的缺陷,可用碳弧气刨刨除。根据检验人员在焊缝上做出的缺陷位置的标记来进行刨削,刨削过程中要注意一层一层地刨,每层不要太厚。当发现缺陷后,要轻轻地再往下刨一层或二层,直到将缺陷彻底刨掉为止,如图 3-2-34 所示。

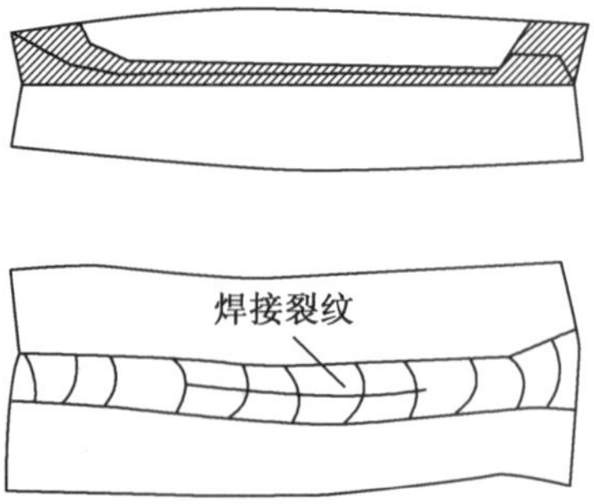

图 3-2-34 焊缝缺陷的刨除

实训活动

实训 1 平敷焊练习 2

对平敷焊练习 1 中完成的工件，进行背面碳弧气刨清根，然后再焊接背面，如图 3-2-35 所示。按如下步骤和要求进行操作。

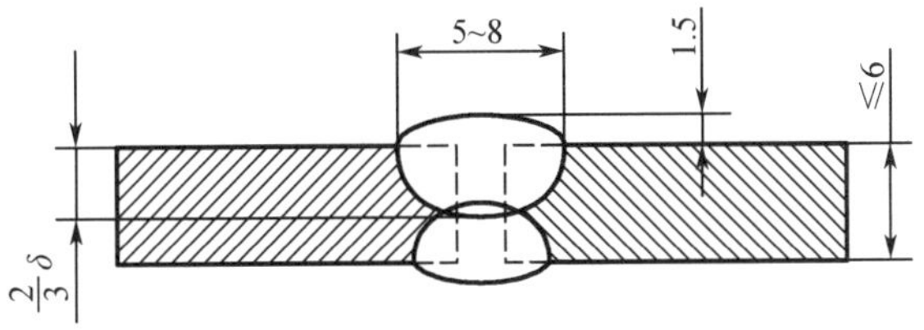

图 3-2-35 碳弧气刨清根及背面焊接

1. 碳弧气刨清根

(1) 准备工件

刨削前应先检查电源的极性是否正确。检查电缆及气管是否接好，并根据工件厚度、刨槽的宽度选择碳棒直径和电流。调节碳棒伸出长度（80～100 mm）。检查压缩空气管路和调节压力，调整风口并使其对准刨槽。

完成碳弧气刨工艺表 3-2-4。

表 3-2-4 碳弧气刨工艺表

电源极性接法	碳棒规格/mm	电流/A	压缩空气气压/MPa	刨削速度/m · min^{-1}

(2) 引弧

引弧时，应先缓慢打开气阀，随后引燃电弧，否则易产生夹碳和碳棒烧红现象。电弧引燃瞬间，不宜拉得过长，以免熄灭。

(3) 刨削

开始刨削时钢板温度低，不能很快熔化，当电弧引燃后，刨削速度应慢一点，否则易产生夹碳。当钢板熔化且被压缩空气吹去时，可适当加快刨削速度。刨削过程中，碳棒不应横向摆动和前后往复移动，只能沿刨削方向做直线运动。

- 碳棒倾角按槽深要求而定，倾角可为 25°～45°。
- 刨削时，手的动作要稳，对好准线，碳棒中心线应与刨槽中心线重合。否则，易造成刨槽形状不对称现象。
- 在垂直位置气刨时，应由上向下移动，以便焊渣流出。
- 要保持均匀的刨削速度。刨削时，均匀清脆的"嘶嘶"声表示电弧稳定，能得到光滑均匀的刨槽。每段刨槽衔接时，应在弧坑上引弧，防止碰触刨槽或产生严重凹痕。

●刨削结束时,应先切断电弧,过几秒后再关闭气阀,使碳棒冷却。

●刨槽后应清除刨槽及其边缘的铁渣、毛刺和氧化皮,用钢丝刷清除刨槽内炭灰和铜斑。并按刨槽要求检查焊缝根部是否完全刨透、缺陷是否完全清除。

碳弧气刨清根完成后,进行刨槽外观检查和尺寸测量,观察、记录并思考总结:

评价内容	评价标准	分值	自评得分	教师评分	综合得分
刨槽对称性	应对称	2			
刨槽位置	按图纸应在焊缝中心对称	2			
平整光滑度	沿焊缝直线度好,宽度一致,深浅一致,槽壁与槽底光滑平整	2			
其他缺陷	无夹碳、无渗碳、无铜斑	2			
刨槽宽度	3 mm	1			
刨槽深度	2 mm	1			
练习心得、反思、发现与疑问					

2. 平敷焊背面

焊接完成后,进行背面焊缝外观检查和尺寸测量,观察、记录并思考总结:

评价内容	评价标准	分值	自评得分	教师评分	综合得分
引弧起头处质量	焊透到指定焊缝深度	1.5			
焊缝接头处质量	无凸起、无凹坑,与前后保持一致	1.5			
焊缝整体外形	直线度、均匀度	2			
工件装配变形	焊缝两边平整无角度变形	1			
焊缝宽度	3~6 mm	2			
焊缝余高	1 mm	2			
练习心得、反思、发现与疑问					

任务 3-3 低碳钢板对接平焊双面焊焊条电弧焊

任务说明：

按图 3-3-1 及技术要求进行材料准备、工艺准备、焊接实施、质量检查、自我评定与总结。

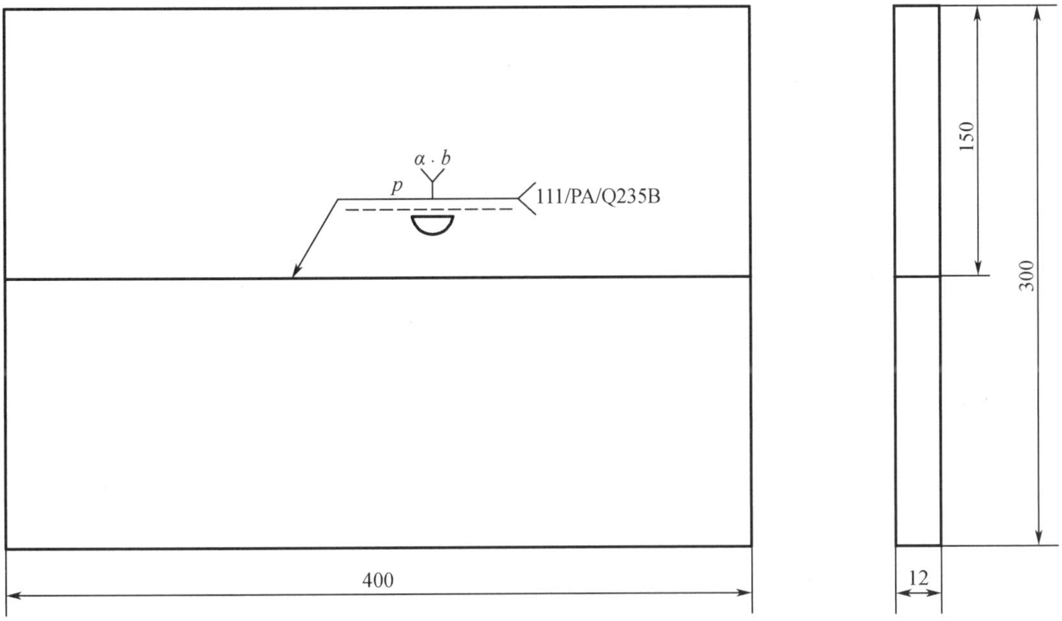

技术要求

1. 坡口为60°坡口角的V形带钝边坡口；
2. 根部间隙和钝边尺寸自定；
3. 错边<0.5 mm；
4. 角变形3°；
5. 不允许有咬边；
6. 不允许有未焊透；
7. 不允许有裂纹、气孔、夹渣；
8. 焊缝余高≤1+0.15*b*。

图 3-3-1 Q235B 板对接平焊双面焊试件图

子任务 3-3-1 焊前准备

知识积累

知识点 1 图样识读

1. 焊缝符号回顾与应用

实线侧为焊缝侧,基本符号 Y 为采用带钝边 V 形坡口,α 为坡口角度,技术要求中说明了坡口角为 60°。虚线侧为焊缝背面,基本符号 ◡ 表示最后需在背面进行封底焊。P 为钝边尺寸,b 为根部间隙尺寸,这两个尺寸在技术要求中说明自定。

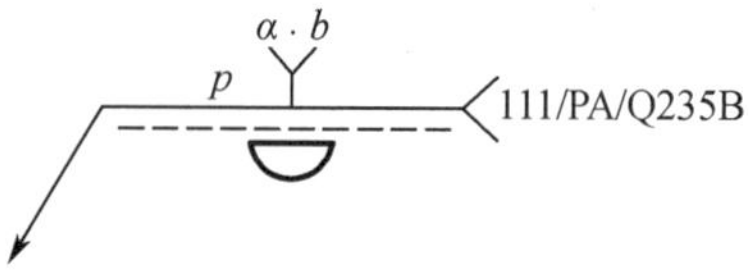

图 3-3-2 焊缝符号表示实例

尾注符号<后有三项用“/”分开的内容:111 表示焊接方法,为手工焊条电弧焊;PA 表示焊接位置,为平焊;Q235B 表示焊接材料型号,为低碳钢。

板厚为 12 mm,为了更好地焊透,采用带钝边的 V 形坡口,加工方便。

2. 坡口的尺寸及确定

在焊接时为确保焊件被焊透,必须开一定形状的坡口。焊件厚度小于 6 mm 时,只需在接头处留一定的间隙(0~2.5 mm),就能保证焊透。但在焊较厚的工件时,需要在焊接前,把焊件接头处加工成一定的形状,以确保焊透。对接接头是采用最多的一种接头形式,这种接头常见的坡口形式有 V 形坡口或 Y 形坡口(也称带钝边 V 形坡口)。

V 形坡口为什么需要带钝边呢?下面结合坡口的几何尺寸,了解各部分的作用。

坡口的几何尺寸如图 3-3-3 所示。

- 坡口面:待焊件上的坡口表面叫作坡口面。
- 坡口面角度和坡口角度:待加工坡口的端面与坡口面之间的夹角为坡口面角度,用 β 表示;两坡口面之间的夹角为坡口角度,用 α 表示。
- 根部间隙:焊前在接头根部之间预留的空隙为根部间隙,用 b 表示。其作用在于打底焊时能保证根部焊透。根部间隙又叫作装配间隙。

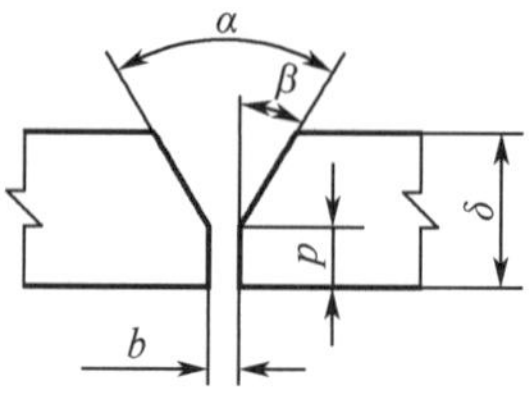

图 3-3-3 Y 形坡口尺寸示意图

- 钝边:焊件开坡口时,沿焊件接头坡口根部的端面直边部分叫作钝边,用 p 表示。钝边的作用是防止根部烧穿。
- 板厚:坡口的尺寸与板厚有关,用 δ 表示。

单边 Y 形坡口的尺寸范围见表 3-3-1。

表 3-3-1 单边 Y 形坡口的尺寸范围

板厚 δ/mm	坡口角度 α	钝边尺寸 p/mm	根部间隙 b/mm
6~26	40°~60°	1~4	0~4

知识点2 焊条选择

1. 低碳钢材料焊接性能

(1)焊接性能

焊接性能指材料在限定的施工条件下,被焊接成按规定设计要求的构件,并满足预定服役要求的能力。焊接性能受材料、焊接方法、构件类型及使用要求四个因素的影响。

(2)钢材焊接性能的影响因素

①碳含量对焊接性能的影响

钢材焊接性能的好坏主要取决于其化学组成,而其中影响最大的是碳元素,也就是说,金属含碳量的多少决定了它的可焊性。钢中的其他合金元素大部分也不利于焊接,但其影响程度一般比碳小得多。钢中含碳量增加,淬硬倾向增大,塑性下降,容易产生焊接裂纹。通常,把金属材料在焊接时产生裂纹的敏感性及焊接接头区力学性能的变化作为评价材料可焊性的主要指标。含碳量越高,可焊性越差。所以,常把钢中含碳量的多少作为判别钢材焊接性能的主要标志。

②碳当量对焊接性能的影响

把钢中合金元素(包括碳)的含量按其作用换成碳的相当含量,称为该种钢材的碳当量,可作为评定钢材焊接性的一个参考指标。碳钢中影响可焊性的元素除碳以外,其他的元素主要是锰和硅,它们的含量增加,焊接性能变差,但其作用不及碳强烈。如果两种钢材的碳当量值相等,但是含碳量不等,则含碳量较高的钢材在施焊过程中容易产生淬硬组织,其裂纹倾向显然比含碳量较低的钢材更大,焊接性更差。

③冷却速度对焊接性能的影响

不同的冷却速度,可以得到不同的组织。冷却速度快时,容易产生淬硬组织,焊接性能就会变差。

④焊接循环对焊接性能的影响

焊接循环中的最高加热温度和在高温停留时间等参数也会影响焊接性能。

(3)低碳钢的焊接性能

低碳钢退火组织为铁素体和少量珠光体,其强度和硬度较低,塑性和韧性较好。因此,可采用卷边、折弯、冲压等方法进行冷成形,冷成形性良好,这种钢材具有良好的焊接性能。碳含量很低的低碳钢,硬度也低,切削加工性不佳,通过淬火处理可以改善其切削加工性。

低碳钢焊后的接头塑性和冲击韧度良好,焊接时,一般无须预热、控制层间温度和后热,焊后也不必采用热处理改善组织,整个焊接过程不必采取特殊的工艺措施,焊接性能优良。

但在少数情况下,焊接时也会出现困难:

• 采用旧冶炼方法生产的转炉钢含氮量高,杂质多,导致冷脆性大,时效敏感性增加,焊接接头质量降低,焊接性能变差。

• 沸腾钢脱氧不完全,含氧量较高,磷等杂质分布不均,局部地区含量超标,时效敏感性及冷脆性大,热裂纹倾向也增大。

• 采用质量不符合要求的焊条,焊缝金属中的碳、硫含量过高,会产生裂纹。如某厂采用酸性焊条焊接 Q235A 钢时,因焊条药皮中锰、铁的含碳量过高,导致焊缝产生热裂纹。

• 某些焊接方法会降低低碳钢焊接接头的质量。如电渣焊由于线能量大,会使焊接热影响区的粗晶区晶粒长得十分粗大,引起冲击韧度的严重下降,焊后必须进行细化晶粒的正火处理,以提高冲击韧度。

总之,低碳钢是属于焊接性能最好、最容易焊接的钢种,所有焊接方法都适用于低碳钢的焊接。

(4)牌号含义

Q235B 低碳钢的牌号含义:Q 是屈服强度代号;后面的 235 为屈服强度值,在 235 MPa 左右,并会随着材料厚度的增加而使其屈服强度减小;B 是等级,共有 A、B、C、D 四个等级,主要是冲击的温度有所不同,Q235A 级是不做温度冲击,Q235B 级是 20 ℃常温冲击,Q235C 级是 0 ℃冲击,Q235D 级是-20 ℃冲击。

2. 低碳钢手弧焊焊条型号的选用

常用低碳钢 Q235 的抗拉强度平均值为 417. 5 MPa,根据等强度原则,与之匹配的焊条应为 E43 系列。几种不同钢号的低碳钢手弧焊时焊条型号的选用见表 3-3-2。

表 3-3-2　低碳钢手弧焊时焊条型号的选用

钢号	一般结构选用的焊条型号	动载荷、复杂、厚板结构,锅炉受压容器,低温焊接选用的焊条型号	施焊条件
Q235	E4313,E4303,E4301,E4320,E4311	E4316,E4315(E5016,E5015)	一般不预热
Q255	E4303	E4316,E4315	一般不预热
Q275	E4316,E4315	E5016,E5015	厚板结构预热 150 ℃以上
08、10、15、20	E4303,E4301,E4320,E4311	E4316,E4315(E5016,E5015)	一般不预热
25	E4316,E4315	E5016,E5015	厚板结构预热 150 ℃以上
20g,22g	E4303,E4301	E4316,E4315(E5016,E5015)	厚板结构预热 100~150 ℃
20R	E4303,E4301	E4316,E4315(E5016,E5015)	一般不预热

注:表中括号内的焊条型号表示可以代用。

3. 焊条直径的选择回顾与应用

前面在焊接工艺知识点部分,已经学习过焊条直径与焊接工件的厚度相关,除了厚度外,还要考虑接头形式、焊缝位置、焊缝层数已经允许的热输入等因素。一般在厚板、厚壁类焊件的封底焊时,应采用 $\phi2.5\sim\phi3.2$ mm 的焊条,其余可采用 $\phi4\sim\phi5$ mm 的焊条。

知识点 3 电源焊接工艺参数确定与调试

1. 电源焊接工艺参数知识回顾与应用

前面学习焊接工艺参数时已了解过，焊条电弧焊的焊接参数主要包括焊条型号与直径、焊接电流、电弧电压、焊接速度、焊接层数等。当焊接接头类型、焊条型号与直径、焊接的基本方式（是单面焊还是多面焊，是单层焊还是多层焊或多层多道焊）、弧焊电源已经确定后，就需要根据所选焊条对应的电流范围，结合焊接的基本方式确定其各焊层的电流值。

多层焊是指熔敷两道以上的焊层来完成整条焊缝所进行的焊接，而焊缝的每一层由一条焊道完成，熔敷两个以上焊层完成整条焊缝所进行的焊接。当焊缝相对焊接工艺较大时，需要采用多层焊，多层焊往往连带多道焊。多层多道焊可以提高焊缝金属的质量，特别是塑性。这是因为后层（后道）焊缝对前层（前道）焊缝具有热处理作用，相当于对前层（前道）焊缝进行了一次正火热处理，因而改善了二次组织。单次焊层的热处理作用只达 3~5 mm，如果每层焊道厚度超过 6 mm，热处理效果会变差，导致焊缝金属组织质量不高。多层焊与多层多道焊的焊缝结构如图 3-3-4 所示。

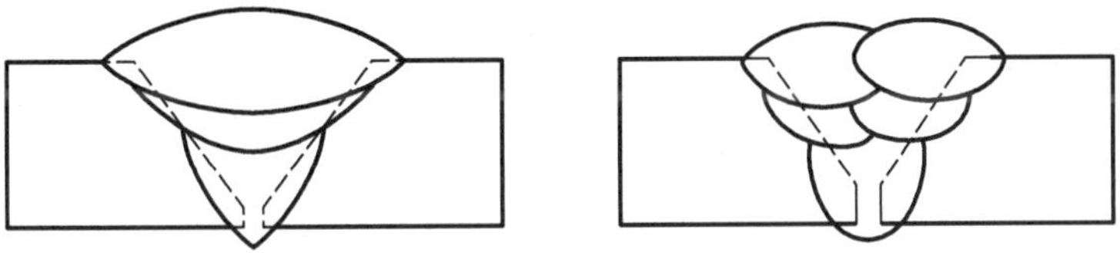

(a) 多层焊　　(b) 多层多道焊

图 3-3-4 多层焊与多层多道焊的焊缝结构

通常板厚小于或等于 6 mm 时，采用 I 形坡口对接平焊。采用双面焊时，正面采用直线运条，速度稍慢，焊接电流较小；背面也采用直线运条，焊接电流稍大，速度稍快。

板厚大于 6 mm 时，采用其他形式坡口对接平焊。可采用多层焊或多层多道焊。焊接打底层，特别是单面焊双面成形时，为保证背面焊缝质量，常使用较小的焊接电流；焊接填充层时，为了提高效率、保证熔合良好，常使用较大的焊接电流；焊接盖面层时，为防止咬边和保证焊缝成形，使用的焊接电流应比填充层稍小些。

多层多道焊电流调节特点：打底焊电流<盖面焊电流<填充焊电流。

2. 案例

中厚板 V 形坡口的平焊试件尺寸如图 3-3-5 所示。使用直流弧焊电源，采用多层焊，其各层的焊条及电流参数见表 3-3-3。

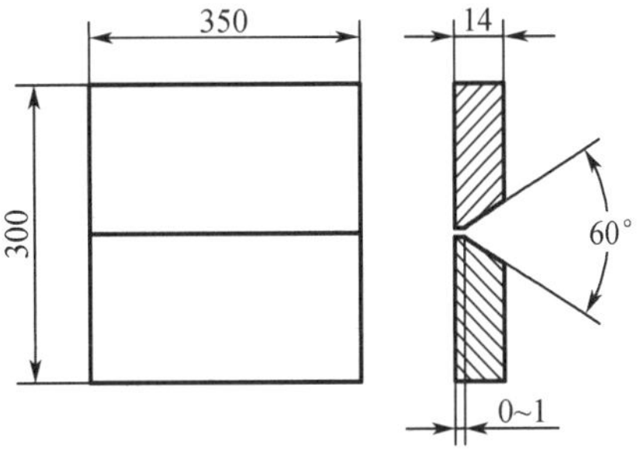

图 3-3-5 中厚板 V 形坡口平焊试件尺寸

表 3-3-3 不同焊缝层次的焊条及电流参数

焊缝层次	焊条直径/mm	焊接电流/A
定位焊	3.2	85~110
正面封底层	3.2	85~110
正面填充层	4.0	140~170
正面盖面层	4.0	140~170
背面刨槽	ϕ6 碳棒	300~350
背面盖面层	4.0	100~125

3. 试焊调试电流

起焊前应在废弃的铁板上引弧试焊。

(1)填充第一层焊接电流调试

在金属过渡的第一层焊接时,应首先调节电流的大小,电弧引燃后观察熔池的外扩成形状态,有以下三种情况。

a. 电弧引燃后熔池外扩的范围迅速增大,熔渣在电弧的边缘迅速漂浮于熔池的边缘,使熔池中的金属液裸露面过大,在金属的第一层填充中,熔池的颜色过亮,并伴有下沉塌陷的趋势,这种情况是由于电流过大引起的,应适当减小焊接电流。

b. 电弧引燃后熔渣与金属液相聚于一点或一处,熔渣在电弧的周围缓慢地浮动,电弧的周围没有闪光金属液的观察线和裸露点,这种情况是由于电流过小引起的,焊接时应适当增大焊接电流。

c. 电弧引燃后熔渣与金属液迅速分离,熔渣与电弧间有一条闪光金属液的观察线,金属液裸露面占熔池面积的 1/3,此时电流大小适中。

(2)填充第二层焊接电流调试

熔滴过渡后有以下三种情况。

a. 电弧喷动有力,响声较大,电弧喷动中心金属液清晰范围过大,熔渣离电弧吹扫线过远,熔池外扩边缘熔化线过深或过于明显,熔池裸露面金属液呈棱状,熔池的两侧沟状成形过深,熔渣全部浮于熔池之外,中心熔池伴有塌陷或堆状成形,如图 3-3-6(a)所示,这种情况是由于电流过大引起的。

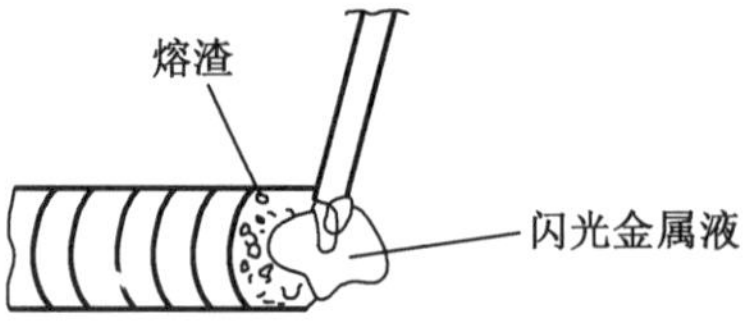

(a) 电流过大的熔池形态

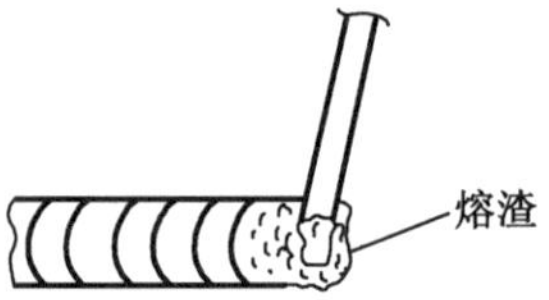

(b) 电流过小的熔池形态

图 3-3-6 电流过大和电流过小条件下熔池形态

产生原因:第一层焊接时熔敷金属过薄;第二层焊接时走弧速度过慢;运条方式不正确;熔池的温度过高。

防止措施:熔池形成时应观察熔渣浮出与金属液裸露面的变化,如果熔池的裸露面过大,熔池中心亮度呈塌陷趋势,呈棱状划动时除了适当减小电流、变化焊条的角度外,还应改变熔渣浮动线的位置,逐步缩小熔池中金属液裸露面的范围,适当前移和加快焊条行走的速度并稍做微小的横向摆动,加大横向运条之间的距离,使焊条在坡口的两侧稍做停留。

b.电弧喷动无力,电弧喷动中心熔渣浮在电弧的周围,且浮动缓慢,熔池没有外扩力,熔渣与电弧之间没有一条清晰的金属液裸露线,电弧前移熔化线模糊,如图 3-3-6(b)所示。

产生原因:熔池的温度过低;电流过小;运条方式不正确。

防止措施:电弧在焊槽内前移时应使熔渣快速浮动,如果浮动缓慢并伴有熔池外扩吃力现象时,需适当增大电流,焊条与焊缝之间角度为 70°~75°,利用电弧长度的变化促使熔渣浮动并适当加快电弧前移的速度,使熔渣浮动线与电弧之间始终存有一条清晰的金属液裸露线,电弧前移应有明显的熔合痕迹。

c.熔渣的浮动灵活,熔池迅速形成外扩,熔渣与电弧间有一条清晰的金属液裸露线,熔池的外扩熔化延伸线有明显的熔合痕迹,这时电流的大小适中。

(3)填充第三层焊接电流调试

第三层填充焊接时,熔池的成形面较宽,被焊层较厚,熔池成形的范围较大,熔渣在电弧的周围浮动灵活,熔渣与电弧之间有一条清晰的金属液裸露线,熔池两侧的外扩线有明显的熔合痕迹,这时电流的大小适中。

知识点 4 焊接接头加工与处理

1.开坡口方法与工具的选择

(1)刨削

利用刨床或刨边机对钢板边缘进行直线加工称为刨削。凡是要刨削加工的边缘在下料时都要预留 2~4 mm 的余量,刨直边时可以将数块钢板叠加在一起进行加工,以提高生产效率。利用刨削加工的坡口质量好,但成本比气割高。

(2)铣削

铣边机能加工复杂形状坡口,从而获得较好的质量,而且生产效率高。如图 3-3-7 所示的自动坡口机通常利用铣削的方式。

图 3-3-7 自动坡口机

(3)錾削与磨削

錾削与磨削是用手工或风动、电动工具铲削,或使用砂轮机进行加工,多用于加工量不大的地方,如焊接缺陷返修部位的开槽、小工件开坡口等。在不便于机械加工的场合,当焊件的体积大,难以在金属切削设备上进行加工时,也可用錾削和磨削加工。坡口加工质量对焊接过程有很大影响,应符合图纸或技术条件要求。

錾削可分为手工和机械两种,手工錾削是利用手锤敲击錾子进行切削加工的;机械錾削大多是用风铲进行加工的,它是利用压缩空气推动风铲汽缸内的活塞,使其产生往复运动来锤击錾子顶部进行工作的。

磨削是采用砂轮机、角磨机进行的手工打磨加工(图 3-3-8)。

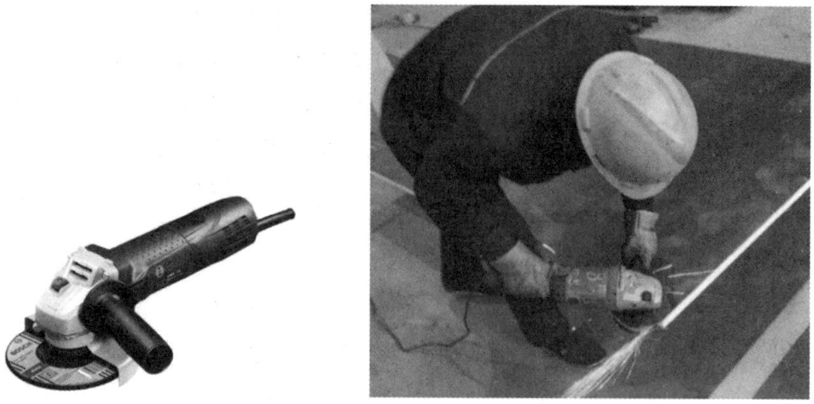

图 3-3-8 手工打磨操作及设备

(4)气割

气割是利用改变割嘴的倾斜度来加工焊接坡口的,一般采用半自动气割机进行加工。在对接接头双面焊时,为保证焊缝质量,需对焊缝根部进行清根,以便清除根部的焊接缺陷。清焊根可采用錾削、砂轮打磨及碳弧气刨等方法。

(5)碳弧气刨

碳弧气刨主要用于清理焊根时的开槽,其生产效率较高、劳动条件较差。

由于錾削和砂轮打磨的方法具有噪声大、劳动强度大及生产效率低等不足,目前清焊根基本上都采用碳弧气刨,特别是在返修有焊接缺陷的焊缝时,使用碳弧气刨更容易发现焊缝中各种细小的缺陷。

2. 角磨机的使用方法

使用角磨机打磨坡口时,容易发生一些工伤事故,必须严格按照规范使用角磨机。角磨机的使用及结构如图 3-3-9 所示。

(1)使用角磨机前的准备工作

• 角磨机要有专人负责检查,以保证其正常运转。角磨机在使用前必须要开机试转,看磨光片运行是否平稳正常,检查碳刷的磨损程度并由专业人员适时更换,确认无误后方可正常使用。

• 插头插上之前,务必检查机器开关是否处在关闭的状态。

• 更换新砂轮时,应切断总电源。安装前应检查砂轮片是否有裂纹,若肉眼不易辨别,可用坚固的线把砂轮吊起,再用一根木头轻轻敲击、静听其声(金属声则优、哑声则劣)。

• 严禁使用无安全防护罩的角磨机。使用角磨机前仔细检查保护罩、辅助手柄,必须完好无松动。角磨机必须有牢固合适的砂轮罩,托架距砂轮不得超过 5 mm,否则不得使用。严禁使用防护罩出现松动而无法紧固的角磨机,需由专人及时修理,严禁当事人擅自拆卸角磨机。

• 更换角磨片时必须关闭电源或拉掉电源线,务必使用专用工具拆装,严禁乱敲乱打。安装砂轮时,螺母安装不得过松、过紧,在使用前应检查螺母是否松动。

• 砂轮安装好后,一定要空转试验 2~3 min,看其运转是否平衡,保护装置是否妥善可靠。在测试运转时,应安排两名工作人员,其中一人站在砂轮侧面开动砂轮,如有异常,另一人在配电柜处要立即切断电源,以防发生事故。

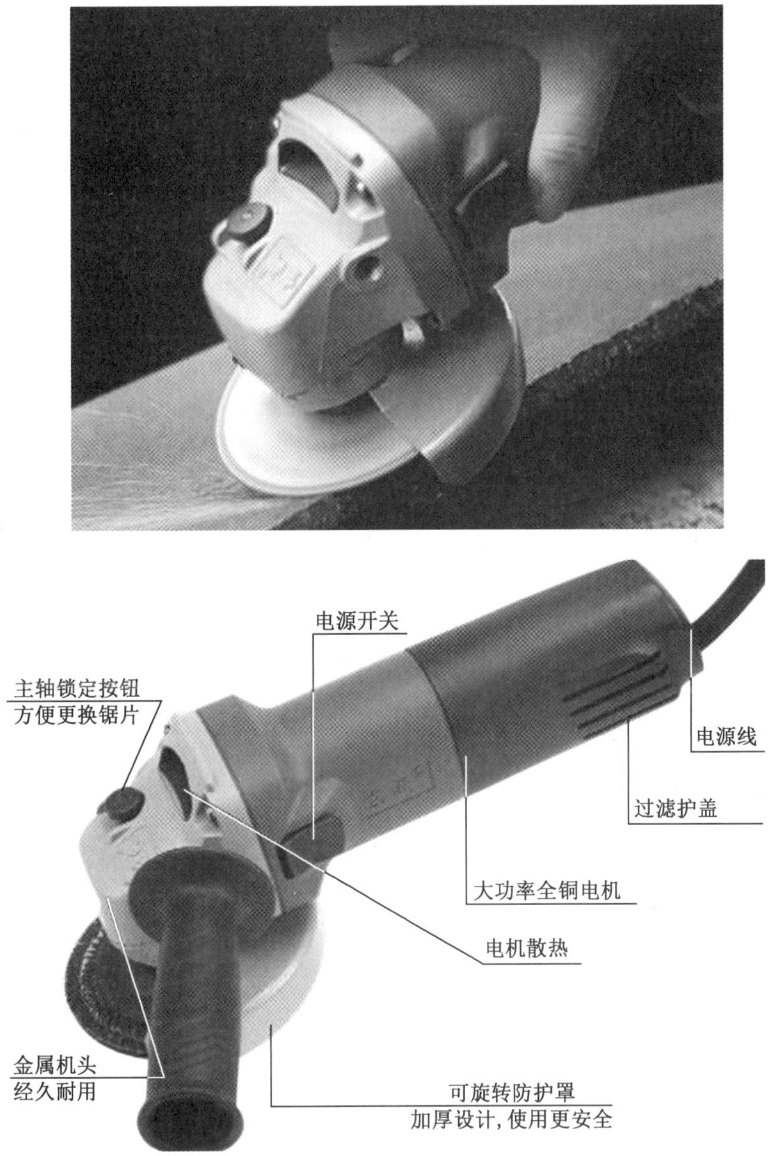

图 3-3-9 角磨机的使用及结构图

• 使用者要戴防护镜，不得正对砂轮，而应站在侧面。使用角磨机时，不准戴手套，严禁使用棉纱等包裹刀具进行磨削。

• 使用前应检查砂轮是否完好（不应有裂痕、裂纹或伤残），砂轮轴是否安装牢固、可靠。角磨机与防护罩之间有无杂物，是否符合安全要求。确认无问题时，再开动角磨机。

• 事前夹紧工件，磨片与工件的倾斜角度在 30°～40°为宜。切割时勿重压、勿倾斜、勿摇晃，根据材料的材质适度控制切割力度。保持切割片与板料切口的平行，不可用侧压方式歪斜下切。

(2)使用角磨机过程中的注意事项

● 开动砂轮时必须等待 40~60 s,待转速稳定后方可磨削。磨削刀具时应站在砂轮的侧面,不可正对砂轮,以防砂轮片破碎飞出伤人。

● 禁止两人同时使用同一块砂轮,更不准在砂轮的侧面磨削。磨削时,操作者应站在角磨机的侧面,不要站在砂轮机的正面,以防砂轮崩裂发生事故,同时不允许戴手套操作,严禁在围堆操作和磨削时嬉笑与打闹。

● 磨削时的站立位置应与角磨机成一夹角,且接触压力要均匀,严禁撞击砂轮,以免碎裂,砂轮只限于磨刀具,不得磨笨重的物料或薄铁板以及软质材料(铝、铜等)和木制品。

● 磨刃时,操作者应站在砂轮的侧面或斜侧位置,不要站在砂轮的正面,同时刀具应略高于砂轮中心位置。不得用力过猛,以防滑脱伤手。

● 砂轮要保持干燥,不准沾水,以防湿水后失去平衡,发生事故。

● 不允许在角磨机上磨削较大、较长的物体,防止震碎砂轮飞出伤人。

● 不得单手持工件进行磨削,防止工件脱落在防护罩内卡破砂轮。

● 使用角磨机时切记不可用力过猛,要徐徐均匀用力,以免发生打磨片撞碎的现象。如出现打磨片卡阻现象,应立即将打磨机提起,以免烧坏角磨机或因角磨片破碎造成安全隐患。

● 角磨机工作时间较长,机体温度大于 50 ℃以上并有烫手的感觉时,应立即停机待角磨机自然冷却后再行使用。

(3)使用角磨机后注意事项

● 必须经常修整砂轮磨削面,当发现刀具严重跳动时,应及时用金刚石笔进行修整。

● 砂轮磨薄、磨小,使用磨损严重时,不准使用,应及时更换,保证安全。

● 磨削完毕应关闭电源,不要让角磨机空转,同时应经常清除防护罩内积尘,定期检查传动部分的轴承、齿轮及冷却风叶是否灵活完好,适时对转动部位加注润滑油,以延长角磨机的使用寿命。

3. 焊前清理打磨

焊缝上的油、锈、水、漆、氧化皮、灰尘、油污、毛刺等杂物可以引起焊接缺陷,比如气孔、夹渣、未熔合等,所以应通过清理措施将这些对焊接有害的物质清除干净。清理的范围一般为上下两面焊缝两侧 15~20 mm,清理打磨工艺规范如图 3-3-10 所示。

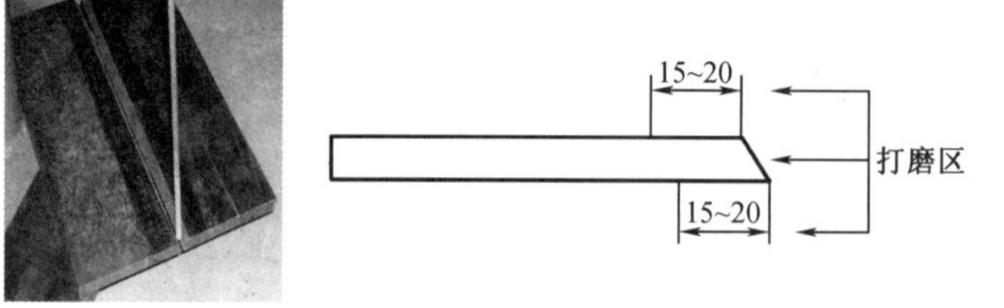

图 3-3-10 清理打磨工艺规范

(1)化学清洗

化学清洗效率高、质量稳定,适用于清理焊丝及尺寸不大、成批生产的焊件。化学清洗分浸洗法和擦洗法两种。

(2)机械清理

先用有机溶剂(丙酮、松香或汽油)擦拭焊件表面的油污,然后用细铜线刷至表面露出金属光泽,或者用刮刀清理表面。对于要求不高、没有特别多油污的焊件,只需用钢丝刷进行除锈处理即可。清理后的焊件应在 4 h 内施焊,否则应重新清理。

4. 焊缝检测尺及坡口尺寸测量

(1)焊缝检测尺的结构

焊缝检测尺是一种焊接检验尺,用来检测焊件的各种坡口角度、高度、宽度、辨析和咬边深度等尺寸。如图 3-3-11 和图 3-3-12 所示,主要由主尺、高度尺、咬边深度尺和多用尺等组成。坡口加工后需要使用焊缝检测尺对其进行检测,以确保质量。

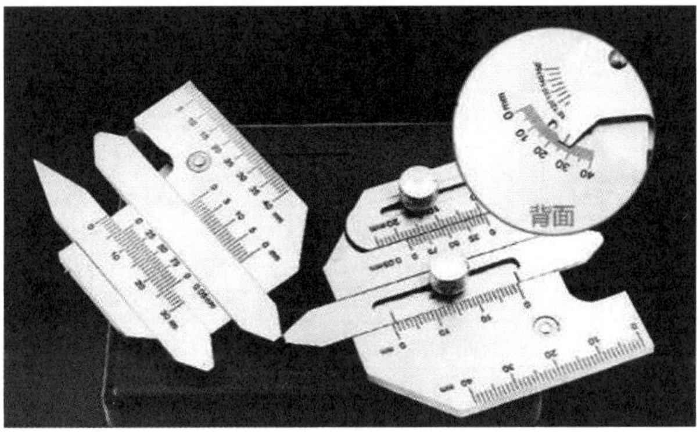

图 3-3-11 焊缝检测尺实物

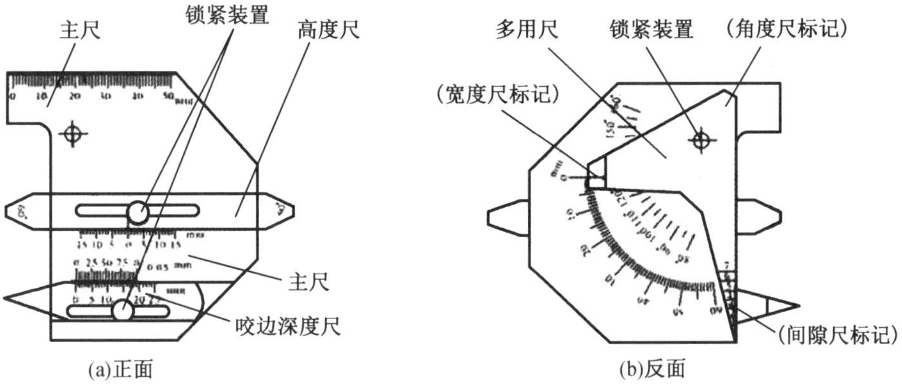

图 3-3-12 焊缝检测尺结构

(2)测量焊件坡口角度和钝边尺寸

根据焊件所需要的坡口角度,主尺与多用尺相互配合。根据主尺工作面与多用尺工作面形成的角度,多用尺指示线所指示值为坡口角度,如图 3-3-13 所示。主尺可测量钝边尺寸,焊缝尺寸检测方法如图 3-3-14 所示。

图 3-3-13 焊缝检测尺角度测量示意图

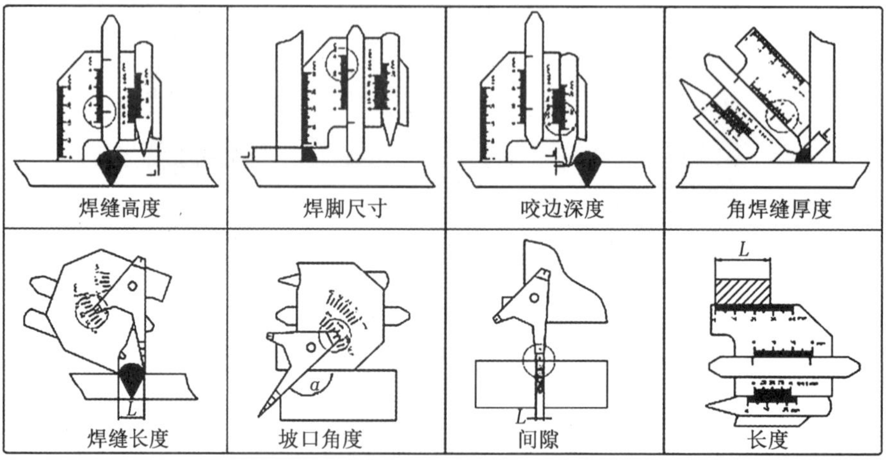

图 3-3-14 焊缝尺寸检测方法示意图

知识点 5 装配定位

装配定位需考虑焊接变形的影响,以便在装配定位时给予一定的补偿修正。

1. 焊接变形

(1)变形种类

焊接过程中被焊工件受到不均匀温度场的作用而产生的形状、尺寸变化称为焊接变形。随温度变化而变化的称为焊接瞬时变形;被焊工件完全冷却到初始温度时的改变,称为焊接残余变形。

钢构件在未受荷载前,由于施焊电弧高温引起的变形称为焊接变形,包括缩短、角度改变、弯曲变形等。焊接变形可分为面内变形和面外变形。焊接变形的面内变形可分为焊缝纵向收缩变形、焊缝横向收缩变形和焊缝回转变形。面外变形可分为角变形、弯曲变形、扭曲变形、失稳波浪变形。如图 3-3-15 所示。

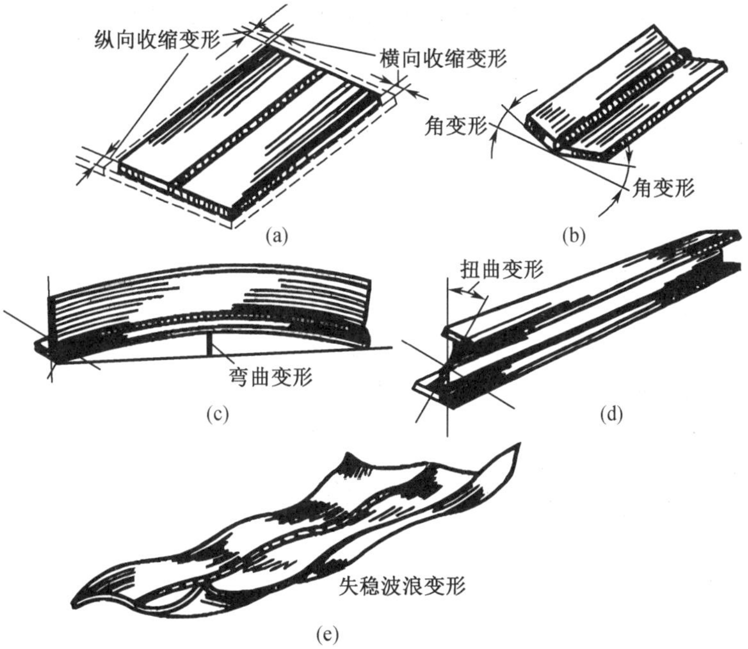

图 3-3-15 焊接变形类型示意图

(2)板对接常见的变形及变形量

①纵向收缩变形

焊件焊后沿平行于焊缝长度方向上产生的收缩变形称为纵向收缩变形。当焊缝位于焊件的中性轴上或数条焊缝分布在相对中性轴的对称位置时,焊后焊件将产生纵向收缩变形。其焊缝位置见表 3-3-4。

表 3-3-4 板对接焊件产生纵向收缩变形的焊缝位置

焊缝图例	说明
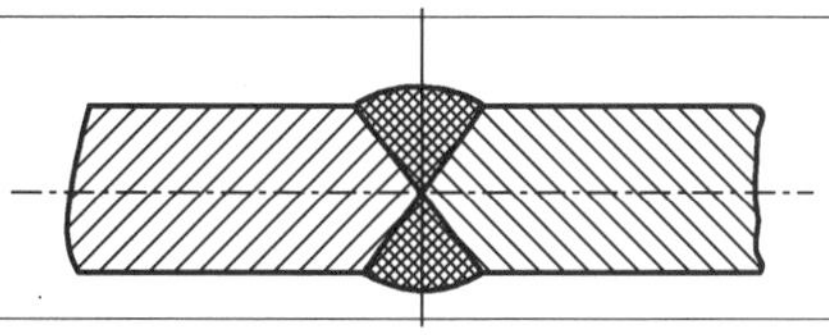	双 Y 形坡口,焊缝在焊件截面对称分布
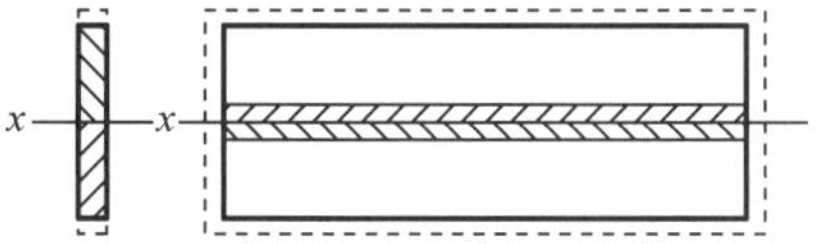	焊缝位于焊件截面中心线上

焊缝的纵向收缩变形量随焊缝的长度、焊缝熔敷金属截面积的增加而增加,随焊件截面积的增加而减少,对接焊缝的纵向收缩变形量的近似值为 0. 15~0. 3 mm/m(数据是在宽度大约为 15 倍板厚的焊缝区域中的纵向收缩变形量,适用于中等厚度的低碳钢板)。

②横向收缩变形

焊件焊后在垂直于焊缝方向上发生的收缩变形称为横向收缩变形,横向收缩变形量随板厚的增加而增加。低碳钢对接接头的横向收缩变形量见表 3-3-5。

表 3-3-5　低碳钢对接接头横向收缩变形量(实验值)

焊接接头截面/mm	焊接方式	横向收缩量/mm
	手弧焊 2 层	1.0
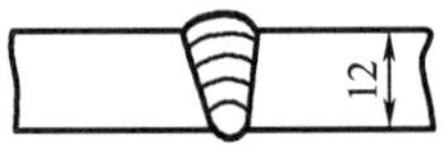	手弧焊 5 层	1.6
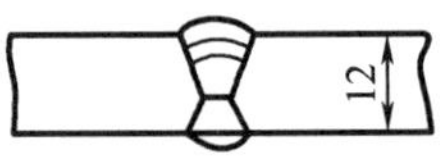	正面手弧焊 5 层, 反面清根焊 2 层	1.8
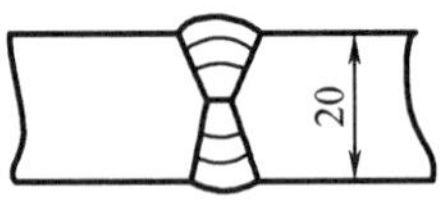	手弧焊正、反面各焊 4 层	1.8
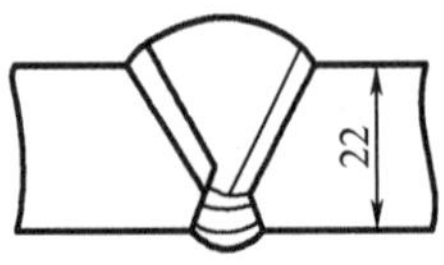	1/3 反面手弧焊, 正面埋弧焊 1 层	2.4
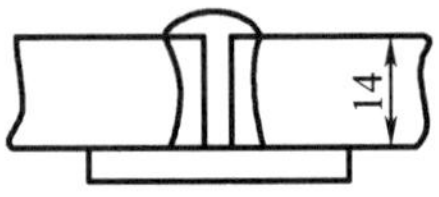	钢垫板上埋弧焊 1 层	0.6
	手弧焊(深熔焊条)	1.6
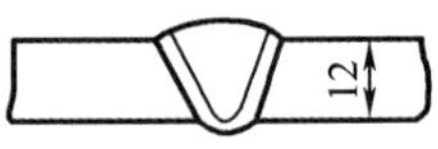	向右气焊	2.3
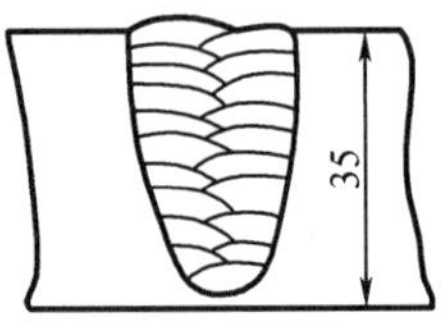	手弧焊道,反面未焊	3.2
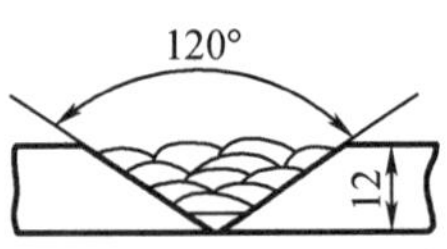	手弧焊	3.3
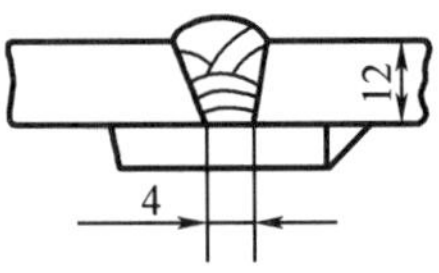	手弧焊(加垫板单面焊)	1.5

对接接头横向收缩变形量的近似计算公式见表 3-3-6。

表 3-3-6 对接接头横向收缩变形量的近似计算公式

坡口形式	横向缩短量计算公式
Y 形	$\Delta L_{横}=0.1\delta+0.6$
双 Y 形	$\Delta L_{横}=0.1\delta+0.4$

注:δ——板厚,mm。

当两板自由对接、焊缝不长、横向没有约束时,横向收缩变形量要比纵向大得多。

(3)弯曲变形及角变形

①弯曲变形及角变形产生的情形

如果焊件上的焊缝不位于焊件的中性轴上,并且相对于中性轴不对称(上下、左右),则焊后焊件将会产生弯曲变形。如果焊缝集中在中性轴下方(或下方焊缝较多),则焊件焊后将产生上拱弯曲变形;如果焊缝集中在中性轴上方(或上方焊缝较多),则焊件焊后将产生下凹弯曲变形;如果焊件相对焊件中性轴左、右不对称,则焊件焊后将产生旁弯。焊件产生弯曲变形及角变形的焊缝位置见表 3-3-7。

表 3-3-7 板对接焊件产生弯曲变形和角变形的焊缝位置

焊缝图例	说明
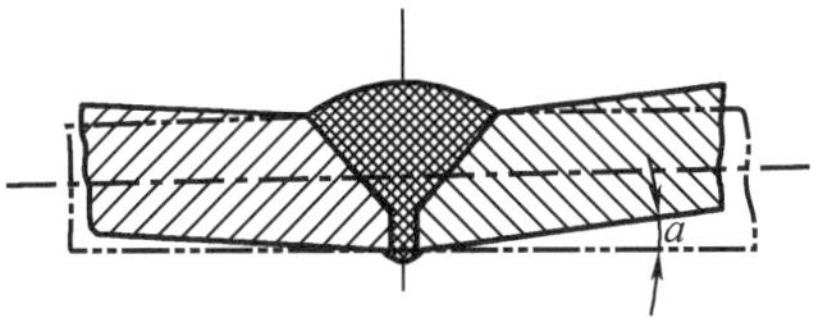	Y 形坡口,焊缝重心在焊件中性轴上侧,焊后产生角变形
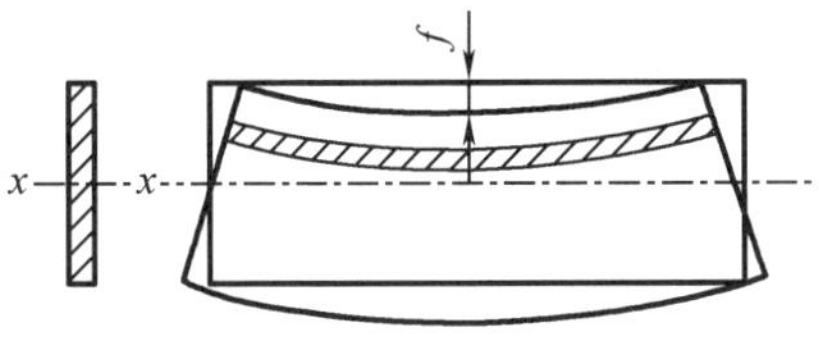	焊缝位于焊件中性轴上侧,焊后产生弯曲变形

②焊件产生角变形的原因及其数值

焊接时,由于焊接区沿板材厚度方向不均匀的横向收缩而引起的回转变形称为角变形。角变形产生的原因是焊缝的截面总是上宽下窄,因而横向收缩量在焊缝的厚度方向上分布不均匀(上面大、下面小),结果就形成了焊件的平面偏转,两侧向上翘起一个角度。电渣焊缝由于焊缝厚度均匀,所以焊件焊后基本上不产生角变形。

有色金属和薄板由于在焊接过程中熔池承托不住焊件的重量,使两侧板下垂,结果引起相反方向的角变形。

低碳钢对接接头在自由状态下,焊后角变形的实验值见表 3-3-8。

表 3-3-8　低碳钢对接接头角变形量(实验值)

焊接接头截面/mm	焊接方式	角变形量
	手弧焊 2 层	1°
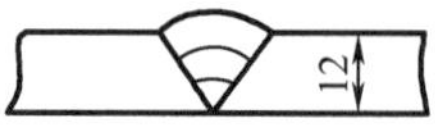	光焊条手弧焊	1. 4°
	单面手弧焊 5 层	3. 5°
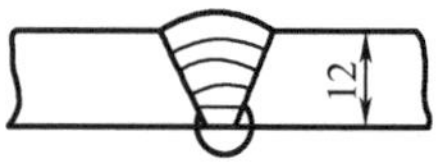	正面手弧焊 5 层,反面清根焊 3 层	0°
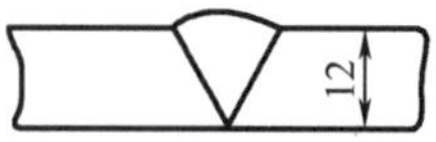	向右气焊	1°
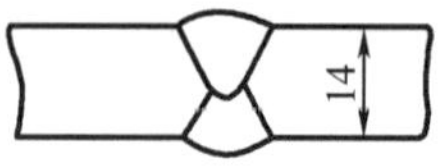	两面同时垂直气焊	0°
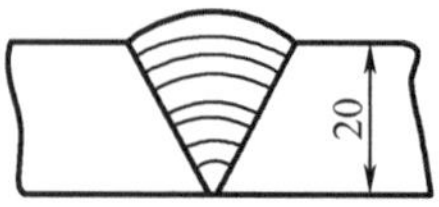	手弧焊 8 层	7°
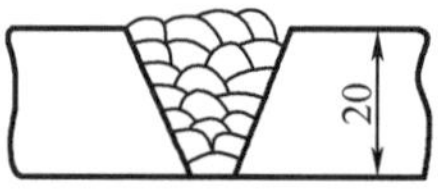	手弧焊 22 道	13°
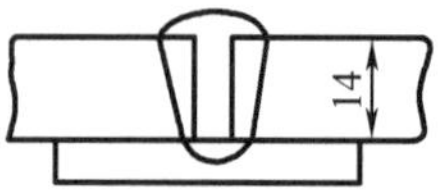	铜垫板上埋弧焊 1 层	0°
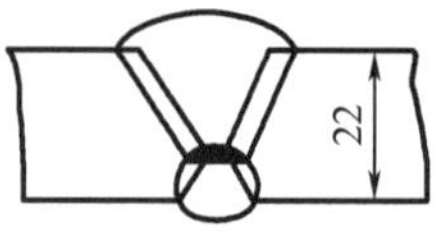	1/3 手弧焊,2/3 埋弧焊	3°
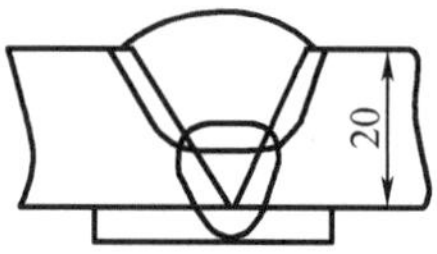	铜垫板上埋弧焊 2 层	5°

2. 板对接焊接变形控制

(1) 双面焊角变形控制

板对接的变形主要是角变形，对于双面焊的角变形，可根据两面的焊接层数来控制焊接残余变形。如图 3-3-16 所示，Y 形坡口中厚板对接焊，可采用正面手弧焊 5 层、反面清根焊 3 层的双面焊抵消两面的角变形。

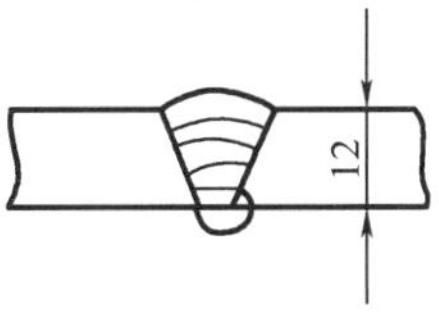

图 3-3-16　双面焊控制角变形示意图

(2) 横向收缩

因引弧端温度比收弧端温度低，引弧端横向收缩变形量小于收弧端横向收缩变形量。收弧端的根部间隙比引弧端的根部间隙横向收缩量大，如果两端的根部间隙一样，则收弧端的根部间隙过小，影响背面焊缝质量。需将收弧端的根部间隙预设大一些，实现反变形。

案例：将两块试板装配成如图 3-3-17 所示的对接接头，其引弧端根部间隙为 3.2 mm，收弧端为 4 mm，可分别用直径为 3.2 mm 和 4.0 mm 的焊芯夹在试板的两头来控制间隙，以克服在焊接过程中的横向收缩。

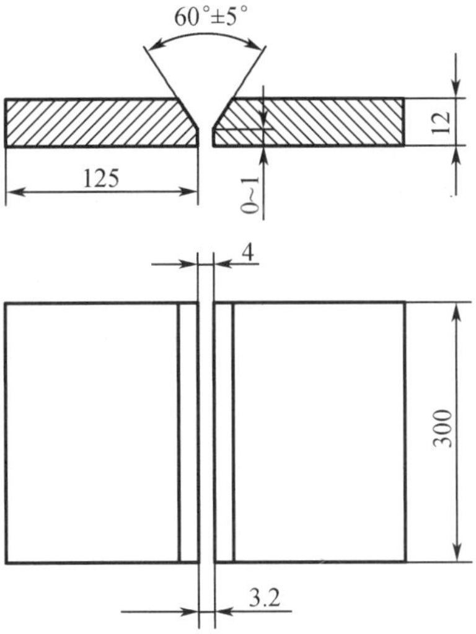

图 3-3-17　中厚板对接平焊横向收缩反向控制案例图

实训活动

1. 图样识读、确定坡口

根据本任务图样要求和坡口规范，确定坡口具体尺寸，填写下表：

板厚 δ	坡口角度 α	钝边 p	根部间隙 b

2. 焊条选择

根据前面已焊接的工艺进行焊条选择，填写下表：

焊接部位/层数	焊条型号	焊条牌号	焊条直径

说明焊条选择的理由,以及焊条还需进行怎样的处理。

3. 电源焊接工艺参数确定与调试

采用直流弧焊电源,根据前面已焊接的工艺进行焊接电流选择,然后试焊调整各电流,填写下表:

焊接部位/层数	焊条型号	焊条牌号	焊条直径	初设焊接电流	试焊调整电流

4. 焊接接头加工与处理

(1)领用清点试件材料和工具

按下表领用清点试件材料和工具。

序号	领用项名称	规格	数量	领用清点
1	试件材料	尺寸: 400 mm×150 mm×12 mm 型号:Q235B	2 块	
2	加工工具:角磨机		1 台	
3	加工工具:钢丝刷		1 把	
4	检测工具:焊缝检测尺		1 把	

(2)坡口尺寸检测

根据前面设计确定的坡口尺寸,进行加工,然后检测填写下表:

坡口角度 α		钝边尺寸 p	
设计值	加工值	设计值	加工值
焊缝两侧清理说明及尺寸范围			

5. 装配定位

(1)角变形控制工艺方案

根据本任务的工艺要求,描述角变形的控制方案:

(2)横向收缩变形控制工艺方案

根据本任务的工艺要求,描述横向收缩变形的控制方案:

(3)定位焊

按以上方案,装配定位好工件,然后在工件焊缝两端进行定位焊,焊点长 10 mm 左右,并且保证牢固,如图 3-3-18 所示。

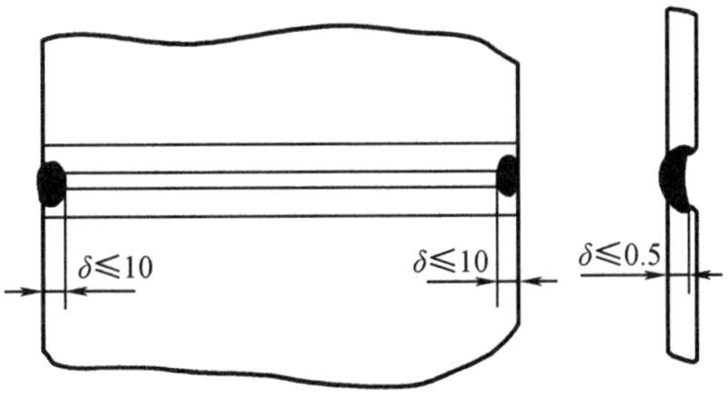

图 3-3-18　装配定位

然后再测量坡口的整体尺寸,填写下表:

坡口角度 α		钝边尺寸 p		引弧端根部间隙尺寸 b		收弧端根部间隙尺寸 b	
设计值	定位后值	设计值	加工值	设计值	定位后值	设计值	定位后值

子任务 3-3-2 焊 接 操 作

知识积累

知识点 1 焊接方向——右焊法与左焊法

焊钳与焊条的 3 种不同焊接方位,具有不同的焊接效果,得到的熔深和熔宽也不同(图 3-3-19),因此在焊接时,需要根据不同的焊接部位选择不同的焊接方位。

如图 3-3-20(b)所示,焊接过程中,从一条焊缝的左端向右端焊接,焊钳(焊嘴)在焊条(焊丝)的前面移动,这种焊接方法称为右焊法,又称后退焊法。图 3-3-19 中左边第一种就是右焊法,其焊接速度较快,而且能够得到较深的熔深,熔宽较小,所以一般中厚板的焊接都用此法。采用右焊法时,熔池能得到良好的保护,且加热集中,热量可以充分利用,并利用电弧的吹力作用将熔池金属推向后方,可以得到外形比较饱满的焊缝。但是焊接时不便观察,不易准确掌握焊接方向,容易焊偏,尤其是在焊接对接接头时。

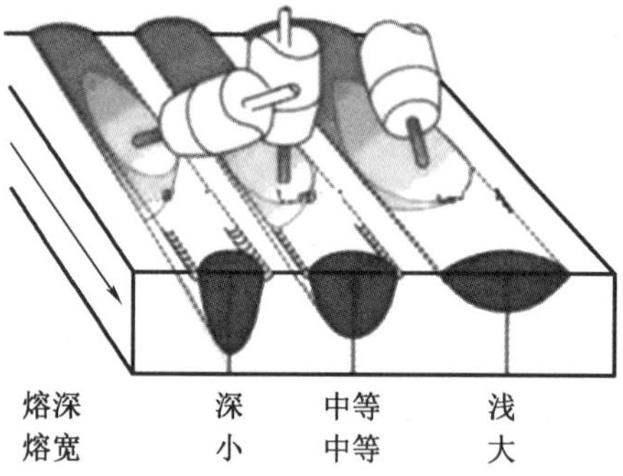

图 3-3-19 焊接方位对熔深熔宽的影响

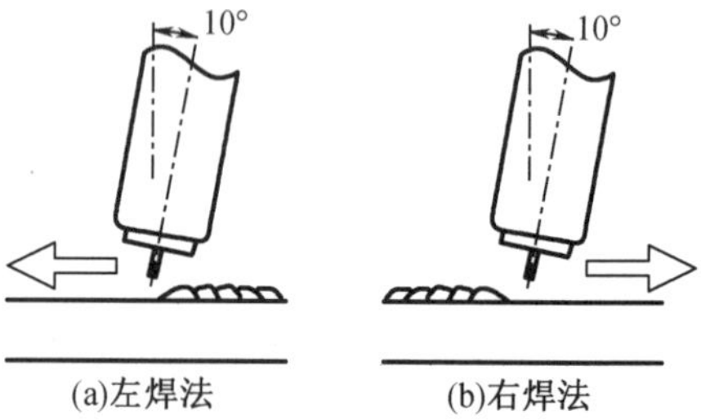

图 3-3-20 左焊法与右焊法

与之对应的是左焊法,又称前进焊法,如图 3-3-20(a)所示。向左焊时,焊条指向待焊部位,焊接过程自右向左,焊钳(焊嘴)在焊条(焊丝)后面移动。图 3-3-19 中右边第一种就是采用的左焊法,前进焊法因前进的火焰具有预热效果,焊接速度较快,而且能够得到较浅的熔深,所以一般薄板的焊接都用此法。采用左焊法时,电弧对焊件有预热作用,能得到较大的熔宽,焊缝成形能够得到改善。采用左焊法虽然观察熔池有些困难,但能清楚地看到待焊接头,易掌握焊接方向,不会焊偏。

知识点2 打底焊

1. 焊接方向的选择与操作

打底焊时采用向右方向的斜锯齿形的折把焊手法(对接工件焊缝轴线不要水平放置,应使焊缝轴线左低右高倾斜放置,即轴线放置在一、三象限内)。

焊条电弧焊焊接时,焊条电弧高度的理论公式是:焊条直径×(0.5~1)。如直径为3.2 mm的焊条,焊接电弧取(3.2×0.5=1.6 mm)~(3.2×1=3.2 mm)。打底焊时焊条到工件的距离小一些,填充焊、盖面焊时稍大些,最大不超过4 mm。

打底焊层宜采用直线运条法,填充层宜采用斜锯齿形或斜环形运条法,多层多道焊宜采用直线运条法。

平焊右焊法(由左向右)打底焊接时,斜锯齿形焊缝的形成不是靠横向摆动的锯齿形运条法产生的,而是靠焊条轴线与X正半轴的夹角(右焊法为60°~75°,左焊法为75°~80°),工件焊缝轴线与X正半轴的夹角(工件放置时,此夹角角度控制在10°~30°即可)产生的,拿焊枪的右手腕向左、向下勾拢些。右焊法打底焊接时,右手手腕向左、向下勾拢,焊接时还应稍微小幅度转动右手腕,即以右手臂轴线为中心,做圆弧轨迹的轻微圆周转动(右手腕沿横向的Y轴方向不做摆动,只沿纵向的X轴方向做圆周转动,即折把法右向水平打底焊手法)。这样在打底焊时不用摇把,右手不用做斜锯齿形横向摆动,也能用折把手法焊出斜锯齿形焊缝。

处于坡口内的打底焊接,因坡口较深,熔渣流动受到限制,电弧吹扫难以形成熔渣的流动,熔渣与金属液便会出现难以分清的现象,熔渣也不易浮出,此时,可采用由高点向低点的焊接方式。

2. 多层平焊时打底焊的操作要点

(1)打底层熔池与熔渣的要求

打底焊接时,因熔池成形大多都有坡口约束,药皮熔渣流动受阻,熔渣在熔池中的浮动面积应为熔池的1/2或者更多。熔池成形后,如果熔池中心没有过凹或者过凸的成形,熔渣与电弧间的距离可稍大一些,这样金属液的裸露面较大,有利于坡口深处熔池成形的观察和熔渣的溢出。

(2)打底层控制

打底表层焊接熔池的厚度成形,应以金属液对坡口边部淹没的多少来衡量,可平于或稍过于两侧边线。在熔池外扩过程中,如果对坡口两侧的淹没控制不当,局部外扩超过了坡口两侧边线,则熔池两侧边部掐线将难以掌握,熔池厚度及平度也难以控制。

(3)打底层熔池宽度

打底焊时熔池宽度确定,应以电弧在一侧停留时熔池外扩对坡口两侧边部稍有覆盖为标准。如果打底焊时熔池边线不齐,盖面焊接的熔池宽度及齐度将难以保证。

(4)局部处理

如果打底焊时熔池局部稍凸于母材平面,此点进行盖面焊接时,也会形成局部突起。如果平焊打底焊时熔池表面平度过凹于母材平面,应采用小直径焊条进行增补,使打底表面平度稍凹于边线。如果打底焊接时熔池局部过凸于母材平面,应采用碳弧气刨或磨轮打磨进行适当处理。

3. 焊接过程中识别、区分液态金属和熔渣

熔池中的液体是由液体金属和熔渣组成的混合物。为了保证焊缝的质量,必须识别并掌握这两种液体的动态和性质。识别的方法主要是通过护目玻璃观察其颜色来分清液体金属和熔渣。一般的经验是:

- 通过绿光玻璃去看熔渣是黑色,液体金属是白色或淡黄色;
- 通过黄光玻璃去看熔渣是深黄色,液体金属是黄白色;
- 通过红光玻璃去看熔渣是红黑色,液体金属是深黄色。如果红光玻璃颜色浅,则铁水是浅黄色,熔池中心是紫红色,熔渣比铁水颜色深,越扩散越深。

焊条熔化后熔滴进入熔池,在电弧吹力作用下,两种液体组成波浪式的焊缝。由于熔渣比液体金属轻,所以浮在液体金属上面,其又被电弧吹向熔池的后方,并均匀覆盖在焊缝表面上,起到保护焊缝的作用。

如果熔渣流动性大,焊接时操作不适当,则会出现熔渣浮到液体金属前面的现象,造成夹渣,给连续焊接带来困难。当电流小,焊条角度不对时(如平焊时焊条前进方向与焊缝夹角大于90°),电弧不能把熔渣吹到后面去,而是围着弧柱周围转。这时,可增大电流和减小焊条与焊缝的夹角,或者垫高焊缝末端,使熔渣流向熔池后方,或者改变摆动焊条的方法,或把电弧拉长,利用电弧的吹力和焊条端部向后推送熔渣,解决熔渣超前的问题。

但要注意,焊条要浮在液体金属上面向后推,即只推熔渣不能带液体金属。如果熔渣浮不出来,则造成夹渣,夹渣处冷却慢,呈红色,这时要立即断弧,清除熔渣后再继续焊接。

知识点3　填充焊

1. 注意事项

正面焊接采用多层多道焊。填充层焊接时,在距焊缝始焊端焊接前进方向约15 mm处引弧后,将电弧迅速移至始焊端施焊。每层始焊及每次接头都应按照这样的方法操作,避免产生缺陷。第一层采用直线形或直线往复形运条法焊接,焊完后用清渣工具清理焊缝表面,然后进行其余各层的焊接,运条采用横向锯齿形或月牙形,焊条与板件的下倾角为75°~85°。焊条摆动到两侧坡口边缘时,要稍做停顿,以利于熔合和排渣,防止焊缝两边未熔合或夹渣。焊接采用大直径焊条,较大电流,较快速度,短弧焊接。各层道不要太厚,各层之间焊接方向应相反。

如果采用过厚的填充层,需用较大的焊接电流。较慢的焊接速度,较大的焊条直径,这样虽然可以提高焊接效率,但是,焊缝很容易出现过烧的现象,从而直接影响焊缝的塑性及冲击韧性。因此,一些重要的结构,焊接层数不宜过少,填充层不宜过厚。一般每层厚度最好不大于4 mm。

层间清理要干净,焊前先清理掉打底焊层的飞溅和熔渣,不平的地方要磨平。

焊条摆动到两侧坡口边缘时,要稍做停顿,保证电弧在两侧坡口有一定的熔深,利于熔合和排渣,防止焊缝两边未熔合或夹渣。填充层的高度低于母材表面1.5~2 mm,焊道平整,并应形成平状或轻微凹形,不能熔化坡口两侧的棱边线,利于盖面层保持平直,以便盖面时能够看清坡口,为盖面焊打好基础。

填充层焊时,焊枪的横向摆动较打底层焊时稍大些。同时,焊枪从坡口的一侧摆至另一侧时速度要稍快,防止焊道形成凸形。运条手法采用直线或划小圈弧焊接,沿着焊接方向焊条角度为70°~80°,垂直于焊接方向焊接角度为90°。相连焊道搭接要适当,以免产生

深沟,造成层间夹渣,各焊道间搭接为1/2焊缝宽度。各焊道必须严格清渣,各接头需错开150 mm以上。严禁在丁字接头处引弧或熄弧。归根结底一句话:练!揣摩!练!

2. 案例

以10 mm板材(碳钢),60°坡口为例:三层或者四层都可以(图3-3-21),以实际操作规定为准。注意碳钢、不锈钢、铝操作方法相似,但具体操作要求不同。

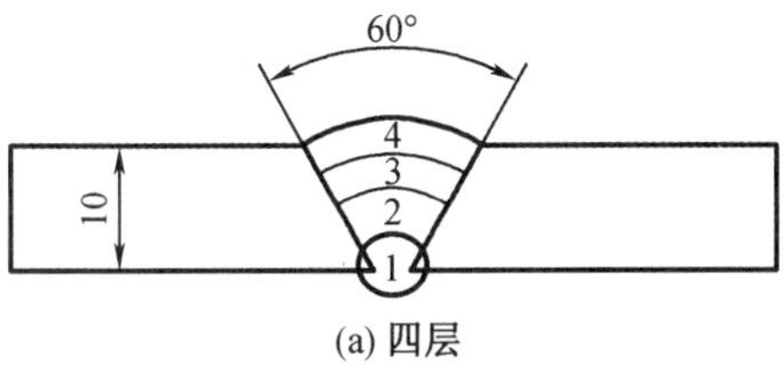

图3-3-21　多层焊焊缝工艺规范示意图

运弧方向:夹角处需略有停顿,保证夹角熔合(图3-3-22)。

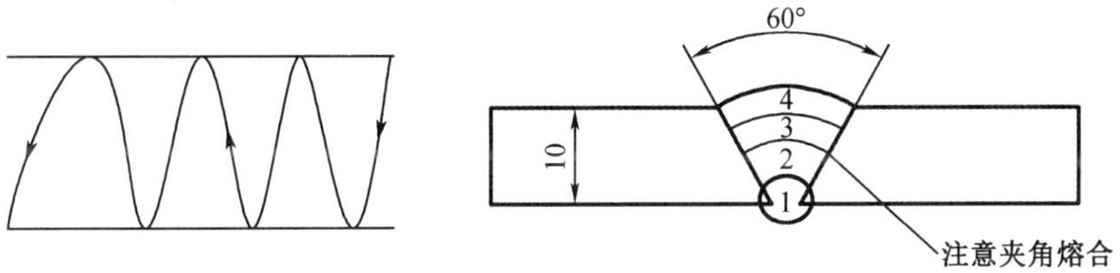

图3-3-22　焊缝成形运条规范示意图

中间清理很重要,完美的清理可保证夹角及根部的完全熔合(图3-3-23)。

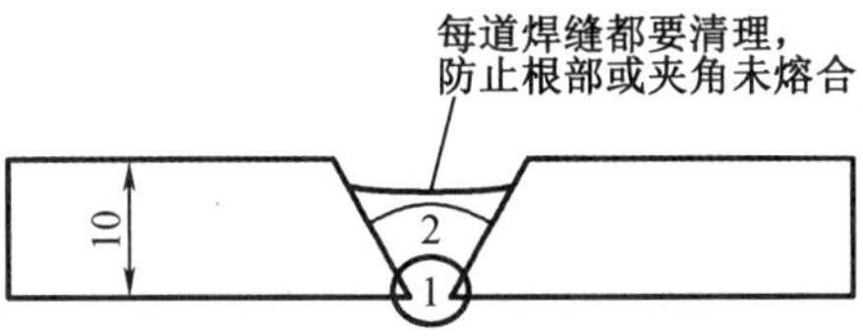

图3-3-23　焊缝清理规范要求

3. 常见问题与处理

采用较粗直径的焊条进行第一层填充焊接,如果不采用一定的操作技巧,而只是简单地将金属的熔滴过渡到带有坡口间隙的被焊槽内,尽管它的成形没有夹渣,熔池的表面与坡口间隙的过流也比较合适,采用的焊条角度和选择焊接极性也正确,但在另一侧清根时第一层填充层和第二层熔化层会含有大量的气孔,气孔的分布又因操作技巧的不同,而出现过多、过少和分布不均匀等情况。

在金属熔滴过渡时,电弧直吹坡口间隙过流点,用较粗直径焊条完成第一层填充焊接,会使焊槽内有害物质及较强的空气过流瞬间转入较厚的熔池中心,从而形成较多、较深的气孔群体。防止措施是采用多种屏障保护法进行焊接。

(1)电弧直吹熔池中心屏障保护法

在间隙很小或没有间隙的焊槽内填充焊接时,为了避免空气过流和有害物质对熔池的侵蚀,在形成第一层较厚熔滴金属的过渡时,可采用电弧直吹熔池中心的金属过渡方法。

操作时以焊槽下坡口面为基础,电弧引燃后使熔池厚度增加,并使前沿熔池的外扩液流和熔渣液流先后封死坡口间隙过流处,形成屏障保护。然后将推向熔池中的电弧稍做上移抬起的动作,使上坡口的熔池厚度增加,并在熔池厚度不断增加的同时使电弧不停地前移,形成第一层填充焊接。这种焊接方法,因在熔化金属的过渡时,熔渣与熔池的前沿液流点先过流并形成了封死的熔合,使熔池中心稳步前移,空气过流与有害物质不能进入熔池中心,从而形成良好的熔池结晶。这种方法采用的电流较大,熔池成形较厚,生产效率较高。

(2)电弧多种角度直吹熔池屏障保护法

横向填充层施焊时多采用顶弧 90°的成形方法推动熔渣浮动,并形成熔化金属的顺利过渡。在有一定间隙和一定厚度的填充层焊接时,因熔渣在熔池中心浮动或漂浮于前沿熔池的熔化点,熔渣不会埋在熔池的底侧或卷在熔池之中,从而避免形成夹渣。

焊接时也可利用焊条角度的变化加快熔化金属的顺利过渡,并通过加快或减慢运条速度来控制熔池堆敷成形的厚度。在顶弧过渡熔滴时可将顶弧角度改为顺弧吹扫角度,利用小圆圈形电弧的摆动先推动熔渣及少量熔池金属流到坡口钝边间隙处形成屏障保护,操作时注意事项:

- 吹扫的角度不能小于 75°;
- 电弧吹扫应始终以移动的熔池面为吹扫点;
- 熔池不能出现过厚的成形。

(3)多道排序式屏障保护法

在容器组对坡口的组对间隙较大(6~8 mm)时,采用以上两种屏障保护法很难使金属的熔滴过渡到焊缝,无法形成良好的屏障保护。这时可采用多道排序式屏障保护法,使金属的熔滴过渡到较大间隙的焊缝之中,并可有效避免空气过流、有害物质增多、较大间隙的金属熔滴下淌等弊端对焊缝的影响。

a. 采用多道排序的焊接方法操作时可将组对的焊缝长度分成若干段,先进行定位焊,然后从焊缝的始端,将焊条引燃至下坡口的一面,然后用直线形运条方式使电弧贴在下坡口的钝边处,尽量形成较窄、较厚的成形。一遍完成后保留药皮熔渣,再从始端起焊,直到熔合于上坡口边沿的钝边处,并封死坡口的过流间隙。然后以收弧处做始端开始引弧,直到完成整体焊缝的焊接。

采用多道排序的焊接方法应注意焊接某段时起焊端与收尾端之间的熔合。在收尾端,应使收尾处的收弧点像楼梯式错开,避免收弧熔坑集中在一处,并在收弧前稍做电弧停留后向熔池方向带弧熄灭。引弧应在续接位置前 10~15 mm 处,引燃电弧带向续接位置。

b. 在形成熔化屏障第二层熔化层施焊时,应根据焊槽内的高度采用一次成形或多次成形的焊接方法。焊接时熔池成形不能过厚,熔池对第一层金属层的熔化深度应为 0.5~1 mm,避免熔化过深,使第一层中的气体进入第二层的熔池之中,第二层填充厚度控制在 5 mm 左右,其焊接方法与焊条直径为 3.2 mm 填充方法基本相同。

c. 坡口内的多层填充焊接时,如果条件允许,应选择稍有坡度的由低点向高点的电弧走向,使熔池形成时有较好的流动性,便于熔渣浮出,并能在形成熔池时适当控制熔池厚度。还可利用电弧在坡口两侧停留的时间及焊条角度的变化控制熔渣在熔池中浮动的位置,使熔渣易于浮出。熔渣的浮动线应为熔池的中心部位,这时熔池呈滑动状,熔池表层平整光滑。

知识点 4 盖面焊

1. 注意事项

(1)熔池的推进

盖面层引弧操作方法与填充层相同。焊条与板件下倾角在 75°~85°，采用锯齿形或月牙形运条。焊条左右摆动时，在坡口边缘稍做停留，熔化坡口棱边线 2 mm。当焊条从一侧移到另一侧时，中间电弧稍抬高一点，以保持熔池形状。焊条摆动的速度较平焊稍快一些，前进速度要均匀，每个新熔池需覆盖前熔池的 2/3~3/4，如图 3-3-24 所示。换焊条后再焊接时，应在坑上方约 15 mm 填充层焊缝金属处引弧，然后迅速将电弧拉回至原熔池处，填满弧坑后继续施焊。盖面时要保证焊缝边缘和下层熔合好。如发现咬边，焊条稍微多停留一会，焊缝边缘要和母材表面圆滑过渡。

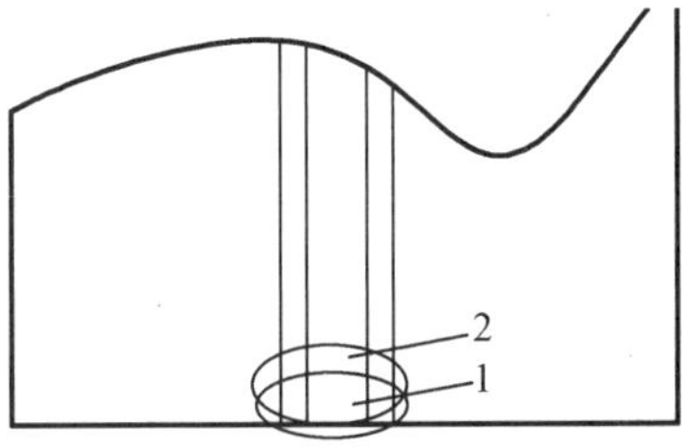

1—前熔池；2—后熔池。

图 3-3-24 盖面层熔池示意图

(2)熔渣流动与运条

坡口外盖面焊接时，如果打底层表面或填充层平行于或稍凹于母材平面，应选择稍有坡度的由高点向低点的电弧走向。这时熔渣浮动位置为电弧的边缘，熔池成形范围大，熔池温度较高，因熔池成形方向稍有阻力，会使熔池流动缓慢，焊缝成形平稳。

在正常平焊时，药皮熔渣浮在熔池的表面，冒着黑褐色泡沫，忽东忽西地漂浮。金属液是闪着光亮的、密度极细的结晶体。当焊接电流大小适当时，熔渣会在电弧的吹扫下呈漂浮状态，颜色比金属液黑，在熔池中有明显的浮动线。

盖面焊接时，药皮熔渣应始终漂浮在电弧的边缘，熔渣与电弧之间要有一节闪光金属液的裸露线(图 3-3-25)。可通过观察金属液向坡口两侧的淹没情况，确定横向运条时电弧在坡口两侧止弧的位置，进而决定缩短或延长电弧停留时间。

- 平焊盖面焊时，熔池成形的宽度应大于运条的宽度。
- 横向走弧时电流较大，电弧到达坡口一侧后应迅速移走电弧，使其无法形成熔合线过深、咬边、熔池表面成形波过粗、棱状成形过大、熔池两侧局部凹于母材等缺陷。

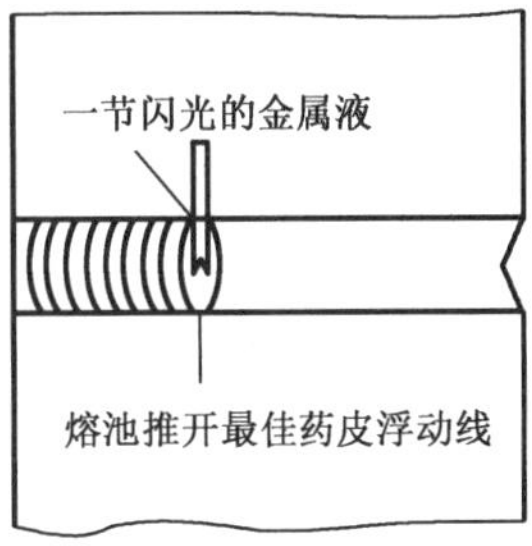

图 3-3-25 熔渣与电弧间的金属溶液线

2. 常见的缺陷与防止措施

咬边是盖面焊常见的缺陷，如图 3-3-26 所示。

咬边产生的主要原因是：平焊时焊接电流太大、电弧过长或运条速度不合适。

防止咬边产生的主要措施有：

(a) (b)

图 3-3-26 盖面焊咬边缺陷

(1)改善坡口

可以在坡口端部用磨光机修磨出深度为 1 mm 左右、角度为 45°的“缓冲”边,这样可以减缓坡口端部被熔化掉的速度,有效地解决容易产生咬边的问题。同时还可以减少焊条在焊缝两侧的停留时间,克服焊缝两侧因温差较大而使焊缝“花纹”粗大的问题。

(2)改善焊接电流与运条方式

可以选择适当的焊接电流和正确的运条方法,控制焊接速度,使焊条摆动时停留在坡口边缘并做短暂停留,当焊条摆动到另一侧坡口边缘时也做短暂停留,然后焊条继续前行摆动;在摆动到另一侧前段焊缝边缘上端时,焊条向下摆动至前段焊缝边缘做短暂停留。这时焊条金属始终保持熔化状态,而母材金属温度相应较低,熔化的焊条金属会很快将原有咬边处迅速填满,这样就可以有效解决咬边的问题。

知识点 5 清根与封底

1. 封底焊与打底焊

封底焊是在单面坡口对接焊中,先焊完正面坡口焊缝,在背面铲清焊根后,再进行的一道焊接,如图 3-3-27 所示。目的是保证焊缝根部完全熔合。

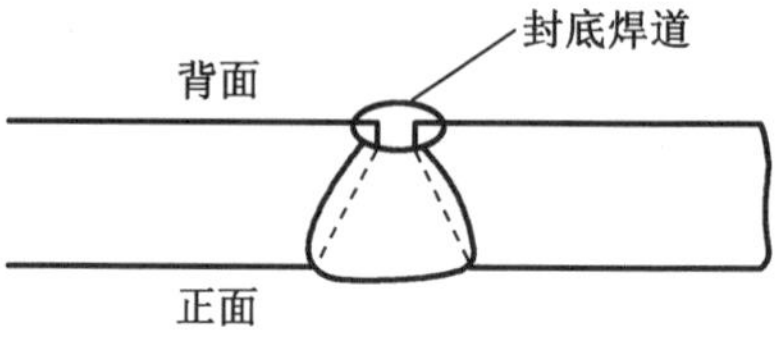

3-3-27 封底焊结构示意图

打底焊是在厚板单面坡口对接焊时,为了防止角变形或自动焊时发生烧穿现象,在接缝正面根部施焊的第一道焊,或者先在背面坡口根部进行的一道焊接,如图 3-3-28 所示。

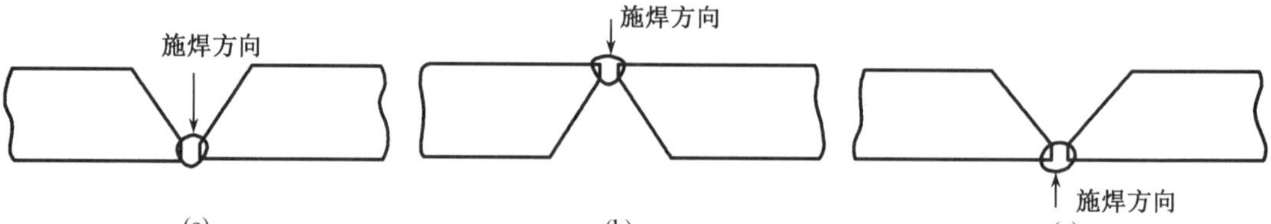

(a) (b) (c)

图 3-3-28 打底焊示意图

2. 清根

清根是全熔透焊缝的操作。对于要求完全焊透的焊缝,单面焊时应加衬底,双面焊时应清根。对于质量要求较高的双面焊接成形的全熔透焊缝(焊后要求进行无损探伤,如 UT 和 RT 探伤合格的情况),在施焊完一面对反面施焊之前,使用适当的工具从反面对完成的焊缝根部清理的过程,称为清根。

(1)清根的作用

a. 清除背面焊缝根部的缺陷(如气孔、凹坑、杂质等,如图 3-3-29 所示)。

b. 打出背面合适的焊接坡口(原坡口已经被正面焊缝破坏),从而保证焊缝的 UT、RT 探伤合格,使焊缝的质量达到使用要求。

(2)清根的方法与要求

一般焊缝可以用碳弧气刨、风动铲子、电动砂轮、机械加工、气割等清根。特殊焊缝(如核电设备)不允许使用碳弧气刨,因为它会对焊缝造成渗碳,从而产生不可预知的结果。清根时要加工出一条便于焊接的沟槽,沟槽要完全露出优质的焊缝金属和母材,不能留有夹渣、气孔、裂纹、焊瘤、未焊透等缺陷。沟槽要平直、平整,宽度要大于焊条的直径,如图 3-3-30 所示,便于焊接操作,确保焊透。

图 3-3-29 焊缝根部背面具有缺陷

对于碳弧气刨清根,需对沟槽内表面及母材坡口边沿 20~30 mm 处用角磨机等打磨干净,最后用钢丝清理刨槽内的焊渣、铁屑等杂物,防止遗留或造成夹碳、渗碳、夹渣、气孔等缺陷。

3. 封底焊焊接操作

试件背面用碳弧气刨清除焊根后进行封底焊,用月牙形运条法焊接。焊正面焊缝时,运条应慢一些,以获得较大熔深和宽度。焊反面的封底焊缝时,运条速度则稍快一些,以获得较小的焊缝宽度。

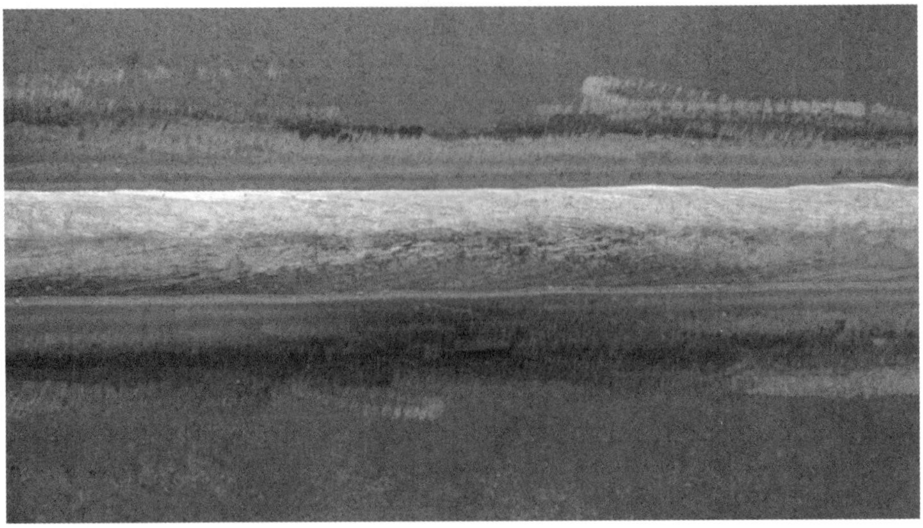

图 3-3-30 清根后的效果

实训活动

1. 打底焊

对本任务进行打底焊,选择焊接方向为____________;运条方式为____________。

对打底焊的结果结合之前的一些标准进行综合描述性评价,并反思:

焊道数	引弧	接头	收尾	直线度	熔深	熔宽

其他:

夹渣情况________________________

平整度情况________________________

改善措施:

2. 填充焊

按操作规范,调试电源电流,进行本任务的填充焊,高度低于母材 1.5~2 mm,不能熔化坡口两侧的棱边。同步检查每层的焊接质量,记录下表:

焊接部位/层数	焊条型号	焊条牌号	焊条直径	焊接电流	主要焊接缺陷检查
					□夹渣 □气孔
					□夹渣 □气孔
					□夹渣 □气孔
					□夹渣 □气孔
					□夹渣 □气孔
					□夹渣 □气孔

综合：

填充焊层距离母材上表面的距离为＿＿＿＿＿＿；是否破坏坡口棱边＿＿＿＿＿＿。

改善措施：

3. 盖面焊

按操作规范，调试电源电流，进行本任务的盖面焊。焊条与板件下倾角在75°~85°，采用锯齿形或月牙形运条。焊条左右摆动时，在坡口边缘稍做停留，熔化坡口棱边线2 mm。当焊条从一侧移到另一侧时，中间电弧稍抬高一点，以保持熔池形状。同步检查每层的焊接质量，记录下表：

焊接部位/层数	焊条型号	焊条牌号	焊条直径	焊接电流	主要焊接缺陷检查
					□夹渣 □气孔 □咬边

综合：

夹渣缺陷点的数量＿＿＿＿＿；气孔缺陷点的数量＿＿＿＿＿；咬边缺陷点的数量＿＿＿＿＿；测量角变形量＿＿＿＿＿＿。

改善措施：

4. 碳弧气刨清根

(1)准备

刨削前应先检查电源的极性是否正确,电缆及气管是否接好。并根据工件厚度、槽的宽度选择碳棒直径并调节好电流。调节碳棒伸出长度为 80~100 mm。检查压缩空气管路和调节压力,调整风口并使其对准刨槽。

完成下面的碳弧气刨工艺表:

电源极性接法	碳棒规格/mm	电流/A	压缩空气气压/MPa	刨削速度

(2)引弧

引弧时,应先缓慢打开气阀,随后引燃电弧,否则易产生夹碳和碳棒烧红现象。电弧引燃瞬间,不宜拉得过长,以免熄弧。

(3)刨削

开始刨削时钢板温度低,不能很快熔化,当电弧引燃后,刨削速度应慢一点,否则易产生夹碳。当钢板熔化且被压缩空气吹去时,可适当加快刨削速度。刨削过程中,碳棒不应横向摆动和前后往复移动,只能沿刨削方向做直线运动。

- 碳棒倾角按槽深要求确定,倾角可为 25°~45°。
- 刨削时,手的动作要稳,对好准线,碳棒中心线应与刨槽中心线重合。否则,易造成刨槽形状不对称。
- 在垂直位置气刨时,应由上向下移动,以便焊渣流出。
- 要保持均匀的刨削速度。刨削时,听到均匀清脆的“嘶嘶”声则表示电弧稳定,这样才能得到光滑均匀的刨槽。每段刨槽衔接时,应在弧坑上引弧,防止碰触刨槽或产生严重凹痕。
- 刨削结束时,应先切断电弧,过几秒后再关闭气阀,使碳棒冷却。
- 刨槽后应清除刨槽及其边缘的铁渣、毛刺和氧化皮,用钢丝刷清除刨槽内炭灰和铜斑,并按刨槽要求检查焊缝根部是否完全刨透,缺陷是否完全清除。

碳弧气刨清根完成后,进行刨槽外观检查和尺寸测量,观察、记录并思考总结完成下表:

评价内容	评价标准	分值	自评得分	教师评分	综合得分
刨槽对称性	应对称	2			
刨槽位置	按图纸应在焊缝中心对称	2			
平整光滑度	沿焊缝直线度好、宽度一致、深浅一致、槽壁与槽底光滑平整	2			
其他缺陷	无夹碳、无渗碳、无铜斑	2			
刨槽宽度	3 mm	1			
刨槽深度	2 mm	1			

练习心得、反思、发现与疑问

5. 封底焊

调试焊接参数，实施封底焊，焊接完成后，进行背面焊缝外观检查，观察、记录并思考总结完成下表：

焊接部位/层数	焊条型号	焊条牌号	焊条直径	焊接电流	主要焊接缺陷检查
					□夹渣 □气孔 □咬边

综合：

夹渣缺陷点的数量＿＿＿＿＿；气孔缺陷点的数量＿＿＿＿＿；咬边缺陷点的数量＿＿＿＿＿；测量角变形量＿＿＿＿＿。

改善措施：

子任务 3-3-3 焊后处理与检查

知识积累

知识点 1 常见焊接缺陷及其危害

1. 常见的焊接缺陷种类

常见的焊接缺陷可分为四类。

(1)焊缝尺寸不符合要求

焊缝尺寸不符合要求包括焊缝超高、超宽、过窄、高低差过大、焊缝过渡到母材不圆滑、各种焊接变形(如角变形、扭曲变形、波浪变形等都属于焊接缺陷,角变形也属于装配成形缺陷)、错边(指两个工件在厚度方向上错开一定位置,它既可视作焊缝表面缺陷,又可视作装配成形缺陷)等。

(2)焊缝表面缺陷

焊缝表面缺陷包括咬边、焊瘤、内凹、满溢、未焊透、表面气孔、表面裂纹等,如图 3-3-31 所示。

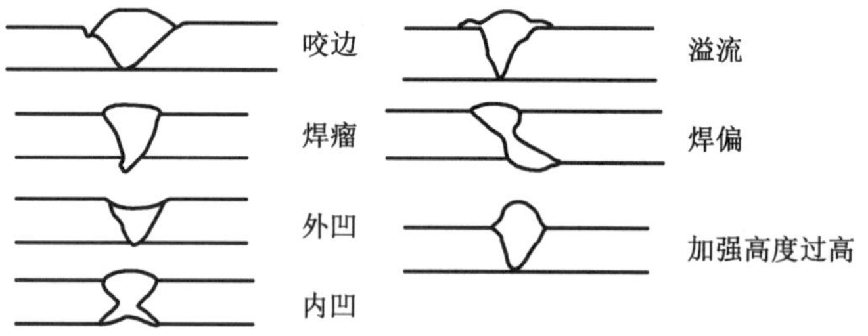

图 3-3-31 焊缝表面缺陷示意图

(3)焊缝内部缺陷

焊缝内部缺陷包括气孔、夹渣、内裂纹、未熔合、夹钨、双面焊的未焊透等。

(4)焊接接头性能不符合要求

因过热、过烧等原因导致焊接接头的机械性能、抗腐蚀性能降低等。

①焊缝化学成分或组织成分不符合要求

由于焊材与母材匹配不当或焊接过程中元素烧损等原因,容易使焊缝金属的化学成分发生变化或造成焊缝组织不符合要求,这可能导致焊缝力学性能的下降,还会影响接头的耐蚀性能。

②过热和过烧

若焊接规范使用不当,热影响区长时间在高温下停留,会使晶粒变得粗大,即出现过热组织。若温度进一步升高,停留时间变长,可能使晶界发生氧化或局部熔化,出现过烧组织。过热可通过热处理消除,而过烧是不可逆转的缺陷。

③白点

在焊缝金属的拉断面上出现的象鱼目状的白色斑点，即为白点。白点是由于氢聚集造成的，危害极大。

2. 焊接缺陷对焊接构件的危害

焊接缺陷对焊接构件的危害主要有以下几方面。

(1)引起应力集中

焊接接头中应力的分布是十分复杂的。凡是结构面有突然变化的部位，应力的分布就不均匀，在某些点的应力值可能比平均应力值大许多倍，这种现象称为应力集中。造成应力集中的原因很多，而焊缝中存在工艺缺陷是其中一个很重要的因素。焊缝内存在的裂纹、未焊透及其他带尖缺口的缺陷，使焊缝截面不连续，产生突变部位，在外力作用下将产生很大的应力集中。当应力超过缺陷前端部位金属材料的断裂强度时，材料就会开裂。

(2)缩短使用寿命

对于承受低周期疲劳载荷的构件，如果焊缝中的缺陷尺寸超过一定界限，循环一定周次后，缺陷会不断扩展、长大，直至引起构件断裂。

(3)造成脆裂、危及安全

脆性断裂是一种低应力断裂，是结构件在没有塑性变形情况下，产生的快速突发性断裂，其危害性更大。

知识点 2 焊缝尺寸不符合要求的类型及原因

焊缝尺寸不符合要求的类型，包括焊缝超高、超宽、过窄、高低差过大，焊缝过渡到母材不圆滑，焊缝粗、外形高低不平，焊缝加强高度过低或过高，焊缝宽度不一致，角焊缝单边或下陷量过大等，其产生原因是：

a. 焊件坡口角度不当或装配间隙不均匀。

b. 焊接电流过大或过小，焊接规范选用不当。

c. 运条速度不均匀，焊条(或焊把)角度不当。

知识点 3 裂纹的种类、产生机理和预防措施

1. 焊接裂纹的一般特征、危害与分类

焊缝裂纹是焊接过程中或焊接完成后在焊接区域中出现的金属局部破裂的现象。焊缝金属从熔化状态到冷却凝固的过程经过热膨胀和冷收缩变化，存在较大的冷收缩应力；显微组织也在从高温到低温的相变过程中产生组织应力；母材非焊接部位处于冷固态状况，与焊接部位存在很大的温差，从而产生热应力等。这些应力的共同作用一旦超过了材料的屈服极限，材料将发生塑性变形，超过材料的强度极限则导致开裂。裂纹的存在大大降低了焊接接头的强度，并且焊缝裂纹的尖端也成为承载后应力集中点，对承受交变和冲击载荷、静拉力影响较大，成为结构断裂的起源，是焊缝中最危险的缺陷。

裂纹可能发生在焊缝金属内部或外部，也可能发生在焊缝附件的母材热影响区内，或者位于母材与焊缝交界处等。

根据焊缝裂纹大小分为宏观裂纹：肉眼可见的裂纹(图 3-3-32)；微观裂纹：在显微镜

下才能发现(图3-3-33);超显微裂纹:在高倍数显微镜下才能发现,一般指晶间裂纹和晶内裂纹。

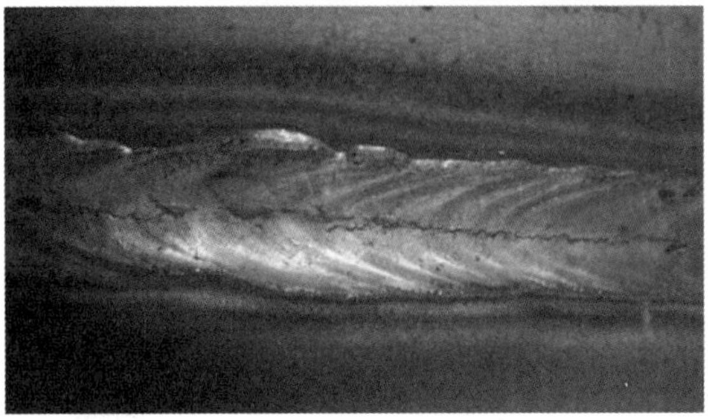

图3-3-32 宏观外裂纹

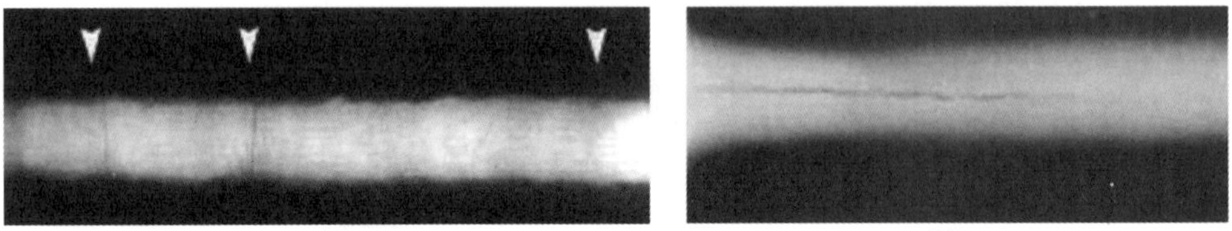

(a) (b)

图3-3-33 微观内外裂纹

根据裂纹形成机理的不同可以分为2种裂纹。层状撕裂裂纹:主要是由于钢材在轧制过程中,将硫化物(MnS)、硅酸盐类等杂质夹在其中,形成各向异性。在焊接应力或外拘束应力的使用下,金属沿轧制方向的杂物开裂。应力腐蚀裂纹:在应力和腐蚀介质共同作用下产生的裂纹。除残余应力或拘束应力的因素之外,应力腐蚀裂纹主要与焊缝组织组成及形态有关。

根据焊接裂纹产生的时间和温度的不同,可以把裂纹分为:冷裂纹、热裂纹和再热裂纹。

2. 冷裂纹的特征、产生机理和预防

冷裂纹是指在焊毕冷至马氏体转变温度Ms点以下(200 ℃以下)产生的裂纹,一般在焊后一段时间(几小时或几天,甚至更长)才出现,故又称延迟裂纹。

(1)冷裂纹的特征

a. 产生于较低温度,且产生于焊后一段时间,故又称延迟裂纹。

b. 主要产生于热影响区,也有发生在焊缝区的情况。

c. 冷裂纹可能是沿晶开裂、穿晶开裂或二者混合出现。

d. 冷裂纹引起的构件破坏是典型的脆断。

(2)冷裂纹产生的原因与机理

a. 淬硬组织(马氏体)减小了金属的塑性储备:对于大厚工件选用预热温度和焊后缓冷措施不合适,焊缝及其附近易产生脆硬组织。

b. 接头的残余应力使焊缝受拉：焊接接头刚性大，工艺不合理，焊接规范选择不当。

c. 接头内有一定的含氢量，焊材选用不合适。

含氢量和拉应力是冷裂纹（这里指氢致裂纹）产生的两个重要原因。一般来说，金属内部原子的排列并非完全有序，而是有许多微观缺陷。在拉应力的作用下，氢向高应力区（缺陷部位）扩散聚集。当氢聚集到一定浓度时，就会破坏金属中原子的结合键，金属内就会出现一些微观裂纹。应力不断作用，氢不断地聚集，微观裂纹不断地扩展，直至发展为宏观裂纹，最后断裂。决定冷裂纹的产生与否，有一个临界的含氢量和一个临界的应力值，当接头内氢的浓度小于临界含氢量，或所受应力小于临界应力时，将不会产生冷裂纹（即延迟时间无限长）。在所有的裂纹中，冷裂纹的危害性最大。

(3)防止冷裂纹的措施

a. 采用低氢型碱性焊条，严格烘干，在 100~150 ℃下保存，随取随用。

b. 提高预热温度，采用后热措施，并保证多层焊的层间温度不小于预热温度，选择合理的焊接规范，避免焊缝中出现淬硬组织。

c. 选用合理的焊接顺序，减少焊接变形和焊接应力。

d. 焊后及时进行消氢热处理。

3. 热裂纹的特征及其产生机理和预防

(1)热裂纹的特征

热裂纹是在焊接时的高温下产生的，它的特征是沿原奥氏体晶界开裂。根据所焊金属的材料不同（如低合金高强钢、不锈钢、铸铁、铝合金和某些特种金属等），产生热裂纹的形态温度区间和主要原因也各有不同。因此，又把热裂纹分为结晶裂纹、液化裂纹和多边化裂纹三类。

焊接过程中所遇到的热裂纹主要都是结晶裂纹，因此通常也把热裂纹称为结晶裂纹，指在 300 ℃以上产生的裂纹（主要是凝固裂纹）。热裂纹产生于焊缝成形后的冷却过程中，结晶偏析使杂质生成的低熔点共晶物富集于晶界，形成“液态薄膜”，在特定的敏感温度区（又称脆性温度区），其强度极小，由于焊缝凝固收缩而受到拉应力，由于低强度使其能承受的拉应力远低于其他区域，最终开裂形成裂纹。热裂纹都是沿晶界开裂，通常发生在杂质较多的碳钢、低合金钢、奥氏体不锈钢等材料气焊缝中，金相学中称为沿晶裂纹。结晶裂纹最常见的情况是沿焊缝中心长度方向开裂（纵向裂纹），有时也发生在焊缝内部两个柱状晶之间（横向裂纹横向辐射状），严重时能贯穿到表面与热影响区。电弧焊的起弧与熄弧处的弧坑处的裂纹是另一种形态的、常见的热裂纹。

(2)热裂纹产生的原因与机理

a. 合金元素和杂质的影响：碳(C)元素以及硫(S)、磷(P)等杂质元素的增加，会扩大敏感温度区，使结晶裂纹产生的机会增多。在焊接纯奥氏体钢、某些高镍合金钢和有色金属时易出现。

b. 冷却速度的影响：冷却速度增大，一是使结晶偏析加重，二是使结晶温度区间增大，二者都会增加结晶裂纹的出现机会。

c. 结晶应力与拘束应力的影响：在脆性温度区内，金属的强度极低，焊接应力又使这部分金属受拉，当拉应力达到一定程度时，焊接条件及接头形式选择不当，就会出现结晶裂纹。

(3)防止热裂纹的措施

a. 减小 S、P 等有害元素的含量,用含碳量较低的材料焊接。

b. 加入一定的合金元素,减小柱状晶和偏析。如铝(Al)、铁(Fe)等可以细化晶粒。

c. 采用熔深较浅的焊缝,改善散热条件,使低熔点物质上浮在焊缝表面而不存在于焊缝中。

d. 合理选用焊接规范,并采用预热和后热,降低冷却速度。

e. 采用合理的装配次序,降低焊接应力。

4. 再热裂纹的特征、产生机理和预防

再热裂纹即消除应力退火裂纹,指在高强度的焊接区,由于焊后热处理或高温下使用,接头冷却后再加热至 500~700 ℃时产生的裂纹。再热裂纹产生于沉淀强化的材料[如含铬(Cr)、钼(Mo)、钒(V)、钛(Ti)、铌(Nb)的金属]的焊接热影响区内的粗晶区,一般从熔合线向热影响区的粗晶区发展,呈晶间开裂特征。

(1)再热裂纹的特征

a. 产生于焊接热影响区的过热粗晶区及焊后热处理等再次加热的过程中。

b. 再热裂纹的产生温度:碳钢与合金钢 550~650 ℃,奥氏体不锈钢约 300 ℃。

c. 再热裂纹为晶界开裂(沿晶开裂)。

d. 最易产生于沉淀强化的钢种中。

e. 与焊接残余应力有关。

(2)再热裂纹产生的原因与机理

a. 消除应力退火的热处理条件不当。

b. 合金成分的影响:如 Cr、Mo、V、硼(B)等元素具有增大再热裂纹的倾向。

c. 焊材、焊接规范选择不当。

d. 结构设计不合理造成大的应力集中。

再热裂纹的产生机理有多种解释,其中模型开裂理论的解释如下:近缝区金属在高温热循环作用下,强化相碳化物(如碳化铁等)沉积在晶内的位错区上,使晶内强化强度大大高于晶界强化,尤其是当强化相弥散分布在晶粒内时,阻碍晶粒内部的局部调整,又会阻碍晶粒的整体变形,这样,由于应力松弛而带来的塑性变形就主要由晶界金属来承担,导致晶界应力集中,就会产生裂纹,即所谓的模型开裂。

(3)防止再热裂纹的措施

a. 注意冶金元素的强化作用及其对再热裂纹的影响。

b. 合理预热或采用后热,控制冷却速度。

c. 降低残余应力,避免应力集中。

d. 回火处理时尽量避开再热裂纹的敏感温度区或缩短在此温度区内的停留时间。

知识点 4 气孔产生原因和预防措施

1. 气孔的特征与危害

气孔是指焊接时,熔池中的气体未在金属凝固前逸出,残存于焊缝之中所形成的空穴,如

图 3-3-34 所示。其气体可能是熔池从外界吸收的,也可能是焊接冶金过程中反应生成的。

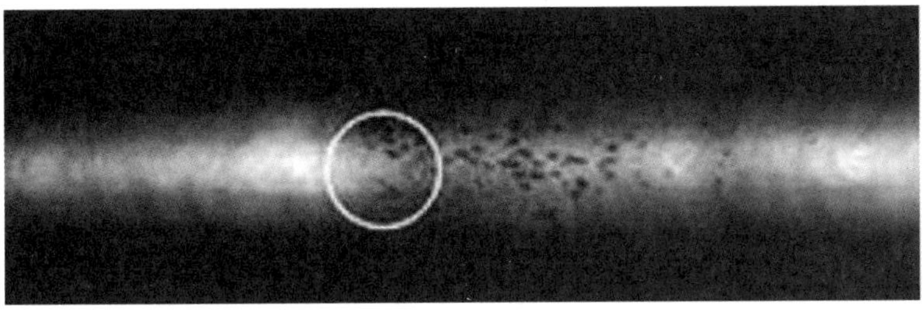

图 3-3-34 焊缝气孔

(1)气孔的分类及其分布特征

按形状分:球状气孔、条虫状气孔。

按数量分:单个气孔和群状气孔。群状气孔又分为均匀分布气孔、密集状气孔和链状分布气孔,如图 3-3-35 所示。

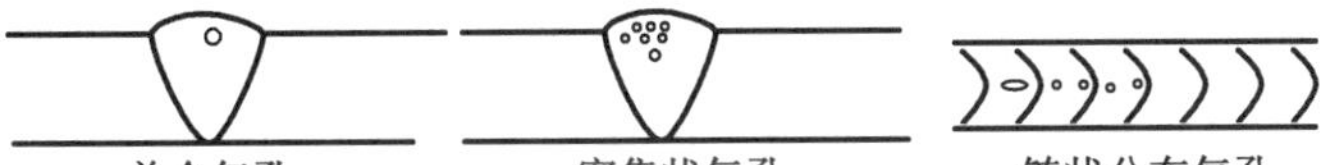

图 3-3-35 气孔分类

按气孔内气体成分分:氢气孔、氮气孔、二氧化碳气孔、一氧化碳气孔、氧气孔等。熔焊气孔多为氢气孔和一氧化碳气孔。

按位置分:内部气孔、表面气孔、接头气孔。

进一步对产生气孔的气体进行分析,可以将形成气孔的气体分成两类:

a. 高温时可以溶于熔池金属中,冷却凝固时由于气体溶解度降低而来不及逸出,残留在焊缝中的气体,如氢(H_2)和氮(N_2)。

b. 由于焊丝、焊剂和药皮等与母材金属冶金反应产生的不溶于金属的气体,如一氧化碳(CO)和氧化氢(H_2O)等。

第一类气孔,对于低碳钢和低合金钢的焊接而言,大多数情况下出现在焊缝表面,气孔的断面形状如铜螺钉状,在焊缝表面看呈喇叭口形,而气孔的四周有光滑的内壁,如图 3-3-36(a)所示。这类气孔在个别情况下也会出现在焊缝内部。

第二类气孔,主要是在焊接碳钢时,由于冶金反应生成了大量的 CO,在结晶过程中来不及逸出而残留在焊缝内部。气孔沿结晶方向分布,有些像条虫卧在焊缝内部,如图 3-3-36(b)所示。当然同第一类气孔类似,在个别情况下(主要是 CO_2 气体保护焊焊丝脱氧能力不足情况)CO 气孔也会从内部转至焊缝表面。

(2)气孔的危害

气孔减少了焊缝的有效截面积,使焊缝疏松,从而降低了接头的强度和塑性,甚至还会引起泄漏。气孔也是引起应力集中的因素,氢气孔还可能促成冷裂纹。

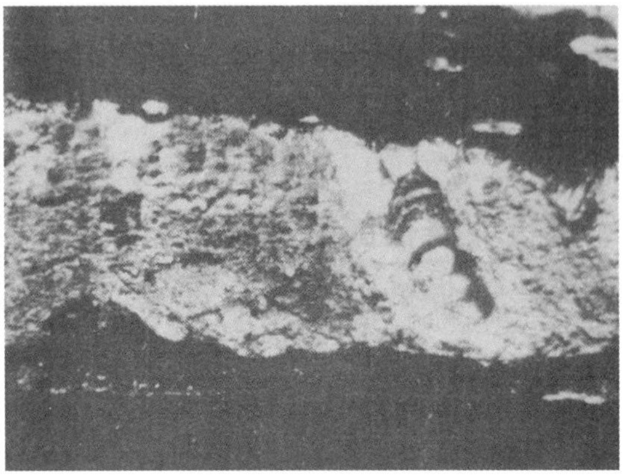

(a)H_2 孔

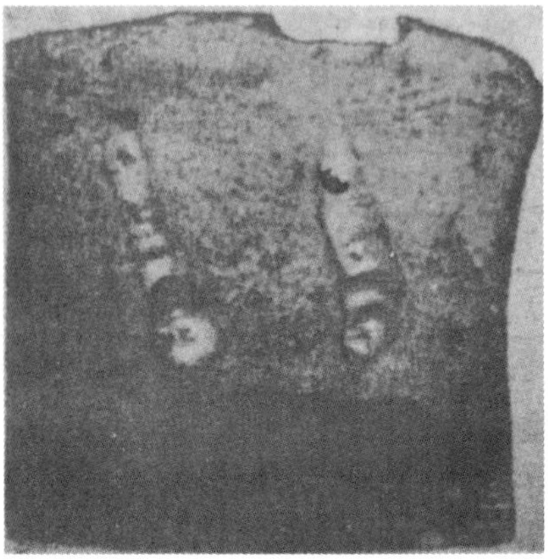

(b)CO 气孔

图 3-3-36 H_2 孔和 CO 气孔的特征

2. 气孔形成机理及产生原因

(1)气孔的形成机理

母材或填充金属表面有铁锈、油污等会产生气孔,同时焊条及焊剂未烘干也会增加气孔量,因为铁锈、油污及焊条药皮、焊剂中的水分在高温下分解为气体,增加了高温金属中气体的含量。常温固态金属中气体的溶解度只有高温液态金属中气体溶解度的几十分之一至几百分之一,熔池金属在凝固过程中,有大量的气体要从金属中逸出来,当凝固速度大于气体逸出速度时,就会形成气孔。

(2)气孔产生的常见原因

焊接线能量过小,熔池冷却速度大,不利于气体逸出。焊缝金属脱氧不足也会增加 O_2 孔。归纳其产生的原因,包括:

a. 焊条、焊剂烘干不够。

b. 焊接工艺不够稳定,电弧电压偏高,电弧过长,焊速过快和电流过小。

c. 填充金属和母材表面油污、铁锈等未清除干净。

d. 未采用后退法熔化引弧点。

e. 预热温度过低。

f. 未将引弧和熄弧的位置错开。

g. 焊接区保护不良,熔池面积过大。

h. 交流电源易出现气孔,直流反接的气孔倾向最小。

3. 气孔的预防措施

(1)防止气孔的一般措施

a. 清除焊丝、工件坡口及其附近表面的油污、铁锈、水分和杂物。

b. 采用碱性焊条、焊剂,并彻底烘干。

c. 采用直流反接并用短电弧施焊。

d. 焊前预热,降低冷却速度。

e. 采用偏强的焊接规范施焊。

(2)内部气孔产生的原因和解决方法

内部气孔有两种形状。其中一种是球状气孔,大多在焊缝的中部。产生的原因:

a. 焊接电流过大。

b. 电弧过长。

c. 运棒速度过快。

d. 熔接部位不洁净。

e. 焊条受潮等。

针对上述气孔产生的原因,如进行适当调整和注意焊接工艺及操作方法,就可以得到解决。

(3)表面气孔产生的原因和解决方法

a. 母材 C、S、Si 含量高容易出现气孔,其解决办法是更换母材,或是采用低氢焊条。

b. 焊接部位不洁净也容易产生气孔,焊接部位要求在焊接前清除油污、铁锈等杂物。使用低氢焊条焊接时要求更为严格。

c. 焊接电流过大,使焊条后半部药皮变红,也容易产生气孔。因此要求采用适宜的焊接规范。焊接电流最大限度以焊条尾部不红为宜。

d. 低氢焊条容易吸潮,因此在使用前均需在 350 ℃下烘烤 1 h 左右,否则也容易出现气孔。

(4)接头气孔产生的原因和解决方法

a. 产生原因:使用低氢焊条往往容易在焊缝接头处出现表面和内部气孔。

b. 解决办法:焊接时,应在焊缝的前进方向距弧坑 9~10 mm 处开始引弧,电弧燃烧后,先做反向运条返回弧坑位置,做充分熔化再前进,或是在焊缝处引弧就可以避免这种类型气孔的产生。

知识点 5 夹渣产生原因和预防措施

1. 夹渣的特征、危害及分类

(1)特征与危害

夹渣是指焊后溶渣残存在焊缝中的现象,如图 3-3-37 所示。根据其分布和形状,分为单个点状夹渣、条状夹渣、链状夹渣和密集夹渣。点状夹渣的危害与气孔相似,带有尖角的夹渣会产生尖端应力集中,尖端还会发展为裂纹源,危害较大。总体而言,焊缝或母材中有夹渣时,不仅降低了焊缝金属的韧性,增加低温脆性,同时也增加了热裂纹和层状撕裂的倾向。

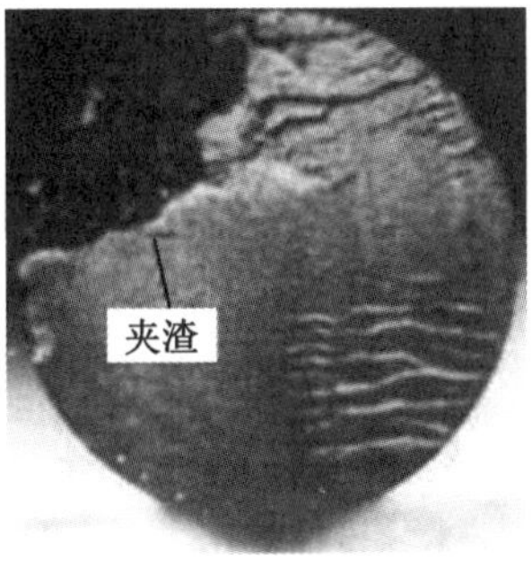

图 3-3-37 夹渣

(2)分类

a. 金属夹渣:指钨、铜等金属颗粒残留在焊缝中,习惯上称为夹钨、夹铜。

b. 非金属夹渣:指未熔的焊条药皮或焊剂、硫化物、氧化物、氮化物残留于焊缝中,导致冶金反应不完全,脱渣性不好。

2. 夹渣产生的原因

a. 坡口尺寸不合理。

b. 坡口有污物。

c. 多层焊时,层间清渣不彻底。

d. 焊接线能量小。

e. 焊缝散热过快,液态金属凝固过快。

f. 焊条药皮、焊剂化学成分不合理,熔点过高。

g. 钨极惰性气体保护焊时,电源极性选用不当,电流密度大,钨极熔化脱落于熔池中。

h. 手工焊时,焊条摆动不良,不利于熔渣上浮。

3. 夹渣的预防措施

a. 应选择合理的焊接规范及坡口尺寸。

b. 适当增大焊接电流,必要时缩短电弧,同时增加停留时间,充分融化金属和加热熔渣。

c. 视情况调整焊条角度和运条方法。

d. 彻底清理坡口及焊层间的熔渣,将凹凸处铲平。

e. 正确选择母材和焊条,降低焊渣的熔点和黏度。

知识点 6　焊瘤产生原因和预防措施

1. 焊瘤的特征与危害

在焊接过程中,熔化金属从焊缝上部或焊缝根部溢出,流到焊缝外未熔化的母材上,冷却后形成的未与母材熔合的金属瘤即为焊瘤,如图 3-3-38 所示。它改变了焊缝的截面积,对动载不利。焊瘤常伴有未熔合、夹渣等缺陷,易导致裂纹。同时,焊瘤改变了焊缝的实际尺寸,会带来应力集中。管子内部的焊瘤减小了管子的内径,可能造成流动物堵塞。

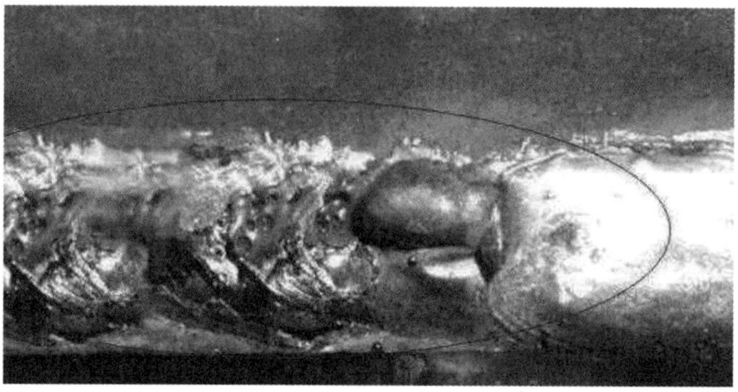

图 3-3-38　焊瘤

2. 焊瘤产生的原因

a. 电弧过长,电流过大,焊条熔化过快。

b. 焊接速度太慢。

c. 运条摆动不当。

d. 焊条质量欠佳(如偏芯)。

e. 焊接电源特性不稳定。

f. 焊缝装配间隙过大。

g. 焊接位置不当。

3. 焊瘤的预防措施

焊瘤的预防措施包括:使焊缝处于平焊位置;正确选用焊接电流等工艺参数;选用无偏芯焊条;合理操作等。

知识点 7　凹坑、弧坑产生原因和预防措施

1. 凹坑、弧坑的特征与危害

凹坑指焊缝表面或背面局部低于母材的部分,凹坑减小了焊缝的有效截面积。弧坑常带有弧坑裂纹和弧坑缩孔。如图 3-3-39 所示。

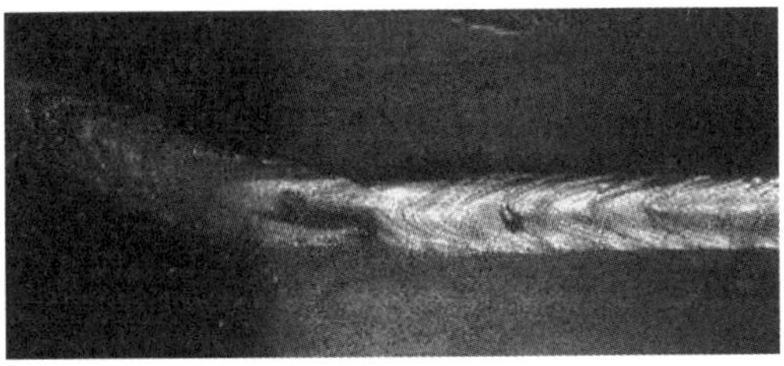

(a)凹坑

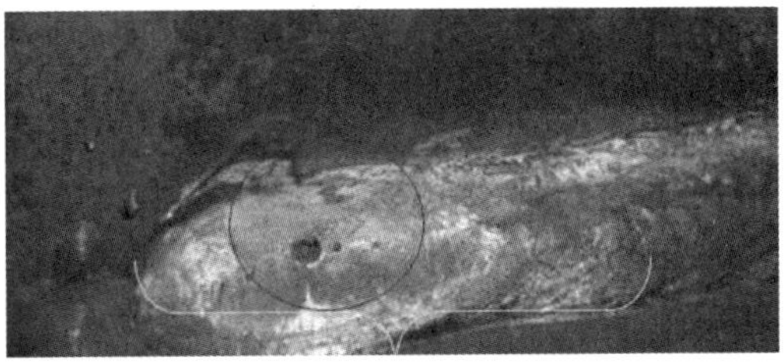

(b)弧坑

图 3-3-39　凹坑与弧坑

2. 凹坑产生的原因

凹坑多是由于收弧时焊条(焊丝)未做短时间停留造成的(此时的凹坑称为弧坑),仰立、横焊时,常在焊缝背面根部产生内凹。

3. 凹坑的预防措施

选用有电流衰减系统的焊机,尽量选用平焊位置,选用合适的焊接工艺,收弧时使焊条在熔池内短时间停留或做环形摆动,填满弧坑。

知识点 8　未焊满产生原因和预防措施

1. 未焊满的特征与危害

未焊满是指焊缝表面上连续的或断续的沟槽(图 3-3-40)。未焊满同样削弱了焊缝质量,容易产生应力集中,同时,由于规范太弱使冷却速度增大,容易产生气孔、裂纹等。

2. 未焊满产生的原因

填充金属不足是未焊满产生的根本原因。规范太弱、焊条过细、运条方法不当等也会导致未焊满。

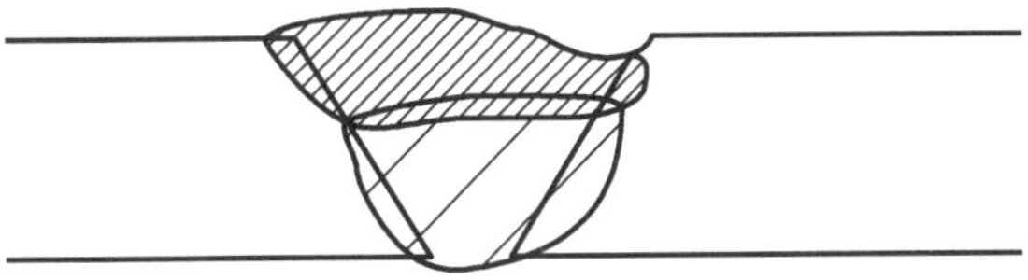

图 3-3-40　未焊满示意图

3. 未焊满的预防措施

加大焊接电流,加焊盖面焊缝。

知识点 9　烧穿产生原因和预防措施

1. 烧穿的特征与危害

烧穿(图 3-3-41)是指焊接过程中,熔深超过工件厚度,熔化金属自焊缝背面流出,形成穿孔性缺陷。烧穿是锅炉压力容器产品上不允许存在的缺陷,它完全破坏了焊缝,使接头丧失连接及承载能力。

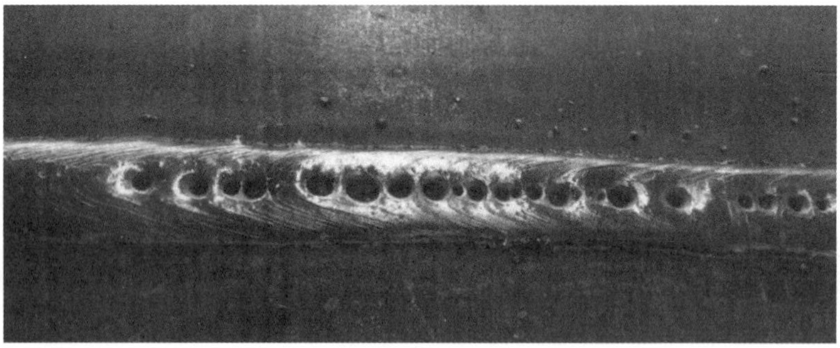

图 3-3-41　烧穿

2. 烧穿产生的原因

焊接电流过大,速度太慢、电弧在焊缝处停留过久,都会产生烧穿缺陷。工件间隙太大、钝边太小也容易出现烧穿现象。

3. 烧穿的预防措施

选用较小电流并配合合适的焊接速度,减小装配间隙,在焊缝背面加设垫板或药垫,使用脉冲焊,能有效地防止烧穿。

知识点 10　未焊透产生原因和预防措施

1. 未焊透的特征与危害

未焊透指母材金属未熔化,焊缝金属没有进入接头根部的现象,如图 3-3-42 所示。未焊透减少了焊缝的有效截面积,使接头强度下降。未焊透引起的应力集中所造成的危害比强度下降的危害大得多。未焊透严重降低焊缝的疲劳强度。未焊透可能成为裂纹源,是造成焊缝破坏的重要原因。

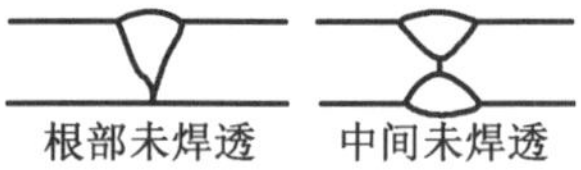

图 3-3-42　未焊透示意图

2. 未焊透产生的原因

a. 焊接电流小,熔深浅。

b. 坡口和间隙尺寸不合理,钝边尺寸太大。

c. 磁偏吹影响。

d. 焊条偏芯度太大。

e. 层间及焊根清理不良。

3. 未焊透的预防措施

a. 使用较大电流焊接是防止未焊透的基本方法。

b. 焊角焊缝时,用交流代替直流以防止磁偏吹。

c. 合理设计坡口并加强清理。

d. 利用短弧焊等措施。

知识点 11　未熔合产生原因和预防措施

1. 未熔合的类型与危害

未熔合是指焊缝金属与母材金属,或焊缝金属之间未熔化结合在一起的缺陷。按其所在部位,未熔合可分为坡口未熔合、层间未熔合等,如图 3-3-43 所示。未熔合是一种面积型缺陷,坡口未熔合对承载截面积的减小非常明显,应力集中也比较严重,其危害性仅次于裂纹。

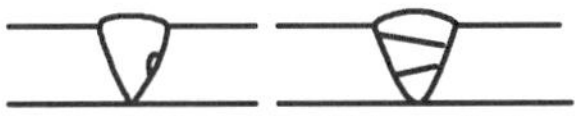

图 3-3-43　未熔合示意图

2. 未熔合产生的原因

a. 焊接电流过小。

b. 焊接速度过快。

c. 焊条角度不对。

d. 产生了弧偏吹现象。

e. 焊接处于下坡焊位置,母材未熔化时就已被铁水覆盖。

f. 母材表面有污物或氧化物影响熔敷金属与母材间的熔化结合等。

3. 未熔合的预防措施

采用较大的焊接电流;正确地进行施焊操作;注意坡口部位的清洁。

知识点 12　咬边产生原因和预防措施

1. 咬边的特征与危害

电弧将焊缝边缘的母材熔化后,没有得到焊缝金属的补充而留下缺口,焊缝两侧与母材金属交界处形成的凹槽称为咬边(或咬肉),如图 3-3-44 所示。咬边削弱了接头的受力截面,使接头强度降低,造成应力集中,使其可能在咬边处造成破坏。

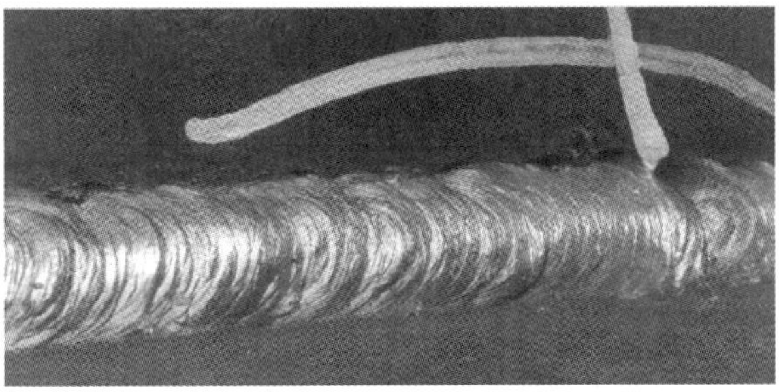

图 3-3-44　咬边

2. 咬边产生的原因及预防

a. 电流过大,电弧过长,运条速度不当,电弧热量过高。

b. 电压过低,焊接速度过快。

c. 焊条、焊丝的倾斜角度不正确。

针对以上原因,分别进行调整,可改善咬边现象。

知识点 13 焊后处理

焊接完成后,根据需要立即对焊接区域加热或保温冷却的工艺措施,称为后热。应立即去除渣皮、打磨飞溅物,清理干净焊缝表面,然后进行焊缝外观检查,对焊缝表面有较高要求的还需进一步打磨,最后再根据工艺需要进行热处理。

1. 焊后保热

焊前预热和后热都是降低焊缝的冷却速度,防止接头生成淬硬组织,产生延迟裂纹(冷裂纹)。焊前预热温度一般在 100~200 ℃;后热不属于热处理,是一种缓冷措施,温度一般在 200~300 ℃,有的只是缓冷,有的是针对消氢处理,一定的后热温度能使焊缝中的氢扩散出来,使其不至于聚集导致裂纹。后热保温时间根据工件厚度来确定,一般不低于 0.5 h。

2. 焊缝清理与打磨

工件焊接完毕完成后热后,用敲渣锤、钢丝刷等清理掉焊缝上的焊渣、飞溅物,或使用砂布重新打磨一遍外观,不得存在手感刺边角,不得存在焊渣、焊点、毛刺等,焊缝应光滑、平整,呈现鱼鳞状,不得出现堆起凸包、不均匀的现象,应保证工件的“边齐、面平”,包括工件上开口边缘的垂直平行度。一般不对焊缝进行抛光处理,有焊瘤则只需要打磨焊瘤(除特殊要求的焊件以外,还需用角磨机等进行焊缝表面打磨抛光)。对于打磨必须了解焊缝余高(图 3-3-45)的要求及其处理办法。

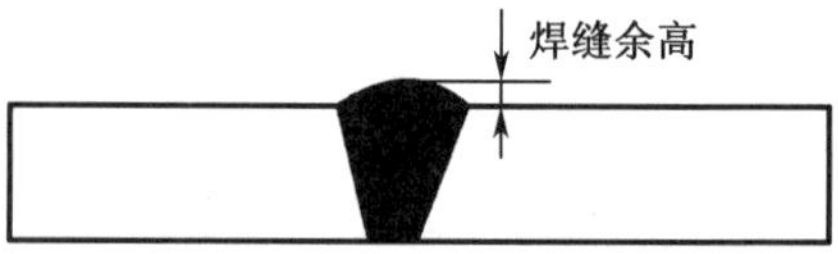

图 3-3-45 焊缝余高

(1)焊缝余高的作用

在焊接过程中应该有焊缝余高。因为最后一层起保温和缓冷的作用,对细化晶粒、减少焊接应力起重要作用,同时也是杂物的收集区。

(2)焊缝余高的缺点

很多焊件不希望有突变而造成局部应力集中,同时,余高肯定有缺陷,这种缺陷很可能是产生疲劳裂纹的源头。其发展模式为:裂纹源→疲劳扩展→断裂。焊趾处易形成应力腐蚀裂纹,对接接头的应力集中主要是焊缝余高引起的,对接接头的焊缝焊趾处的应力最大。

焊缝的余高越大,应力集中程度越严重,焊接接头的强度反而越降低。焊后削平余高,只要不低于母材,则可减少应力集中,有时反而可以提高焊接接头的强度。

(3)焊缝余高的控制

焊缝余高的控制有两方面。一方面是焊接中调整好焊接线能量,线能量大,不仅仅是熔深大,而且焊缝余高也大,如不开坡口或 U 形槽,焊缝余高就更大。另一方面是焊后处理中对焊缝进行打磨处理。

3. 焊后热处理

由于焊接引起焊件不均匀的温度分布以及焊缝金属的热胀冷缩等原因,焊接必然会产生残余应力,也就是焊接残余应力,通常需要通过焊后热处理来消除。

a. 低于下转变温度进行的焊后热处理。如消除应力退火,温度一般在 600~700 ℃,主要目的是消除焊接残余应力。

b. 高于上转变温度进行的焊后热处理。如正火温度一般在 950~1 150 ℃,目的是细化晶粒,改善材料的力学性能。不锈钢的固熔、稳定化处理,温度在 1 050 ℃左右,目的是提高不锈钢的耐腐蚀性能,尤其是抗晶间腐蚀的能力。不同的淬火工艺能得到不同的效果,可提高钢的耐磨性、硬度等。

c. 先高于上转变温度进行热处理,再低于下转变温度进行热处理。如正火加回火、淬火加回火等。

d. 在上下转变温度之间进行的焊后热处理。温度在 750~900 ℃,如一些材料的时效强化重结晶退火等。

实训活动

1. 试件焊后处理与检测评分

对试件按规范进行焊后处理与检测评分,Q235B 板对接平焊焊条电弧焊双面焊评分标准见表 3-3-9。

表 3-3-9 Q235B 板对接平焊焊条电弧焊双面焊评分表

检查项目	评判标准及得分	评判等级				自测数据	自评分数	教师测量	教师评分	备注
		Ⅰ	Ⅱ	Ⅲ	Ⅳ					
焊缝余高	尺寸标准	≤2	>2,≤3	>3,≤4	<0 或>4					
	得分标准	4 分	3 分	2 分	0 分					
焊缝高度差	尺寸标准	≤1	>1,≤2	>2,≤3	>3					
	得分标准	8 分	4 分	2 分	0 分					
焊缝宽度	尺寸标准	17~19	16~20	15~22	<15 或>22					
	得分标准	4 分	2 分	1 分	0 分					
焊缝宽度差	尺寸标准	≤1.5	>1.5,≤2	>2,≤3	>3					
	得分标准	8 分	4 分	2 分	0 分					
咬边	尺寸标准	无咬边	深度≤0.5		深度>0.5					
	得分标准	12 分	长度每 5 扣 2 分		0 分					
正面成形	标准	优	良	中	差					
	得分标准	8 分	6 分	4 分	0 分					
背面成形	标准	优	良	中	差					
	得分标准	6 分	4 分	2 分	0 分					

表 3-3-9(续)

检查项目	评判标准及得分	评判等级				自测数据	自评分数	教师测量	教师评分	备注
		Ⅰ	Ⅱ	Ⅲ	Ⅳ					
背面凹度	尺寸标准	≤0.5	>0.5,≤1	>1,≤2	长度>30					
	得分标准	2分	1分	0分	0分					
背面凸度	尺寸标准	≤2	>2,≤3	>1						
	得分标准	2分	1分	0分						
角变形	尺寸标准	≤1	>1,≤3	>3,≤5	>5					
	得分标准	4分	2分	1分	0分					
错边量	尺寸标准	≤0.5	>0.5,≤1	>1						
	得分标准	2分	1分	0分						
外观缺陷(裂纹、气孔、咬边、凹坑弧坑、夹渣、未熔合等)记录										

内部质量评分标准

考核项目	考核要求	评分要求	自查数据	自评得分	教师检查	教师评分	备注
焊缝内部质量检查	试件的射线检测按标准GB/T 3323.1—2019评定	Ⅰ级片无缺陷不扣分,Ⅰ级片有缺陷扣5分,Ⅱ级片有缺陷扣10分,Ⅲ级片有缺陷扣15分,Ⅳ级片有缺陷扣20分					

焊缝外观(正、背面)成形评判标准

优(10分)	良(8分)	中(6分)	差(5分)	自查数据	自评得分	教师检查	教师评分	备注
成形美观,焊缝均匀、细密,高低、宽窄一致	成形较好,焊缝均匀、平整	成形尚可,焊缝平直	焊缝弯曲,高低、宽窄相差明显					
试件综合得分								

注:1. 若试件未完成焊接,表面有修补痕迹及焊缝正反面有裂纹、夹渣、气孔、未熔合缺陷,则该件按0分处理。

2. 试板两端20 mm内的缺陷不计。

2. 工位工具清理点检与评分

完工后对工位按 6S 标准进行清理清扫整顿,并做好记录,按表 3-3-10 进行评分。

表 3-3-10 完工后工位环境点检整理评分表

序号	点检内容		点检	评分标准	自评得分	教师评分	检查记录
1	防护用品整理	电弧焊工作服:无破损,整理规范	□合格 □不合格	0.5			
2		劳保鞋:无破损,整理规范	□合格 □不合格	0.5			
3		脚盖:无破损,整理规范	□合格 □不合格	0.5			
4		焊接手套:无破损,整理规范	□合格 □不合格	0.5			
5		面罩:无破损,遮光镜片无破损无油污;紧固无晃动,整理规范	□合格 □不合格	0.5			
6		护目镜:无破损,整理规范	□合格 □不合格	0.5			
7	焊接设备、用具	电源开关:电压指示正常、接线紧固无破损、电流保护复位正常	□合格 □不合格	0.5			
8		电焊机:进线接线正确、牢固无破损;电压电流指示正常,调节正常,摆放规范	□合格 □不合格	0.5			
9		焊把与输出电缆:输出电缆接线正确、牢固、无破损,焊把无破损、接线牢固无外露、操作灵活,整理规范	□合格 □不合格	0.5			
10		护目镜:完好,整理规范	□合格 □不合格	0.5			
11		开坡口工具:锉刀手柄牢固、纹齿正常;角磨机无破损,能正常使用,整理规范	□合格 □不合格	0.5			
12		除渣工具:敲渣锤、锤子手柄牢固,錾子、钢丝刷无缺损,整理规范	□合格 □不合格	0.5			
13		焊条保温桶:无破损,能合盖,保温良好,整理规范	□合格 □不合格	0.5			
14		焊缝检测尺:无损坏,刻度线清晰,操作灵活,能正确调零,整理规范	□合格 □不合格	0.5			
15	作业环境	无未熄灭火种	□合格 □不合格	0.5			
16		灭火器:齐全,整理规范	□合格 □不合格	0.5			
17		隔断:整理规范	□合格 □不合格	0.5			
18		工位卫生清扫,整理规范	□合格 □不合格	0.5			
19		焊条材料整理规范	□合格 □不合格	0.5			
20		作业指示警示牌:醒目,正确放置	□合格 □不合格	0.5			

任务 3-4 低碳钢板对接平焊单面焊双面成形焊条电弧焊

任务说明:

按图 3-4-1 及技术要求进行材料准备、工艺准备、焊接实施、质量检查、自我评定与总结。

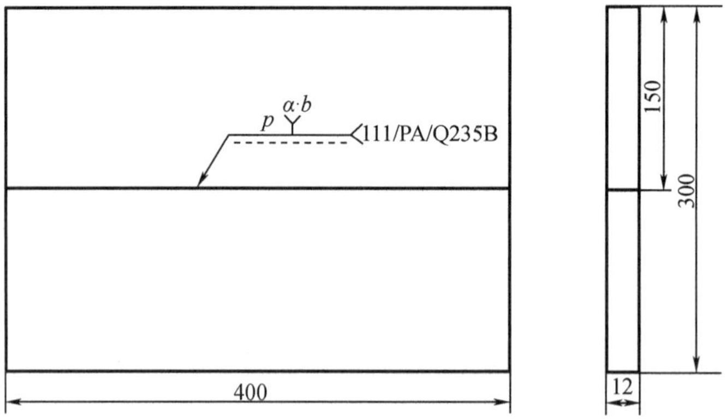

技术要求

1. 单面焊双面成形;
2. 坡口为 60°坡口角的 V 形带钝边坡口;
3. 根部间隙和钝边尺寸自定;
4. 错边≤0. 5 mm;
5. 角变形<3°;
6. 不允许有咬边;
7. 不允许有未焊透;
8. 不允许有裂纹、气孔、夹渣;
9. 焊缝余高≤1+0. 15*b*。

图 3-4-1 Q235B 板对接平焊单面焊双面成形试件图

子任务 3-4-1 焊 前 准 备

知识积累

知识点 1 板对接单面焊双面成形角变形控制

板对接的变形主要是角变形,对于角变形的控制主要有两种不同的状况。一种是前面双面焊已经学习的通过控制双面焊的焊接层数使两面的角变形正好抵消而达到控制角变形的目的。

另一种是单面焊双面成形的控制，可以利用反变形法来控制焊接残余变形。

为了抵消焊接残余变形，焊前先将焊件向与焊接残余变形相反的方向进行人为的变形，这种方法称为反变形法。例如，为了防止对接接头产生的角变形，可以预先将对接处垫高，形成反向角变形（图 3-4-2）。

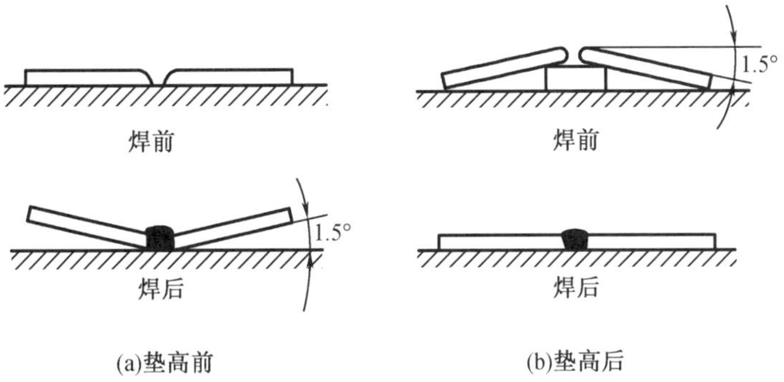

图 3-4-2　板对接焊接角变形及其反变形控制法示意图

知识点 2　焊前预热

1. 焊前预热的目的

（1）避免氢致裂纹

预热可降低焊接接头的冷却速度，有利于焊缝金属中扩散氢逸出，避免出现氢致裂纹。

（2）减少淬硬组织，避免焊接裂纹

预热可延长热影响区 80～500 ℃的冷却时间，焊接接头从刚刚凝固的高温向室温冷却过程中，金相组织将发生变化，奥氏体从 800 ℃开始发生转变，当冷却较慢时，就转变成铁素体和珠光体或屈氏体，这样就可避免出现马氏体淬硬组织，提高焊接接头抗裂性，从而避免出现焊接裂纹。

（3）降低焊接应力，避免焊接裂纹

预热（局部预热或整体预热）可减小焊接区与焊件整体温度之间温差值（也称温度梯度），此温差值越小，焊接区与焊件结构间温度不均匀性也越小，一方面降低了焊接应力，另一方面降低了焊接应变速率，避免出现焊接裂纹。

（4）降低焊接结构的拘束度，避免焊接裂纹

预热可降低焊接结构的拘束度，对降低角接接头拘束度尤为明显，随着预热温度的提高，裂纹率下降。

2. 焊前预热的方法

预热方法有很多种，如火焰加热、工频感应加热、远红外线加热、随炉加热等。应根据加热范围选择不同的预热方法。目前远红外加热器得到广泛应用，其加热效果更好，加热范围也更大。一般预热件对于焊接接头每一侧加热宽度不小于板厚的 5 倍，应在坡口两侧 75～100 mm 保持一个均热区域。预热时，应采用表面接触式温度计在待焊区域两侧 30～50 mm 测量温度。

低碳钢和普通低合金钢的预热温度为 100～200 ℃。确定预热温度时，主要考虑以下几点：

a. 工件的焊接性，主要取决于含碳量和合金元素含量。对于焊接性差、厚度大的钢板，一般接头拘束度大，并采用普通的非低氢型焊接材料进行焊接，应焊前预热。对于焊接导热率高的材料(如铜、铝及其合金)，为保证焊缝金属与母材的熔合，需要进行焊前预热。

b. 焊件的厚度、焊接接头形式和接头拘束度。对于焊接性好的碳素结构钢和低合金结构钢，如果板厚较小，拘束度不大，并且采用低氢型焊接材料，一般不需要预热。

c. 焊接材料的含氢量。

d. 环境温度。

常用钢材的预热温度参见标准 NB/T 47015—2011《压力容器焊接规程》。

值得注意的是，焊前预热焊接增加了能源消耗，恶化了焊接条件，因此，在允许条件下，都应采用不预热或低温预热焊接。

实训活动

1. 分析与制订焊接工艺

识读图样，根据焊接要求，结合前面所需知识进行工艺制订，完成表 3-4-1 工艺卡的编制。

表 3-4-1　Q235B 板对接平焊焊条电弧焊单面焊双面成形焊接工艺卡

<table>
<tr><td colspan="2">焊接工艺卡</td><td colspan="5">编号：</td></tr>
<tr><td>材料牌号</td><td></td><td colspan="5" rowspan="9">接头坡口简图(标注尺寸)
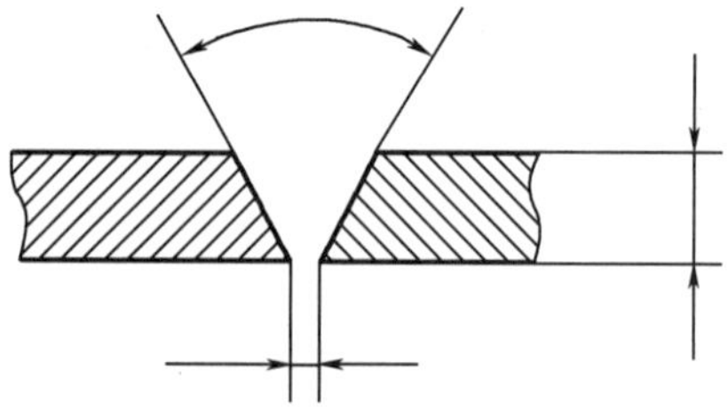
装配定位简图(标注尺寸)
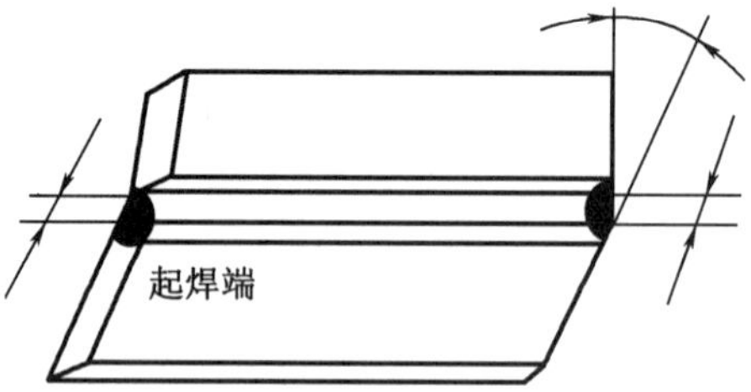
</td></tr>
<tr><td>材料规格/mm</td><td></td></tr>
<tr><td>接头种类</td><td>对接</td></tr>
<tr><td>坡口形式</td><td>V 形带钝边</td></tr>
<tr><td>坡口角度</td><td>60°</td></tr>
<tr><td>钝边尺寸/mm</td><td></td></tr>
<tr><td>组对间隙/mm</td><td></td></tr>
<tr><td>焊接方法</td><td>焊条电弧焊</td></tr>
<tr><td>焊接设备</td><td>ZX7-400</td></tr>
<tr><td>电源种类</td><td></td><td rowspan="3">焊后热处理</td><td>种类</td><td>—</td><td>保温时间</td><td>—</td></tr>
<tr><td>电源极性</td><td></td><td>加热方式</td><td>—</td><td>层间温度</td><td>—</td></tr>
<tr><td>焊接位置</td><td></td><td>温度范围</td><td>—</td><td>测量方法</td><td>—</td></tr>
</table>

表 3-4-1(续)

焊接参数					
焊层	焊材型号	焊材直径/mm	焊接电流/A	焊接电压/V	焊接速度/cm · min^{-1}

简要说明制订以上焊接工艺时,设定的工艺参数及焊接变形控制措施的理由:

____

____

____

2. 材料、工具设备与工位领取及点检

经检查修订老师审核焊接工艺卡后,按工艺卡领取材料、工具设备及工位,并进行点检。

(1)领用清点试件材料和工具设备

按表 3-4-2 领用清点试件材料和工具设备。

表 3-4-2 材料工具领用表

序号	领用项名称	规格	数量	领用清点
1	试件材料	尺寸: 型号:	2 块	
2	清理工具:角磨机		1 台	
3	清理工具:钢丝刷		1 把	
4	清理工具:敲渣锤		1 把	
5	清理工具:锤子		1 把	
6	清理工具:錾子		1 把	
7	辅助用具:保温桶		1 个	
8	检测工具:焊缝检测尺		1 把	
9	劳保防护用具	焊接防护服 1 套、焊接劳保鞋 1 双、脚盖 1 套、焊接手套 1 套、护目镜 1 付	1 套	

表 3-4-2(续)

序号	领用项名称	规格	数量	领用清点
10	焊接防护面罩		1 把	
11	焊接设备	ZX7-400 弧焊电源 1 台、电缆 1 套、焊钳 1 把、引弧板 2 块	1 套	
12	焊接实训工位	三面围挡独立焊接操作空间:配焊接专用电源开关及接线插座 1 套、焊接工作台架 1 套、排气排烟设施 1 套、移动遮光挡板(或遮光帘)1 套、警戒标识设施 1 套	1 个	

(2)进行焊前准备工具设备等点检

按表 3-4-3 的内容进行逐项核对点检,对于发现的问题进行处理或报告管理人员进行处理,确保安全。

表 3-4-3　焊前基础点检表

序号	点检内容		点检	问题与处理记录
1	防护用品的穿戴	电弧焊工作服:无破损,扣好,领口、袖口扎紧	□合格　□不合格	
2		劳保鞋:无破损,尺码合适,鞋带扎紧	□合格　□不合格	
3		脚盖:无破损,正确扎进裤筒内,盖住脚面	□合格　□不合格	
4		焊接手套:无破损,套住手和衣袖	□合格　□不合格	
5		口罩:无破损,佩戴正确	□合格　□不合格	
6	焊接设备、用具	电源开关:电压指示正常、接线紧固无破损、电流保护复位正常	□合格　□不合格	
7		电焊机:进线接线正确、牢固无破损;电压电流指示正常,调节正常,正确接地	□合格　□不合格	
8		焊把与输出电缆:输出电缆接线正确、牢固、无破损,焊把无破损、接线牢固无外露、操作灵活	□合格　□不合格	
9		面罩:无破损,遮光镜片无破损无油污;紧固无晃动	□合格　□不合格	
10		护目镜:完好	□合格　□不合格	
11		开坡口工具:锉刀手柄牢固、纹齿正常;角磨机无破损,能正常使用,砂轮片在正常使用范围内	□合格　□不合格	

表 3-4-3(续)

序号	点检内容		点检	问题与处理记录
12	焊接设备、用具	除渣工具:敲渣锤、锤子手柄牢固,錾子、钢丝刷无缺损	□合格　□不合格	
13		焊条保温桶:无破损,能合盖,保温良好	□合格　□不合格	
14		焊缝检测尺:无损坏,刻度线清晰,操作灵活,能正确调零	□合格　□不合格	
15	作业环境	无易燃易爆物品	□合格　□不合格	
16		灭火器:齐全,压力指示正常	□合格　□不合格	
17		隔断:能隔断与周围区域的弧光与飞溅火星	□合格　□不合格	
18		通风、排烟除尘良好	□合格　□不合格	
19		周围人员:周围无其他人员,做好提醒	□合格　□不合格	
20		作业指示警示牌:醒目,正确放置	□合格　□不合格	

3. 接头坡口处理及装配定位

根据前面设计确定的坡口尺寸,进行加工处理,再进行装配定位及定位焊。然后填写检测表 3-4-4。

表 3-4-4　坡口处理及装配定位检测表

坡口主要尺寸检测							
坡口角度 α		钝边尺寸 p		引弧端根部间隙尺寸 b		收弧端根部间隙尺寸 b	
设计值	定位后值	设计值	加工值	设计值	定位后值	设计值	定位后值

定位焊点尺寸检测(测量并标注)

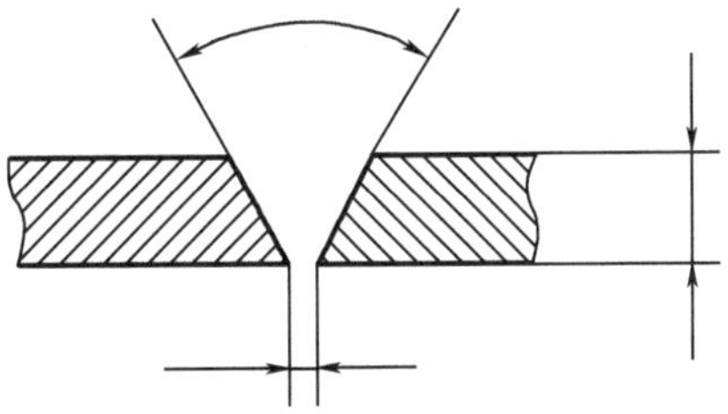

表 3-4-4(续)

装配定位变形控制尺寸检测(测量并标注)

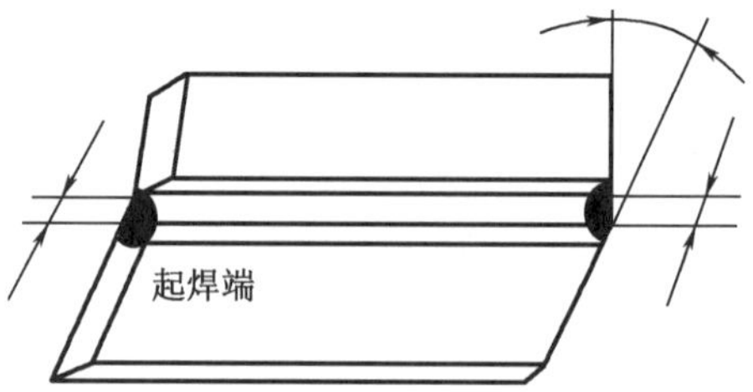

焊缝两侧清理检测

焊缝两侧清理		清理的尺寸范围							
要求	处理结果	要求值				加工测量值			
		边 1	边 2	边 3	边 4	边 1	边 2	边 3	边 4

子任务 3-4-2 焊 接 操 作

知识积累

知识点 1 灭弧焊法(断弧焊法)

1. 灭弧焊法基本特点

焊接中各种缺陷产生的原因都有一个共同之处:熔池温度过高。因此断弧焊的基本原理就在于当焊接中熔池温度过高时,利用断弧方式使熔池短暂的冷却,然后再继续焊接,从而将熔池温度控制在较为合适的范围内。打底焊一般采用灭弧焊(也称断弧焊)。断弧焊在焊接过程中,通过电弧周期性地交替燃弧与灭弧(断弧),并控制灭弧时间,使母材坡口钝边金属有规律地熔化成一定尺寸的熔孔,以获得良好的背面成形和内部质量。断弧焊采用的坡口钝边间隙比连弧焊稍大,选用的焊接电流范围也较宽,比连弧焊更灵活,适应性更强。

断弧焊的特点是可以采用较大的坡口间隙,使用较大的焊接电流,对于较薄焊件的单面焊双面成形,使用的焊接电流不受太大制约。断弧焊主要用于酸性焊条的平焊、横焊以及管板等薄壁焊件的单面焊双面成形打底焊中,这种焊法在生产和维修中较为实用,但是,与连弧焊法相比,其操作手法变化大,掌握起来有一定的难度,对焊工基本功的要求也较高。

2. 灭弧焊(断弧焊)打底层单面焊双面成形技巧

断弧焊是按照正常角度起弧，形成熔池后也按常规运条方法运条，然后立即断弧(一步一断法)或向前形成几个焊波后断弧(几步一断法)，断弧后熔池稍一冷却迅速起弧，形成下一个熔池，再断弧、起弧……如此反复进行。

断弧焊操作手法主要有一点法和两点法，如图 3-4-3 所示。一点法适用于薄板、小直径管($\phi \leq 60$ mm)及小间隙(1.5~2.5 mm)条件下的焊接；两点法适用于厚板、大直径管、大间隙条件下的焊接。有时也用三点法。

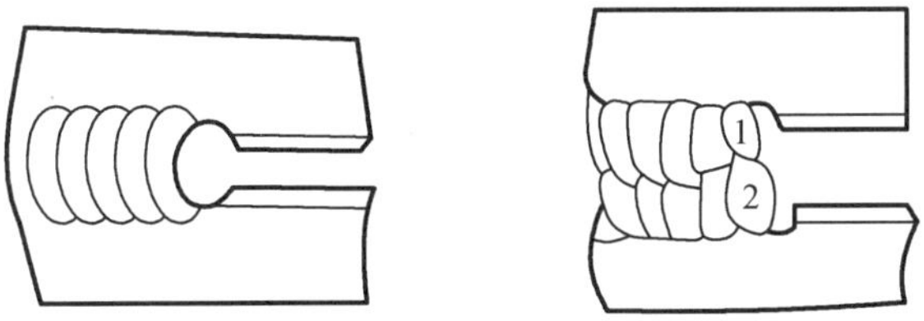

(a)一点法 (b)两点法

图 3-4-3 断弧焊操作手法示意图

(1)引弧

在焊件始焊端前方 10~15 mm 处的坡口面上划擦引弧，然后沿直线运条将电弧拉长(弧长约 3.5 mm)至始焊处，稍做摆动 2~3 个来回，对焊件进行 1~2 s 预热，当坡口根部呈现“出汗”现象时，立即压低电弧(弧长约 2 mm)1~2 s 后，可听到“噗噗”的电弧穿透坡口发出的声音，同时还看到坡口两侧、定位焊缝与坡口根部相接金属开始熔化，形成熔池并有熔孔，说明引弧工作结束，可以进行断弧打底层焊接。

引弧时，焊条倾角与坡口根部熔入尺寸如图 3-4-4 所示。

(2)运条方法及特点

①一点击穿法(适用条件为 $d>b$；$p=0\sim0.5$ mm)

电弧同时在坡口两侧燃烧，两侧钝边同时熔化并形成熔孔，在熔池将要凝固时，又在灭弧处引燃电弧、击穿、停留，周而复始重复进行(图 3-4-5)。

优点：不易出现夹渣、气孔等缺陷。

缺点：熔池温度不易控制，温度低，容易出现未焊透；温度高，则背面余高过大，甚至出现焊瘤。

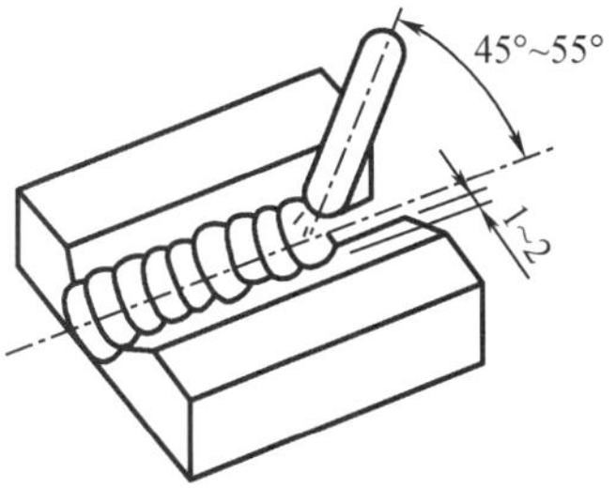

图 3-4-4 断弧焊引弧示意图

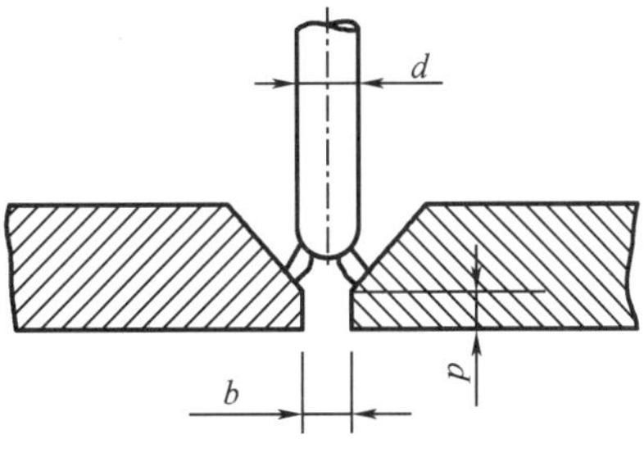

图 3-4-5 断弧焊一点击穿法示意图

②两点击穿法(适用条件为 $d \leq b$；$p=0\sim1$ mm)

电弧分别在坡口两侧交替引燃，左侧钝边给一滴熔化金属，右侧钝边也给一滴熔化金属,依次循环(图 3-4-6)。

这种方法比较容易掌握,熔池温度也容易控制,钝边熔合良好。但易出现夹渣、气孔等缺陷。如果熔池的温度控制在前一个熔池尚未凝固的程度,就能避免产生气孔和夹渣。

③三点击穿法(适用条件为 $b>d$;$p=0.5\sim1.5$ mm)

电弧引燃后,左侧钝边给一滴熔化金属[图 3-4-7(a)],右侧钝边给一滴熔化金属[图 3-4-7(b)],中间间隙给一滴熔化金属[图 3-4-7(c)],依次循环。

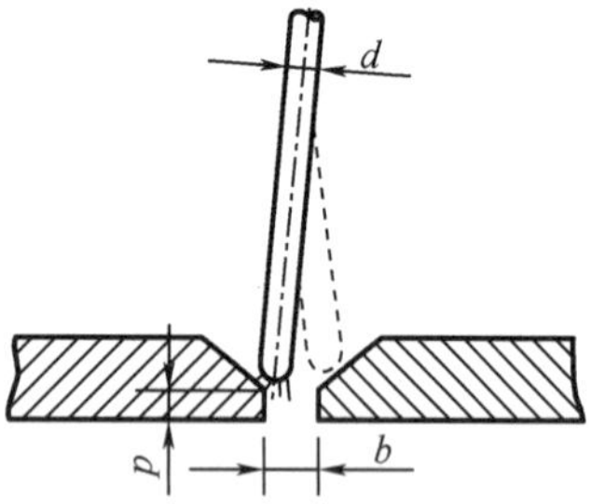

图 3-4-6 断弧焊两点击穿法示意图

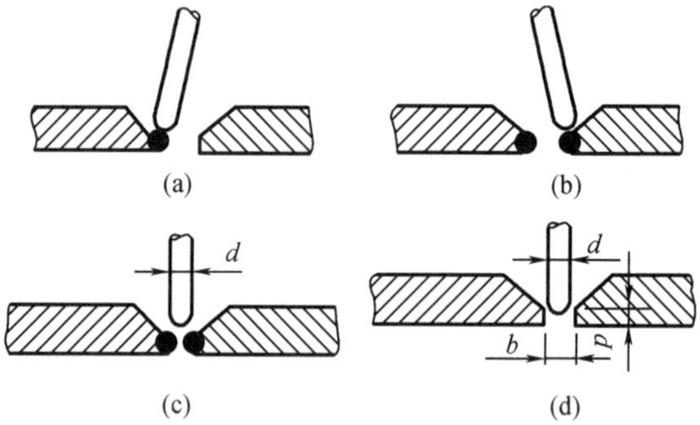

图 3-4-7 断弧焊三点击穿法示意图

这种方法比较适合根部间隙较大的情况,但是,若在熔池凝固前析出气泡,则在背面容易出现冷缩孔缺陷。

(3)收弧

在更换焊条之前,应将焊条下压,使熔池前方的熔孔稍微扩大些,然后往回焊 15~20 mm 形成斜坡状后再熄弧,为下一根焊条引弧打下良好的接头基础。

(4)断弧焊的操作要点

进行热焊时,发现熔池温度过高(熔池增大)即可采用断弧焊进行焊接过渡,直至离开危险区域,能够有效避免烧穿及内凹现象的发生。

断弧与起弧间隔时间极其短暂(不超过 1 s),因此动作一定要迅速,假如熔池冷却时间过长(熔池呈暗红色),再起弧时,焊道极有可能产生夹渣。另外,两焊波间距不宜过大,要使相邻两焊波相叠,形成密鳞片状,否则会使焊波脱节,外观成形不美观。

打底焊采用断弧法时,须控制好频率,断弧时应利用手腕将熔渣挑拨到已焊焊缝处,以便于观察熔孔的大小。接头采用热接法,换焊条速度要快,即收弧时熔池还未完全冷却就立即引弧,以保证接头熔合良好和平滑。掌握好电弧下压时间,如果时间太长,会使接头过高;时间太短,会造成接头脱节。更换焊条或停焊时将焊条下压,使熔孔稍增大些,熄弧后再快速向熔池过渡两滴铁液,以保证背面焊缝饱满,防止形成冷缩孔。应控制好弧长的变化,弧长尽量保持在 1~2 mm,焊条送进的速度要跟上其熔化的速度,否则容易造成熔池不清晰,影响焊缝最终成形。

要掌握好焊条电弧焊单面焊双面成形操作技术,必须熟练掌握五种要领:看、听、准、短、控。还应学会六种技巧:点固、起头、运条、收弧、接头、收口。

①看

焊接过程中,认真观察熔池的形状、熔孔的大小及铁液与熔渣的分离情况,还应注意观察焊接过程是否正常(如偏弧、极性正确与否等)。熔池一般保持椭圆形为宜(圆形时说明温度已高)。熔孔大小以电弧将两侧钝边完全熔化并深入每侧 0.5~1 mm 为好,熔孔过大时,背面焊缝余高过高,易形成焊瘤或烧穿;熔孔过小时,容易出现未焊透或冷接现象(弯曲时易裂开)。焊接时一定要保持熔池清晰,熔渣与铁液要分开,否则易产生未焊透及夹渣等缺陷,当焊接过程中出现偏弧及飞溅过大时,应立即停焊,查明原因,采取对策。

②听

焊接时要注意听电弧击穿坡口钝边时发出的“噗噗”声,没有这种声音,表明坡口钝边未被电弧击穿,如继续向前焊接,则会造成未焊透、熔合不良缺陷。

③准

送给铁液的位置和运条的间距要准确,并使每个熔池与前面熔池重叠 2/3,保持电弧 1/3 部分在溶池前方,用以加热和击穿坡口钝边。只有送给铁液的位置准确,运条的间距均匀,才能使焊缝正反面成形均匀、整齐、美观。

④短

短有 2 层意思,一方面是指灭弧与重新引燃电弧的时间间隔要短,即每次引弧时间要选在熔池处在半凝固熔化的状态下(通过护目玻璃能看到黄亮时),对于两点击穿法,灭弧频率一般在 50~60 次/min 为宜,如果时间间隔过长,熔池温度过低,熔池存在的时间较短,冶金反应不充分,容易造成夹渣、气孔等缺陷。时间间隔过短,溶池温度过高,会使背面焊缝余高过大,甚至出现焊瘤或烧穿缺陷。另一方面是指焊接时电弧要短,焊接时电弧长度等于焊条直径为宜。电弧过长,一是对熔池保护不好,易产生气孔;二是电弧穿透力不强,易产生未焊透等缺陷;三是铁液不易控制,不易成形而且飞溅较大。

⑤控

控即为控制,是在看、听、准、短的基础上,完成焊接最关键的环节。

a. 控制铁液和溶渣的流动方向。

焊接过程中电弧要一直在铁液的前面,利用电弧和药皮熔化时产生的气体定向吹力将铁液吹向溶池后方,这样能保证熔渣与铁液很好地分离,减少产生夹渣和气孔的可能性。当铁液与溶渣分不清时,要及时调整运条的角度(即焊条角度向焊接方向倾斜),并且要压低电弧,直至铁液和熔渣分清,并且两侧钝边熔化 0.5~1 mm 缺口时方能灭弧,然后进行正常焊接。

b. 控制溶池的温度和熔孔的大小。

焊接时熔池形状由椭圆形向圆形发展,熔池变大,并出现塌陷的趋势,如不断添加铁液,焊肉也不会加高,同时还会出现较大的熔孔,此时说明熔池温度过高,应迅速熄弧,并减慢焊接频率(即熄弧的时间长一些),等熔池温度降低后,再恢复正常的焊接。

在电弧高温和吹力的作用下,试板坡口根部熔化并被击穿形成熔孔,施焊过程中要严格控制熔池的形状,尽量保持大小一致,并随时观察熔池的变化及坡口根部的熔化情况。

熔孔的大小决定焊缝背面的宽度和余高,通常熔孔的直径比间隙大 1~2 mm 为好,焊接过程中如发现熔孔过大,表明熔池温度过高,应迅速灭弧,并适当延长熄弧的时间,以降低熔池温度,然后恢复正常焊接,若熔孔太小则可减慢焊接速度,当出现合适的熔孔时方能进行正常焊接。

c. 控制焊缝成形及焊肉的高低。

影响焊缝成形、焊肉高低的因素主要有:焊接速度的快慢、熔敷金属添加量(即燃弧时间的长短)、焊条的前后位置、熔孔大小的变化、电弧的长短及焊接位置等。一般的规律是:

焊接速度越慢,焊缝正反面焊肉就越高;熔敷金属添加量越多,焊缝正反面焊肉就越高;焊条的位置越靠近熔池后部,焊缝正面焊肉就越高,焊缝背面焊肉高度相对减少;熔孔越大,焊缝背面焊肉就越高;电弧压得越低,焊缝背面焊肉就越高,否则反之。仰立焊位时,焊缝正面焊肉易偏高,而焊缝背面焊肉易偏低,甚至出现内凹现象。平焊位时,焊缝正面焊肉不易增高,而焊缝背面焊肉易偏高。

通过对影响焊肉高低的各种因素的分析,就能利用上述规律,对焊缝正反面焊肉的高度进行控制,使焊缝成形均匀整齐。特别是水平固定管子焊接时,控制好焊肉的高低尤为重要。

d. 控制灭弧焊熄弧时间。

熄弧时间的控制是灭弧焊的重点及保证焊接质量的关键。一般可以根据焊缝熔池的温度、大小的变化来控制熄弧时间的长短。

焊接过程中,熔池由高温到低温的转变可以根据熔池的颜色变化来确定。当熔池温度高时,其呈现的是黄亮色,随着温度的下降,其逐渐变为黄红色、暗红色,熔池大小也由外向内逐渐缩小。一般灭弧焊是在熄弧后熔池逐渐变为黄红色,直径缩小到 1/3~1/2 时(图 3-4-8),再引燃第二弧,时间为 0.5~1 s。由于焊接位置不同熄弧时间也不同,操作者可根据实际焊接情况适当调整熄弧时间。

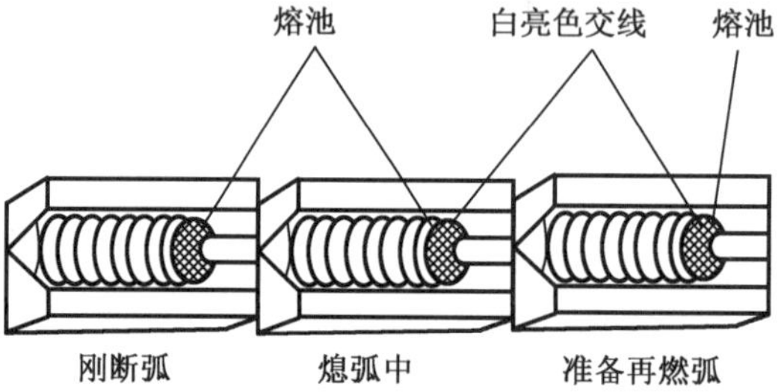

图 3-4-8　熄弧时间的控制

(5) 断弧焊方法的改进

断弧焊虽然简单易学且可以避免多种缺陷的产生,但因其是断续焊接,焊接速度相对较慢。为提高焊接速度,有必要在断弧焊焊接技术的基础上,根据断弧焊的基本原理(短暂冷却温度过高的熔池,有效控制熔池温度)对断弧焊方法进行改进:当熔池温度过高时,将焊条迅速纵向,向未焊方向(在坡口内,不要摆出坡口伤及母材)摆出(不断弧),然后迅速摆回继续正常焊接,这样在达到冷却熔池目的的同时可使焊接连续,既保证了焊接质量,又提高了焊接速度。

知识点 2　连弧焊法

1. 连弧焊法基本特点

连弧焊是在焊接过程中电弧连续燃烧,采用较小的坡口钝边间隙,选用较小的焊接电流,短弧连续施焊,由于它对焊件的装配质量及焊接参数的选择都有严格的要求,因此,要求焊工熟练掌握此方法,否则在施焊过程中容易产生烧穿或未焊透等缺陷。该方法操作简单,手法变动小,容易掌握,且焊缝背面成形致密、整齐,内部质量好,力学性能优良,被国内外广泛采用,可用于打底焊、填充焊和盖面焊的各个环节。

连弧焊法缺点是受坡口间隙的限制,采用酸性焊条焊接时其接头困难的问题更为突出。连弧焊法主要用于碱性焊条各种位置的焊接及酸性焊条的立焊和仰焊中。

2. 连弧焊打底层单面焊双面成形技巧

(1)引弧

在始焊处对准坡口中心采用划擦引弧,焊条与工件的角度为60°~70°,处于间隙中心,如图3-4-9所示。焊至定位焊缝尾部时,以稍长的电弧(弧长约为3.5 mm)在该处以小齿距的锯齿形运条法做横向摆动来进行预热。稍等片刻,当看到定位焊缝与坡口根部金属有"出汗"现象时,应立即压低电弧(弧长约为2 mm),等待1 s后听到电弧穿透坡口而发出"噗噗"声,同时看到定位焊缝以及坡口根部两侧金属开始熔化并形成熔池,说明引弧工作结束,可以进行连弧焊接。

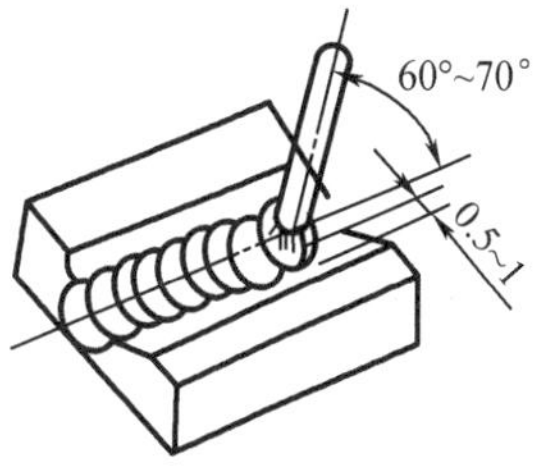

图3-4-9 连弧焊引弧示意图

(2)板对接平焊运条方式

①直线小摆动运条方法

焊条摆动应始终保持在钝边口两侧之间进行,每边熔化缺口控制在0.5 mm为宜。

②进退清根法

运条采用前后进退操作,焊条向前进时目的是焊接,时间较长;向后退时目的是降低熔池金属温度,为下个焊点的焊接做准备,这个过程时间较短。

③左右清根法

焊接过程中,电弧在坡口两侧做交替进退清根,适用于坡口间隙大的焊缝。

(3)收弧

在需要更换焊条而熄弧之前,应将焊条下压,使熔孔稍微扩大后往回焊接15~20 mm,形成斜坡形再熄弧,为下一根焊条引弧打下良好的接头基础。

实训活动

1. 打底焊

先查阅资料完成下面的任务单,再按此前修订确认的焊接工艺卡的工艺要求和下面任务单的方式进行打底焊操作。

(1)引弧与焊条角度及焊接方向

本任务工件采用断弧焊法进行打底焊,选择焊接方向为__________;将试件__________的一端放于左侧,打底焊从焊件左端定位焊缝的始焊处开始引弧,焊条与焊接方向之间的夹角为__________(并在图3-4-10中标注焊条与工件对应的角度)。电弧引燃后,可长弧稍做停顿进行__________,当看到定位焊缝和坡口根部有"出汗"现象时,说明__________温度已合适,然后横向摆动向右施焊,待电弧达到定位焊缝右侧前沿时,将焊条下压并稍做停顿,听到电弧穿透坡口而发出"噗噗"声,同时可以观察到形成的熔孔,即可进行后续的打底焊。

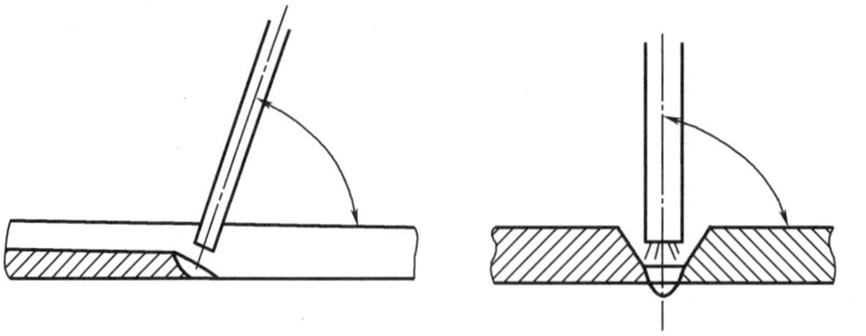

(a)焊条与焊接方向之间的夹角　　(b)焊条与焊缝轴线垂直方向之间的夹角

图 3-4-10　标注焊条与工件对应的角度

(2)熔池熔孔大小及断弧频率控制

焊接电弧要控制得短些,前进的速度不宜过快,引弧熄弧频率控制在______次/min。要注意将焊接电弧的______覆盖在熔池上,电弧的______保持在熔池前,用来熔化和击穿焊件的坡口根部以形成熔孔。施焊过程中要严格控制熔池的形状,尽量保持一致。要观察熔池的变化和坡口根部的熔化情况,熔化应在坡口根部边缘外______mm 以内(标注图 3-4-11),发现熔孔增大时,应稍______焊条,同时______焊条与前进方向之间的角度;反之,当熔孔缩小时,则______电弧,同时______焊条与前进方向之间的角度。

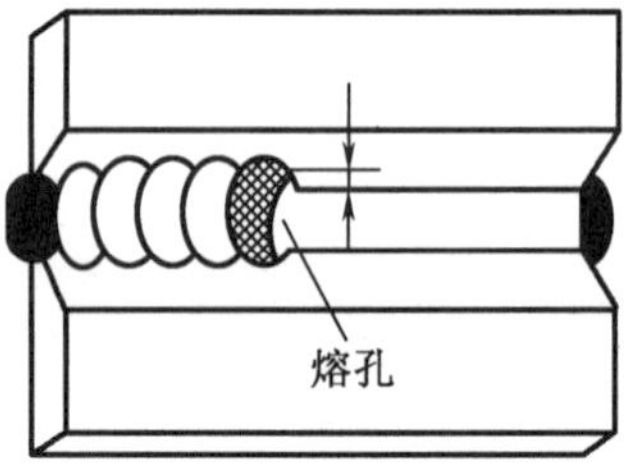

图 3-4-11　标注熔孔边缘与坡口根部边缘的距离

(3)焊缝接头

当一根焊条即将焊完,更换另一根焊条时,应将焊条下压,使熔孔稍微扩大,向焊接反方向拉回______mm,并迅速______焊条,使电弧逐渐拉长,形成斜坡形再熄弧,这样可把收弧缩孔消除或带到焊道表面,以便在下一根焊条焊接时将其熔化掉。焊缝接头分冷接法和热接法。采用热接法时,换焊条速度要快,即收弧时熔池还未完全冷却就立即接头,如图 3-4-12,在熔池后约______mm 处引弧,并立即将电弧拉回至原弧坑的前沿,______电弧,重新击穿间隙再生成一个熔孔,待新熔孔形成后,再按前述步骤进行正常施焊。采用冷接法时,应把距弧坑 15~20 mm 斜坡上的熔渣敲掉并清理干净,在收弧熔池后约______mm 处引弧,焊条做横向摆动向前施焊,焊至收弧处前沿时,填满弧坑,焊条下压并稍做停顿。当听到电弧击穿声,形成新的熔孔后,逐渐将焊条______,进行正常施焊。

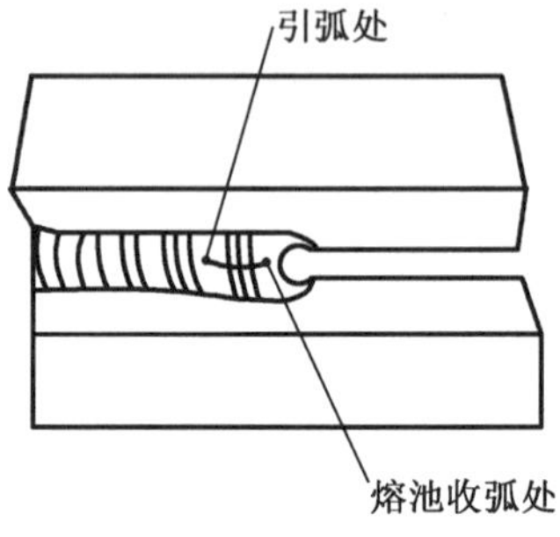

图 3-4-12　打底焊焊缝接头

(4)平焊打底焊的灭弧焊操作要点

平焊时的熔孔在被击穿的瞬间容易被液态金属覆盖,一般不容易被看见。因此在焊接时要注意,当听到电弧击穿发出的"哧"声时,要快速灭弧,否则容易产生焊瘤或熔孔过大。焊件背面保持____________弧柱长度。第一层打底焊保证电弧要短,输送熔滴要薄,间断灭弧周期要短。

(5)焊接过程性质量检查

完成打底焊后,清理焊渣,进行过程性质量检查,以确保整体焊接质量及后续改进,并填写检查表 3-4-5。

表 3-4-5 打底焊缺陷检查表

检查项目	缺陷存在的数量	形成原因与改善措施
夹渣		
气孔		
裂纹		
未焊透		
未熔合		
焊瘤		
坡口根部熔合尺寸一致性		

2. 填充焊

先查阅资料完成下面的任务单,再按此前修订确认的焊接工艺卡的工艺要求和下面任务单的方式进行填充焊操作。

(1)清理与焊条角度控制

填充层施焊前,应先将____________的____________、____________等清除干净,将打底焊层焊缝接头的____________打磨平整,然后进行填充焊。填充焊时,焊条与焊接方向之间的夹角为____________(在图 3-4-13 中标注焊条与工件对应的角度)。

(2)引弧

采用连续焊,如图 3-4-14 应用前引弧方式,在距焊缝起始端____________mm 处引弧后,将电弧拉回起始端施焊。每次接头或焊接其他填充层时也都按此方法操作,以防止产生焊接缺陷。

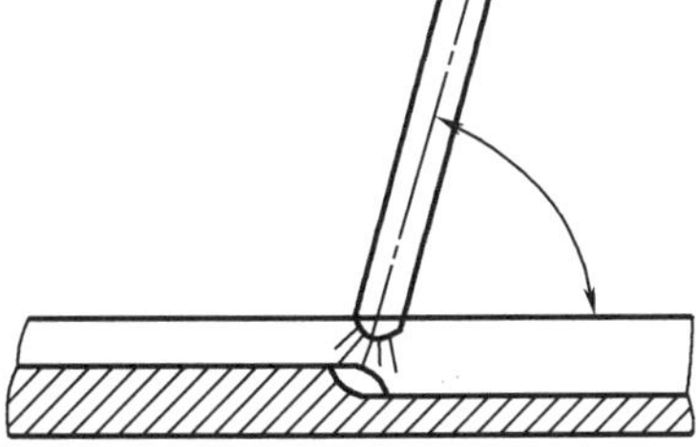

图 3-4-13 标注焊条与工件对应角度

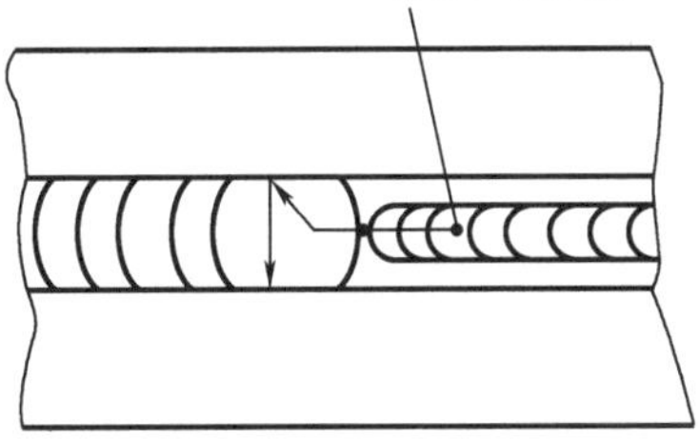

图 3-4-14 引弧

(3)运条

采用月牙形或横向锯齿形摆动运条，控制好焊道两侧的熔合情况，焊条摆幅逐层＿＿＿＿＿，在坡口两侧＿＿＿＿＿，以保证熔池及坡口两侧温度＿＿＿＿＿，并且有利于良好的熔合和排渣。最后一层填充后应比母材表面＿＿＿＿＿mm（在图 3-4-15 中标注该尺寸），并且焊缝中心应稍向下凹，两边与母材交界处要高；注意不能熔化坡口＿＿＿＿＿，确保焊接盖面层时能看清坡口，以保证盖面焊缝边缘平直。

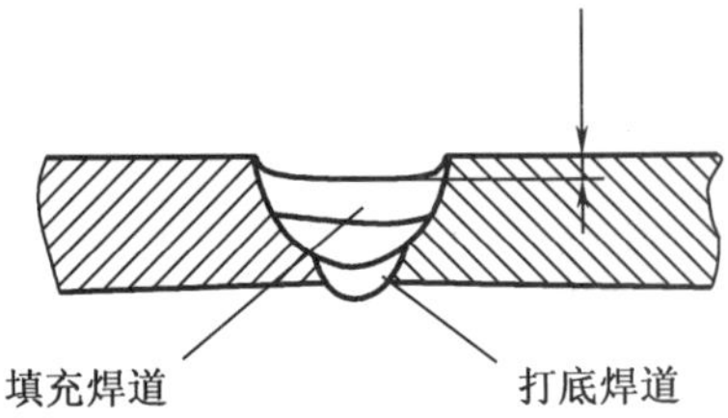

图 3-4-15　标注最上层填充焊道与焊件坡口表面的距离

(4)焊接过程性质量检查

完成填充层焊接后，清理焊渣，进行过程性质量检查，以确保整体焊接质量及后续改进，并填写检查表 3-4-6。

表 3-4-6　填充焊缺陷检查表

检查项目	缺陷存在的数量					形成原因与改善措施
	1层	2层	3层	4层	5层	
夹渣						
气孔						
裂纹						
未焊透						
未熔合						
焊瘤						
最上层与坡口上表面尺寸一致性						
坡口边缘完好度						

3. 盖面焊

先查阅资料完成下面的任务单，再按此前修订确认的焊接工艺卡的工艺要求和下面任务单的方式进行盖面焊操作。

盖面层施焊时的焊条角度、运条方法及接头方法与填充层相同，但焊条摆动的幅度要比焊接填充层＿＿＿＿＿。焊条电流可适当＿＿＿＿＿，摆动时要注意摆动幅度＿＿＿＿＿、运条速度＿＿＿＿＿，摆动至坡口两侧时应＿＿＿＿＿，以焊条焊芯到达坡口边缘为止，坡口边缘熔化＿＿＿＿＿mm 为宜，以便使焊缝两侧边缘熔合良好，避免产生

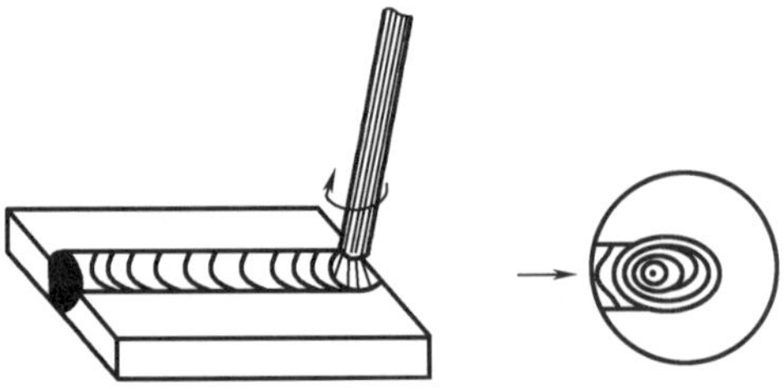
图 3-4-16　＿＿＿＿＿收尾法

__________，从而得到优质的盖面层焊缝。当焊接至试件末端收弧时，由于温度较高，为避免产生__________等缺陷，应采用__________收尾法填满弧坑（图 3-4-16）。

子任务 3-4-3 焊缝清理与检查

知识积累

知识点 1 单面焊双面成形常见缺陷与预防措施回顾

在单面焊双面成形的焊接中，反面成形不规则（尖锐、粗细高低不一），反面成形（渗透）偏离两块焊件对接线，以及没有渗透或渗透达不到规定的长度要求，称为渗透不良。通常伴随出现的焊接缺陷有未熔合、背面内凹、夹渣、焊瘤、缩孔、气孔、咬边、烧穿、未焊透等。

其中单面焊双面成形采用断弧焊进行打底焊时，操作难度较大，最容易出现的两种缺陷是烧穿、未焊透。

1. 烧穿

烧穿是在焊接过程中，由于焊接参数选择不当，操作工艺不良，熔池温度过高时，铁水易下淌，单面焊双面成形的背面易烧穿，或由于工艺装配不好等原因使熔化金属从焊缝背面流出，造成穿孔的现象，如图 3-4-17 所示。烧穿容易发生在第一道焊道，在薄板对接焊缝或管子对接焊缝中，烧穿是常见的缺陷。

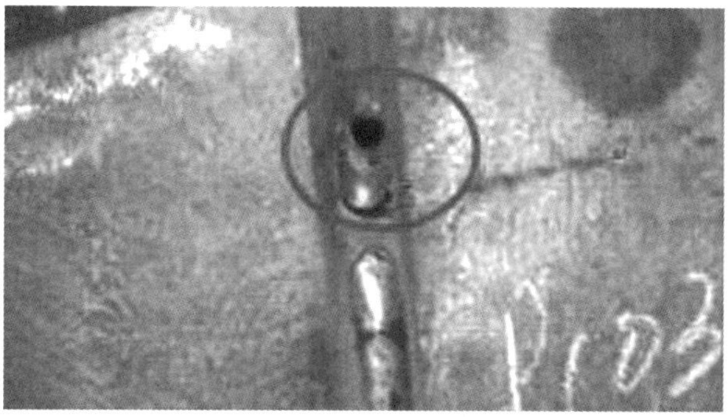

图 3-4-17 焊接烧穿缺陷

烧穿产生的原因：

a. 焊接电流过大，对焊件加热过甚。

b. 焊接速度太慢，电弧在焊缝处停留时间太长。

2. 未焊透

未焊透是指熔焊时接头根部未完全熔透的现象。

未焊透产生的原因：

a. 焊接电流小，焊接速度太快，母材金属未充分熔化。

b. 坡口角度小，对接间隙小，钝边太大。

c. 焊条偏离焊道中心或操作角度不正确。

3. 预防措施

a. 控制接头坡口尺寸:单面焊双面成形的接头,其装配间隙、钝边尺寸应为焊条直径的一半左右。

b. 焊接时选择合适的焊接速度和焊接电流。

对于缺陷的存在,只要找出原因进行相应的调整就可以解决。

实训活动

1. 试件焊后处理与检测评分

将焊好的试件用敲渣锤清理其焊渣,用钢丝刷进一步将焊渣、飞溅物等清理干净。严禁破坏焊缝原始表面,禁止用水冷却。对焊缝表面质量进行目视检验,使用5倍放大镜观察表面是否存在缺陷,并使用焊接检验尺对焊缝进行测量,试件外观检查的结果应满足各项要求。然后进行无损检测,试件内部质量按标准 GB/T 3323.1—2019 评定。对试件按规范进行检测评分,Q235B 板对接平焊焊条电弧焊单面焊双面成形评分标准见表 3-4-7。

表 3-4-7　Q235B 板对接平焊焊条电弧焊单面焊双面成形评分表

检查项目	评判标准及得分	评判等级				自测数据	自评分数	教师测量	教师评分	备注
		Ⅰ	Ⅱ	Ⅲ	Ⅳ					
焊缝余高	尺寸标准	≤2	>2,≤3	>3,≤4	<0 或>4					
	得分标准	4 分	3 分	2 分	0 分					
焊缝高度差	尺寸标准	≤1	>1,≤2	>2,≤3	>3					
	得分标准	8 分	4 分	2 分	0 分					
焊缝宽度	尺寸标准	17~19	16~20	15~22	<15 或>22					
	得分标准	4 分	2 分	1 分	0 分					
焊缝宽度差	尺寸标准	≤1.5	>1.5,≤2	>2,≤3	>3					
	得分标准	8 分	4 分	2 分	0 分					
咬边	尺寸标准	无咬边	深度≤0.5		深度>0.5					
	得分标准	12 分	长度每 5 扣 2 分		0 分					
正面成形	标准	优	良	中	差					
	得分标准	8 分	6 分	4 分	0 分					
背面成形	标准	优	良	中	差					
	得分标准	6 分	4 分	2 分	0 分					
背面凹度	尺寸标准	≤0.5	>0.5,≤1	>1,≤2	长度>30					
	得分标准	2 分	1 分	0 分	0 分					
背面凸度	尺寸标准	≤2	>2,≤3	>1						
	得分标准	2 分	1 分	0 分						

表 3-4-7　（续）

检查项目	评判标准及得分	评判等级				自测数据	自评分数	教师测量	教师评分	备注
		Ⅰ	Ⅱ	Ⅲ	Ⅳ					
角变形	尺寸标准	≤1	>1,≤3	>3,≤5	>5					
	得分标准	4 分	2 分	1 分	0 分					
错边量	尺寸标准	≤0.5	>0.5,≤1	>1						
	得分标准	2 分	1 分	0 分						
外观缺陷(裂纹、气孔、咬边、凹坑弧坑、夹渣、未熔合等)记录										

内部质量评分标准

考核项目	考核要求	评分要求	自查数据	自评得分	教师检查	教师评分	备注
焊缝内部质量检查	试件的射线检测按标准 GB/T 3323.1—2019 评定	Ⅰ级片无缺陷不扣分,Ⅰ级片有缺陷扣 5 分,Ⅱ级片有缺陷扣 10 分,Ⅲ级片有缺陷扣 15 分,Ⅳ级片有缺陷扣 20 分					

焊缝外观(正、背面)成形评判标准

优(10 分)	良(8 分)	中(6 分)	差(5 分)	自查数据	自评得分	教师检查	教师评分	备注
成形美观,焊缝均匀、细密,高低宽窄一致	成形较好,焊缝均匀、平整	成形尚可,焊缝平直	焊缝弯曲,高低、宽窄相差明显					
试件综合得分								

注:1. 若试件未完成焊接,表面有修补痕迹及焊缝正反面有裂纹、夹渣、气孔、未熔合缺陷,则该件按 0 分处理。

2. 试板两端 20 mm 内的缺陷不计。

2. 工位工具清理点检与评分

焊接结束后,关闭焊接电源。按 6S 标准进行清扫场地,按规定摆放工具,整理焊接电缆,确认无安全隐患,并做好使用记录,按表 3-4-8 进行评分。

表 3-4-8　完工后工位环境点检整理评分表

序号	点检内容		点检	评分标准	自评得分	教师评分	检查记录
1	防护用品的整理	电弧焊工作服:无破损,整理规范	□合格　□不合格	0.5			
2		劳保鞋:无破损,整理规范	□合格　□不合格	0.5			
3		脚盖:无破损,整理规范	□合格　□不合格	0.5			
4		焊接手套:无破损,整理规范	□合格　□不合格	0.5			
5		面罩:无破损,遮光镜片无破损无油污;紧固无晃动,整理规范	□合格　□不合格	0.5			
6		护目镜:无破损,整理规范	□合格　□不合格	0.5			
7	焊接设备、用具	电源开关:电压指示正常、接线紧固无破损、电流保护复位正常	□合格　□不合格	0.5			
8		电焊机:进线接线正确、牢固无破损;电压电流指示正常,调节正常,摆放规范	□合格　□不合格	0.5			
9		焊把与输出电缆:输出电缆接线正确、牢固、无破损,焊把无破损、接线牢固无外露、操作灵活,整理规范	□合格　□不合格	0.5			
10		护目镜:完好,整理规范	□合格　□不合格	0.5			
11		开坡口工具:锉刀手柄牢固、纹齿正常;角磨机无破损,能正常使用,整理规范	□合格　□不合格	0.5			
12		除渣工具:敲渣锤、锤子手柄牢固,錾子、钢丝刷无缺损,整理规范	□合格　□不合格	0.5			
13		焊条保温桶:无破损,能合盖,保温良好,整理规范	□合格　□不合格	0.5			
14		焊缝检测尺:无损坏,刻度线清晰,操作灵活,能正确调零,整理规范	□合格　□不合格	0.5			
15	作业环境	无未熄灭火种	□合格　□不合格	0.5			
16		灭火器:齐全,整理规范	□合格　□不合格	0.5			
17		隔断:整理规范	□合格　□不合格	0.5			
18		工位卫生清扫,整理规范	□合格　□不合格	0.5			
19		焊条材料整理规范	□合格　□不合格	0.5			
20		作业指示警示牌:醒目,正确放置	□合格　□不合格	0.5			

项目四　熔化极气体保护焊基础理论与操作

学习目标

知识目标

1. 掌握气体保护焊的原理,熟悉气体保护焊的类型;
2. 熟悉气体保护焊中熔滴过渡的形式和形成条件;
3. 熟悉熔化极二氧化碳气体保护焊常用设备组成与选配原则;
4. 理解熔化极二氧化碳气体保护焊中的冶金反应;
5. 了解实芯焊丝的成分、作用和型号。

技能目标

1. 能正确进行预防熔化极气体保护焊的角变形装配定位;
2. 能正确选用焊丝;
3. 能正确选用并设定焊接工艺参数;
4. 能熟练进行熔化极气体保护焊焊接操作:引弧、运条、起头、接头与结尾;
5. 能正确进行多层多道平角焊熔化极气体保护焊。

任务 4-1　熔化极气体保护焊基础理论认知

子任务 4-1-1　气体保护焊的基本原理

知识积累

知识点 1　气体保护焊的原理与分类

1. 气体保护焊的原理

气体保护焊是金属焊接中熔焊的一种。熔焊有其特殊性,即在焊接过程中,母材金属与填充金属都要经过高温熔化的过程,而在高温状态下的液体金属会与外界的气体及杂物产生物理和化学反应,导致由填充金属与母材结合形成的焊缝金属产生质的变化,从而给焊接接头带来隐患。为了保证焊缝达到预期的质量要求,关键的问题就是要保护好整个焊接区,以防有害气体及杂物侵入。

在熔焊中,上述的保护措施有三种:

第一种是焊条电弧焊中的焊条药皮。在电弧的高温下,焊条药皮会产生气体及形成熔渣,对整个焊接区造成了一个"渣-气"保护的环境,有效地保证了焊缝的质量。

第二种是电渣焊。焊接过程全部都在熔融状态的熔渣覆盖之下进行的焊接方法,即渣保护。

第三种是用气体保护的气体保护焊。气体保护焊的原理就是依靠直接从喷嘴中送出的气流,在电弧周围造成局部的气体保护层,使电极端部、熔滴及熔池与空气机械地隔离开来,从而保证焊接过程的稳定,并获得高质量的焊缝,图 4-1-1 为熔化极气体保护焊原理图。

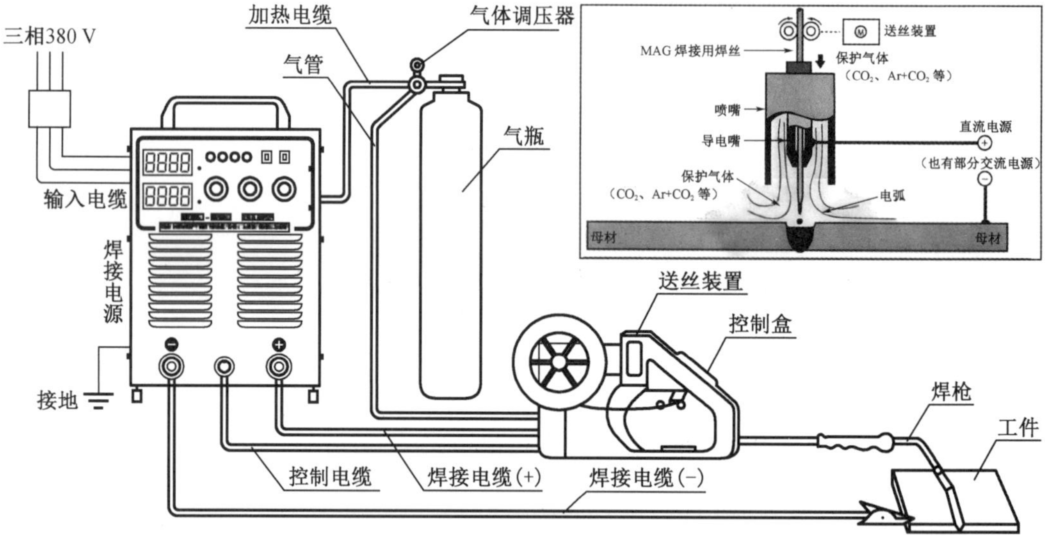

图 4-1-1 熔化极气体保护焊原理图

2. 气体保护焊的分类

(1)按保护气体的种类分

可分为氩弧焊、氦弧焊、氮弧焊、氢原子焊、二氧化碳气体保护焊及混合气体保护焊等。

上述的保护气体中,氩气(Ar)、氦气(He)是惰性气体,一般用于化学性质比较活泼的金属的焊接。Ar 保护效果好,使用最普遍;He 由于价格昂贵,且气体消耗量大,常与 Ar 等混合使用。

氮气(N_2)、氢气(H_2)是还原性气体。其中由于 N_2 不溶于铜,故用于铜及铜合金的焊接;H_2 则主要在氢原子焊中作为保护气体。此外,N_2、H_2 也常与其他气体混合使用。

二氧化碳(CO_2)是氧化性气体。由于 CO_2 的来源丰富、成本低,因此应用也较广泛,主要用于碳素钢及合金钢的焊接。

混合气体就是在一种保护气体中加入适量的另一种(或几种)气体。由于混合气体能细化熔滴、增加电弧析出的热量及提高焊接质量,所以也被广泛采用。

各类合金常用的保护气体及焊接电极如表 4-1-1 所列。

表 4-1-1 各类合金常用的保护气体及焊接电极列表

适用的母材	保护气体	化学成分及其体积分数/%	气体化学性质	焊接电极种类
铝及其合金	Ar		惰性	熔化极、钨极
	Ar+He	He 10		
钛、锆及其合金	Ar			
	Ar+He	Ar 75;He 25		
铜及其合金	Ar			
	Ar+He	Ar 50;He 50 或 Ar 30;He 70		
	N_2			熔化极
	Ar+N_2	Ar 80;N_2 20		
不锈钢及高强度钢	Ar+氧气(O_2)	O_2 1~2	氧化性	
	Ar+O_2+CO_2	O_2 1~2;CO_2 5		
	Ar		惰性	钨极
碳钢及低合金钢	Ar+O_2	O_2 1~5 或 20	氧化性	熔化极
	Ar+CO_2	Ar 70~80		
	Ar+O_2+CO_2	O_2 5;CO_2 15		
	CO_2			
镍及其合金	Ar		惰性	熔化极、钨极
	Ar+He	He 15~20		
	Ar+H_2	H_2<6	还原性	钨极

注:表中“体积分数”可用希腊字母 ψ(某物质的化学符号)(%)表示,如 Ar+He 的混合气体中,He 的体积分数为 10%,即可表示为 ψ(He)= 10%(或 0.10)。

(2)按电极的形式分

可分为非熔化极气体保护焊及熔化极气体保护焊。

①非熔化极气体保护焊

非熔化极气体保护焊是指钨极惰性气体保护焊(GTAW),即使用纯钨或活化钨(钍钨、铈钨等)电极的惰性气体保护焊。常用的是钨极弧焊(TIG)。

②熔化极气体保护焊

熔化极气体保护焊是指使用熔化电极的气体保护焊(GMAW)。其又按焊丝性能及结构的不同,分为实芯焊丝气体保护焊及药芯焊丝气体保护焊两类。

实芯焊丝气体保护焊有如下三种:

a. 熔化极惰性气体保护焊(MIG 焊),如 Ar 保护焊、He 保护焊及 Ar+He 保护焊等。

b. 富氩混合气体保护焊(如 Ar+O_2、Ar+CO_2、Ar+CO_2+O_2 等)具有氧化性气体的活性混合气体保护焊(MAG 焊)。

c. CO_2 气体保护焊,包括 CO_2+O_2 气体保护焊,均属 MAG 焊。

药芯焊丝气体保护焊有如下三种：

a. CO_2 气体保护焊。

b. CO_2+Ar 气体保护焊。

c. 自保护焊(由焊芯药粉中造气剂造气)。

(3)按操作方法分

可分为手工气体保护焊、半自动及自动气体保护焊。

知识点 2 MAG 焊焊接现象(熔滴的过渡现象)

MAG 焊焊接是利用电弧的热量把母材熔化,同时加热焊丝端部,使其形成液体并滴落到母材上,这种熔化的焊丝过渡到母材的现象被为熔滴的过渡现象。了解熔滴的过渡现象对在实际焊接作业中设定焊接施工条件非常重要。

MAG 焊焊接无论使用的是纯 CO_2 气体还是混合气体,在小电流条件下,发生的都是短路过渡。一个短路周期分成两段,前半段是焊丝端部被电弧加热熔化形成熔滴期间(燃弧期间),后半段是熔滴和母材的熔池接触,依靠熔池的表面张力把熔滴拉到熔池期间(短路期间这种反复发生的过程,在纯 CO_2 气体保护下,1 s 发生 40~100 次,叫作短路次数)。在短路期间内,由于电弧消失,因此对母材的热输入较小,熔深也比较浅。它适用于薄板的焊接,或者由于重力的影响,熔融金属向下淌的比较困难的焊接姿态(如立焊、横焊、仰焊等)。MAG 焊又叫作短弧焊。MAG 焊焊接的熔滴过渡现象如图 4-1-2 所示。

		短路过渡	颗粒状过渡	射流过渡
熔滴过渡的种类		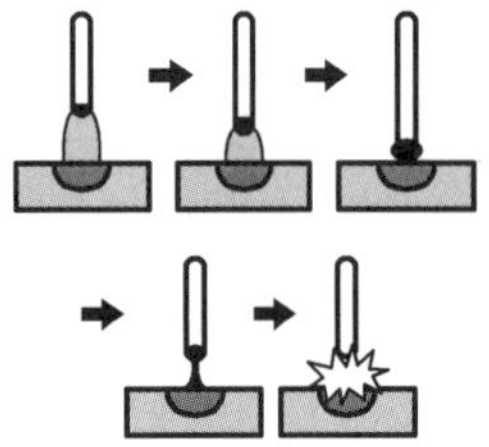	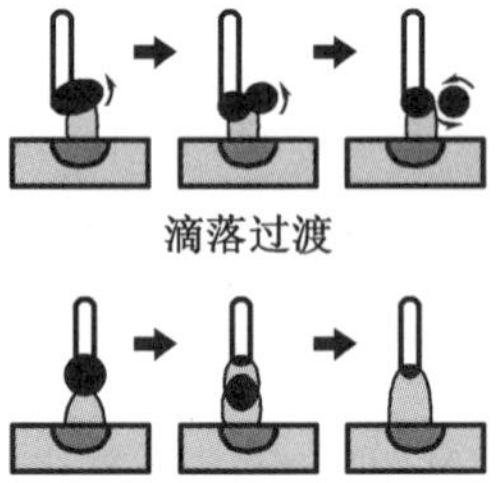	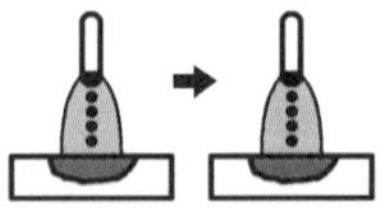
保护气体		CO_2、Ar+CO_2	CO_2、Ar+CO_2	Ar+CO_2、Ar+O_2
焊接电流		小电流域	中、高电流域	大电流域
焊接现象	过渡状态	熔滴同母材短路时过渡	大颗粒过渡	小颗粒过渡
	电弧声音	沙沙沙	噗嗒噗嗒	刷~
	飞溅	小颗粒飞溅	大颗粒飞溅	小颗粒飞溅或者几乎无飞溅
	熔深	浅	深	深
适应板厚		薄板、中厚板(困难姿态焊接)	薄板(调整焊接)、中厚板	中厚板

图 4-1-2 MAG 焊焊接的溶滴过渡现象

图 4-1-3 是实现稳定的 MAG 焊焊接的焊接电流波形控制举例。

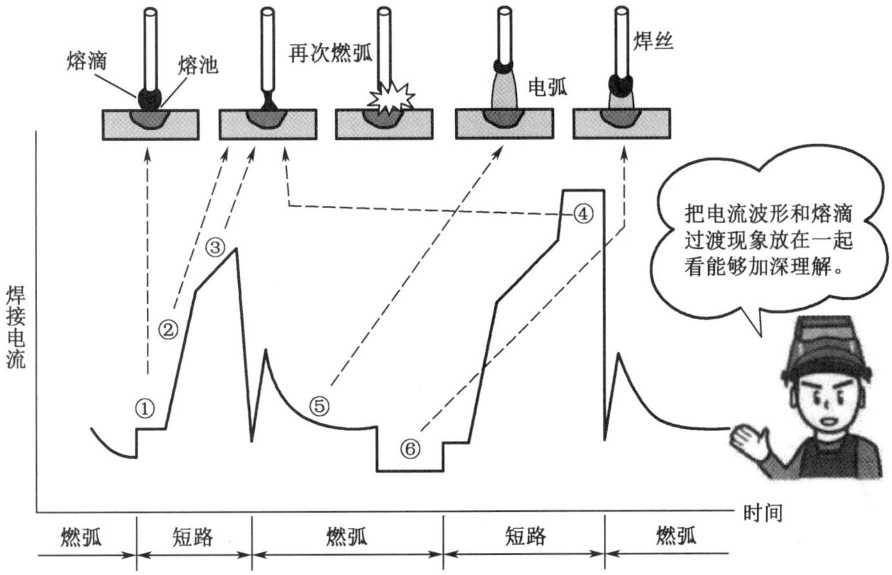

图 4-1-3　实现稳定的 MAG 焊焊接的焊接电流波形控制举例

短路区间的①是指在短路刚开始的几毫秒内,控制电流不让其升高,使熔滴稳稳地过渡到熔池内。区间②和③是指在短路时,刚开始电流增加得较快,在短路(熔滴与熔池脱离)快要结束前,电流的增加变慢,以需要的最小限度的电流抑制短路结束时产生的飞溅。另外,在区间③和④内,一旦由于外界影响等原因造成超出规定时间的动作的话,迅速将电流进一步提高,增强作用在熔滴上的收缩力,强制性地结束短路,使短路过渡稳定地进行。

在燃弧区间⑤对熔滴的形状进行整形,形成均匀一致的熔滴,使得熔滴和熔池的状态稳定。区间⑥是指当从燃弧过渡到短路的时间超出了规定的时间,仍然没有开始短路时,强制性地降低电流,促使短路的发生,通过这种控制,能够防止形成过大的熔滴颗粒,抑制短路时的焊接飞溅。

颗粒状过渡是一种大于焊丝直径的熔滴向熔池过渡的现象。颗粒的英文是 globular,意思是“球状的”。根据气体的种类和电流条件,可分为排斥过渡和滴落过渡两种(图 4-1-4)。

排斥过渡(也称粗滴过渡)是当使用纯 CO_2 气体或者 CO_2 气体在混合气体中的比例超过 30%,用大电流条件焊接时,所形成的熔滴过渡状态。CO_2 和高温电弧碰触后被分解成一氧化碳(CO)和氧(O),此时会瞬间夺走周围的热量(称为吸热反应)。因此,电弧受到强烈的冷却作用而收缩(称为热的收缩效应)。同时在熔滴内部,电流从外侧流向内侧,在熔滴的下端产生电弧。

此时,电弧周围形成磁场,在洛伦兹力(即电磁力)的作用下,产生一种将熔滴向上托举的反作用力。这种反作用力使得在焊丝端部形成大颗粒的熔滴,最后过渡到熔池里。此时,很容易产生大颗粒的飞溅,电弧也与短路过渡不同,不是形成断续地电弧,而是形成连续地电弧,因此,对母材的热输入增多,熔深更深。此种方式应用较少。

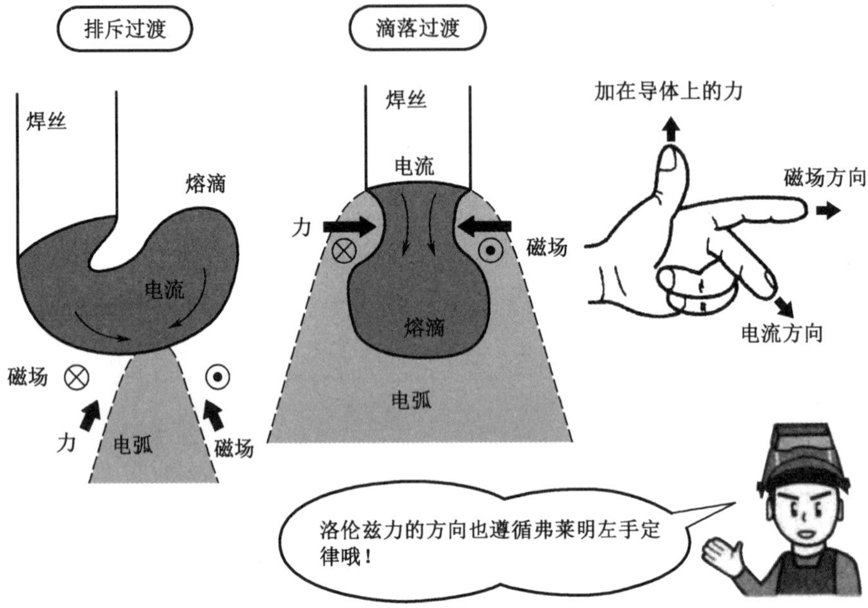

图 4-1-4 颗粒状过渡的 2 种形态

滴落过渡(也称细滴过渡)是当 Ar 和 CO_2 的混合气体中,CO_2 的体积分数低于 25%,在中电流域焊接时形成的一种过渡形态。在这种过渡形态下,电弧包住熔滴,由于放电范围较广,因此不存在把熔滴向上托举的力。熔滴在洛伦兹力的作用下被收缩,称为电磁收缩效应。通过这种效应,熔滴可以顺利地过渡到熔池里,飞溅减少,改善了排斥过渡中大颗粒飞溅的不良现象。

将滴落过渡时的焊接电流进一步升高,就会形成射流过渡。电流升高,电磁收缩效应变得更加明显,焊丝端部形成一个类似于铅笔头形状的尖端,形成小颗粒熔滴向熔池过渡。与其他过渡形态相比,射流过渡最稳定,发生的飞溅也最小。

图 4-1-5 所示是熔滴实现射流过渡焊接条件的一个案例,在该案例中,实现射流过渡的第一个条件是混合气体中 CO_2 的体积分数在 28%以下;第二个条件是焊接电流在大电流域。从滴落过渡转变成射流过渡的电流叫作临界电流。临界电流随混合气体的比例、焊丝直径、材质的不同而不同。

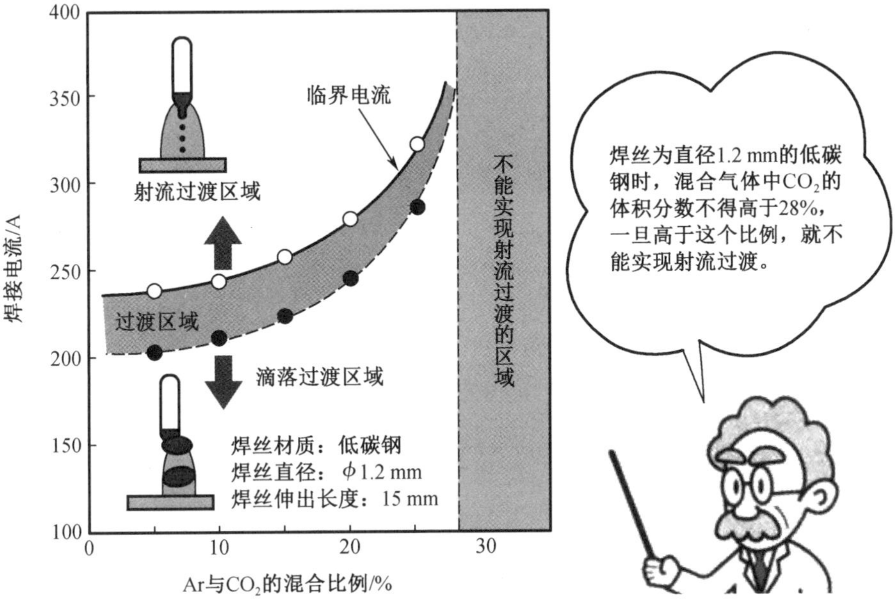

图 4-1-5　熔滴实现射流过渡的条例举例

实训活动

实训 1　气体保护焊原理、分类及熔滴过渡辨识训练

观看虚拟焊接实训的训练视频，或者在虚拟焊接实训车间，跟着视频熟悉气体保护焊设备的类型和设备构件间连接关系。

清点记录并思考完成下表：

完成的气体保护焊设备辨识	练习时长	各类设备的区别	共辨识到几种设备
练习心得与反思			

熟悉气体保护焊熔滴过渡及冶金化学反应。
清点记录并思考完成下表：

完成的熔滴过渡辨识数量	练习时长	各类熔滴过渡的差异	各类熔滴过渡的适用类型
练习心得与反思			

观看熔化极 CO_2 气体保护焊的防飞溅实训视频。
清点记录并思考完成下表：

飞溅产生原因认知	练习时长	飞溅预防措施	预防飞溅的操作训练
练习心得与反思			

子任务 4-1-2 熔化极 CO_2 气体保护焊

知识点 1 熔化极 CO_2 气体保护焊设备与选配

1. 熔化极 CO_2 气体保护焊设备系统组成

CO_2 气体保护焊的设备主要由焊接电源、送丝机构、焊枪、供气系统和控制系统等组成。如图 4-1-6 所示，送丝机构由分体式送丝机及焊丝盘组成；供气系统由 CO_2 气瓶、CO_2 加热器、减压阀、流量调节阀、干燥器、送气管道组成；控制系统则安装在弧焊电源与分体式送丝机上，用于控制电流、电压、送丝速度、回路电感量等。

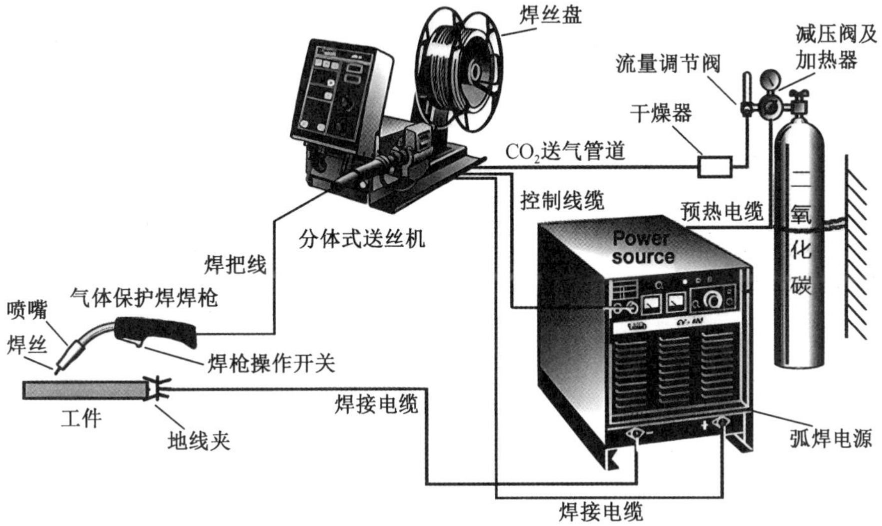

图 4-1-6 熔化极 CO_2 气体保护焊设备系统组成图

2. 焊接电源及其选配

CO_2 气体保护焊通常采用实芯焊丝，由于没有稳弧剂，用交流电时电弧不稳定，飞溅大，难以正常工作，因此 CO_2 气体保护焊的电源都采用直流电流和反极性连接（反接是避免电弧中的正离子反向高速撞击熔滴产生较大飞溅）。我国 CO_2 气体保护焊目前基本都采用整流式电源。

大电流区间电弧静特性呈上升特性，当电流进一步增大时，特别是用细焊丝 GMAW 焊接时，电弧弧柱区尺寸受到焊丝直径的限制，随着焊接电流的增加，电弧柱电流密度增大。同时，由于金属蒸气的喷射和等离子流冷却作用进一步加强以及电磁收缩力的作用，电弧断面不能随电流的增加而成比例地增大，使得电弧电导率减小，要保证一定的电流通过则要求有较大的电场强度 E，所以在大电流区间，随着电流的增加，弧柱的电场强度增大。另外，阴极压降和阳极压降在这种情况下影响不大，电弧压降 U_a 主要受弧柱压降的影响，它随着电流的增加而升高，使得电弧静特性呈上升趋势。

为保证焊接工艺参数在焊接过程中的稳定性，采用细丝 CO_2 气体保护焊时，为等速送丝配合平特性电源；采用粗丝 CO_2 气体保护焊时，为变速送丝配合陡降特性电源。

(1)等速送丝方式与平特性电源配合

当焊丝直径小于2.5 mm时,由于电流密度较大,焊接电弧静特性为上升曲线,此时电弧自身调节作用强烈,因此采用等速送丝方式与平特性电源配合,且遇到外界干扰因素(如母材表面凹凸不平,焊枪上、下移动等)使弧长变化时,弧长能迅速恢复到原先值。

(2)变速送丝方式与陡降特性电源配合

当焊丝直径大于3 mm时,由于电流密度较小,电弧自身调节作用减弱,依靠等速送丝配合平特性电源,恢复时间太长,不能满足要求,此时采用变速送丝方式与陡降特性电源配合,当弧长发生变化时,电弧电压变化较大(焊接电流变化较小),电弧的自动调节作用强烈,回复时间很短。

(3)CO_2 气体保护焊的电源匹配型号

CO_2 气体保护焊平特性整流电源的型号有ZP型(磁放大器式)、ZP3型(动线圈式)、ZPs型(晶体管式)、Z型(变换抽头式),适用于细丝焊。

CO_2 气体保护焊陡降特性整流电源的型号有ZX型(二极管整流加饱和抗器)、ZX5型(晶闸管整流),适用于粗丝焊。

同时具有两种特性的型号有ZD型(磁放大器式)、ZD型(晶体管式)。

气体保护焊因需要控制送丝等,其弧焊电源在通常的直流电源基础上还需要增加控制系统,因此在标准中为气体保护焊这类电源给出了专门的型号代码(表4-1-2)。图4-1-7所示的型号为NBC-270的电弧焊机就是半自动熔化极气体保护焊机。

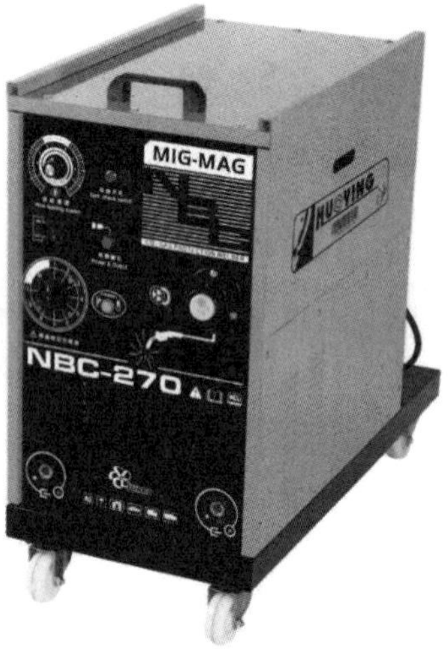

图4-1-7 NBC-270电弧焊机

表4-1-2 熔化极气体保护焊电源的型号代码表

产品名称	第一字母		第二字母		第三字母		第四字母	
	代表字母	大类名称	代表字母	小类名称	代表字母	附注特征	数字序号	系列序号
电弧焊机	N	MIG/MAG焊机(熔化极惰性气体保护焊机/熔化极活性气体保护焊机)	Z B D U G	自动焊 半自动焊 点焊 堆焊 切削	省略 M C	直流 脉冲 CO_2 气体保护焊	省略 1 2 3 4 5 6 7	焊车式 全位置焊车式 横臂式 机床式 旋转焊头式 台式 焊机机器人 变位式

3. 送丝系统

熔化极气体保护焊一般采用半自动及自动气体保护焊，焊材一般做成盘状焊丝，以便自动化送丝，因此需要有送丝机构。在 CO_2 气体保护焊中送丝系统是焊机的重要组成部分。送丝系统要能维持并保证送丝均匀和平稳，送丝机构结构应尽可能地简单和轻巧，并且维修及使用应尽可能方便。送丝系统由送丝电机、送丝滚轮、压紧机构、送丝软管和减速器等组成。

常用的送丝方式有三种：推拉式、拉丝式、推丝式，如图 4-1-8 所示。

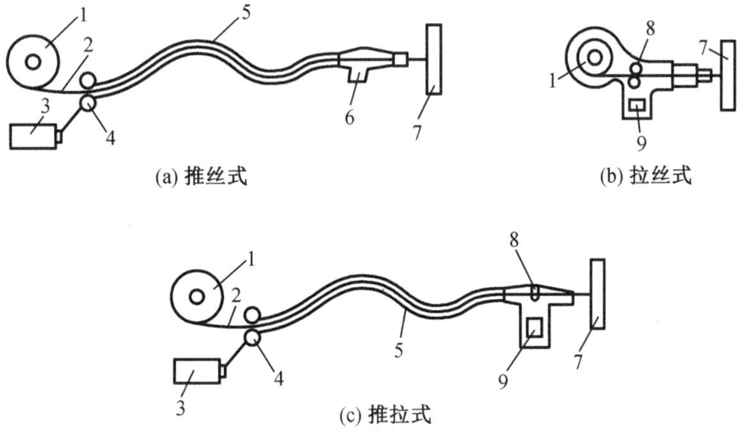

1—焊丝盘；2—焊丝；3—送（推）丝电机；4—送（推）丝滚轮；5—送丝软管；6—焊枪；7—焊件；8—送（拉）丝滚轮；9—送（拉）丝电机。

图 4-1-8　半自动 CO_2 气体保护焊三种送丝方式示意图

（1）推丝式送丝方式

由送丝滚轮将焊丝推入送丝软管，再经焊枪上的导电嘴送至电弧区，如图 4-1-8（a）所示。其结构简单、轻巧，是目前应用最广泛的一种送丝形式，但是对送丝软管的质量要求较高且软管不宜过长，焊枪活动范围小，在 3～5 m。通常推送所用的焊丝直径在 0.8 mm 以上。目前，半自动 CO_2 气体保护焊多采用推丝式送丝方式。

（2）拉丝式送丝方式

将送丝机构和焊丝盘都装在焊枪上，如图 4-1-8（b）所示。其焊枪结构复杂，比较笨重，但焊枪活动范围大，送丝均匀，适用于细丝（直径 0.5～0.8 mm）焊接。

（3）推拉式送丝方式

由安装在焊枪中的拉丝电机和送丝装置内的推丝电机同步运转来完成，如图 4-1-8（c）所示。其结构复杂，送丝稳定，送丝软管长度可达 20～30 m，焊枪活动范围大。

CO_2 气体保护焊一般采用推丝式送丝方式，其电源与送丝机有一体机（图 4-1-9）和分体机（图 4-1-10）两种类型。

CO_2 气体保护焊属于气体保护焊和手工焊条电弧焊二合一焊机，既可以进行气体保护焊，也可以进行焊条电弧焊。使用时，选择不同挡位即可，如图 4-1-11 所示。

图 4-1-9　CO_2 气体保护焊一体机

图 4-1-10　CO_2 气体保护焊分体机

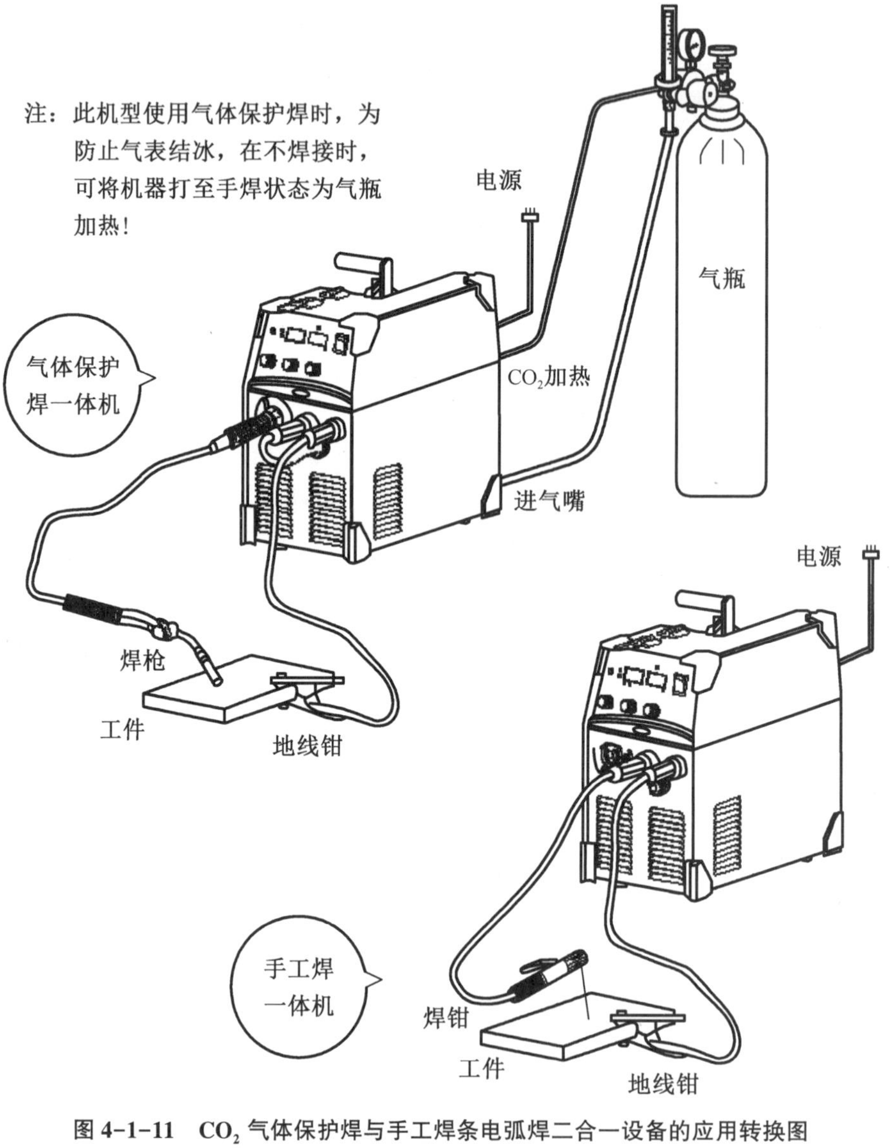

图 4-1-11　CO_2 气体保护焊与手工焊条电弧焊二合一设备的应用转换图

4. 焊枪及配件选配

焊枪的主要作用是向熔池和电弧区输送保护气流和稳定可靠地向焊丝导电。焊枪应结构紧凑,操作方便,连接件和易损件便于更换。半自动 CO_2 气体保护焊焊枪主要是推丝式,也有少量拉丝式。推丝式焊枪按结构可分为鹅颈式、手枪式两种。冷却方式分气冷及水冷两种。

(1)鹅颈式气冷焊枪

推丝式焊枪中,常用的是鹅颈式焊枪,其操作较灵活,适用于平焊等位置的焊接。该式焊枪常采用保护气体空冷。图 4-1-12 所示为典型鹅颈式气冷焊枪结构图。

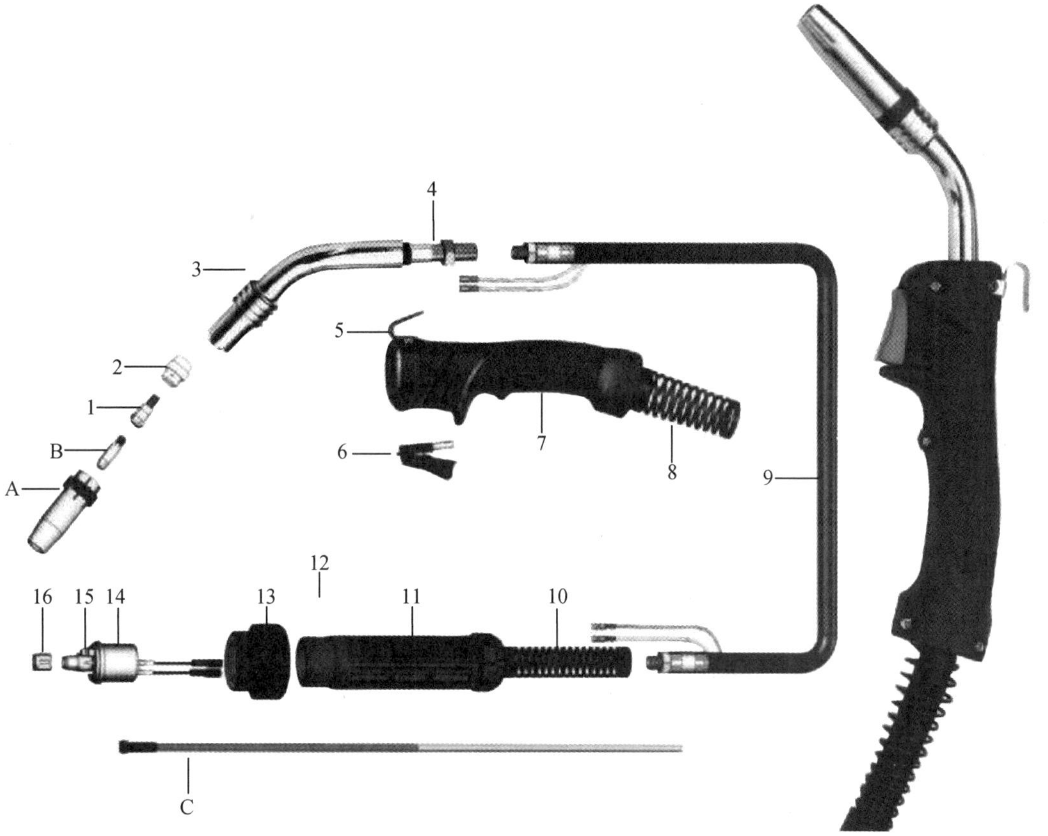

序号	零部件名称	序号	零部件名称
1	导电嘴座	9	焊把线:电缆及气管总成(一般为 3~5 m)
2	分流器(陶瓷)	10	后弹簧护套
3	弯枪颈	11	后枪壳
4	六角螺母及管接头	12	螺钉
5	挂钩	13	插头固定螺母
6	开关扳机	14	欧式插头(为集成式,也有分头式)
7	前枪壳	15	O 形密封圈
8	前弹簧护套	16	螺母
A	各种口径喷嘴(锥筒形、直筒形)	B	导电嘴(各种规格、各种不同材质)
C	送丝软管		

图 4-1-12 典型鹅颈式气冷焊枪结构图

鹅颈式气冷焊枪主要部件有喷嘴、导电嘴(焊丝嘴)、分流器等。

①喷嘴

喷嘴是输送保护气体的出口,其内孔形状及大小直接影响气体保护的效果,要求从喷嘴喷出的保护气体呈近似圆锥状的气层,笼罩在焊丝端部、电弧及熔池周围。喷嘴的形状多为圆锥形及圆柱形,如图 4-1-13 所示,以使 CO_2 气流从喷嘴中流出有一定挺度的层流,可以对焊接电弧区起到良好的保护作用。喷嘴内孔的直径一般为 16~22 mm,最小不应小于 12 mm;也不宜过大,以避免阻挡焊工操作视线及过多消耗保护气体。喷嘴应与导电部分绝缘,以免打弧。喷嘴常用导热性好、表面粗糙度好的紫铜或陶瓷材料制造,并在表面镀上一层铬,以增加表面硬度及光洁度,减少飞溅粘连并易于清除。为增强防护飞溅造成的危害,减少飞溅黏附在喷嘴上,焊前宜在喷嘴内外涂上飞溅防堵剂或硅油,以延长喷嘴使用寿命。目前常用的喷嘴以圆柱形居多。

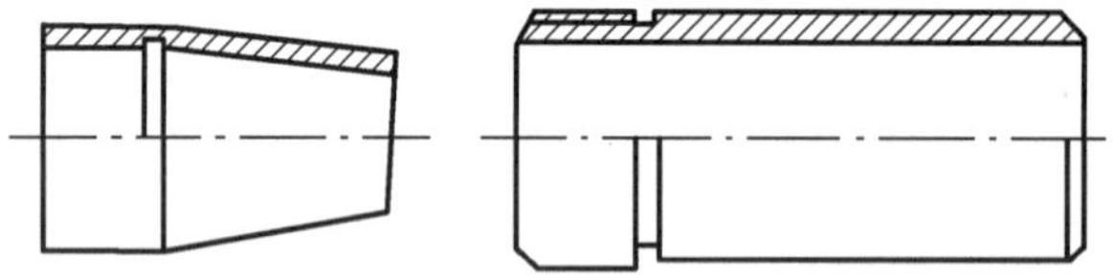

(a) 圆锥形　　(b) 圆柱形

图 4-1-13　喷嘴的形状

②导电嘴

导电嘴是直接传导焊接电流的零件,为保证导电性能良好、耐磨性能好、熔点高,一般用铜及其合金(铬青铜、磷青铜)材料制成。图 4-1-14 所示为两种不同形状的导电嘴,分别用于细丝及粗丝焊丝[直径 $d<2$ mm 时,$D=d+(0.1\sim0.3)$ mm;$d=2\sim3$ mm 时,$D=d+(0.4\sim0.6)$ mm]。一般选用导电嘴的孔径应比焊丝大 0.2 mm 左右,这样既避免造成过大摩擦力,又避免焊丝端部出现太剧烈的摆动。孔径过小,送丝阻力较大,影响焊接过程的稳定;孔径过大,焊丝在孔内接触位置不固定,焊丝送出导电嘴后会偏移或摆动,使焊接过程不稳定,严重时会使焊丝与导电嘴起弧而黏结烧损。

对导电嘴的长度也有一定的要求,长度增加,导电性能变好,但送丝阻力也增加;长度太短,导电性能不好,尤其在磨损后会使焊接电弧不稳定。所以导电嘴长度一般应大于 25 mm。

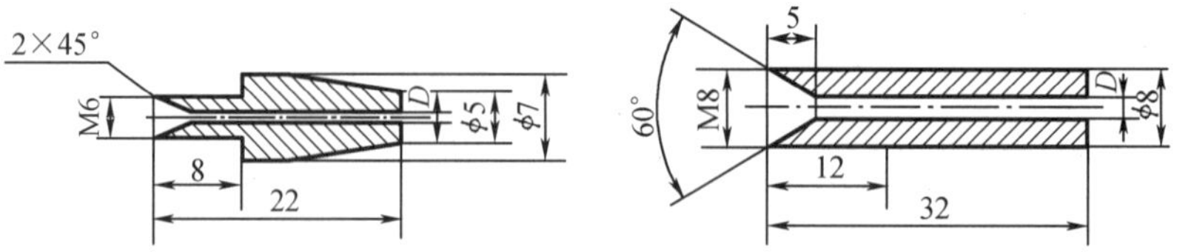

(a) 用于细丝　　(b) 用于直径大于 1.2 mm 的焊丝

图 4-1-14　导电嘴的形状

③分流器

分流器的作用如同 TIG 焊焊枪的“气体透镜”,但结构、形状各不相同。分流器是由绝缘陶瓷制成的，在其圆形筒壁上有均匀分布的小孔，如图4-1-15所示，当由气瓶输出的保护气流经过分流器后，气流便会以稳定的层流状从喷嘴喷出，加强了保护效果。

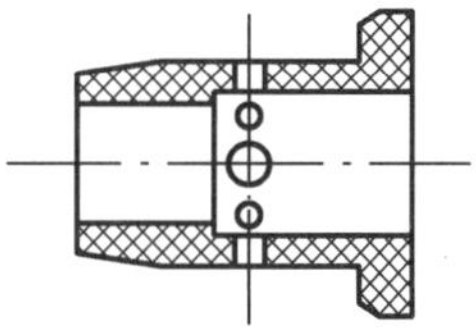

图4-1-15 分流器的构造

④常见的两种接头方式

焊枪的接头有整体式(常称为欧式接头)和分体式，分别如图4-1-16右图的下、上两类。

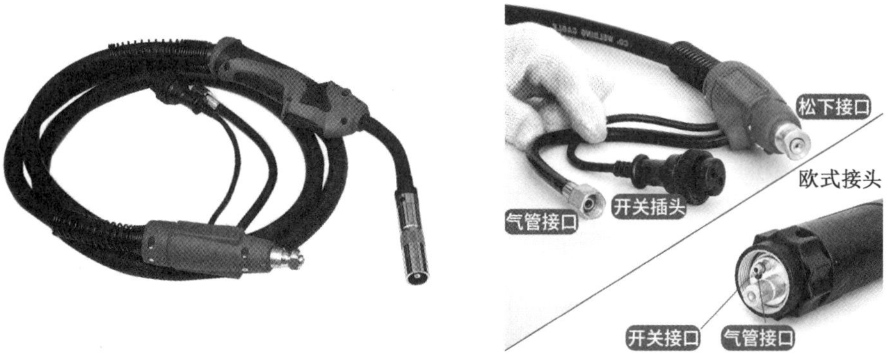

图4-1-16 熔化极 CO_2 气体保护焊焊枪及其接头

(2)手枪式焊枪

手枪式焊枪(图4-1-17)相对于鹅颈式气冷焊枪，操作要更灵活一些，但其成本相对也高一些。

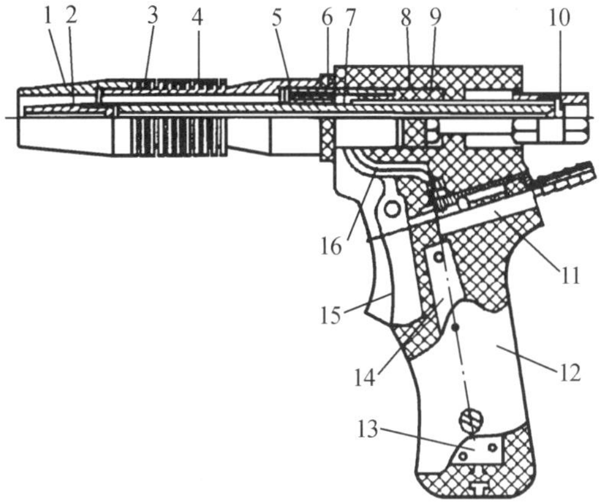

1—喷嘴；2—导电嘴；3—套筒；4—导电杆；5—分流环；6—挡圈；
7—气室；8—绝缘圈；9—紧固螺母；10—锁紧螺母；11—球形气阀；
12—枪把；13—退丝开关；14—送丝开关；15—扳机；16—气管。

图4-1-17 手枪式焊枪

5. 供气系统

供气系统的作用是将保存在钢瓶中呈液态的 CO_2 在需要时变成有一定流量的气态

CO_2。供气系统包括 CO_2 气瓶、预热器、干燥器、减压器、流量计及电磁气阀,如图 4-1-18 所示。

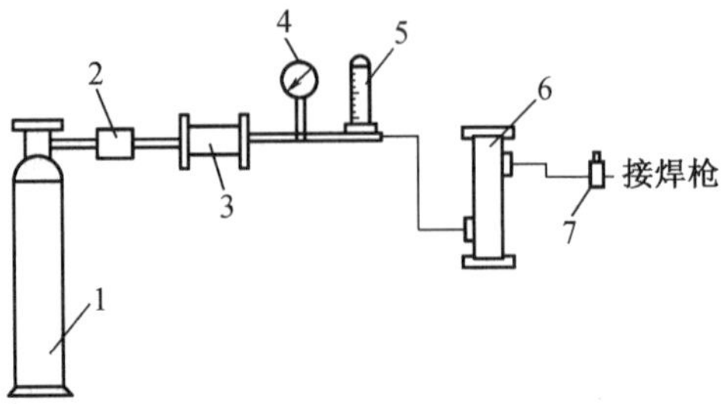

1—CO_2 气瓶;2—预热器;3—高压干燥器;4—气体减压表;
5—气体流量计;6—低压干燥器;7—电磁气阀。

图 4-1-18 供气系统装置图

(1)CO_2 气瓶

CO_2 气瓶涂铝白色,并用黑色标写有"二氧化碳"字样,如图 4-1-19 所示,用于贮存液态 CO_2。通常将焊接用的 CO_2 气体压缩成液态并储存于容量为 40 L 的钢瓶内,每瓶可装 25 kg 液态 CO_2,约占钢瓶容积的 80%,其余 20%容积空间为瓶内液面的水蒸气、空气和气体 CO_2 三者的混合物,气瓶压力表指示的就是这部分气体的饱和压力,由于瓶内的压力随着外界温度的升高而增大,所以不能用压力表上的读数来估计瓶内液态 CO_2 的储量。因为压力表上的读数仅代表气体 CO_2 的压力,不代表液态 CO_2 的储量。如果要了解瓶内液态 CO_2 的余量,一般用称重法进行测量。0 ℃时,饱和气压为 3.63 MPa;20 ℃时,饱和气压为 5.72 MPa;30 ℃时,饱和气压为 7.48 MPa。CO_2 气瓶使用时由于瓶内压力随外界温度的升高而增大,所以 CO_2 气瓶不准靠近热源或置于烈日下曝晒,以防发生爆炸事故。

图 4-1-19 二氧化碳气瓶

液态 CO_2 在大气压力下的沸点为-78 ℃,所以常温下容易蒸发。CO_2 气体中水气的含量与瓶中的压力有关,压力越低,水气越多,当压力低于 1 MPa 时,CO_2 气体中的含水量便大幅增加,不能继续使用。为保证焊接质量,一般规定 CO_2 气体的纯度(体积分数)在 99.5%以上,含水量、含氮量均不得超过 0.1%。

液态 CO_2 中可溶解 0.05%(质量分数)的水,多余的水沉在瓶底,这些水与液态 CO_2 一起挥发后,将混入 CO_2 气体中并进入焊接区,随着 CO_2 气体中水分的增加,焊缝金属中扩散氢含量也会增加,导致焊缝的塑性变差,同时还会增加气孔数量。

CO_2 气体保护焊时,如果 CO_2 气体纯度不够,要采取措施来消除 CO_2 气体中的水分和空气。新装的 CO_2 气瓶,应倒置 1~2 h,使密度大的水沉到瓶口部位,然后小心地打开瓶阀放出一部分液体,这样进行 2~3 次,每次间隔 30 min,就可以去除一部分水分。此外,使用前,先将瓶内杂气放掉,一般放 2~3 min 即可,或者在供气管路中串联干燥器,以进一步减

少 CO_2 气体中的水分。

在温度恒定情况下，气瓶中 CO_2 液体全部挥发成气体后，瓶内压力才开始逐渐下降。因为 CO_2 液体压力在低于 0.7 MPa 时会形成干冰，所以通常在使用钢瓶时，内部压力不能低于 0.7 MPa。CO_2 气瓶中气压降到 980 kPa 时，应该停止用于 CO_2 气体保护焊，因为这时 CO_2 气体中所含水分比饱和压力下水分增加 3 倍左右，如果继续作为 CO_2 气体保护焊的保护气体，将使焊缝产生气孔。

(2)预热器

当打开气瓶阀门时，液态 CO_2 挥发成气态，汽化时要吸收大量的热量，从而使气体温度下降，为防止气体中的水分在气瓶出口处结冰，在减压前要将 CO_2 气体加热，即在供气系统中加入预热器。预热器的功率为 75~150 W。

(3)干燥器

干燥器用于吸收 CO_2 气体中的水分。干燥器有两种：一种是高压干燥器，在减压之前使用；另一种是低压干燥器，在减压之后使用。干燥器的选用，主要根据气瓶中 CO_2 气体的纯度和对焊接质量的要求而定。可以用一个，也可以两个都用。

(4)减压器及流量计

减压器可将高压的 CO_2 气体变为低压，并保持气体的压力在供气过程中稳定。流量计用于测量和控制气体的流量，常用的流量计一般与减压器、干燥器、预热器做成一体，如图 4-1-20 所示。

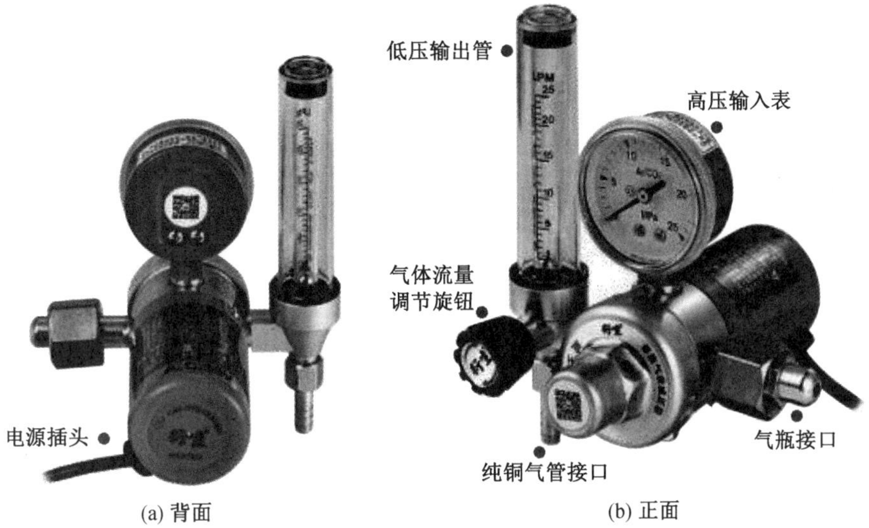

图 4-1-20 CO_2 加热减压流量调节气表

(5)电磁气阀

电磁气阀是用来控制保护气体的装置。

6. 控制系统

CO_2 气体保护焊的控制系统是对送丝系统、供气系统和焊接电源的控制，以及对焊件运转或焊接机头行走的控制。其控制程序如图 4-1-21 所示。

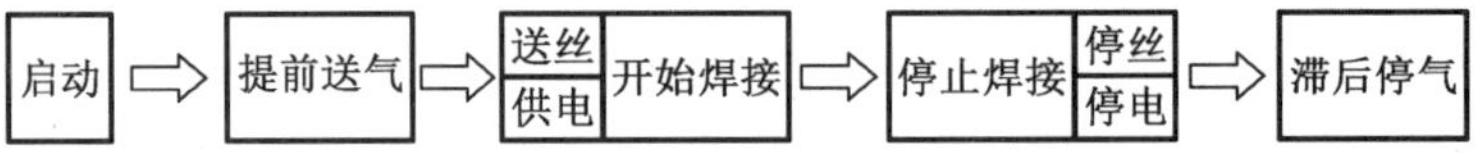

图 4-1-21 半自动熔化极 CO_2 气体保护焊的控制程序流程图

送丝系统的控制是对送丝电机的控制,即能够完成对焊丝的正常送进和停止动作,焊前对焊丝的调整,在焊接过程中均匀调节送丝速度,并在网络波动时有补偿作用。

供气系统的控制分为三个步骤:第一步提前送气 1~2 s,这样可以排出引弧区周围的空气,保证引弧质量,然后引弧;第二步在焊接过程中保证气流均匀;第三步在收弧时滞后 2~3 s 断气,继续保护弧坑区的熔化金属凝固和冷却。

焊接电源的控制与送丝部分相关,引弧时,可在送丝同时接通焊接电源,也可在接通焊接电源后送丝。收弧时为了避免焊丝末端与熔池粘连而影响弧坑的质量,应先停止送丝再切断焊接电源,有时还要延时切断焊接电源和焊接电流自动衰减的控制装置,以保证弧坑的质量。

知识点 2 熔化极 CO_2 气体保护焊设备的安装与使用

1. CO_2 气体保护焊设备的安装场地及要求

a. 焊机应安装在离墙和其他焊机等设备至少 300 mm 以外的地方,使焊机使用时能确保通风良好;焊机不应安装在日光直射处、潮湿处和灰尘较多处。

b. 施焊工作场地的风速应小于 2 m/s,超过该风速时应采取防风措施。焊接时为防止弧光伤人,应选择适当场所或在焊机周围加屏蔽板遮光。

c. 供电网络应能提供 CO_2 气体保护焊设备所要求的输入电压(220 V 或 380 V)、相数(单相或三相)和电源频率(50 Hz)。供电网络应有足够多的容量,以保证焊接时电压稳定。目前 CO_2 气体保护焊设备允许网络电压的波动范围在±(5%~10%)。

d. 搬运 CO_2 气瓶时,应当盖上瓶盖并使用专用搬运车。安装时应当正置并固定。CO_2 气瓶必须放在低于 30 ℃的地方。

e. 焊机机壳的接地必须良好。

2. CO_2 气体保护焊设备的使用

设备使用前,应将各部件按一定的程序用电缆连接起来。

焊机连接顺序:CO_2 气体保护焊设备的连接方法根据机组的不同有所差异,但一般的连接程序大致相同。

a. 连接焊接电缆:焊接电源的"+"端用焊接电缆与导电嘴相连,焊接电源的"-"端用焊接电缆与焊件可靠地连接。焊接电缆根据不同机种的容量,选用规定尺寸的橡胶软电缆,其断面尺寸的大小,可按电流密度 5 A/mm^2 计算。

b. 连接送丝机的控制电缆:应将控制电缆的多芯插头可靠地插入送丝机上的插座内并锁紧。

c. 安装 CO_2 气体减压阀和流量计:减压阀和流量计的气体入口处和出口处不得有油污和灰尘。减压阀和流量计的安装螺母应当拧紧。

d. 连接气管:流量计的出口和送丝机之间的气管、送丝机和焊枪之间的气管,可以用螺母和管螺纹连接并拧紧,还可以向气管中插入连接铜管并用金属丝缠绕紧固。

e. 连接 CO_2 气体加热器:电路预热器上的电源线与焊接电源侧壁上的接线柱相连(必须采用低于 36 V 的交流电)。

f. 连接冷却水管(采用风冷焊枪不用此步骤):把与焊枪相连的给水管和排水管与循环水装置连接并扎紧。

g. 连接送丝机和焊枪:控制电缆插头、焊接电缆和气管(水管)等均应在各自的接口可靠地连接。安装送丝弹簧软管时,软管孔径应与焊丝直径相适应。

h. 连接电源电缆:必须确认已切断配电盘开关后,才能连接电源电缆。电源电缆的断面尺寸应符合规定。电源电缆与配电盘和焊接电源输入端的连接应用螺钉拧牢,以便可靠导电。

3. CO_2 气体保护焊时气瓶使用注意事项

a. 防止气瓶使用温度过高。液态 CO_2 压力随温度降低而降低。但是当温度上升到 31 ℃以后 CO_2 只会以气态形式存在。气瓶应存放在阴凉、干燥处,远离阳光、暖气、炉火等热源,地面温度不得超过 31 ℃,以免液态 CO_2 汽化形成高压气体,导致超压爆炸。

b. 气瓶不能卧放。气瓶卧放时,减压阀开启,液态 CO_2 会流出并迅速汽化,容易发生导气管爆裂。

c. 气瓶附件完好。减压阀、接头、压力调节器装置正确连接且无泄漏、损坏,状况良好。

d. CO_2 不得超量充装。温带气候液态 CO_2 的填充量不要超过气瓶容积的 75%,热带气候液态 CO_2 的填充量不要超过气瓶容积的 66.7%。

e. 使用合法气瓶。检查气瓶瓶肩上是否有气瓶代码,没有气瓶代码的气瓶是不合法气瓶,发生事故后民事责任难以追究。

f. 气瓶不能超期使用。检查角阀下面或者瓶肩上的检验标记所标记的检验有效期是否超期。

g. 确认气瓶内是否是 CO_2,是否超量充装。查看警示标签和充装标签,确认气瓶内盛装的气体。

4. CO_2 气体保护焊焊机的维护保养

a. 定期检查焊机的接线是否可靠。

b. 焊机应置于通风良好、干燥整洁的地方。

c. 经常检查焊枪的喷嘴与导电部件之间的绝缘情况。

d. 经常检查导电嘴和焊丝的接触情况,当导电嘴磨损时应及时更换。

e. 经常检查送丝轮压紧和磨损情况,并及时调整或更换。

f. 经常检查焊枪上的电缆、气管、送丝软管等,发现问题及时更换。

g. 经常检查供气系统,发现问题及时更换。

h. 经常检查送丝结构,要及时加油或换油。

5. CO_2 气体保护焊焊机常见故障的产生原因及排除方法

CO_2 气体保护焊焊机常见故障产生原因及排除方法见表 4-1-3。

表 4-1-3　CO_2 气体保护焊焊机常见故障的产生原因及排除方法列表

序号	故障现象	产生故障的原因	排除故障的方法
1	焊接电弧不稳定	(1)电网电压波动。 (2)送丝不稳定。 ①送丝滚轮 V 形槽口磨损或与焊丝直径不匹配; ②送丝轮压力不够; ③送丝软管堵塞或接头处有硬弯; ④导电嘴孔径太大或太小; ⑤送丝软管弯曲半径小于 400 mm。 (3)三相电源的相间电压不平衡。 (4)焊接参数未调好。 (5)连接处接触不良。 (6)夹具导电不良。 (7)二次侧极性接反。 (8)焊工操作或规范选用不当。 (9)电抗器抽头位置选用不当	(1)加大供电电源变压器容量,不与其他大功率用电装置共用同一电网线路(如大功率电阻焊机等)。 (2)使送丝稳定。 ①更换与焊丝直径相匹配的送丝轮; ②调整送丝轮压力; ③清理送丝软管中的尘埃、铁粉等,消除硬弯; ④更换合适孔径的导电嘴; ⑤展开送丝软管。 (3)检查熔断器、整流元件是否损坏并更换。 (4)重新选择焊接参数。 (5)检查各导电连接处是否松动。 (6)改善夹具与工件的接触。 (7)调整错误的接线。 (8)按正确操作方式施焊,重新选用焊接参数。 (9)重新选用合适的电抗器抽头挡
2	产生气孔或凹坑	(1)工件表面不清洁。 (2)焊丝上粘有油污或生锈。 (3)CO_2(或 Ar)气体流量太小。 (4)风吹焊接区,气体保护恶化。 (5)喷嘴上粘有飞溅物,保护气流不畅。 (6)CO_2 气体质量太差。 (7)喷嘴与焊接处距离太远	(1)清理工件上的油、污、锈、涂料等。 (2)加强焊丝的保管与使用,清除焊丝、送丝轮和软管中的油污。 (3)检查气瓶气压是否太低、接头处是否漏气、气体调节配比是否合适。 (4)在野外或有风处施焊,应采取相应保护措施。 (5)清除喷嘴上的飞溅物,并涂抹硅油。 (6)采用高纯度 CO_2 气体。 (7)保持合适的焊丝伸出长度进行焊接
3	空载电压过低	(1)电网电压过低。 (2)三相电源缺相运行。 ①熔断器烧断; ②整流元件损坏; ③接触器某相触点接触不良	(1)加大供电电源变压器容量,或避免白天用电高峰时焊接。 (2)检修。 ①和②更换; ③检修或更换

表 4-1-3(续 1)

序号	故障现象	产生故障的原因	排除故障的方法
4	焊缝呈蛇型	(1)焊丝伸出长度过长。 (2)焊丝矫直装置调整不合适	(1)保持合适的焊丝伸出长度。 (2)重新调整
5	送丝电机不运转	(1)送丝滚轮打滑。 (2)焊丝与导电嘴熔结在一起。 (3)送丝轮与导向管间焊丝发生卷曲。 (4)控制电路或送丝电路的熔断器的熔丝烧断。 (5)控制电缆插头接触不良。 (6)焊枪开关接触不良或控制电路断开。 (7)控制继电器线圈或触头烧坏。 (8)调整电路故障。 ①印制电路板插座接触不良; ②电路中元器件损坏; ③有虚焊或断线现象; ④控制变压器烧坏。 (9)电动机损坏	(1)调整送丝轮压力。 (2)重新更换导电嘴。 (3)剪除该段焊丝后,重新装焊丝。 (4)更换熔丝。 (5)检查插头后拧紧,如不行则更换。 (6)更换开关,修复断开处。 (7)更换控制继电器。 (8)排除调整电路故障。 ①插座插紧; ②更换损坏元器件; ③修复断开或虚焊处; ④更换控制变压器。 (9)更换电动机
6	焊枪(喷嘴)过热	(1)冷却水压不足或管道不畅。 (2)焊接电流过大,超过焊枪许用负载持续率	(1)设法提高水压,清理疏通管路,消除漏水处。 (2)选用与实际焊接电流相适应的焊枪
7	电压调节失控	(1)焊接主电路断线或接触不良。 (2)变压器抽头切换开关损坏。 (3)整流元件损坏。 (4)移相和触发电路故障。 (5)继电器线圈或触点烧坏。 (6)自饱和磁放大器故障	(1)检查焊接电路,接通断开处,拧紧螺丝。 (2)更换新开关。 (3)更换整流元件。 (4)修理或更换损坏的元器件。 (5)更换继电器。 (6)逐级检查,排除故障
8	CO_2 保护气体不流出或无法关断	(1)电磁气阀失灵。 (2)气路堵塞。 ①减压表冻结; ②水管折弯; ③飞溅物阻塞喷嘴。 (3)气路严重漏气。 (4)气瓶压力过低	(1)检查气阀控制线路或更换电磁气阀。 (2)使气路通畅。 ①接通预热器; ②理顺水管; ③清除阻塞物,并涂抹硅油。 (3)更换破损气管,排除漏气原因。 (4)换上压力足够的新气瓶

表 4-1-3(续 2)

序号	故障现象	产生故障的原因	排除故障的方法
9	引弧困难	(1)焊接电路电阻太大。 ①电缆截面太小或电缆过长; ②焊接电路中各连接处接触不良。 (2)焊接参数不合适。 (3)工件表面太脏。 (4)焊工操作不当	(1)降低焊接电路电阻。 ①加大电缆截面,减少接头或缩短电缆长度; ②检查各连接处,使之接触良好。 (2)加大电弧电压,降低送丝速度。 (3)清除工件表面油污、漆膜和锈迹。 (4)调节焊丝伸出长度,改变焊枪角度,降低焊接速度
10	焊丝回烧(焊丝与导电嘴末端焊住)	(1)焊接规范不合适。 (2)导电嘴导电不良。 (3)焊接回路电阻太大。 (4)焊工操作不当。 (5)导电嘴与工件间的距离太近	(1)降低电弧电压,降低送丝速度。 (2)更换导电不良的导电嘴。 (3)加大电缆截面,缩短电缆长度,检查各连接处,使之保证良好导电。 (4)改变焊接角度,增加焊丝伸出长度。 (5)适当拉开两者间的距离
11	焊接电压过低且电源有异常声音	(1)硅整流元件击穿短路。 (2)三相主变压器短路	(1)更换硅整流元件。 (2)修复短路处

知识点 3 熔化极 CO_2 气体保护焊中的冶金化学反应及其影响

MAG 焊焊接的化学原理如图 4-1-22 所示。作为保护气体的 CO_2,当接触到高温电弧时,会被分解(离解),变成氧化性气体:

$$2CO_2 \rightleftharpoons 2CO+O_2 \tag{1}$$

$$CO_2 \rightleftharpoons CO+O \tag{2}$$

从而在 CO_2 气体电弧焊接位置附近形成 CO_2、CO、O_2 以及氧(O)的混合气体。CO_2 对熔融状态的钢铁表现出还原性,而 O_2 和 O 具有强氧化性,熔融的钢水被其氧化,因此,发生化学反应:

$$Fe+O \rightleftharpoons FeO \tag{3}$$

$$FeO+C \rightleftharpoons Fe+CO \tag{4}$$

由化学方程式(3)所生成的 FeO 和钢铁中的碳(C)发生化学反应,根据化学方程式(4)生成 CO 气体,在熔融金属凝固时,部分 CO 气体残留在焊道内部,形成“气泡”。这种“气泡”就是称为气孔的焊接缺陷。因此,在使用 CO_2 气体实际焊接时,为防止出现这种情况,也就是为了防止发生化学方程式(4)的化学反应,一般在焊丝中添加适量的脱氧剂(Mn、Si),使之发生化学方程式(5)或(6)的化学反应:

$$FeO+Mn \rightleftharpoons MnO+Fe \tag{5}$$

$$2FeO+Si \rightleftharpoons SiO_2+2Fe \tag{6}$$

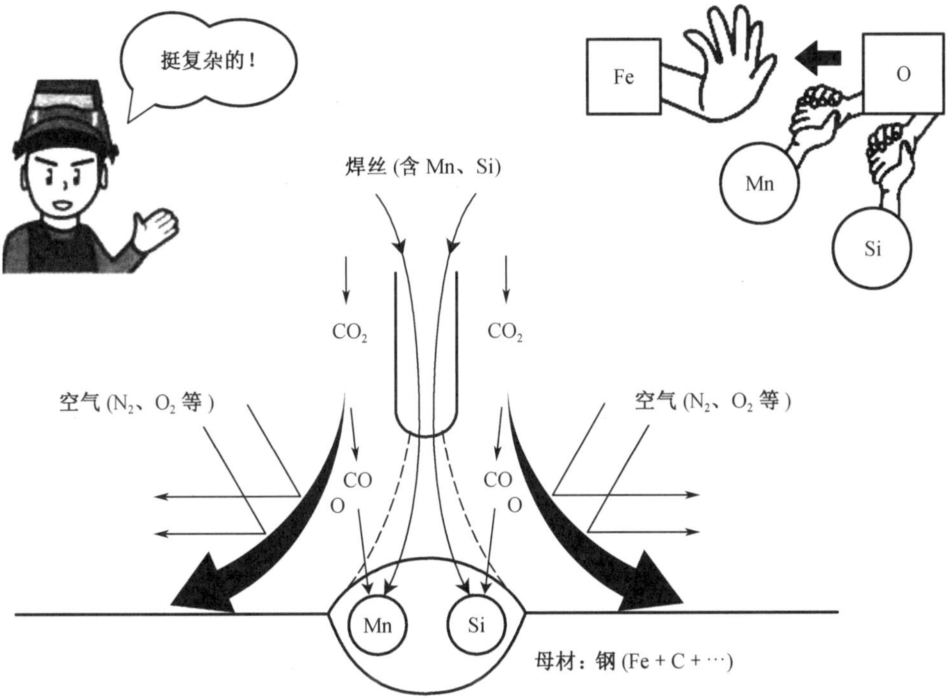

图 4-1-22 MAG 焊焊接(CO_2 气体保护焊)的化学原理

通过发生这种化学反应，生成的氧化锰(MnO)或二氧化硅(SiO_2)会漂浮在熔池的表面，从而在焊道的表面形成类似于玻璃状的焊渣(图 4-1-23)。通过这样的化学原理，可指导形成质量良好的焊道。

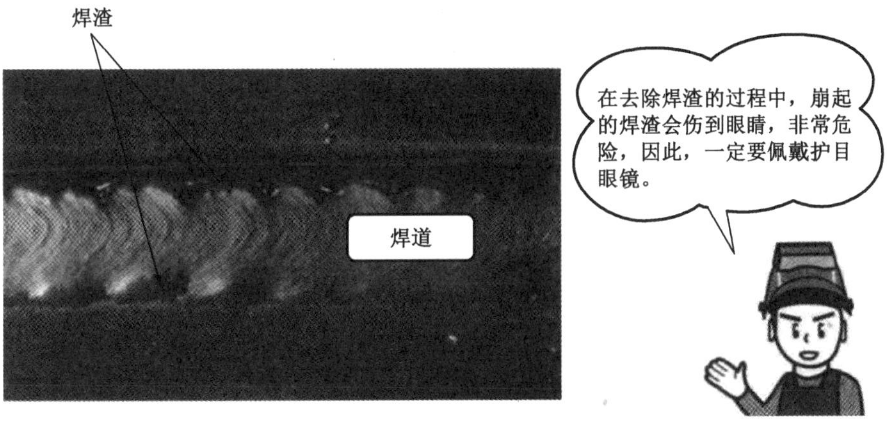

图 4-1-23 焊道表面形成的焊渣是熔融金属被脱氧精炼的证据

另外，在钢铁母材中也含有微量的 Mn、Si 等脱氧元素，但由于含量太低，不足以将全部氧元素消耗完，因此需要使用含有适量的 Mn 或 Si 的专用焊丝。如果使用普通铁丝代替焊丝，就会产生气孔，导致不能正常焊接。

使用 Ar 和 CO_2 的混合气体进行 MAG 焊接时，由保护气体生成的 CO 或 C 相对较少，在焊丝中添加较少的 Mn、Si 等脱氧剂也能正常施焊。使用混合气体焊接所用的焊丝,与纯 CO_2 的相比,Mn、Si 含量较低。所以,使用纯 CO_2 气体作为保护气体施焊时,如果错用了金属活性气体(MAG)的焊丝,就有可能产生气孔。相反,如果使用混合气体作为保护气体施焊时,就没有气孔,但是可能会导致焊接金属硬化,使焊缝的机械性质恶化。

要想成为一名合格的焊工,就必须具备焊接冶金学的知识。

知识点 4 实芯焊丝

熔化极 CO_2 气体保护焊的焊丝有实芯焊丝和药芯焊丝两类。

CO_2 是一种氧化性气体,焊接时,CO_2 在电弧高温区被分解为 CO 和 O,分解出来的氧原子具有强烈的氧化性,会使熔池中的合金元素烧损,并容易引起气孔及飞溅。为了防止气孔、减少飞溅和保证焊缝具有一定的力学性能,要求焊丝中含有足够的合金元素。

若用 C 脱氧,将引起飞溅并产生大量的气孔。

若仅用 Si 脱氧,将产生高熔点的 SiO_2,SiO_2 不易浮出熔池,容易产生夹渣。

若仅用 Mn 脱氧,生成的 MnO 密度大,不易浮出熔池,也容易产生夹渣。

若用 Si 和 Mn 联合脱氧,并保持适当的比例,则 Si 和 Mn 的氧化物能够形成硅酸锰盐,它的密度小,容易从熔池中浮出,不会产生夹渣。因此,CO_2 气体保护焊用焊丝都含有较高的 Mn 和 Si。

1. 焊丝化学成分

CO_2 气体保护焊对焊丝的化学成分有以下要求:

a. 焊丝必须含有足够的脱氧元素,防止产生气孔和减少焊缝金属中的含氧量。

b. 焊丝的含碳量要低,一般要求碳的质量分数不大于 0.11%。如果含碳量过高,容易产生气孔和飞溅。

c. 焊丝的化学成分要保证焊缝金属有较好的力学性能和抗裂性能。

d. 由于焊丝表面的清洁程度直接影响焊缝金属中的含氢量,因此,在焊接前应采取必要的措施,清除焊丝表面的水分和污物。

2. 焊丝型号

标准 GB/T 8110—2008《气体保护电弧焊用碳钢、低合金钢焊丝》规定,焊丝型号由三部分组成:

第一部分:“ER”,表示焊丝;

第二部分:“ER”后面的两位数字,表示熔敷金属的最低抗拉强度;

第三部分:短线“-”后面的字母或数字,表示焊丝化学成分分类代号。它们后面的数字表示同一合金系统的不同编号。

- 碳钢焊丝用一位数字表示,有 1、2、3、4、5、6、7 共七个型号。
- 碳铝钢焊丝用字母“A”表示。
- 铬钼钢焊丝用字母“B”表示。
- 镍钢焊丝用字母“Ni”表示。
- 锰钼钢焊丝用字母“D”表示。

如果添加其他化学成分,还要用第四部分,直接用元素符号表示,并以短线“-”与前面的数字分开。如图 4-1-24 所示。

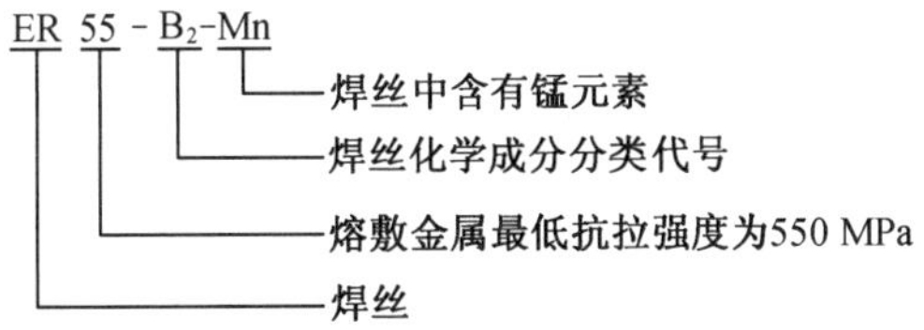

图 4-1-24 焊丝型号组成

目前，CO_2 气体保护焊已得到广泛应用，主要用于碳钢、低合金钢的焊接，常用的焊丝型号有 ER49-1、ER50-2、ER50-3、ER50-4、ER50-6、ER50-7。

CO_2 气体保护焊所用的焊丝直径在 0.5~5 mm，半自动 CO_2 气体保护焊常用的焊丝有 ϕ0.6 mm、ϕ0.8 mm、ϕ1.0 mm、ϕ1.2 mm 等，自动 CO_2 气体保护焊除上述细焊丝之外，大多采用 ϕ2.0 mm、ϕ2.5 mm、ϕ3.0 mm、ϕ4.0 mm、ϕ5.0 mm 的焊丝。

3. 焊丝主要性能

常用的 CO_2 气体保护焊焊丝的主要性能如下：

（1）ER49-1 焊丝

ER49-1 焊丝适用于单道焊和多道焊，具有良好的抗气孔性能，常用来焊接低碳钢和某些低合金钢。

（2）ER50-2 焊丝

ER50-2 焊丝主要用于镇静钢、半镇静钢和沸腾钢的单道焊，也可用于某些多道焊的场合。由于添加了脱氧剂，这种填充金属能够用来焊接表面有锈和污物的钢材。

（3）ER50-3 焊丝

ER50-3 焊丝适用于焊接单道和多道焊缝，典型的母材标准通常与 ER50-2 类别适用的一致。ER50-3 焊丝是使用广泛的熔化极气体保护焊焊丝。

（4）ER50-4 焊丝

ER50-4 焊丝适用于焊接要求比 ER50-3 焊丝填充金属能提供更多脱氧能力的钢种。典型的母材标准通常与 ER50-2 类别适用的一致。

（5）ER50-6 焊丝

ER50-6 焊丝适用于单道焊和多道焊，特别适用于要求有平滑焊道的金属薄板和有中等数量铁锈或热轧氧化皮的型钢和钢板。在进行 CO_2 气体保护焊焊接时，这些焊丝允许较高的电流范围，典型的母材标准通常与 ER50-2 类别适用的一致。

（6）E50-7 焊丝

E50-7 焊丝适用于单道焊和多道焊。与 ER50-3 焊丝填充金属相比，它们可以在较高的速度下焊接，并且能够提供较好的润湿作用和焊道成形。典型的母材标准通常与 ER50-2 类别适用的一致。

实训活动

实训1 熔化极 CO_2 气体保护焊设备与选配

观看虚拟焊接实训的训练视频,或者在虚拟焊接实训车间,跟着视频熟悉 CO_2 气体保护焊设备的类型和设备构件间连接关系。

清点记录并思考完成下表:

完成的气体保护焊设备辨识	练习时长	各类设备的区别	共辨识到几种设备
练习心得与反思			

熟悉气体保护焊设备的安装和调试。

清点记录并思考完成下表:

设备构件的认知	练习时长	设备构件的安装	安装后设备的调试
练习心得与反思			

熟悉气体保护焊设备的安装和调试。

清点记录并思考完成下表：

设备的使用要求	练习时长	设备的使用操作	设备各系统的调试
练习心得与反思			

实训 2 熔化极 CO_2 气体保护焊中的冶金化学反应

观看虚拟焊接实训的训练视频，或者在虚拟焊接实训车间，观察熔化极 CO_2 气体保护焊中的冶金化学反应。

(1)作为保护气体的 CO_2，当接触到高温电弧时，会被分解(离解)，变成氧化性气体，具体的化学反应方程式：

____

____

(2) CO_2 对熔融状态的钢铁表现出还原性，而 O_2 和 O 具有强氧化性，熔融的钢水被其氧化，因此，发生下面的化学反应：

____

____

(3)在使用 CO_2 气体实际焊接时，为了防止化学反应产生气孔，一般在焊丝中添加适量的脱氧剂(Mn、Si)，使之发生下面的化学反应：

____

____

任务 4-2 低合金钢板 T 形接头平角焊熔化极气体保护焊

任务说明：

按图 4-2-1 及技术要求进行材料准备、工艺准备、焊接实施、质量检查、自我评定与总结。

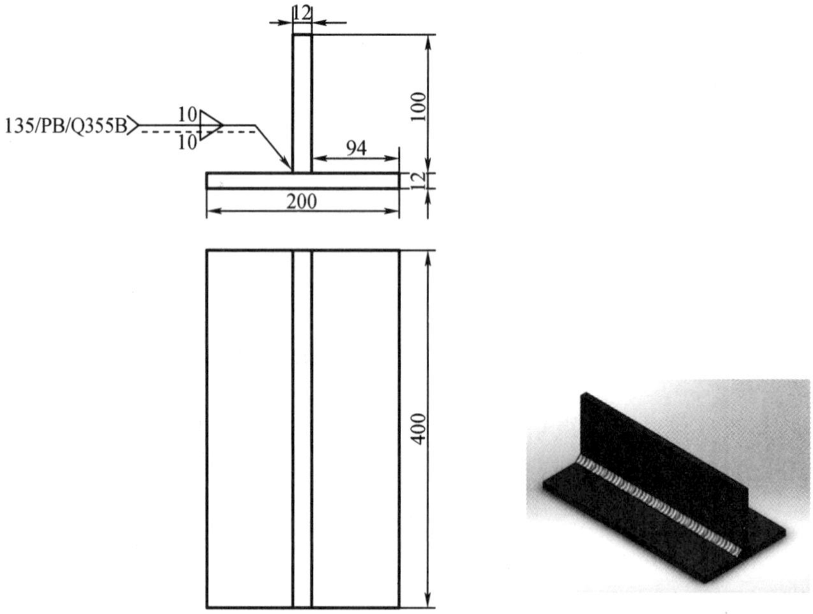

技术要求

1. I 形坡口；
2. 间隙为 0~1 mm；
3. 两板垂直，角度偏差小于 1°；
4. 不允许有咬边；
5. 不允许有未焊透；
6. 不允许有裂纹、气孔、夹渣。

图 4-2-1 Q355B 板 T 形接头平角焊试件图

子任务 4-2-1 焊前准备

知识积累

知识点 1 熔化极 CO_2 气体保护焊的焊接工艺

CO_2 气体保护焊的主要焊接参数有焊丝直径、电弧电压、焊接电流、焊接速度、焊丝伸出长度、CO_2 气体流量、电源极性、电路电感、装配间隙与坡口尺寸等。CO_2 气体保护焊的熔滴过渡形式主要有颗粒过渡和短路过渡两种。

1. 焊丝直径

焊丝直径应根据焊件厚度、焊接空间位置及生产效率的要求来选择。在薄板或中厚板的立、横、仰焊中，多采用 $\phi1.6$ mm 以下的焊丝；在平焊位置焊接中厚板时，可以采用 $\phi1.2$ mm 以上的焊丝。焊丝直径的选择见表 4-2-1。

表 4-2-1 焊丝直径选择参考表

焊丝直径/mm	熔滴过渡形式	焊件厚度/mm	焊缝位置
0.5~0.8	短路过渡	1.0~2.5	全位置
	颗粒过渡	2.5~4.0	平焊
1.0~1.4	短路过渡	2.0~8.0	全位置
	颗粒过渡	2.0~12.0	平焊
1.6	短路过渡	3.0~12.0	全位置
≥1.6	颗粒过渡	>6.0	平焊

2. 电弧电压

电弧电压是影响电弧稳定性以及焊道成形、母材熔深等非常关键的因素。在前面曾经学过，当电弧电压设定的越高，电弧长度（弧长）越长；电弧电压设定的越低，电弧长度（弧长）越短。电弧电压设定的无论是过高还是过低，都会引起电弧不稳定。如图 4-2-2 所示，当电弧电压设定过低，弧长变短时，会产生焊丝扎进熔池里的现象；而当电弧电压设定过高，弧长变长时，熔滴的过渡变得不规则，容易使电弧变得不稳定。

另外，如图 4-2-2(b)所示，在相同电流的情况下，当电弧电压升高时，焊道成形变得又平又宽，熔深也变浅；当电弧电压降低时，形成的焊道宽度变窄，并向上凸起，熔深也变得更深。

电弧电压随着焊接电流的增加而增大。短路过渡焊接时，通常电弧电压在 16~24 V。细滴过渡焊接时，对于直径为 1.2~3.0 mm 的焊丝，电弧电压可在 25~36 V 选择。在大电流焊接时，电弧电压一般在 30~50 V。

使用实芯焊丝的 CO_2 气体保护焊，怎样才能设定合适的电弧电压 E(V)呢？可以参考公式(7)和公式(8)。焊接电流用I(A)来表示。

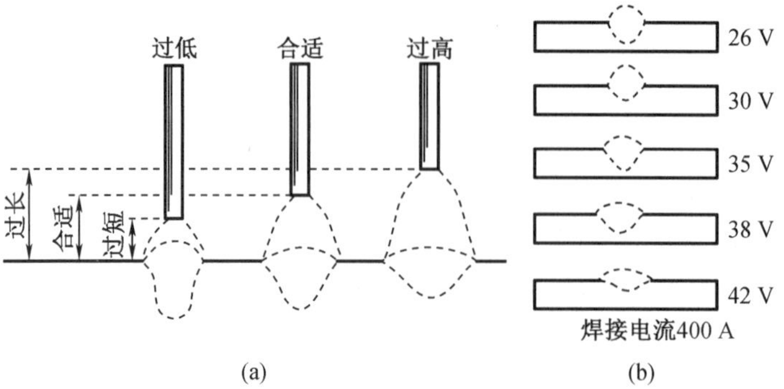

图 4-2-2 电弧电压发生变化时的情况

小电流域短路过渡焊接时：

$$E=0.04I+(14\pm2) \tag{7}$$

大电流域大颗粒过渡焊接时：

$$E=0.04I+(19\pm2) \tag{8}$$

例如，使用直径为1.2 mm的实芯焊丝时（与品牌无关），以240～250 A电流为界限。当低于这个电流焊接时，用公式(7)来计算电弧电压；当高于这个电流焊接时，用公式(8)来计算电弧电压。

目前，几乎所有的CO_2气体保护焊接电源(MAG焊机)都具有图4-2-3所示的焊接电流·电压的一元化功能。利用这个功能，只需要设定焊接电流，就能够自动匹配出比较合适的电弧电压。在焊接作业量不大时，一元化设定在使用上是非常方便的。

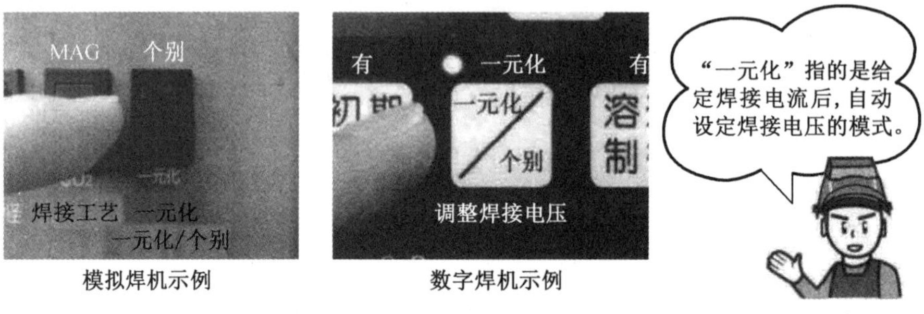

图 4-2-3 MAG 焊机的一元化功能

但是，不能过于依赖一元化功能，在实际焊接时，如果一味地使用这个功能，有时候会产生焊接不良情况。例如，在狭窄的坡口内进行摆动焊接时，如果焊枪高度不随着坡口的状态进行合适的调整，一元化功能会导致焊接电流和电弧电压发生变动，最终导致电弧不稳定。另外，连续焊接时间较长时，随着焊接的进行，熔池有时候会变得越来越宽、越来越大，此时，会引起焊接电流和电弧电压发生变化，从而导致焊接不良的发生。

另外，使用焊接机器人等自动焊接设备时，焊接电流和电弧电压基本上都是个别设定的。这种情况并非一种不良情况，但可以看出，一元化功能在使用上有一定的局限性。因此,一定要习惯对焊接电流和电弧电压分别进行设定。

3. 焊接电流

一般随着焊接电流的增大,熔深、焊缝宽度和余高也相应增加,送丝速度也会加快(送丝速度是通过调节电流来控制的)。

焊接电流的大小应根据焊件厚度、焊丝材料、焊丝直径、焊接位置及需要的熔滴过渡形式来确定。焊接电流增大,熔深将显著增加,焊缝厚度、焊缝宽度及余高也相应增加。对于直径为 0. 8~1. 6 mm 的焊丝,在短路过渡时,焊接电流在 50~180 A 选择;细滴过渡时,焊接电流在 150~500 A 选择。焊丝直径与焊接电流的关系见表 4-2-2。

表 4-2-2 焊丝直径与焊接电流的关系对应表

焊丝直径/mm	焊接电流/A	
	细滴过渡	短路过渡
0. 8	150~250	60~160
1. 2	200~300	100~175
1. 6	350~500	100~180
2. 4	500~750	150~200

焊接电流是影响焊丝的熔化速度以及母材熔深的主要因素。焊接电流越高,焊丝的熔化速度就越快,熔敷金属量就越多。图 4-2-4 所示是对于不同直径的焊丝,所用焊接电流与焊丝的熔化速度的关系图。通过图 4-2-4 可以得知,在电流相同时,焊丝越细,焊丝的熔化量越大。因此,在焊接一条焊缝时,需要提高单层焊道的金属熔敷量,实现高效率焊接时,可以利用这一特性,尽量使用较细的焊丝,同时,使用该焊丝适合的最大电流就可以实现。

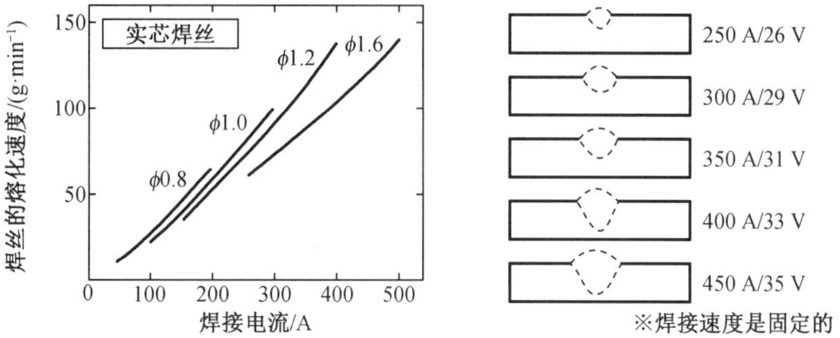

(a)焊丝的熔化速度　　(b)焊道横截面形状

图 4-2-4 焊接电流增大时的情况

另外,随着焊接电流的增大,加在母材上的热能(对母材的热输入)也随之增大,熔深也会变得更深。如图 4-2-4(b)所示是在相同的焊接速度下,当焊接电流变化时,焊道的形状以及熔深的变化情况。从图 4-2-4 可以看到,随着焊接电流的增大,金属熔敷量增加的同时,熔深变得更深,焊道宽度以及焊道余高也相应增大。

4. 焊接速度

当焊丝直径、焊接电流和电弧电压一定时,焊接速度越快,焊道宽度和熔深会相应减少,容易形成向上凸起的焊道。并且焊接速度加快,飞溅量也会增加,气体保护效果会变差,可能出现气孔,焊道边缘容易产生咬边及未熔合的现象。设定焊接速度时需要注意的事项如图 4-2-5 所示。

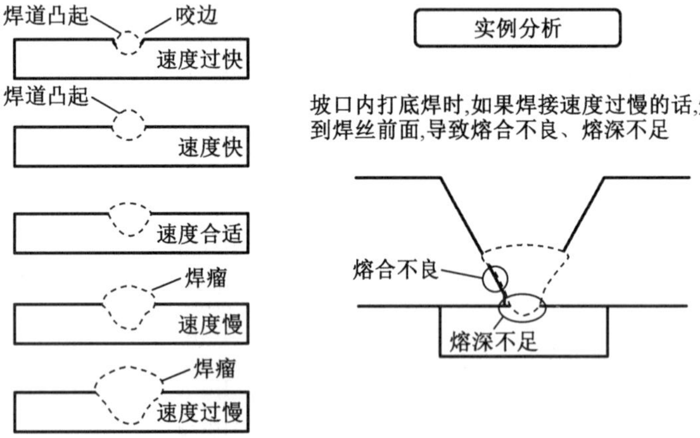

图 4-2-5　设定焊接速度时需要注意的事项

相反,当焊接速度变慢时,熔深会稍有增加,焊道宽度变大的同时余高也会增高。如果焊接速度过慢,容易产生焊瘤的情况,并且焊道边缘和母材之间的过渡会变得不顺畅,形成“小台阶”。特别是在焊接较深的坡口时,焊工往往会有“一定要保证熔深”的心理,这时会把焊接速度压得极低,导致熔池流到了焊丝的前方,这不仅会产生强烈的焊接飞溅,焊道还容易坍塌,更容易产生熔深不足以及熔合不良等情况。因此,应注意尽量避免形成过大的熔池,提高焊接速度,形成较窄的焊道,同时增加焊道的数量,这样进行焊接施工才能够得到理想的焊接效果。

在一定的焊接电流和电弧电压下,随着焊接速度的提高(或减小),焊缝的余高、宽度与熔深也相应减小(或增大)。焊接速度过慢,则焊接生产率降低,焊接变形增大。一般 CO_2 半自动焊的焊接速度为 15~40 m/h。

5. 焊丝伸出长度

焊丝伸出长度是指焊接时焊丝伸出导电嘴的长度,焊丝伸出长度对电弧的稳定性、焊丝的熔化量、母材熔深的稳定性都会产生较大的影响。焊丝伸出长度取决于焊丝直径,一般约等于焊丝直径的 10 倍,且不超过 15 mm。

由于 CO_2 气体保护焊的电流密度较高,MAG 焊机在通常情况下,焊丝的送丝速度是固定不变的。当焊枪距离工件的距离不变时,如果焊丝伸出长度过长,焊丝的预热作用较强,焊丝容易发生过热而成段熔断,焊丝的熔化速度加快,导致电弧变长,电弧电压升高,焊接电流变小,造成熔池温度降低、热量不足,熔深变浅,焊缝成形不好,容易引起未焊透等缺陷;同时,电弧的保护效果变差,飞溅严重。

伸出长度过小,将使焊枪距离工件过近,焊接电流将增大,不但易造成飞溅物堵塞喷嘴,影响保护效果,导电嘴容易过热烧坏,而且会影响焊工视线。

在焊接过程中,必须要保证焊丝伸出长度合适。图 4-2-6 所示是按照使用的焊接电流大小,设定的标准焊丝伸出长度的范围,请参考使用。

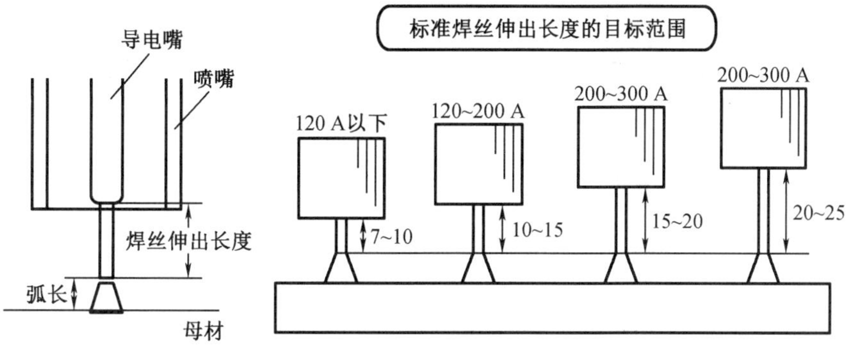

图 4-2-6 焊丝伸出长度

6. CO_2 气体流量

CO_2 气体流量应根据焊接电流、焊接速度、焊丝伸出长度及喷嘴直径等来选择。当焊接电流越大、焊接速度越快、焊丝伸出长度越长时,CO_2 气体流量也应更大些。气体流量过小,电弧不稳,保护效果差,焊缝表面易被氧化成深褐色;气体流量过大,则会出现气体湍流,也会产生气孔,焊缝表面呈浅褐色。细丝 CO_2 气体保护焊时,CO_2 气体流量通常为 8~15 L/min;粗丝 CO_2 气体保护焊时,CO_2 气体流量通常为 15~25 L/min。

7. 电源极性与电路电感

CO_2 气体保护焊时,为了保证电弧的稳定燃烧,一般采用直流反接,即焊件接负极,焊丝接正极。只有在堆焊或焊补铸钢件时,才采用正接法。

焊接电路的电感值应根据焊丝直径和电弧电压来选择。在焊接生产中,有时焊接电缆较长,常常将一部分电缆盘绕起来,这相当于在焊接电路中串入了一个附加电感,电路电感值的改变,使飞溅等发生了变化。因此焊接过程正常后,电缆盘绕的圈数不宜变动。

在实际的焊接施工中,为了保证能够接触到被焊工件,往往会将焊接电缆进行加长。随着电缆的加长,容易引起各种各样焊接不良现象的产生。图 4-2-7 所示是与焊接母材相连的焊接电缆的案例,通过这个案例,我们可以看到焊接电缆的状态对电弧稳定性产生的影响。

假设焊接电流设定为 150 A,当电缆长度从 5 m 增加到 30 m(图 4-2-7 从 a 增长到 b),会引起弧压降低,导致电弧不稳。这是由于电缆的加长,电缆的电阻值变大导致的。遇到这种情况时,要求作业者对降低的弧压进行补偿。图中的 c 就是补偿后的弧压值。补偿方法是升高端子的电压,也就是把弧压的设定值提高一些,这样就能够得到合适的电压,能够实现和 a 相同的焊接结果。

但是,请大家看 d,电缆长度虽然也是 30 m,但它是盘起来的(比如焊机上连接的电缆很长,如果把焊机拉到近处使用时,有些焊工就会把电缆盘起来),这样,电弧就会变得不稳定。这是由于电缆被盘成线圈形状,电感增大引起的。当电感一旦超过了极限值,焊丝就会往熔池里扎,容易产生熔池熔滴向四处飞溅的现象。

如果降低送丝速度,就能够改善这种不良情况,但是降低送丝速度就意味着要降低焊接电流,因此这种对策并不现实。因此,建议大家不要把多余的电缆盘起来,应尽量使电缆处于拉直的状态再进行施焊。

		a	b	c	d
焊接电缆的状态		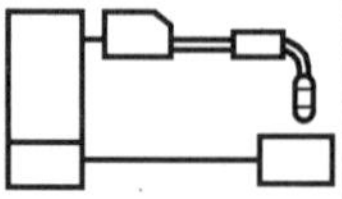 拉直的状态	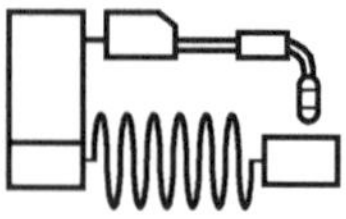 平行往返布置的状态		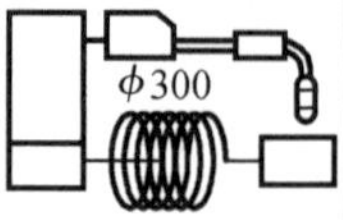 盘起25圈的状态
	电缆长度	5 m	30 m		
焊接电流		150 A			
电压	端子电压	20.5 V	20.5 V	23.0 V	23.0 V
	电弧电压	20.0 V	不稳定	20.0 V	不稳定
电弧	起弧性能	好	差	好	差
	声音	连续声音	不连续声音	连续声音	不连续声音
	弧光	稳定	不稳定	稳定	不稳定
焊道外观成形		好	差	好	差

图 4-2-7　焊接电缆的状态和电弧稳定性的关系

8. 焊接工艺参数的观察与调节

在实际焊接中需要试焊观察,调节出合适的工艺参数。图 4-2-8 列举了几种常见的试焊状态,并就这几种常见的试焊状态进行分析与调节说明。

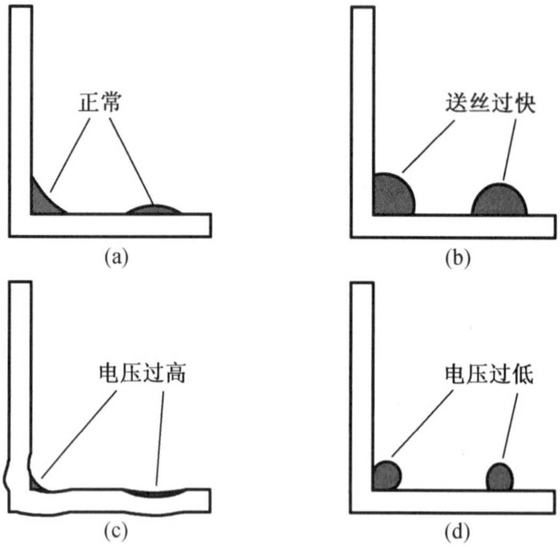

图 4-2-8　试焊状态

图 4-2-8(a)中,焊道平滑工整,焊缝厚度与宽度合适。

图 4-2-8(b)中,焊道宽度合适,但堆积太高,说明送丝速度太快,需要通过调节送丝旋钮减慢送丝速度。

图 4-2-8(c)中,焊道凹陷,工件反面也已经塌陷,说明焊接火力太大,需要通过调节电

压旋钮减小焊接火力。

图 4-2-8(d)中,焊道太高,与工件没有很好的熔合,需要通过调节电压旋钮加大焊接火力。

9. 装配间隙与坡口尺寸

由于 CO_2 气体保护焊的焊丝直径较小,电流密度大,电弧穿透力强、热量集中,因此,厚度在 12 mm 以下的焊件不开坡口也可焊透;对于必须开坡口的焊件,一般坡口角度可由焊条电弧焊的 60°左右减为 30°~40°,钝边尺寸可相应地增大 2~3 mm,根部间隙可相应减小 1~2 mm。

知识点 2 熔化极 CO_2 气体保护焊的优缺点及飞溅防止措施

1. 熔化极 CO_2 气体保护焊的优点

(1)焊接成本低

由于 CO_2 气体来源广,价格低,焊接消耗的电能少,因而 CO_2 气体保护焊的成本低,仅为焊条电弧焊的 40%~50%。

(2)生产效率高

a. CO_2 气体保护焊对工件上的油污、铁锈及其他杂物的敏感性较小,对焊前清理的要求不高。

b. CO_2 气体保护焊焊接电流密度大,熔敷速度快,热量集中。

c. CO_2 气体保护焊对于 10 mm 以下的钢板可以开 I 形坡口一次焊透,对于厚板可加大钝边、减小坡口,以减少填充金属。

d. CO_2 气体保护焊在焊接过程中产生的熔渣极少,多层多道焊时,层间不必清渣。因此,CO_2 气体保护焊生产效率较高,比焊条电弧焊高 4 倍左右。

e. CO_2 气体保护焊采用整盘焊丝,焊接过程中不必更换焊丝,与焊条电弧焊相比,减少了停弧换焊条的时间,既节省了填充金属,又减少了引弧次数。

(3)明弧焊接可见性好

CO_2 气体保护焊电弧可见性好,易对准焊缝,观察和控制焊接过程更方便。

(4)产生缺陷倾向小

a. 降低了因停弧不当产生缺陷的可能性。

b. 由于 CO_2 气体保护焊焊缝中扩散氢含量少,在焊接低合金高强钢时,出现冷裂纹的倾向较小。不易产生焊接气孔。

(5)焊接变形小

因为 CO_2 气体保护焊电流密度大,电弧热量集中,CO_2 气体有冷却作用,工件受热面积小,所以焊后工件变形小。

(6)适用范围广

a. 熔滴采用短路过渡时,适用于平、立、仰全位置焊接。

b. 抗氢气孔能力强。

c. 适合薄板焊接。

d. 广泛应用于低碳钢和低合金钢等黑色金属材料的焊接。

2. 熔化极 CO_2 气体保护焊的缺点

(1)飞溅较大

CO_2 气体保护焊焊后清理飞溅较麻烦，飞溅不但会降低焊丝的熔敷系数，增加焊接成本，而且飞溅金属会黏着导电嘴端面和喷嘴内壁，引起送丝的不畅，使电弧燃烧不稳定，降低气体保护作用，并使劳动条件恶化，必要时需停止焊接，进行喷嘴清理工作。但焊接参数选择合理时，产生的飞溅比采用碱性焊条的焊条电弧焊少。

(2)弧光强

CO_2 气体保护焊弧光较强，需加强防护。

(3)电源受限

CO_2 气体保护焊不能使用交流电源进行焊接，焊接设备比手工焊复杂，易出故障。

(4)抗风能力差

CO_2 气体保护焊不宜露天焊接，需加防风措施。

3. 熔化极 CO_2 气体保护焊防止飞溅措施

(1) CO_2 气体保护焊焊接时的飞溅

所谓飞溅就是在熔焊过程中向周围飞散的熔融金属颗粒。CO_2 气体保护焊焊接时的飞溅有工艺上的原因，也有冶金方面的原因，这是由 CO_2 气体的性质所决定的，因此，其飞溅的问题比其他明弧焊接突出。

①冶金反应引起的飞溅

冶金反应引起的飞溅主要是由 CO 造成的。在电弧的高温状态下，过渡的熔滴及熔池金属中的碳元素，在强氧化性的环境中被氧化生成 CO 气体，且体积急剧膨胀，最终突破熔滴及熔池表面张力的束缚爆破而出，造成大量金属细粒飞溅。

②受正离子撞击的斑点压力引起的飞溅

当采用直流正接法焊接时，大量正离子高速飞向焊丝末端的熔滴，形成较大的机械冲击力，从而造成大颗粒的飞溅。即使采用交流电焊接，在正半周电流通过时同样会出现上述情况。

③短路电流过大或短路电流增速过快、过慢引起的飞溅

当采用短路过渡焊接时，焊丝端头的熔滴与熔池接触短路，短路电流瞬间增至过大的电流值，在短路电流的强烈加热及电磁收缩力的作用下，使尚未脱离焊丝的金属熔液以极快的速度产生缩颈并发生蒸发爆破，由此产生较多细颗粒的金属飞溅。

反之，若短路电流增长的速度过慢，会使焊丝伸出长度在较长时间内因电阻热的作用，成段软化和断落，并使熔滴形成大颗粒飞溅。

④非轴向熔滴过渡造成的飞溅

电弧总是在熔化电极的熔化端存在，尤其当 CO_2 气体保护焊采用粗滴过渡的形式焊接时，由于熔滴较大且不规则，在斑点压力及弧柱中气流压力的共同作用下，过渡时熔滴被推向偏离焊丝的轴线方向，并被抛到熔池外面，使之形成大颗粒飞溅。

⑤焊接参数选择不当引起的飞溅

若在焊接时对焊接电流、电弧电压等参数选择不当可能会引起飞溅，主要是指焊接参数之间搭配的不合理，如焊丝直径、焊丝伸出长度与焊接电流等焊接参数之间选配不当。

(2)减少 CO_2 气体保护焊焊接时飞溅的方法

金属飞溅是 CO_2 气体保护焊中较为突出的问题，但可以采取措施使其减少到一定程

度，尚不能完全消除。

①选择合适的焊丝

在焊丝中加入适量的 Mn、Si 等脱氧剂，控制焊丝中含碳量，一般为 $\omega(C)<0.1\%$，以减少由冶金反应引起的飞溅。

②串联可调电感

为减少短路过渡时出现的飞溅，一般在焊机的焊接回路中串联可调的电感，当调至较合适的电感值时，飞溅较小，声音也较小，焊接过程比较稳定。

③粗滴过渡时采用大电流

对于非轴向的粗滴过渡会产生飞溅的问题，有实验表明，随焊接电流的增大，熔滴过渡的频率加快，熔滴体积变小，而且非轴向过渡也大为减少，飞溅也显著减少。因此在 CO_2 气体保护焊中粗滴过渡焊接时，应尽量采用较大的焊接电流。但对于 CO_2 气体保护焊来说，增大电流受到较多条件的限制，因此，目前主要采用短路过渡。

④采用直流反接法

为减少斑点压力引起的飞溅，可采用直流反接法施焊。

⑤正确选择焊接参数

减少因焊接参数选择不当而引发的飞溅。

实训活动

1. 分析与制订焊接工艺

(1)识读图样(图 4-2-9)

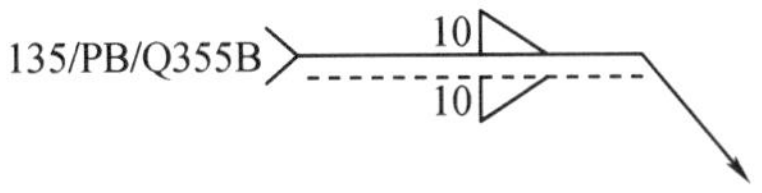

图 4-2-9 识读图样

焊缝符号标注中，实线侧和虚线侧都标有基本符号⊿，其表示______，基本符号前的数字 10 表示______，尾注符号中的 135 为______，工件材料型号为 Q355B，是低碳钢，PB 为______。

(2)焊接工艺基本分析

板厚为 12 mm，坡口采用______，间隙为______mm。T 形接头焊缝属于非熔透型焊缝，要求焊接接头根部有一定的熔合深度，该项目焊脚对称，凸度尽量为零。但在实际操作中会有一定难度，这是由于 T 形接头焊缝在三个方向上散热，比对接接头所需的热输入大，需要较大的焊接电流来施焊，特别是在焊脚较大时，根部不易焊透，平板焊脚偏大，焊缝下垂，易产生应力集中；立板咬边，表面成形难以控制。因此，根据焊脚尺寸，采用两层三道焊完成焊缝，在图 4-2-10 中，将安排的焊道顺序用数字标示出来。

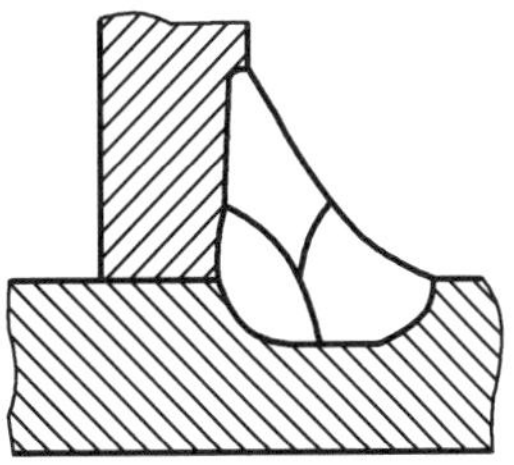

图 4-2-10 标注焊道顺序

根据所提供的 NBC-350 焊接电源，该电源型号含义为

____________,提供的焊丝为 ER50-6,其型号含义为____________。

由于气体保护焊的焊接速度相对焊条电弧焊的快,因此其与焊条电弧焊的工艺参数有区别,第一层采用较大的焊接参数,以确保根部熔合;第二层采用较小的焊接参数,以确保焊缝平滑对称,无咬边缺陷。

(3)工艺制订

根据焊接要求,结合前面所需知识进行工艺制订,完成表 4-2-3 工艺卡的编制。

表 4-2-3 Q355B 板 T 形接头平角焊 CO_2 气体保护焊的焊接工艺卡

<table>
<tr><td colspan="2">焊接工艺卡</td><td colspan="5">编号:</td></tr>
<tr><td>材料牌号</td><td></td><td colspan="5" rowspan="9">接头简图(补全简图,并标注尺寸)
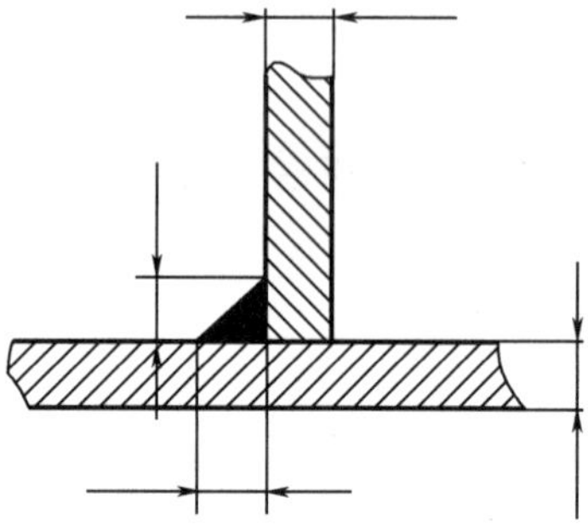</td></tr>
<tr><td>材料规格/mm</td><td>底板:
立板:</td></tr>
<tr><td>接头种类</td><td></td></tr>
<tr><td>坡口形式</td><td></td></tr>
<tr><td>坡口角度</td><td>—</td></tr>
<tr><td>钝边</td><td>—</td></tr>
<tr><td>组对间隙/mm</td><td></td></tr>
<tr><td>焊接方法</td><td>GMAW</td></tr>
<tr><td>保护气体</td><td>CO_2</td></tr>
<tr><td>焊接设备</td><td>NBC-350</td><td colspan="5"></td></tr>
<tr><td>电源种类</td><td></td><td rowspan="3">焊后热处理</td><td>种类</td><td>—</td><td>保温时间</td><td>—</td></tr>
<tr><td>电源极性</td><td></td><td>加热方式</td><td>—</td><td>层间温度</td><td>—</td></tr>
<tr><td>焊接位置</td><td></td><td>温度范围</td><td>—</td><td>测量方法</td><td>—</td></tr>
</table>

<table>
<tr><td colspan="8">焊接参数</td></tr>
<tr><td>焊层</td><td>焊材型号</td><td>焊材直径/mm</td><td>焊丝伸出长度/mm</td><td>保护气体流量/(L·min^{-1})</td><td>焊接电流/A</td><td>焊接电压/V</td><td>焊接速度/(cm·min^{-1})</td></tr>
<tr><td colspan="8">右面焊缝</td></tr>
<tr><td>定位焊</td><td rowspan="4">ER50-6</td><td></td><td></td><td></td><td></td><td></td><td></td></tr>
<tr><td>第一道</td><td></td><td></td><td></td><td></td><td></td><td></td></tr>
<tr><td>第二道</td><td></td><td></td><td></td><td></td><td></td><td></td></tr>
<tr><td>第三道</td><td></td><td></td><td></td><td></td><td></td><td></td></tr>
<tr><td colspan="8">左面焊缝</td></tr>
<tr><td>第一道</td><td rowspan="3">ER50-6</td><td></td><td></td><td></td><td></td><td></td><td></td></tr>
<tr><td>第二道</td><td></td><td></td><td></td><td></td><td></td><td></td></tr>
<tr><td>第三道</td><td></td><td></td><td></td><td></td><td></td><td></td></tr>
</table>

2. 材料、工具设备与工位领取及点检

经检查修订老师审核焊接工艺卡后，按工艺卡领取材料、工具设备及工位，并进行点检。

(1)领用清点试件材料和工具设备

按表4-2-4领用清点试件材料和工具设备。

表4-2-4 材料工具领用表

序号	领用项名称	规格	数量	领用清点
1	试件材料	尺寸： 型号：	2块	
2	清理工具：角磨机		1台	
3	清理工具：钢丝刷		1把	
4	清理工具：敲渣锤		1把	
5	清理工具：锤子		1把	
6	清理工具：錾子		1把	
7	辅助用具：保温桶		1个	
8	检测工具：焊缝检测尺		1把	
9	劳保防护用具	焊接防护服1套、焊接劳保鞋1双、脚盖1套、焊接手套1套、护目镜1付	1套	
10	焊接防护面罩		1把	
11	焊接设备	NBC-350弧焊电源1台、电缆1套、焊钳1把、引弧板2块	1套	
12	焊接实训工位	三面围挡独立焊接操作空间：配焊接专用电源开关及接线插座1套、焊接工作台架1套、排气排烟设施1套、移动遮光挡板(或遮光帘)1套、警戒标识设施1套	1个	
13	焊丝	ER50-6	1卷	

(2)进行焊前准备工具设备等点检

按表4-2-5的内容进行逐项核对点检，对于发现的问题进行处理或报告管理人员进行处理，确保安全。

表 4-2-5 焊前基础点检表

序号	点检内容		点检	问题与处理记录
1	防护用品的穿戴	电弧焊工作服:无破损,扣好,领口、袖口扎紧	□合格 □不合格	
2		劳保鞋:无破损,尺码合适,鞋带扎紧	□合格 □不合格	
3		脚盖:无破损,正确扎进裤筒内,盖住脚面	□合格 □不合格	
4		焊接手套:无破损,套住手和衣袖	□合格 □不合格	
5		口罩:无破损,佩戴正确	□合格 □不合格	
6	焊接设备、用具	电源开关:电压指示正常、接线紧固无破损、电流保护复位正常	□合格 □不合格	
7		电焊机:进线接线正确、牢固无破损;电压电流指示正常,调节正常,正确接地	□合格 □不合格	
8		供气系统:气表与流量表正常,气压正常,气量充足,减压阀及预热干燥器正常,气管无破损	□合格 □不合格	
9		焊把与输出电缆:输出电缆接线正确、牢固、无破损,焊把无破损、接线牢固无外露、操作灵活	□合格 □不合格	
10		面罩:无破损,遮光镜片无破损无油污;紧固无晃动	□合格 □不合格	
11		护目镜:完好	□合格 □不合格	
12		开坡口工具:锉刀手柄牢固、纹齿正常;角磨机无破损,能正常使用,砂轮片在正常使用范围内	□合格 □不合格	
13		除渣工具:敲渣锤、锤子手柄牢固,錾子、钢丝刷无缺损	□合格 □不合格	
14		焊条保温桶:无破损,能合盖,保温良好	□合格 □不合格	
15		焊缝检测尺:无损坏,刻度线清晰,操作灵活,能正确调零	□合格 □不合格	
16	作业环境	无易燃易爆物品	□合格 □不合格	
17		灭火器:齐全,压力指示正常	□合格 □不合格	
18		隔断:能隔断与周围区域的弧光与飞溅火星	□合格 □不合格	
19		通风、排烟除尘良好	□合格 □不合格	
20		周围人员:周围无其他人员,做好提醒	□合格 □不合格	
21		作业指示警示牌:醒目,正确放置	□合格 □不合格	

3. 接头坡口处理及装配定位

根据要求的坡口，确定各零件接头处的清理处理的位置与范围，焊缝的两侧________mm 内要清理干净，然后采用砂轮修磨或化学处理的方式去除板材接头处表面的氧化膜、铁锈以及油污和水等。

装配定位：将试件装配成 90° T 形接头，达到相关尺寸要求，一般角焊缝要求焊缝间隙尽量小。一般在板材________面两端进行定位焊，定位焊的长度在________mm。装配完毕，应用角尺找正焊件，确保立板与底板间的垂直度。然后检测填写表 4-2-6。

表 4-2-6 接头坡口处理及装配定位检测表

接头坡口清理检测							
立板位置 1		立板位置 2		立板位置 3		底板	
要求	处理结果	要求	处理结果	要求	处理结果	要求	处理结果

焊接各零件接头清理处理位置和范围标识标注

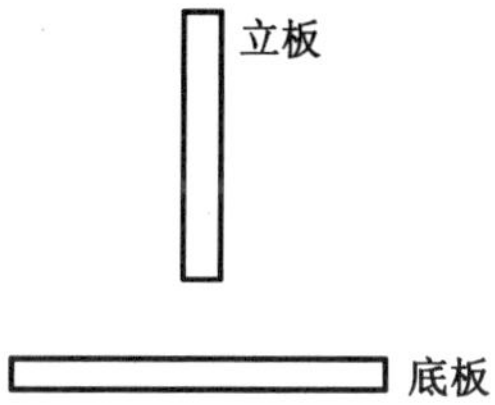

装配定位变形控制尺寸检测

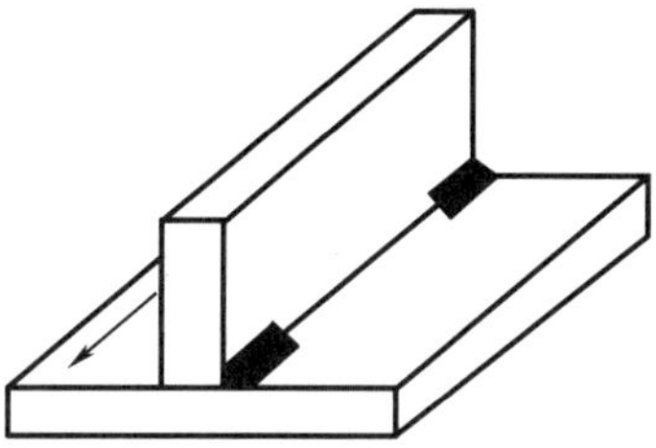

装配定位尺寸							
角度		定位尺寸		定位焊长度 1		定位焊长度 2	
设计值	检测值	设计值	检测值	规范值	检测值	规范值	检测值

子任务 4-2-2 焊 接 操 作

知识积累

知识点 1 CO_2 气体保护焊平角焊时的焊接角度

前面我们介绍过,药皮焊条电弧焊接在进行俯焊时,除了一部分特殊情况外,基本上使用的都是右向焊法(后退法)焊接。而 CO_2 气体保护焊,根据焊枪的移动方法,也就是根据焊接的前进方向,可分为左向焊法(前进法)焊接和右向焊法(后退法)焊接两种。关于前进法焊接和后退法焊接这两种焊接现象的特点如图 4-2-11 所示。

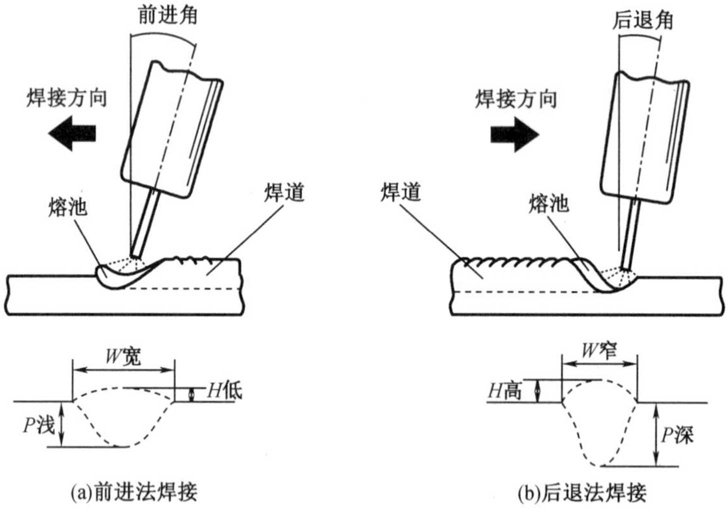

W—焊道宽度;H—焊道余高;P—焊道熔深。

图 4-2-11 前进法焊接和后退法焊接特点

1. CO_2 气体保护焊左向焊法的特点

采用前进法焊接时,由于焊枪不挡前面的焊缝,容易观察到焊接的位置(焊缝接头),接缝与坡口不易焊偏。但是,由于焊枪挡住了后面的焊道,不容易观察焊完的焊道成形。由于电弧推着熔池走,不直接作用在工件上,电弧对熔池的冲刷作用较小,且对未焊部位有预热作用,故焊缝的有效厚度小,熔深也比较小,而且焊缝宽度大,焊道平而宽,焊缝表面成形平坦美观。左向焊法应用的较普遍。

2. CO_2 气体保护焊右向焊法的特点

采用后退法焊接时,对熔池的可见度好,气体保护效果好。但焊枪挡住前面的焊缝,不容易观察到焊接的位置,容易焊偏。另外,由于电弧直接对着熔池,致熔池深度增加,电弧力作用在熔池的后方,电弧的冲刷力把熔融金属推向熔池的后方,形成窄而高的焊道,这样使焊缝成形的焊缝有效厚度及余高均增加。

3. CO_2 气体保护焊焊枪倾角的影响及角度控制

我们来看一个例子：当焊枪倾斜角度变化时，母材熔深的变化情况，如图 4-2-12 所示。

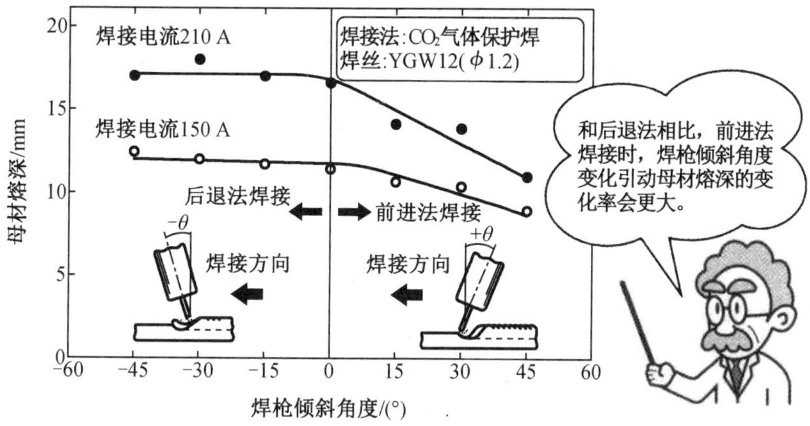

图 4-2-12　焊枪倾斜角度和母材熔深之间的关系

该试验使用的焊机是数字逆变控制 MAG 焊机，将焊接电流设定为固定的值，通过变化焊枪的倾斜角度在平板上进行试焊。分别用 210 A 和 150 A 的焊接电流做了两组试验，使用的母材分别是 9 mm 厚的低碳钢板（SS400 材质）和 6 mm 厚的低碳钢板（SPHC 材质）、直径为 1. 2 mm 相当于 YGW12 系列的焊丝。从图 4-2-12 中可以明显地看到，后退法焊接比前进法焊接的熔深要大，并且随焊枪倾斜角度的变化其熔深几乎不发生改变。但是，前进法焊接时，随着焊枪倾斜角度的变化，母材熔深的变化非常大，并且随着焊枪倾斜角度的增大，熔深有变浅的倾向。焊接电流越大，这种倾向越明显。试验时，焊丝伸出长度并不随着焊枪倾斜角度的变化而改变，但在实际焊接操作时，采用前进法焊接，焊枪向母材倾斜的角度越大，焊丝伸出长度会变长，导致焊接电流的输出值可能下降，因此，预测熔深还会进一步变浅。操作时必须让焊枪的倾斜角度固定，要避免发生较大的角度变化（特别是前进法焊接时）。

CO_2 气体保护焊时，要充分考虑母材的材质、板厚、焊缝接头形状等，然后选择采用前进焊法还是后退焊法，按需求灵活应用。采用前进焊法时，一定不要让熔池跑到电弧（焊丝）的前面，否则，很容易发生熔合不良。如图 4-2-13 所示，倾角应控制在 65°～80°。

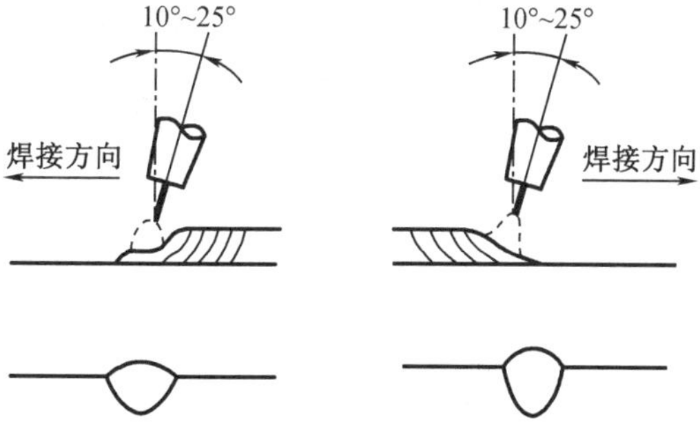

图 4-2-13　焊枪焊丝的倾角示意图

4. CO_2 气体保护焊平角焊时焊枪位置及转角的控制

T 形接头焊接时,易产生咬边、未焊透、焊缝下垂等缺陷。为了防止这些缺陷的产生,操作时,除了正确的执行焊接工艺参数外,还需要根据板厚和焊脚尺寸控制焊枪焊丝的转角角度,相同板厚且焊脚尺寸小于或等于 5 mm 时,焊枪焊丝位置对准接头角中心,转角为 40°~50°,如图 4-2-14(a)所示;不同板厚且焊脚尺寸小于或等于 5 mm 时,焊枪焊丝向薄板一侧偏转,对准厚板多一些,薄板越薄,转向薄板的角度越大,如图 4-2-14(b)所示;相同板厚且焊脚尺寸大于 5 mm 时,应将焊丝水平移动 1~2 mm,如图 4-2-14(c)所示。

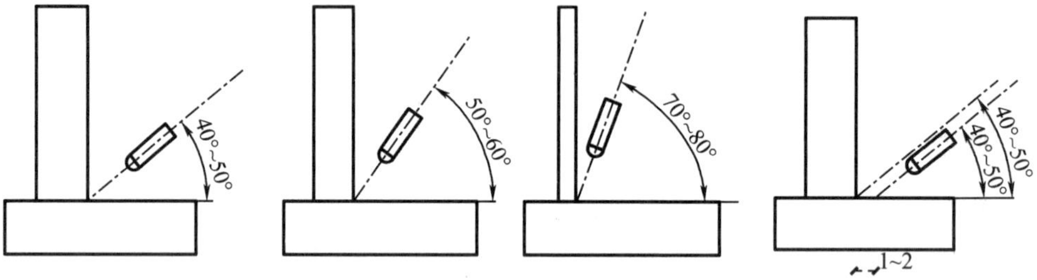

(a)相同板厚且焊脚≤5 mm (b)不同板厚且焊脚≤5 mm (c)相同板厚且焊脚>5 mm

图 4-2-14 焊枪焊丝的位置及转角示意图

知识点 2 CO_2 气体保护焊 T 形接头焊接的操作基础

1. CO_2 气体保护焊焊接时的体位及焊枪的掌控

CO_2 气体保护焊中应用最普遍的是半自动 CO_2 气体保护焊,而掌握其操作技术是保证焊接质量的关键。与焊条电弧焊一样,引弧、焊接及收尾是 CO_2 气体保护焊最基本的操作,但操作手法与焊条电弧焊有所不同。

由于 CO_2 气体保护焊焊枪的结构比焊条电弧焊复杂,操作时不便悬空作业,必须借助适当的体位,以身体的某些部位做“靠山”,减轻焊枪尾部焊接电缆、输气管道及送丝软管等的拖累,才能让右手自然握枪,手腕、手臂操作自如,食指操控启闭。图 4-2-15 所示为半自动 CO_2 气体保护焊在平焊位置时的焊枪掌控及体位姿态。

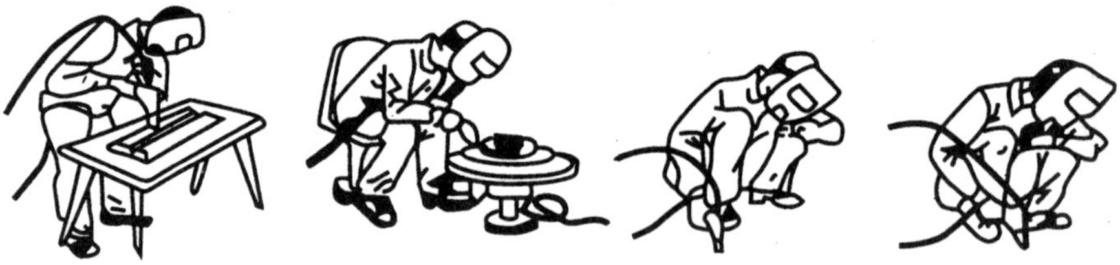

(a) 站姿施焊 (b) 坐姿施焊 (c) 左向焊法姿势 (d) 右向焊法姿势

图 4-2-15 CO_2 气体保护焊焊接常用操作姿势

2. 引弧、焊接及收尾

(1)引弧

CO_2 气体保护焊与焊条电弧焊引弧的方法稍有不同,不采用划擦式引弧,主要采用碰撞接触短路引弧,但引弧时不必抬起焊枪。

CO_2 气体保护焊采用平特性弧焊电源,由于平特性弧焊电源的空载电压低且使用光焊丝,在引弧时,电弧稳定燃烧点不易建立,使引弧变得比较困难,往往造成焊丝成段地爆断,所以引弧前要把焊丝伸出长度调好(图 4-2-16)。

图 4-2-16　调整焊丝伸出长度

焊丝的端部出现球状时,不仅增加了焊丝直径,而且容易氧化,将导致引弧困难。引弧前应将先前焊剩的焊丝端头因熔滴凝固形成的金属圆球钳去,露出尖端以利引弧,如图 4-2-17 所示。

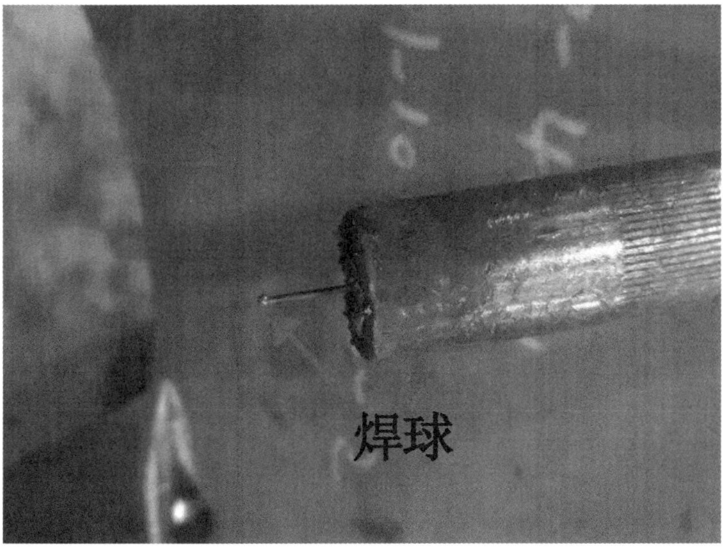

图 4-2-17　焊球

引弧前要选好适当的引弧位置,起弧后要灵活控制焊接速度,以避免焊缝始端出现熔化不良和焊缝堆得过高的现象。

具体操作步骤如图 4-2-18 所示。

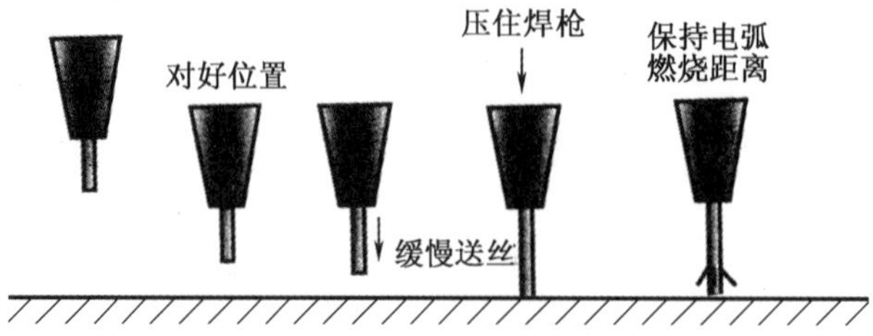

图 4-2-18　CO_2 气体保护焊的引弧过程

①调节准备

焊嘴到焊缝的距离要尽量短,但最小距离不要小于 10 mm。中间填充焊、盖面焊时焊嘴到工件焊缝距离稍大些,最大距离可达到 15 mm。

在引弧前先按遥控盒上的点动开关(按焊枪上的控制开关),点动送出一段焊丝,伸出长度小于喷嘴与工件间应保持的距离,超出部分应剪去。然后,将焊枪按要求(即保持合适的倾角和喷嘴高度后)放在引弧处,此时焊丝端部与工件未接触。

引弧时的焊丝端不可先与焊件接触,否则可能在接通焊接电流时,焊丝因短路爆断产生较大飞溅,致导电嘴堵塞,甚至使焊丝与导电嘴粘住,将电弧直接引向导电嘴。由于半自动 CO_2 气体保护焊多用于细丝焊,采用等速送丝的方式,不像能由弧压反馈自动调速埋弧焊焊机那样自动引弧,因此,在引弧前要将焊丝头与焊件间的距离保持在 2~3 mm,若操作不熟练,最好双手持枪。

引弧前喷嘴、焊丝端与焊件的间距不宜过大,否则容易导致气体保护焊遭到破坏,同时无法正常引弧。喷嘴高度由焊接电流决定。

②启动引弧

按焊枪上的启动按钮,焊机自动提前送气,延时接通电源,保持高电压、慢送丝,焊丝即自行下送,当焊丝碰撞工件短路后,自动引燃电弧。此时在焊枪处会承受向上的顶力,只要保持喷嘴与焊件的间距,很快焊丝端就爆断引弧并进入正常电弧状态。

启动后焊丝以一定速度撞上焊件表面,短路时,焊枪有自动顶起的倾向,要稍用力下压焊枪,防止因焊枪抬高,电弧太长而熄灭。同时,在引弧时适当提高空载电压及降低送丝速度。

(2)焊接

①运条

CO_2 半自动焊时为了获得较宽的焊缝,运条与焊条电弧焊类似,往往采用横向摆动焊丝方式,常用摆动方式有锯齿形、月牙形、正三角形、斜圆圈形等。摆动焊接时,横向摆动运丝角度和起始端的运丝要领与直线无摆动焊接相同。可参照表 4-2-3 中的方式进行选择运用。

表 4-2-3 焊枪的摆动形式及应用范围

应用范围及要点	摆动形式
薄板及中厚板打底焊道	
薄板根部有间隙、坡口有钢垫板时	
坡口小时及中厚板打底焊道,在坡口两侧需停留 0.5 s 左右	
厚板焊接时的第二层以后的横向摆动,在坡口两侧需停留 0.5 s 左右	
多层焊时的第一层	
坡口大时,在坡口两侧需停留 0.5 s 左右	

②始焊端

焊件始焊端处温度较低,所以应在引弧之后,先将电弧稍微拉长一些,对焊缝端部适当预热,然后再压低电弧进行起始端焊接,这样可以获得具有一定熔深和成形比较整齐的焊缝。起始端运丝法对焊缝成形的影响如图 4-2-19~图 4-2-21 所示。

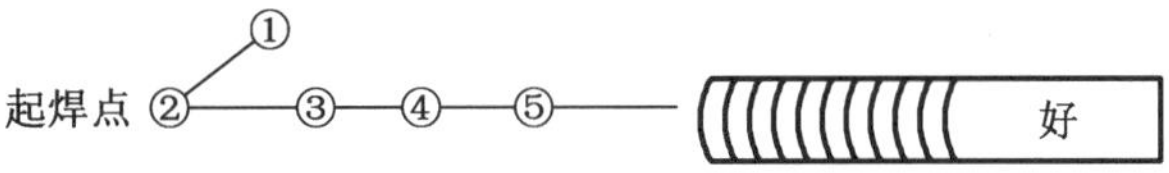

图 4-2-19 长弧预热起焊的直线焊接

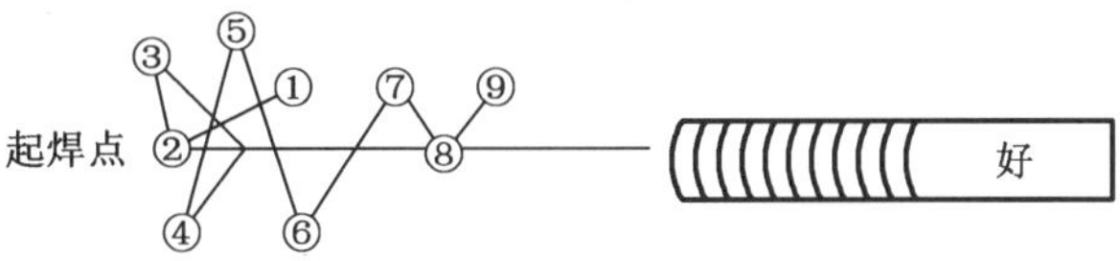

图 4-2-20 长弧预热起焊的摆动焊接

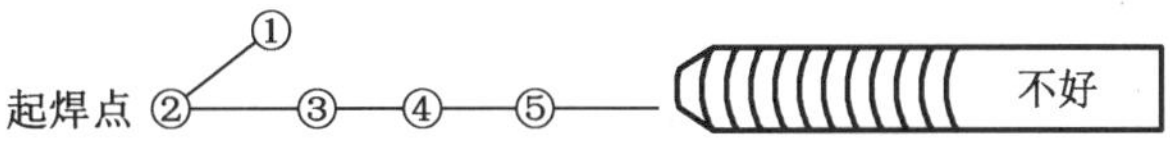

图 4-2-21 短弧起焊的直线焊接

(3)收尾

与焊条电弧焊一样,收尾不当会在焊缝结尾处出现弧坑裂纹及缩孔,如在焊至收尾处时电流与焊丝送进瞬间同时停止,还可能造成焊丝与焊缝黏住,出现“黏丝”现象。

解决出现弧坑的问题有以下几种方法:

①引弧板收尾法

在具备条件的情况下,焊前在结尾处搭装电弧的引出板,把最后出现的弧坑引到引出板中。

②反复断弧收尾法

在焊到结尾处弧坑尚未完全凝固时,采用断续焊接的方法将弧坑填满。此时焊枪已停止前行且一直在结尾处,采用断续按压焊枪按钮的方法,至熔池表面逐渐趋小堆高为止,如图 4-2-22 所示。

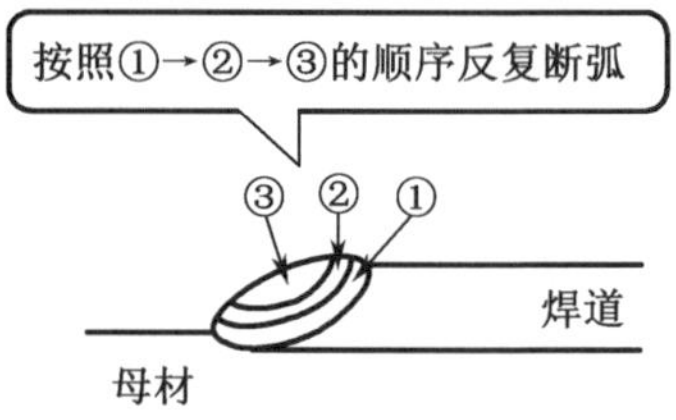

图 4-2-22 反复断弧收尾法示意图

③在焊机中设置焊接收尾程序

如图 4-2-23 所示,在焊接电源中设定收弧电流。

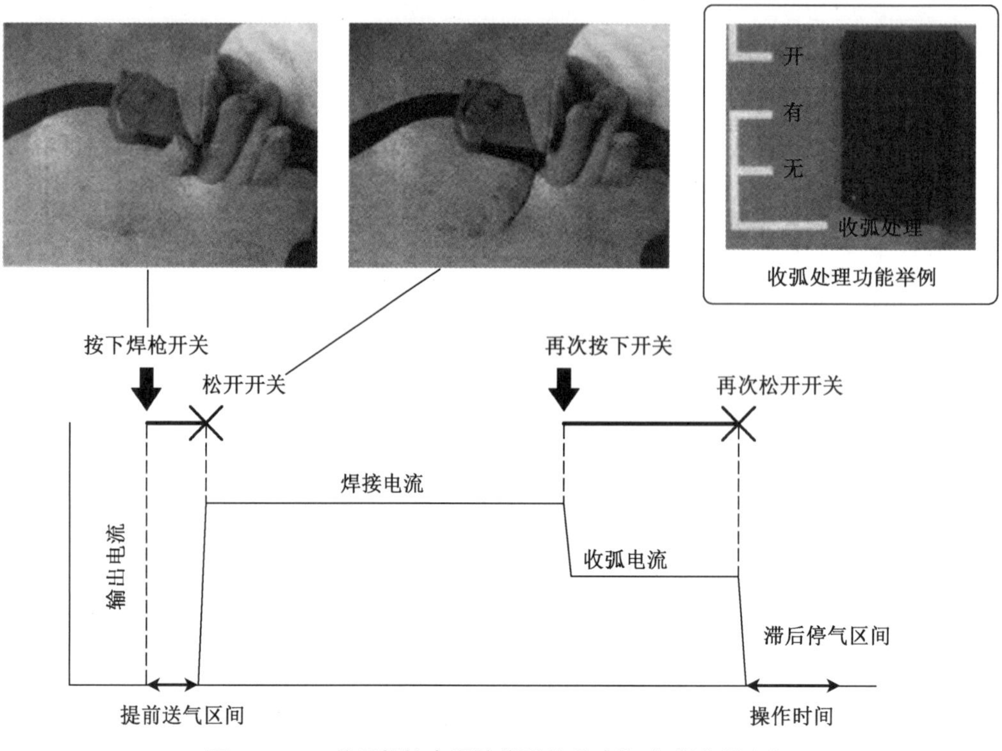

图 4-2-23 使用焊接电源的收弧处理功能时,操作更方便

这种方法和焊枪开关的操作是同步的。起弧成功后,松开焊枪开关,会激发焊枪开关的自我保持功能,虽然没有按焊枪开关,但仍然能够按照设定的焊接电流持续进行施焊。

然后,在焊接结束时,再次按下焊枪开关后,焊接电流会切换成预先设定好的收弧小电流,使用收弧电流在收弧点上画几个小圆圈(做圆周运动),把熔敷金属填充到弧坑内,如图

4-2-24 所示。

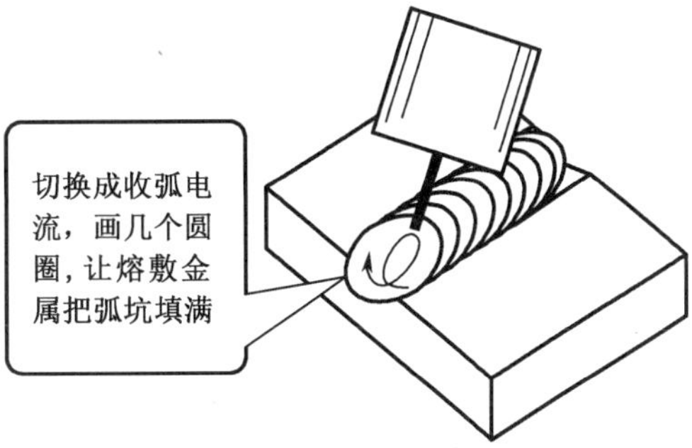

图 4-2-24 小电流收尾程序画圈收尾示意图

注意：进行收弧处理时需要一直按压住焊枪开关（焊接电流切换成收弧电流后，一旦松开焊枪开关，电弧就立即熄灭）。收弧电流值的设定，要考虑焊接结束位置的加热状态或者弧坑的大小，通常设定为焊接电流值的 80%以下的任意值。

利用焊接电源的收弧处理功能实现的收弧，主要有以下两个优点。

a. 通常情况下，采用反复断弧法进行收弧处理时，由于反复地燃弧、熄弧，很容易把周围的空气卷入进来，从而导致收弧点的位置产生气孔等缺陷。而利用收弧处理功能时，在收弧过程中不需要熄弧，可以始终保持燃弧状态，因此，不必担心产生上述问题。

b. 第一次按下并松开焊枪开关后，焊枪开关的自我保持功能被激发，能够减轻焊工持握焊枪时手臂的负担。

实训活动

先焊第一面，再焊第二面，两面的焊接方法相同。

1. 打底焊

先查阅资料完成下面的任务单，再按此前修订确认的焊接工艺卡的工艺要求和下面任务单的方式进行打底焊操作。

（1）引弧与焊条角度及焊接方向

本任务工件采用连弧焊进行打底焊，选择焊接方向为____________；从试件的____________端起焊，在距离焊件始焊处____________开始引弧。电弧引燃后，迅速回到起焊端，此时焊丝对准____________（在图 4-2-25 中标注出位置），可稍做停顿进行____________，当看到工件接头根部有“出汗”现象时，说明____________温度已合适，然后电弧采用____________弧，直线向右施焊。注意控制磁偏吹，起始段和结束段有磁偏吹的长度各约____________mm。注意控制焊条与焊接方向之间的夹角，在下列图中画出焊条位置并标注焊条与工件对应的角度。

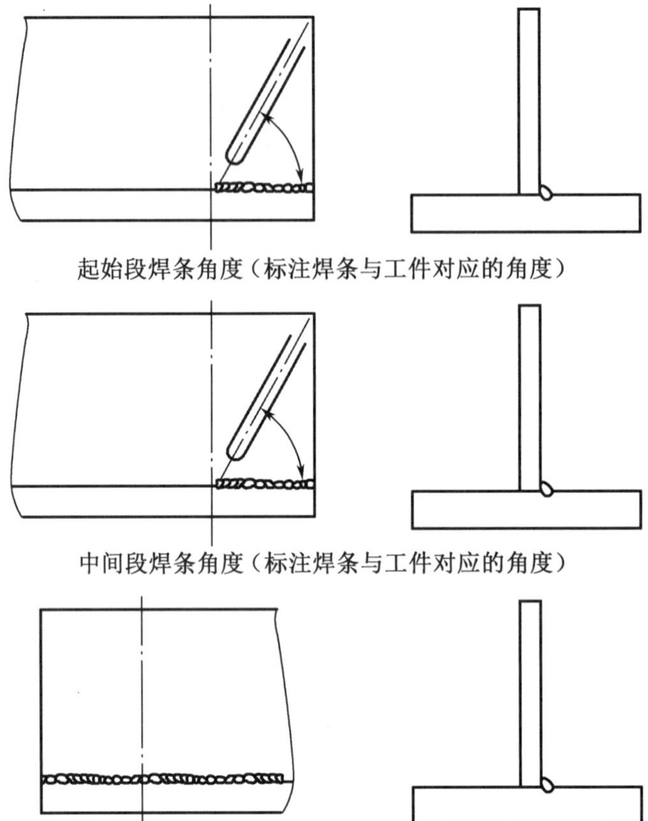

起始段焊条角度（标注焊条与工件对应的角度）

中间段焊条角度（标注焊条与工件对应的角度）

结束段焊条角度（补画左图中焊条的方位，标注两图焊条与工件对应的角度）

图 4-2-25 起始段焊条角度(标注焊条与工件对应的角度)

(2)运条控制

由于 CO_2 气体保护焊熔敷效率高,要求运枪平稳,可双手持枪。打底层焊道焊脚为 6~7 mm。焊接运弧过程中要注意运弧摆动方向,因为它直接影响焊缝成形,如图 4-2-26 中所示是两种运弧方式,判断运弧方式 1 的焊缝形状为__________,运弧方式 2 的焊缝形状为__________;理想的焊缝形状为__________。不好的运条方式造成不好的焊缝具体原因是____。

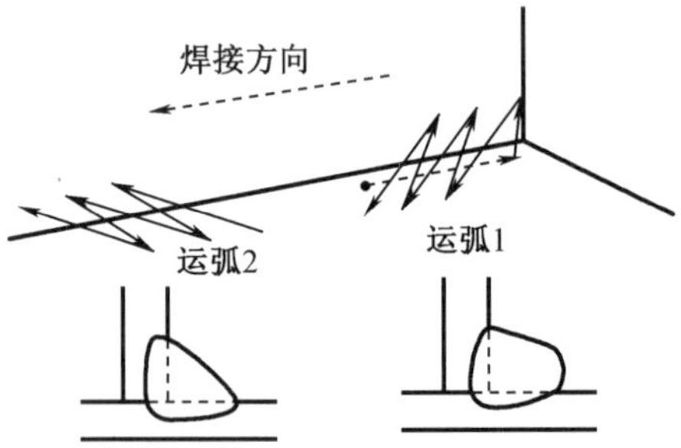

图 4-2-26 两种运弧方式

(3)焊接过程性质量检查

完成打底层焊接后,清理焊渣,进行过程性质量检查,以确保整体焊接质量及后续改进,并填写表 4-2-7。

表 4-2-7　打底焊层缺陷检查表

检查项目	缺陷存在的具体问题及数量		形成原因与改善措施	
	第一面焊缝	第二面焊缝	第一面焊缝	第二面焊缝
夹渣				
气孔				
裂纹				
未焊透				
未熔合				
焊瘤				
咬边				
飞溅情况				

2. 第 2 焊道盖面焊

先查阅资料完成下面的任务单，再按此前修订确认的焊接工艺卡的工艺要求和下面任务单的方式进行填充焊操作。

(1)清理与焊条角度控制

第 2 焊道施焊前，应先将____________的____________、____________等清除干净，将打底焊层焊缝接头的____________打磨平整，然后进行焊接。第 2 焊道应覆盖打底焊道的____________。第 2 焊道正常施焊时，转角比打底焊的转角____________，为____________，倾角比打底焊的倾角____________，为____________。焊丝应对准____________。

(2)运条

如图 4-2-27，运条方式采用____________，控制好焊道与底板的熔合情况，运条速度变化为：焊道下沿各点位间移动应____________，以避免____________；从焊道下沿点位向上沿点位移动应____________，以避免____________；在焊道上沿点应无须停顿；从焊道上沿点位向下沿点位移动应____________，以保证____________。下焊趾与立板距离应相等，且平滑过渡，避免焊趾出现____________集中。

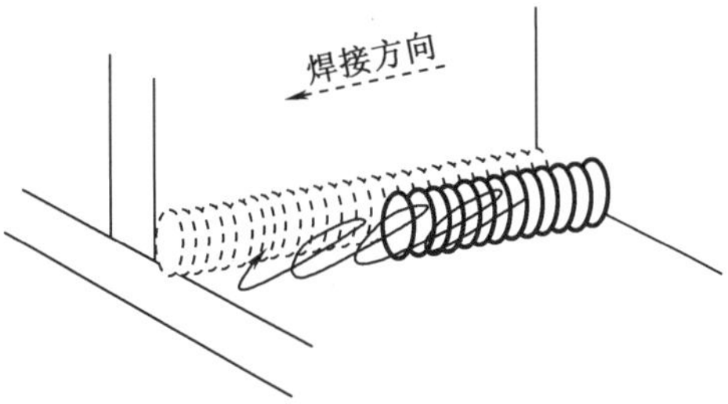

图 4-2-27　运条

(3)焊接过程性质量检查

完成第 2 焊道盖面层焊接后，清理焊渣，进行过程性质量检查，以确保整体焊接质量及后续改进，并填写表 4-2-8。

表 4-2-8 第 2 焊道盖面层缺陷检查

检查项目	缺陷存在的具体问题及数量		形成原因与改善措施	
	第一面焊缝	第二面焊缝	第一面焊缝	第二面焊缝
夹渣				
气孔				
裂纹				
未焊透				
未熔合				
焊瘤				
咬边				
覆盖打底焊道情况				

3. 第 3 焊道盖面焊

先查阅资料完成下面的任务单,再按此前修订确认的焊接工艺卡的工艺要求和下面任务单的方式进行填充焊操作。

(1)清理与焊条角度控制

第 3 焊道施焊前,应先将____________的____________清除干净,然后进行焊接。第 3 焊道应覆盖第 2 焊道的____________。第 3 焊道正常施焊时,转角比打底焊的转角____________,为____________,倾角比打底焊的倾角____________,为____________。电弧应对准____________。

(2)运条

如图 4-2-28,运条方式采用____________,控制好焊道与立板的熔合情况,使焊道截面成等腰三角形,焊脚为 10 mm。当第 2 道焊缝覆盖打底层大于 2/3 时,在焊接第 3 道时可采用____________,以避免____________。如果第 2 道覆盖打底层太少时,第 3 道焊接时可采用____________,运条时在垂直板上要____________,以防止咬边,这样就能弥补由于第 2 道覆盖过少而产生的____________现象。

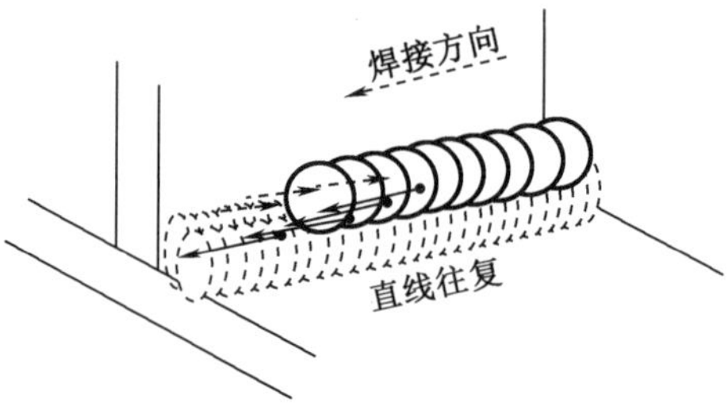

图 4-2-28 运条

(3)焊接过程性质量检查

完成第 3 道盖面层焊接后,清理焊渣,进行过程性质量检查,以确保整体焊接质量及后续改进,并填写表 4-2-9。

表 4-2-9 第 3 焊道盖面层缺陷检查表

检查项目	缺陷存在的具体问题及数量		形成原因与改善措施	
	第一面焊缝	第二面焊缝	第一面焊缝	第二面焊缝
夹渣				
气孔				
裂纹				
未焊透				
未熔合				
焊瘤				
咬边				
覆盖打底焊道情况				

子任务 4-2-3 焊缝清理与检查

实训活动

1. 试件焊后处理与检测评分

将焊好的试件用敲渣锤清理焊渣，用钢丝刷进一步将焊渣、飞溅物等清理干净。严禁破坏焊缝原始表面，禁止用水冷却。对焊缝表面质量进行目视检验，使用 5 倍放大镜观察表面是否存在缺陷，并使用焊接检测尺对焊缝进行测量，试件外观检查的结果应满足各项要求，然后截面做宏观金相检测。对试件按规范进行检测评分记录在表 4-2-10。

表 4-2-10 Q355B 板 T 形接头平角焊熔化极 CO_2 气体保护焊评分表

检查项目	评判标准及得分	评判等级				自测数据	自评分数	教师测量	教师评分
		Ⅰ	Ⅱ	Ⅲ	Ⅳ				
焊脚	尺寸标准	10	>10，≤11	>11，≤12	<10 或>12				
	得分标准	12 分	8 分	4 分	0 分				
焊脚差	尺寸标准	≤1	>1，≤2	>2，≤3	>3				
	得分标准	4 分	3 分	1 分	0 分				
焊缝凸度	尺寸标准	≤1	>1，≤2	>2，≤3	>3				
	得分标准	12 分	8 分	4 分	0 分				
咬边	尺寸标准	无咬边	深度≤0.5 且长度≤15	深度≤0.5 且长度为 15~30（不含 15）	深度>0.5 或长度>15				
	得分标准	12 分	8 分	4 分	0 分				

表 4-2-10(续)

检查项目		评判标准及得分	评判等级 I	II	III	IV	自测数据	自评分数	教师测量	教师评分
电弧擦伤		标准	无	有						
		得分标准	4 分	0 分						
垂直度		尺寸标准	0	<1	>1,≤2	>2				
		得分标准	8 分	6 分	4 分	0 分				
焊缝成形		标准	优	良	中	差				
		得分标准	8 分	6 分	4 分	0 分				
宏观金相	根部熔深	尺寸标准	>1	>0.5,≤1	>0,≤0.5	未熔				
		得分标准	16 分	8 分	4 分	0 分				
	条状缺陷	尺寸标准	无	<1	>1,≤1.5	>1.5				
		得分标准	12 分	8 分	4 分	0 分				
	点状缺陷	标准	无	≤ϕ1 数目:1 个	≤ϕ1 数目:2 个	≥ϕ1 数目>2 个				
		得分标准	12 分	8 分	4 分	0 分				
合计			100 分							

焊缝外观成形评判标准

优(10 分)	良(8 分)	中(6 分)	差(5 分)	自测数据	自评分数	教师测量	教师评分
成形美观,焊缝均匀、细密,高低、宽窄一致	成形较好,焊缝均匀、平整	成形尚可,焊缝平直	焊缝弯曲,高低、宽窄相差明显				

注:若试件未完成焊接,表面有修补痕迹及焊缝正反面有裂纹、夹渣、气孔、未熔合缺陷,则该件按 0 分处理。

项目五　氩弧焊基础理论与操作

学习目标

知识目标

1. 掌握钨极氩弧焊的原理、特点和设备;
2. 熟悉钨极氩弧焊钨极和焊丝的型号分类、特点;
3. 熟悉钨极氩弧焊电源接法和钨极处理对焊接质量的影响;
4. 熟悉钨极氩弧焊的常见缺陷产生的原因和防止措施。

技能目标

1. 能正确连接调试钨极氩弧焊设备;
2. 能正确连接调试钨极氩弧焊的基本操作;
3. 能正确选择钨极氩弧焊的焊丝和工艺参数;
4. 能正确进行低碳钢和低合金高强度钢板对接平焊钨极氩弧焊;
5. 能正确进行钨极氩弧焊的焊后处理。

任务 5-1　氩弧焊基础理论认知

知识积累

知识点 1　钨极氩弧焊(TIG 焊)的工作原理、分类及特点

钨极惰性气体保护焊是使用纯钨或活化钨(钍钨、铈钨等)作电极的惰性气体保护焊,简称 TIG 焊。TIG 焊一般采用 Ar 作为保护气体,故称钨极氩弧焊。由于钨极本身不熔化,只起发射电子产生电弧的作用,故也称非熔化极氩弧焊。

1. TIG 焊的工作原理

TIG 焊是利用钨极与焊件之间产生的电弧热,来熔化附加的填充焊丝或自动送给的焊丝(也可不加填充焊丝)及基体金属形成熔池而形成焊缝的。焊接时,氩气流从焊枪喷嘴中连续喷出,在电弧区形成严密的保护气层,将电极和金属熔池与空气隔离,以形成优质的焊接接头。TIG 焊的工作原理如图 5-1-1 所示。

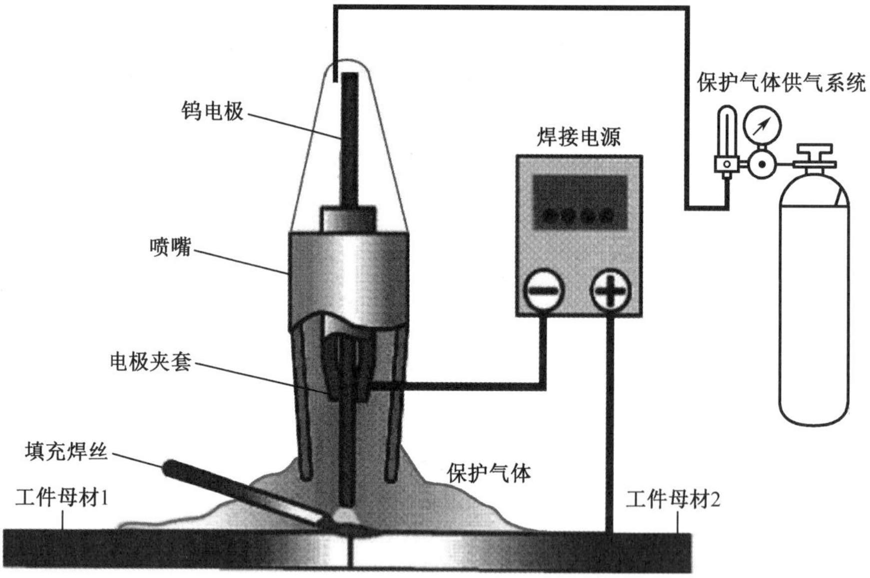

图 5-1-1　TIG 焊工作原理图

2. TIG 焊的分类

TIG 焊按所采用的电流种类可分为直流 TIG 焊、交流 TIG 焊和脉冲 TIG 焊等。

TIG 焊按其操作方式可分为手工 TIG 焊和自动 TIG 焊。

手工 TIG 焊时(图 5-1-2),焊工一手握焊枪,另一手持焊丝,随焊枪的摆动和前进逐渐将焊丝填入熔池之中。有时也不加填充焊丝,仅将接口边缘熔化后形成焊缝。在实际生产中,手工 TIG 焊应用最广。

图 5-1-2　手工 TIG 焊

自动 TIG 焊是以传动机构带动焊枪行走,送丝机构尾随焊枪进行连续送丝的焊接方式。半自动 TIG 焊和自动 TIG 焊如图 5-1-3 和图 5-1-4 所示。

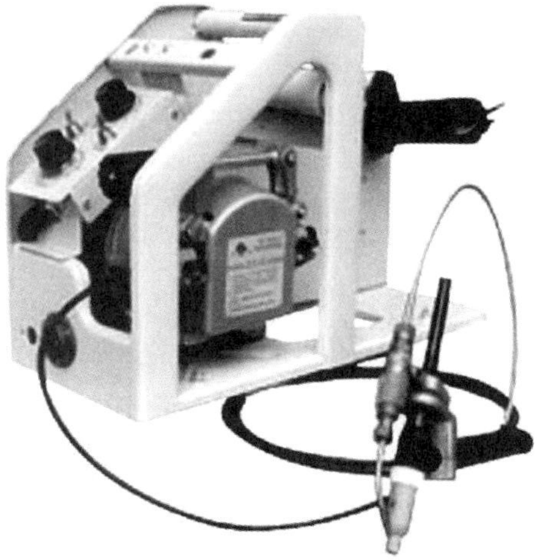

图 5-1-3 半自动 TIG 焊

图 5-1-4 自动 TIG 焊

3. TIG 焊的特点

TIG 焊的焊接过程具有良好的稳定性,易于获得质量优良的焊缝。

(1)TIG 焊的优点

①焊接过程稳定

氩弧燃烧非常稳定,而且焊接过程中钨棒不熔化,弧长变化干扰因素相对较少,因此焊接过程非常稳定。

②焊接质量好

Ar 是一种惰性气体,它既不溶于液态金属,又不与金属发生任何化学反应;而且 Ar 容易形成良好的气流隔离层,可有效地阻止 O_2、N_2 等侵入焊缝金属。

③适用范围广

TIG 焊几乎可焊接所有金属及合金,适合于各种位置的焊接。

④适于薄板焊接、全位置焊接

即使是用几安培的小电流,钨极氩弧仍能稳定燃烧,而且热量相对集中,因此可焊接厚度为 0.3 mm 的薄板;采用脉冲 TIG 焊电源,还可进行全位置焊接及不加衬垫的单面焊双面成形焊接。

⑤焊接过程易于实现自动化

TIG 焊的电弧是明弧,焊接过程参数稳定,易于检测及控制,是理想的自动化乃至机器人化的焊接方法。

⑥焊接区无熔渣

焊工可清楚地看到熔池和焊缝成形过程。

(2)TIG 焊的缺点

①抗风能力差

TIG 焊利用气体进行保护,抗侧向风的能力较差。侧向风较小时,可通过降低喷嘴至工件的距离,同时增大保护气体的流量来保证保护效果;侧向风较大时,必须采取防风措施。

②对工件清理要求较高

由于采用惰性气体进行保护,无冶金脱氧或去氢作用,为了避免出现气孔、裂纹等缺陷,焊前必须严格去除工件上的油污、铁锈等。

③生产效率低

由于钨极的载流能力有限,尤其是交流焊时钨极的许用电流更低,致使 TIG 焊的熔透能力较低,焊接速度慢。

知识点 2 TIG 焊的设备

手工 TIG 焊设备包括焊机、焊枪、供气系统、冷却系统、控制系统等,如图 5-1-5 所示。自动 TIG 焊设备除了上述几部分外,还有送丝装置及焊接小车行走机构。

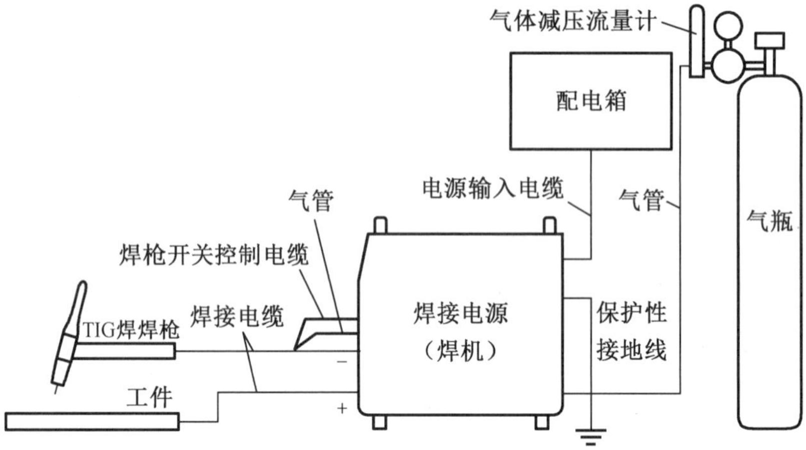

图 5-1-5 手工 TIG 焊设备组成

1. TIG 焊焊机

TIG 焊焊机包括焊接电源及高频振荡器、脉冲稳弧器、直流分量消除装置等。若采用焊条电弧焊的电源,则应配用单独的控制箱。直流 TIG 焊的焊机较为简单,直流焊接电源附加高频振荡器即可。

(1)焊接电源

TIG 焊应选用具有陡降外特性的电源。一般焊条电弧焊的电源(如弧焊变压器、弧焊整流器等)都可用作手工 TIG 焊焊接电源,如图 5-1-6 所示。

TIG 焊焊机按电源性质可分为直流 TIG 焊焊机、交流 TIG 焊焊机、交直流 TIG 焊焊机和脉冲 TIG 焊焊机。直流 TIG 焊焊机型号有 WS-250、WS-400 等,交流 TIG 焊焊机型号有 WSJ-300、WSJ-500 等,交直流 TIG 焊焊机型号有 WSE-150、WSE-400 等,脉冲 TIG 焊焊机型号有 WSM-200、WSM-400 等。

(2)引弧及稳弧装置

由于 Ar 的电离能较高,难以电离,引燃电弧困难,但又不宜提高空载电压, 因此,TIG 焊必须使用高频振荡器来引燃电弧,如图 5-1-7 所示。对于交流电源,由于电流每秒经过零点 100 次,电弧不稳,故还需要使用脉冲稳弧器,以保证重复引燃电弧并稳弧。

高频振荡器是 TIG 焊设备中的专用引弧装置,它可在钨极和工件之间加入约 3 000 V 的高频电压,而这种焊接电源的空载电压只要在 65 V 左右即可达到钨极与焊件非接触点燃电弧的目的。高频振荡器一般仅用于引弧,不用于稳弧,引燃电弧后马上切断。

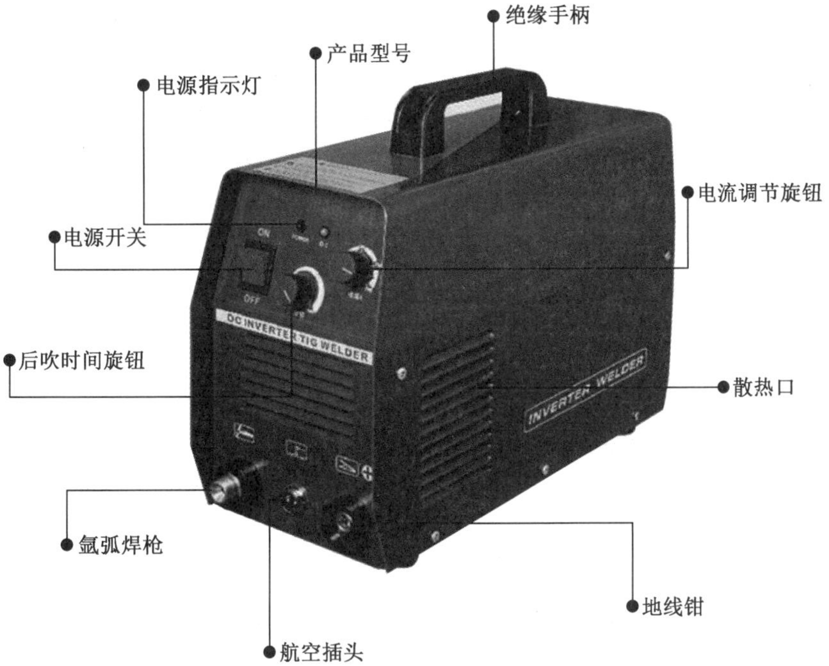

图 5-1-6　TIG 焊焊接电源

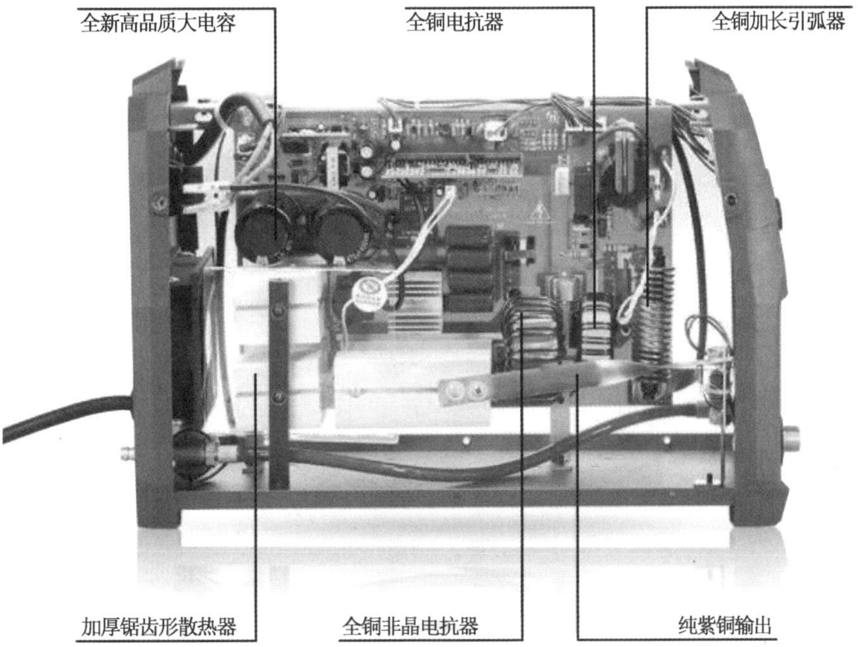

图 5-1-7　TIG 焊焊接电源内部结构

脉冲稳弧器通过施加一个高压脉冲而迅速引弧，并保持电弧连续燃烧，从而起到稳定电弧的作用。

(3)直流分量及其消除

交流电焊接时,由于极性不断变化,会出现电流在正负半波不对称的现象,这在焊接铝及其合金时尤其突出。这种正负半波不对称的电流,可以看成是由两部分组成,一部分是真正的交流电,另一部分是叠加在交流部分上的直流电,这部分直流电称为直流分量。

直流分量的出现,一是减弱了"阴极破碎"作用,二是使焊接变压器发热,甚至损坏设备。因此,交流 TIG 焊时必须消除直流分量,消除直流分量的常用方法是在焊接电路中串联电容。

(4)控制系统

TIG 焊的控制系统是通过控制线路,对供电、供气、引弧与稳弧等各个阶段的动作程序实现控制的。如图 5-1-8 所示为交流手工 TIG 焊控制程序。

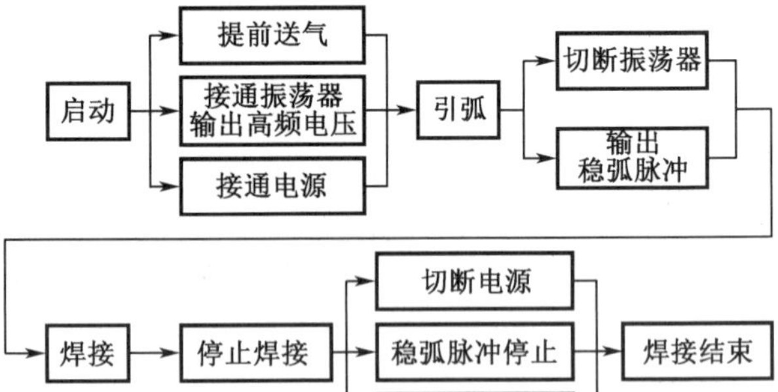

图 5-1-8 交流手工 TIG 焊控制程序流程图

2. TIG 焊焊枪

TIG 焊焊枪的作用是夹持电极、导电和输送氩气流。TIG 焊焊枪一般由枪体、喷嘴、电极夹持机构、电缆、Ar 输入管、水管和开关及按钮等组成。TIG 焊焊枪分为气冷式焊枪(QQ 系列)和水冷式焊枪(QS 系列)。气冷式焊枪使用方便,但限于小电流(150 A)焊接使用;水冷式焊枪适合大电流和自动焊接使用。QQ 系列气冷式 TIG 焊焊枪如图 5-1-9 所示,QS 系列水冷式 TIG 焊焊枪如图 5-1-10 所示。

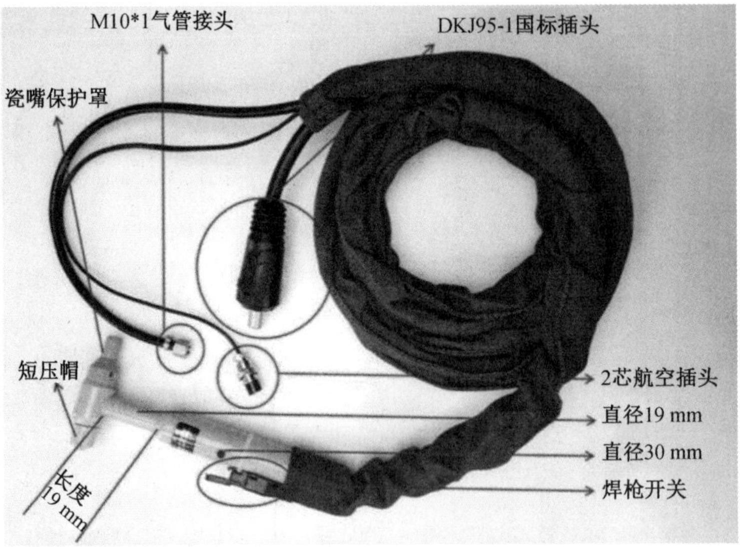

图 5-1-9 QQ 系列气冷式 TIG 焊焊枪

水冷式 TIG 焊焊枪枪体的结构如图 5-1-11 所示,气冷式 TIG 焊焊枪枪体的结构如图 5-1-12 所示。

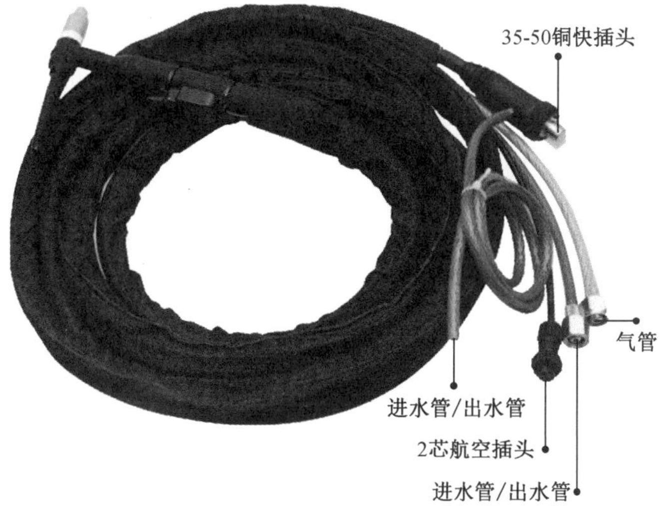

图 5-1-10 QS 系列水冷式 TIG 焊焊枪

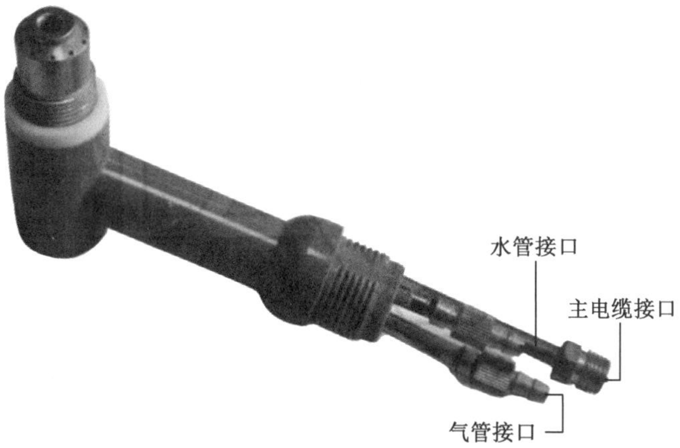

图 5-1-11 水冷式 TIG 焊焊枪枪体结构

图 5-1-12 气冷式 TIG 焊焊枪枪体结构

TIG 焊焊枪枪头部分的组合结构如图 5-1-13 所示。

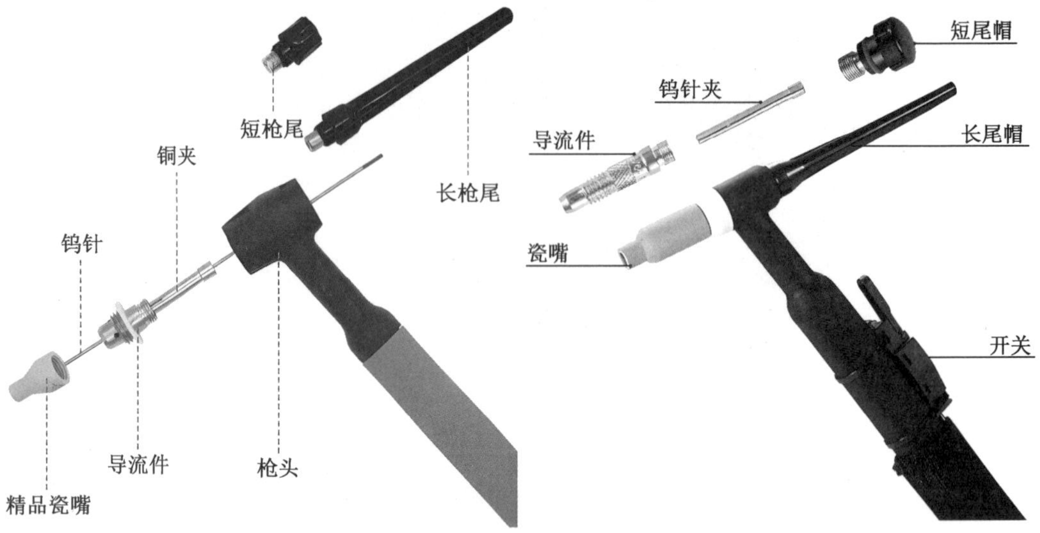

图 5-1-13 TIG 焊焊枪枪头组合结构

3. 供气系统

TIG 焊的供气系统由 Ar 瓶、减压器、流量计和电磁阀组成。Ar 钢瓶外表涂灰色,标有绿色“氩”或“氩气”字样(图 5-1-14)。减压器用以减压和调压,流量计用来调节和测量 Ar 流量的大小,目前常将减压器与流量计制成一体,称为 Ar 流量调节器,如图 5-1-15 所示。

图 5-1-14 Ar 瓶

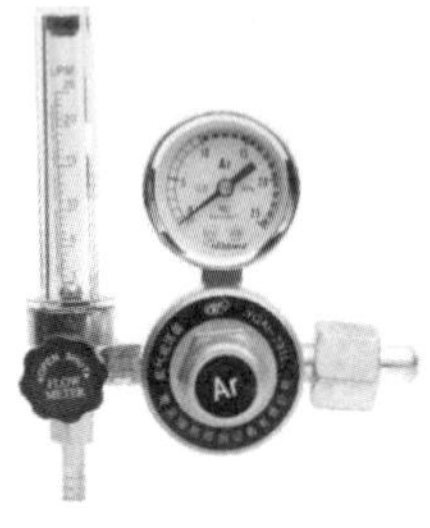

图 5-1-15 Ar 流量调节器

电磁阀是控制气体通断的装置。

4. 冷却系统

当选用的最大焊接电流在 150 A 以上时,必须通水来冷却焊枪和电极。在冷却水接通并有一定压力后,才能起动焊接设备,通常在 TIG 焊设备中用水压开关或手动来控制水流量。

知识点 3 TIG 焊的焊接材料

TIG 焊的焊接材料有钨针(钨极)、焊丝和保护气体。

(1)钨针的型号规格与特点

TIG 焊时,钨极的作用是传导电流、引燃电弧和维持电弧的正常燃烧。因此,要求钨极具有许用电流大、熔点高、损耗小,本身不熔化或极少熔化,引弧和稳弧性能好等特性。为了方便使用,钨极的一端常涂有颜色,以便于识别,如图 5-1-16 所示。例如,钍钨极涂红色(代表含 2% ThO_2),铈钨极涂灰色(代表含 2% CeO_2),纯钨极涂绿色,天蓝色代表含 2%镧(La),蓝色代表含 2%钇(y),棕色代表含 4%锆(Zr)。

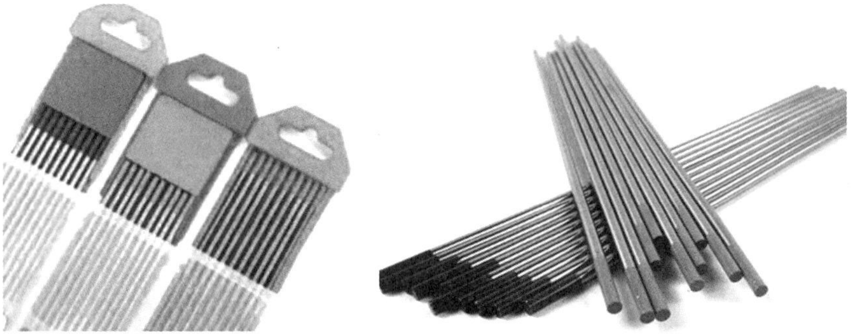

图 5-1-16 钨针(钨极)

常用的钨极有纯钨极、钍钨极和铈钨极三种,它们的标识颜色、牌号及特点见表 5-1-1。

表 5-1-1 常用钨极的标识颜色、牌号及特点

钨极种类	标识颜色	常用牌号	特点
纯钨极	绿色	Wl、W2	熔点高达 3 400 ℃,沸点约为 5 900 ℃,基本上能满足焊接过程的要求,但电流承载能力差、空载电压高,目前已很少使用
钍钨极	红色	WTh-7、WTh-10、WTh-15	在纯钨中加入 1%~2%的二氧化钍(ThO_2),显著提高了钨极电子发射能力。与纯钨极相比,引弧容易、电弧稳定,不易烧损、使用寿命长;但成本较高,且有轻微放射性,必须加强劳动防护
铈钨极	灰色	WCe-10、WCe-15,WCe-20	在纯钨中加入 2%的二氧化铈(CeO_2)。与钍钨极相比,引弧容易、电弧稳定;许用电流密度大;电极烧损小,使用寿命长;几乎没有放射性,是一种理想的电极材料

常用的钨极直径有 0.5 mm、1.0 mm、1.6 mm、2.0 mm、2.5 mm、3.2 mm、4.0 mm、5.0 mm 等。铈钨极牌号举例如图 5-1-17 所示。

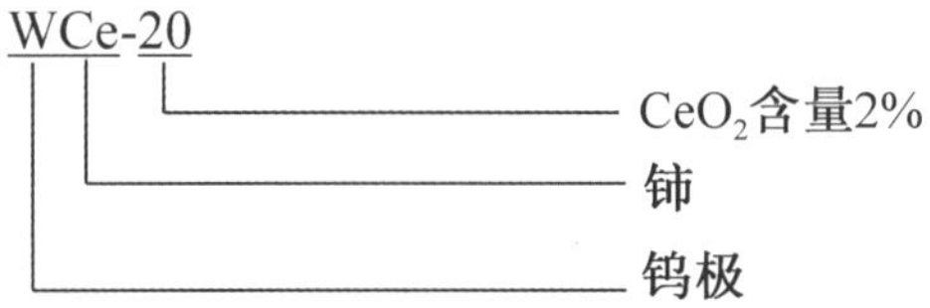

图 5-1-17 铈钨极牌号举例

2. 焊丝

选择焊丝的原则是熔敷金属的化学成分或力学性能与被焊材料相当。氩弧焊用焊丝主要分钢焊丝和有色金属焊丝两大类。碳钢、低合金钢焊丝可按标准 GB/T 8110—2008《气体保护电弧焊用碳钢、低合金钢焊丝》选用,不锈钢焊丝可按标准 YB/T 5092—2016《焊接用不锈钢焊丝》选用。钢焊丝也可根据标准 GB/T 14957—1994《熔化焊用钢丝》选用。

焊接有色金属时一般采用与母材相当的焊丝。铜及铜合金焊丝根据标准 GB/T 9460—2008《铜及铜合金焊丝》选用,常用铜及铜合金焊丝的型号、成分及用途见表 5-1-2。铝及铝合金根据 GB/T 10858—2008《铝及铝合金焊丝》选用,常用铝及铝合金焊丝的型号、牌号、成分及用途见表 5-1-3。

表 5-1-2 常用铜及铜合金焊丝的型号、成分及用途

焊丝型号	焊丝牌号	名称	主要化学成分(质量分数/%)	熔点/℃	用途
SCu1898(CuSnl)	HS201	纯铜焊丝	Cu(≥98.0), Sn(≤1.0), Si(≤0.5), Mn(≤0.5)	1083	纯铜的气焊、氧弧焊及等离子弧焊等
SCu6560(CuSi3Mn)	HS211	青铜焊丝	Si(2.8~4.0),Mn(≤1.5),Zn(≤1.0),Sn(≤1.0),Fe(≤0.5),Pb(≤0.02),Al(≤0.01),其他(≤0.5),其余为 Cu	958	青铜的气焊、氩弧焊及等离子弧焊等
SCu4700(CuZn40Sn)	HS221	黄铜焊丝	Cu(57~61),Sn(0.25~1.0),Pb(≤0.05),Al(≤0.01),其他(≤0.5),其余为 Zn	886	黄铜的气焊、氩弧焊及等离子弧焊等
SCu6800(CuZn40Ni)	HS222	黄铜焊丝	Cu(56~60),Sn(0.8~1.1),Mn(0.01~0.50),Si(0.04~0.15),Fe(0.25~1.20),Ni+Co(0.2~0.8),Al(≤0.01),Pb(≤0.05),其他(≤0.5),其余为 Zn	860	
SCu6810A(CuZn40SnSi)	HS223	黄铜焊丝	Cu(58~62),Si(0.1~0.5),Sn(≤1.0),Mn(≤0.03),Fe(≤0.02),Al(≤0.01),Pb(≤0.03),其他(≤0.5),其余为 Zn	905	

表 5-1-3　常用铝及铝合金焊丝的型号、牌号、成分及用途

焊丝型号	焊丝牌号	名称	主要化学成分（质量分数/%）	熔点/℃	用途
SAl 1450（Al99.5Ti）	HS301	纯铝焊丝	Al(99.5),Fe(0.40),Si(0.25)	660	纯铝的气焊及氩弧焊
SAl 4043（AlSi5）	HS311	铝锰合金焊丝	Mn(0.9~1.5),Si(0.5),Mg(0.3),其余为 Al	643~654	铝锰合金的气焊及氩弧焊
SAl 5556（A1Mg5Mn1Ti）	HS331	铝镁合金焊丝	Mg(4.7~5.5)、Mn(0.5~1.0)、Ti(0.0~0.2),Si(0.25),Fe(0.4),其余为 Al	638~660	铝镁合金及铝锌镁合金的焊接

3. 保护气体

TIG 焊的保护气体大致有 Ar、He 及 Ar-H_2 和 Ar-He 的混合气体三种，其中使用最广的是 Ar。He 由于比较稀缺、提炼困难、价格昂贵，所以极少使用。通常使用 Ar-H_2 和 Ar-He 的混合气体，Ar-H_2 仅限于不锈钢、镍及镍铜合金焊接。

Ar 是无色、无味的惰性气体，不与金属起化学反应，也不溶解于金属。而且 Ar 比空气重 25%，使用时气流不易漂浮散失，有利于发挥对焊接区的保护作用。

Ar 的电离能较高，引燃电弧较困难，故需要采用高频引弧及稳弧装置。但氩弧一旦引燃，其燃烧很稳定，在常用的保护气体中，氩弧的稳定性最好。

焊接用 Ar 以瓶装供应，气瓶外表涂成灰色，并且标注有绿色“氩气”字样。Ar 瓶的容积一般为 40 L，最高工作压力为 15 MPa，使用时应直立放置。

氩弧焊对 Ar 纯度的要求很高，如果 Ar 中含有一些 O_2、N_2 和少量其他气体，将会降低 Ar 的保护性能，对焊接质量造成不良影响。各种金属焊接时对 Ar 纯度的要求见表 5-1-4。

表 5-1-4　各种金属焊接时对 Ar 纯度的要求

焊接材料	厚度/mm	焊接方法	Ar 纯度（体积分数/%）	电流种类
钛及其合金	>0.5	钨极手工及自动	99.99	直流正接
镁及其合金	0.5~2.0	钨极手工及自动	99.90	交流
铝及其合金	0.5~2.0	钨极手工及自动	99.90	交流
铜及其合金	0.5~3.0	钨极于工及自动	99.80	直流正接或交流
不锈钢、耐热钢	>0.1	钨极手工及自动	99.70	直流正接或交流
低碳钢、低合金钢	>0.1	钨极手工及自动	99.70	直流正接或交流

实训活动

实训1　TIG焊原理、分类及熔滴过渡辨识训练

观看虚拟焊接实训的训练视频，或者在虚拟焊接实训车间，跟着视频熟悉TIG焊设备的类型和设备构件间连接关系。

清点记录并思考完成下表：

完成的TIG焊设备辨识	练习时长	各类设备的区别	共辨识到几种设备
请绘制TIG焊的工作原理图			

熟悉TIG焊设备的安装和调试。

清点记录并思考完成下表：

设备构件的认知	练习时长	设备构件的安装	安装后设备的调试
练习心得与反思			

熟悉TIG焊设备的安装和调试。

清点记录并思考完成下表：

设备的使用要求	练习时长	设备的使用操作	设备各系统的调试
练习心得与反思			

任务 5-2 低碳钢板对接平焊钨极氩弧焊

任务说明：

按图 5-2-1 及技术要求进行材料准备、工艺准备、焊接实施、质量检查、自我评定与总结。

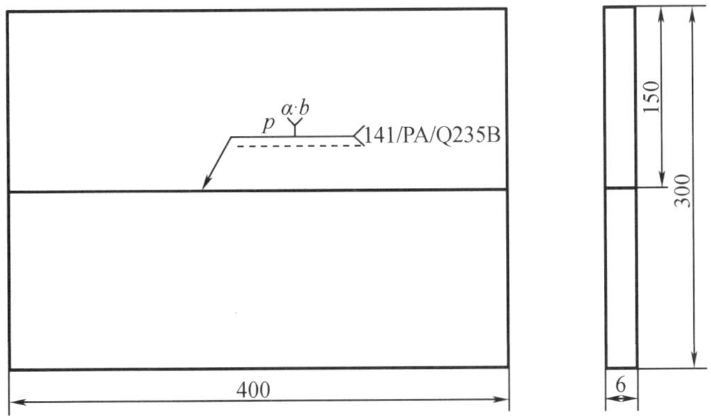

技术要求

1. 单面焊双面成形；
2. 坡口为 60°坡口角的 V 形带钝边坡口；
3. 根部间隙和钝边尺寸自定；
4. 错边≤0. 5 mm；
5. 角变形<3°；
6. 不允许有咬边；
7. 不允许有未焊透；
8. 不允许有裂纹、气孔、夹渣；
9. 焊缝余高≤1+0. 15b。

图 5-2-1 TIG 焊 Q235B 板对接平焊单面焊双面成形试件图

子任务 5-2-1 焊 前 准 备

知识积累

知识点 1 电源及接法选择和钨极处理

1. 电源的选择

(1) 电源种类和直流电源的接法

TIG 焊可以使用直流电,也可以使用交流电。电流种类和极性可根据焊件材质进行选择。直流电源的接法则分为正接法和反接法两种,TIG 焊直流反接即钨极为正极、焊件为负极,如图 5-2-2(a)所示;反之,TIG 焊直流正接即为焊件为正极、钨极为负极,如图 5-2-2(b)所示。TIG 焊焊接碳钢、合金钢、不锈钢均应使用正接,也就是焊接电源输出端正极接工件(俗称接地),负极接焊枪。如果极性接错会造成钨极严重烧损,电弧能量不集中,影响焊接质量。

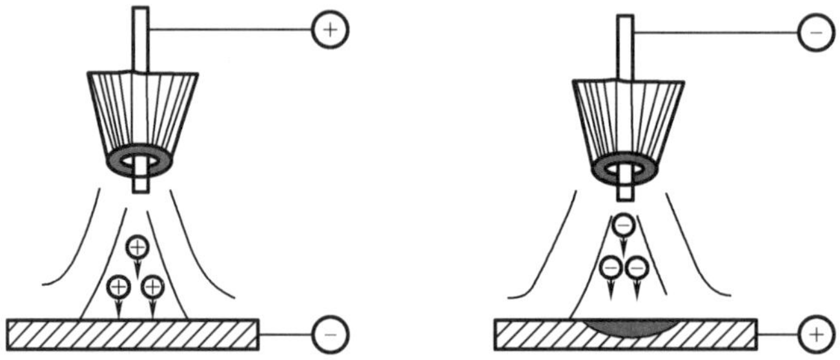

图 5-2-2 直流电源接法示意图

(2) 直流 TIG 焊反接的特点

由于电弧阳极温度高于阴极温度,使接正极的钨棒容易过热而烧损,许用电流小,同时焊件上产生的热量不多,因而焊缝厚度较小,焊接生产效率低,所以很少采用。

但是,直流反接具有去除氧化膜的作用,对焊接铝、镁及其合金有利。因为铝、镁及其合金在焊接时极易氧化,会形成熔点很高的氧化膜[如氧化铝(Al_2O_3)的熔点为 2 050 ℃]覆盖在熔池表面,阻碍母材金属和填充金属的熔合,造成未熔合、夹渣、焊缝表面形成皱皮及内部气孔等缺陷。

采用直流反接时,电弧空间的正离子由钨极的阳极区飞向焊件的阴极区,撞击金属熔池表面,将致密难熔的氧化膜击碎,以达到清理氧化膜的目的,这种作用称为阴极破碎作用,也称阴极雾化作用。

(3) 直流 TIG 焊正接的特点

由于电弧在焊件阳极区产生的热量大于钨极阴极区,致使焊件的焊缝厚度增加,焊接生产效率得到提高。而且钨极不易过热与烧损,使钨极的许用电流增大,电子发射能力增强,电弧燃烧稳定性比直流反接好。但焊件表面受到比正离子质量小得多的电子的撞击,不能去除氧化膜,因此没有阴极破碎作用,故适合焊接表面无致密氧化膜的金属材料。

(4)交流 TIG 焊接的特点

尽管直流反接能将被焊金属表面的氧化膜除去,但钨极的许用电流小,易烧损,电弧燃烧不稳定。因此,铝、镁及其合金一般不采用直流反接而采用交流电来焊接。由于交流电的极性是不断变化的,在交流正极性的半周波中(钨极为负极),钨极可以得到冷却,以减小烧损;而在交流负极性的半周波中(焊件为负极)有阴极破碎作用,可以清除熔池表面的氧化膜。因此,交流 TIG 焊兼有直流 TIG 焊正、反接的优点,是焊接铝、镁及其合金的最佳方法。

(5)电源的选择

焊接各种材料时电源种类和极性的选择见表 5-2-1。

表 5-2-1 电源种类和极性的选择

电源种类和极性	被焊金属材料
直流正接	低碳钢,低合金钢,不锈钢,耐热钢,铜、钛及其合金
直流反接	各种金属的熔化极氩弧焊,TIG 焊很少采用
交流电源	铝、镁及其合金

2. 钨极端部特性及处理

钨极直径主要根据焊件厚度、焊接电流、电源极性来选择。如果钨极直径选择不当,将造成电弧不稳、严重烧损钨极和焊缝夹钨等问题。具体直径要配合焊接电流、电压等综合选择。

(1)钨极端部形状与特性

TIG 焊时,钨极端部的形状对 TIG 焊焊接有很大影响。合理的钨极类型和形状有助于电弧稳定和改善焊接性能。

目前生产应用中的钨极端头形状主要有球形、圆锥形、圆锥台形等。

①球形钨极端头

球形钨极端头一般用于纯钨和氧化锆钨极,建议用于交流焊接、传统的方波 TIG 焊。要使钨极的端部形成球形,只需在推荐的电流条件下引燃电弧即可在电极末端形成球形端头,球的直径不应超过钨极直径的 1.5 倍。端头球体过大会降低电弧稳定性,并可能脱落而污染焊缝。球形钨极端头如图 5-2-3 所示。

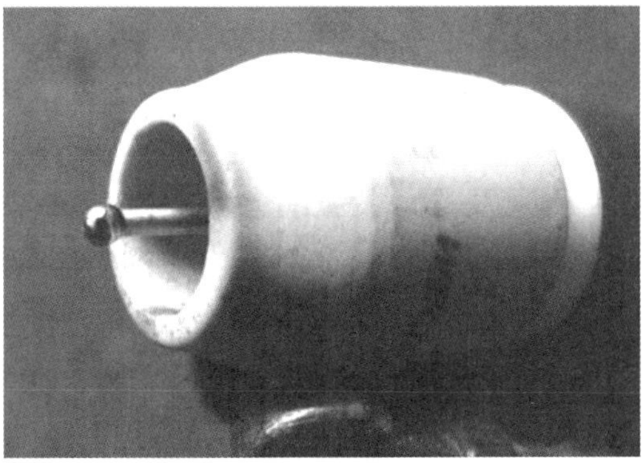

图 5-2-3 球形钨极端头

②圆锥形及圆锥台形钨极端头

圆锥形、圆锥台形的钨极端头(图 5-2-4)(对于纯钨极、铈钨极、钍钨极、镧钨极)适用于交、直流焊接。将钨电极打磨成圆锥形,可以使引弧容易,产生更集中的电弧,从而具有更好的焊接性能。

(a)圆锥形钨极端头　(b)圆锥台形钨极端头

图 5-2-4　圆锥形及圆锥台形钨极端头

③钨极端头形状的选择

钨极端头形状的选择方法如图 5-2-5 所示。不同钨极端头形状特性见表 5-2-2。

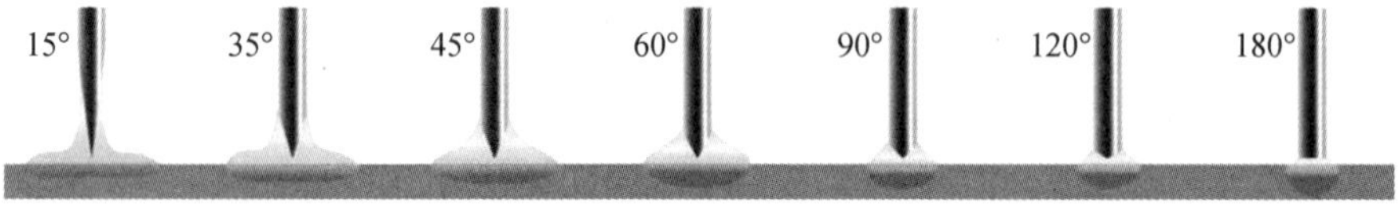

图 5-2-5　钨极端头形状选择

表 5-2-2　不同钨极端头形状的特性

钨极端头形状	适用范围	电弧稳定性	焊缝成形
圆锥台形	直流正接,大电流;脉冲 TIG 焊	好	良好
圆锥形	直流正接	好	焊道不均匀
半球形	交流	一般	焊缝不易平直
平面形	交流	不好	一般

(2)钨极端头的处理

①钨极端头的打磨

为了正确打磨钨极并防止污染,最好使用专门设计用于打磨钨极的砂轮,该砂轮应具有打磨钨极的硬度。修磨钨极时,要戴口罩和手套,工作完成后要洗手。

应沿砂轮转动方向以 90°角直线打磨钨极,确保打磨痕迹是纵向的,如图 5-2-6 所示。

不同打磨方式会对电弧的稳定性产生影响,如图 5-2-7 所示。

②钨极端头的光洁度要求

钨极端头的光洁度将决定焊接的一些特性。通常,为了提高焊接性能和延长钨极的使用寿命,应尽可能将端头打磨至较高的光洁度,过于粗糙的钨极端头会导致电弧不稳定。通常标准表面光洁度的钨极端头具有肉眼可见的纵向线条,高抛光或镜面抛光的钨极端头被污染的可能性小得多,不容易被腐蚀,有利于提高电极的使用寿命。

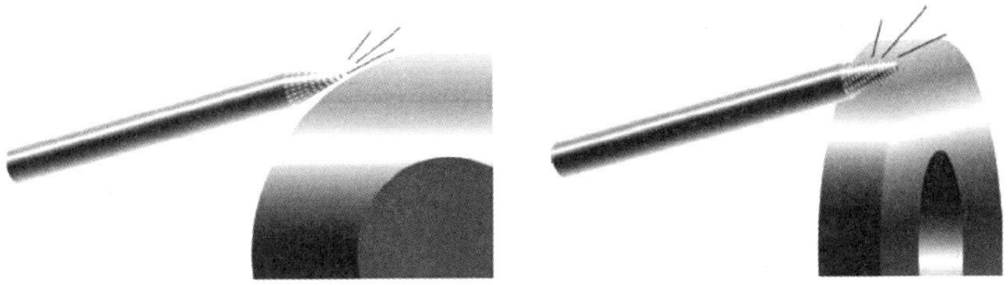

(a)纵向打磨——正确方式　　(b)周向打磨——错误方式

图 5-2-6　钨极端头的打磨方式

(a)纵向打磨——电弧稳定　　(b)周向打磨——电弧不稳定

图 5-2-7　不同打磨方式的电弧

知识点 2　TIG 焊的主要工艺参数

TIG 焊的焊接参数主要有焊接电流、Ar 流量和喷嘴直径、焊接速度、电弧电压、喷嘴与焊件间的距离、钨极伸出长度等。

1. 焊接电流

焊接电流主要根据焊件厚度、钨极直径和焊缝空间位置来选择,其值过大或过小都会使焊缝成形不良或产生焊接缺陷。各种直径钨极的许用电流范围见表 5-2-3。

表 5-2-3　各种直径钨极的许用电流范围

电源极性	钨极直径/mm				
	1.0	1.6	2.4	3.2	4.0
直流正接	15~80	70~150	150~250	250~400	400~500
直流反接	—	10~20	15~30	25~40	40~55
交流电源	20~60	60~120	100~180	160~250	200~320

2. Ar 流量和喷嘴直径

Ar 流量过小,气流挺度差,易受到外界气流的干扰,降低气体保护效果;Ar 流量过大,则不仅浪费,还容易形成紊流而使空气卷入,反而对保护不利,同时,带走电弧区的热量较多,影响电弧稳定燃烧。通常 Ar 流量为 3~20 L/min。喷嘴直径通常随着 Ar 流量的增加而增加,一般为 5~14 mm。

3. 焊接速度

在一定的钨极直径、焊接电流和 Ar 流量条件下,焊接速度过快,会使保护气流偏离钨极与熔池从而影响气体保护效果,易产生未焊透等缺陷;焊接速度过慢,焊缝易咬边和烧穿。

因此,应选择合适的焊接速度。焊接速度对 Ar 保护效果的影响如图 5-2-8 所示。

4. 电弧电压

电弧电压增大时,焊缝厚度减小,熔宽显著增加,气体保护效果随之变差。当电弧电压过高时,易产生未焊透、焊缝被氧化和气孔等缺陷。因此,应尽量采用短弧焊,电弧电压一般为 10~24 V。

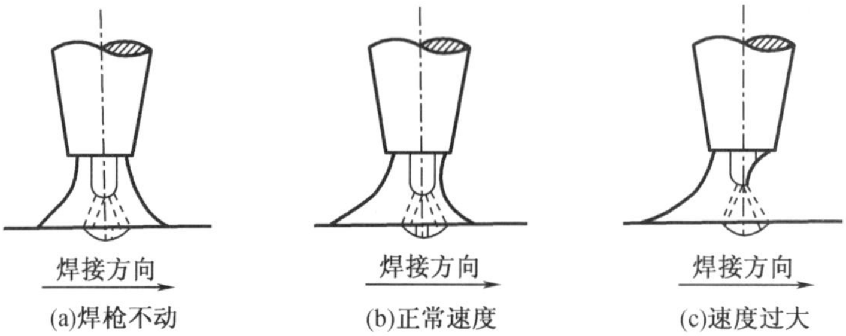

图 5-2-8 焊接速度对 Ar 保护效果的影响

5. 喷嘴与焊件间的距离

喷嘴与焊件间的距离以 5~15 mm 为宜。若距离过大,气体保护效果差;若距离过小,虽对气体保护有利,但能观察到的范围和保护区域将变小。

可通过测定 Ar 有效保护区的直径来判断喷嘴与焊件间的距离是否合适。测定的方法是采用交流电源在铝板上引燃电弧后,焊枪固定不动,电弧燃烧 5~6 s 后,切断电源,这时铝板上会留下银白色区域,如图 5-2-9 所示,这就是 Ar 有效保护区,也称去氧化膜区,其直径越大,说明保护效果越好。

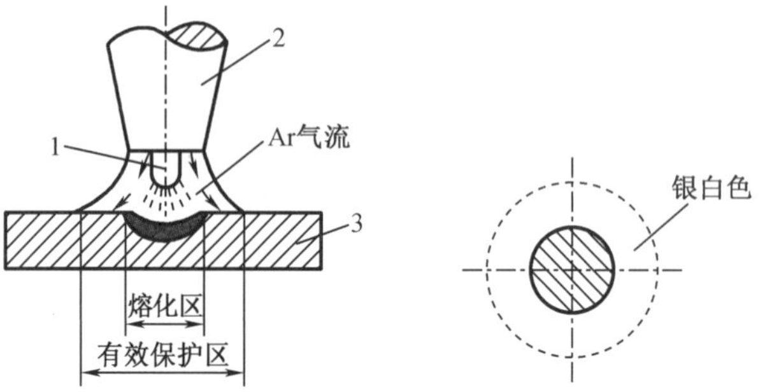

1—钨极;2—喷嘴;3—焊件。

图 5-2-9 Ar 有效保护区

另外,生产实践中可通过直接观察焊缝表面颜色来判定 Ar 保护效果,见表 5-2-4~表 5-2-6。

表 5-2-4 不锈钢焊缝颜色与保护效果评定表

焊缝颜色	银白色、金黄色	蓝色	红灰色	黑灰色
保护效果	最好	良好	较好	差

表 5-2-5 铝及其合金焊缝颜色与保护效果评定表

焊缝颜色	银白色有光泽	白色无光泽	灰白色无光泽	灰黑色无光泽
保护效果	最好	较好	差	最差

表 5-2-6 钛及其合金焊缝颜色与保护效果评定表

焊缝颜色	亮银白色	橙黄色、蓝紫色	青灰色	白色氧化钛粉末
保护效果	最好	较好	差	最差

6. 钨极伸出长度

钨极伸出长度是指钨极端部突出喷嘴端面以外的距离。伸出长度小时，保护效果好，但妨碍观察熔化状况，对操作不利；伸出长度大时，气体保护效果差。一般对接焊时钨极伸出长度为 3~6 mm，焊接角焊缝时为 7~8 mm。

铝及其合金(平对接)手工交流 TIG 焊的焊接参数见表 5-2-7。

表 5-2-7 铝及其合金(平对接)手工交流 TIG 焊的焊接参数

焊件厚度 /mm	钨极直径 /mm	焊接电流 /A	焊丝直径 /mm	喷嘴直径 /mm	Ar 流量 /($L \cdot min^{-1}$)	焊接速度 /($mm \cdot min^{-1}$)
1	1.6~2.4	45~75	1~2	6~11	3~5	200~250
2	1.6~2.4	80~110	2~3	6~11	3~5	180~230
3	2.4~3.2	100~140	2~3	7~12	6~8	110~160
4	3.2~4	140~210	3~4	7~12	6~8	100~150
5	4~6	210~300	4~5	10~12	8~12	80~130
6	5~6	240~300	5~6	12~14	12~16	80~130

不锈钢(平对接)手工直流 TIG 焊的焊接参数见表 5-2-8。

表 5-2-8 不锈钢(平对接)手工直流 TIG 焊的焊接参数

接头形式	焊件厚度 /mm	钨极直径 /mm	焊接电流 /A	焊丝直径 /mm	Ar 流量 /($L \cdot min^{-1}$)
对接接头(I 形坡口，间隙为 0.5 mm)	0.8	1	18~20	1.2	6
	1	2	20~25	1.6	6
	1.5	2	25~30	1.6	7
	2	3	35~45	1.6~2	7~8
对接接头(50°V 形坡口，间隙、钝边尺寸各 0.5 mm)	2.5	3	60~80	1.6~2	8~9
	3	3	75~85	1.6~2	8~9
	4	3	75~90	2	9~10

实训活动

1. 分析与制订焊接工艺

识读图样,根据焊接要求,结合前面所需知识进行工艺制订,完成表 5-2-9 工艺卡的编制。

表 5-2-9 Q235B 板对接平焊 TIG 焊单面焊双面成形焊接工艺卡

<table>
<tr><td colspan="2">焊接工艺卡</td><td colspan="6">编号:</td></tr>
<tr><td>材料牌号</td><td></td><td colspan="6" rowspan="11">1. 接头坡口简图(标注尺寸)
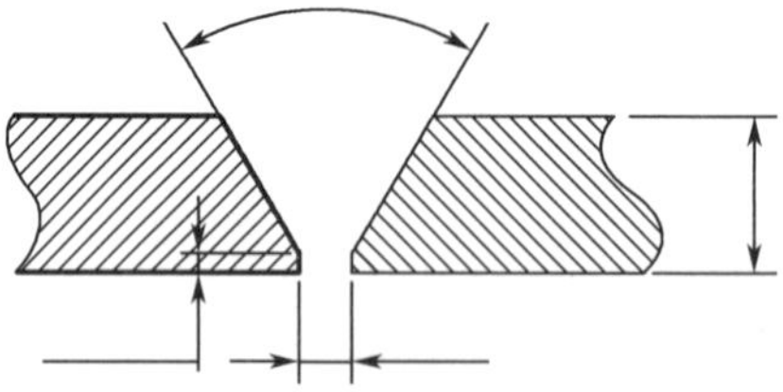
2. 装配定位简图(标注尺寸)
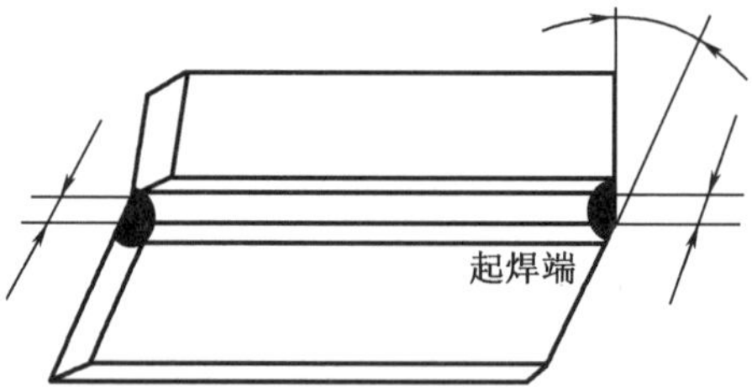

3. 焊道简图(在下图中补画出焊道)

</td></tr>
<tr><td>材料规格/mm</td><td></td></tr>
<tr><td>接头种类</td><td>对接</td></tr>
<tr><td>坡口形式</td><td>V 形带钝边</td></tr>
<tr><td>坡口角度</td><td>60°</td></tr>
<tr><td>钝边</td><td></td></tr>
<tr><td>组对间隙/mm</td><td></td></tr>
<tr><td>焊接方法</td><td>TIG</td></tr>
<tr><td>保护气体</td><td>Ar</td></tr>
<tr><td>焊接设备</td><td>WS-300</td></tr>
<tr><td>钨极</td><td>铈钨极
ϕ2. 5 mm</td></tr>
<tr><td>电源种类</td><td>直流</td><td rowspan="3">焊后热处理</td><td>种类</td><td>—</td><td>保温时间</td><td colspan="2">—</td></tr>
<tr><td>电源极性</td><td>正接</td><td>加热方式</td><td>—</td><td>层间温度</td><td colspan="2">—</td></tr>
<tr><td>焊接位置</td><td></td><td>温度范围</td><td>—</td><td>测量方法</td><td colspan="2">—</td></tr>
<tr><td colspan="8">焊接参数</td></tr>
<tr><td>焊层</td><td>焊材型号</td><td>焊材直径/mm</td><td>焊丝伸出长度/mm</td><td>保护气体流量/(L · min^{-1})</td><td>焊接电流/A</td><td>焊接电压/V</td><td>焊接速度/(cm · min^{-1})</td></tr>
<tr><td>定位焊</td><td rowspan="4">ER50-6</td><td></td><td></td><td></td><td></td><td></td><td></td></tr>
<tr><td>第一道</td><td></td><td></td><td></td><td></td><td></td><td></td></tr>
<tr><td>第二道</td><td></td><td></td><td></td><td></td><td></td><td></td></tr>
<tr><td>第三道</td><td></td><td></td><td></td><td></td><td></td><td></td></tr>
</table>

简要说明制订以上焊接工艺时所设定工艺参数及焊接变形控制措施的理由：

____

____

____

2. 材料、工具设备与工位领取及点检

经检查修订老师审核焊接工艺卡后，按工艺卡领取材料、工具设备及工位，并进行点检。

(1)领用清点试件材料和工具设备

按表 5-2-10 领用清点试件材料和工具设备。

表 5-2-10 材料工具领用表

序号	领用项名称	规格	数量	领用清点
1	试件材料	尺寸： 型号：	2 块	
2	清理工具：角磨机		1 台	
3	清理工具：钢丝刷		1 把	
4	清理工具：敲渣锤		1 把	
5	清理工具：锤子		1 把	
6	清理工具：錾子		1 把	
7	辅助用具：保温桶		1 个	
8	检测工具：焊缝检测尺		1 把	
9	劳保防护用具	焊接防护服 1 套、焊接劳保鞋 1 双、脚盖 1 套、焊接手套 1 套、护目镜 1 付	1 套	
10	焊接防护面罩		1 把	
11	焊接设备	WS-300 弧焊电源 1 台、电缆 1 套、TIG 焊枪 1 把、引弧板 2 块	1 套	
12	焊接实训工位	三面围挡独立焊接操作空间：配焊接专用电源开关及接线插座 1 套、焊接工作台架 1 套、排气排烟设施 1 套、移动遮光挡板（或遮光帘）1 套、警戒标识设施 1 套	1 个	
13	焊丝	ER50-6	10 根	

(2)进行焊前准备工具设备等点检

按表5-2-11的内容进行逐项核对点检,对于发现的问题进行处理或报告管理人员进行处理,确保安全。

表5-2-11 焊前基础点检表

序号	点检内容		点检	问题与处理记录
1	防护用品的穿戴	电弧焊工作服:无破损,扣好,领口、袖口扎紧	□合格 □不合格	
2		劳保鞋:无破损,尺码合适,鞋带扎紧	□合格 □不合格	
3		脚盖:无破损,正确扎进裤筒内,盖住脚面	□合格 □不合格	
4		焊接手套:无破损,套住手和衣袖	□合格 □不合格	
5		口罩:无破损,佩戴正确	□合格 □不合格	
6	焊接设备、用具	电源开关:电压指示正常、接线紧固无破损、电流保护复位正常	□合格 □不合格	
7		电焊机:进线接线正确、牢固无破损;电压电流指示正常,调节正常,正确接地	□合格 □不合格	
8		焊把与输出电缆:输出电缆接线正确、牢固、无破损,焊把无破损、接线牢固无外露、操作灵活	□合格 □不合格	
9		供气系统:气表与流量表正常,气压正常,气量充足,减压阀及预热干燥器正常,气管无破损	□合格 □不合格	
10		面罩:无破损,遮光镜片无破损无油污;紧固无晃动	□合格 □不合格	
11		护目镜:完好	□合格 □不合格	
12		开坡口工具:锉刀手柄牢固、纹齿正常;角磨机无破损,能正常使用,砂轮片在正常使用范围内	□合格 □不合格	
13		除渣工具:敲渣锤、锤子手柄牢固,錾子、钢丝刷无缺损	□合格 □不合格	
14		焊条保温桶:无破损,能合盖,保温良好	□合格 □不合格	
15		焊缝检测尺:无损坏,刻度线清晰,操作灵活,能正确调零	□合格 □不合格	
16	作业环境	无易燃易爆物品	□合格 □不合格	
17		灭火器:齐全,压力指示正常	□合格 □不合格	
18		隔断:能隔断与周围区域的弧光与飞溅火星	□合格 □不合格	
19		通风、排烟除尘良好	□合格 □不合格	
20		周围人员:周围无其他人员,做好提醒	□合格 □不合格	
21		作业指示警示牌:醒目,正确放置	□合格 □不合格	

3. 接头坡口处理及装配定位

根据前面设计确定的坡口尺寸，进行加工处理，再进行装配定位及定位焊，然后检测填写表 5-2-12。

表 5-2-12 坡口处理及装配定位检测表

<table>
<tr><td colspan="8">坡口主要尺寸检测</td></tr>
<tr><td colspan="2">坡口角度 α</td><td colspan="2">钝边尺寸 p</td><td colspan="2">引弧端根部间隙尺寸 b</td><td colspan="2">收弧端根部间隙尺寸 b</td></tr>
<tr><td>设计值</td><td>定位后值</td><td>设计值</td><td>加工值</td><td>设计值</td><td>定位后值</td><td>设计值</td><td>定位后值</td></tr>
<tr><td colspan="8">定位焊点尺寸检测（测量并标注）
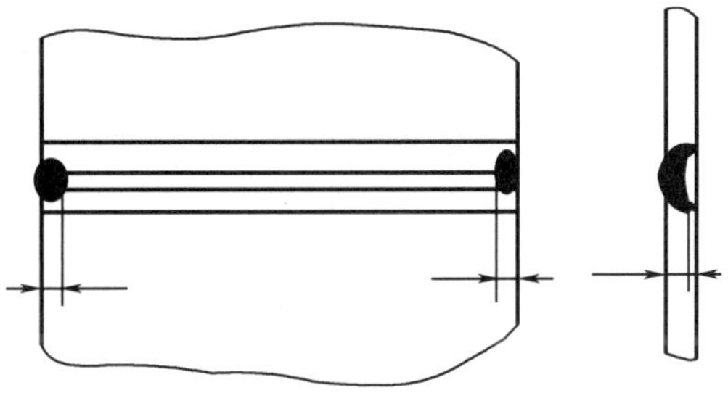</td></tr>
<tr><td colspan="8">装配定位变形控制尺寸检测（测量并标注）
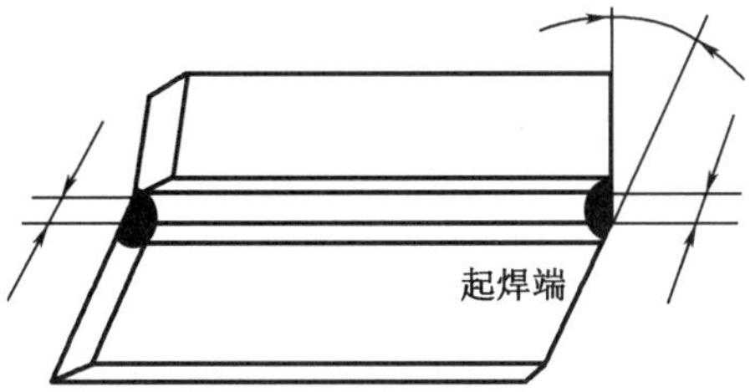
</td></tr>
</table>

<table>
<tr><td colspan="10">焊缝两侧清理检测</td></tr>
<tr><td colspan="2">焊缝两侧清理</td><td colspan="8">清理的尺寸范围</td></tr>
<tr><td rowspan="2">要求</td><td rowspan="2">处理结果</td><td colspan="4">要求值</td><td colspan="4">加工测量值</td></tr>
<tr><td>边 1</td><td>边 2</td><td>边 3</td><td>边 4</td><td>边 1</td><td>边 2</td><td>边 3</td><td>边 4</td></tr>
<tr><td></td><td></td><td></td><td></td><td></td><td></td><td></td><td></td><td></td><td></td></tr>
</table>

子任务 5-2-2 焊接操作

知识积累

知识点 手工 TIG 焊操作方法

1. 焊丝送丝方法

手工 TIG 焊填充焊丝的加入对焊缝质量的影响较大。若送丝过快,焊缝易堆高,氧化膜难以排除;若送丝过慢,焊缝易出现咬边或下凹缺陷。所以送丝动作要熟练。常用的送丝方法有两种方法:指续法和手动法。如图 5-2-10 所示。

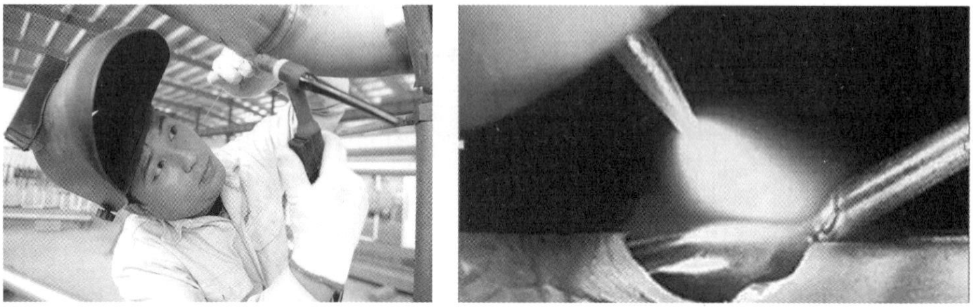

(a) (b)

图 5-2-10 手工 TIG 焊操作方法

(1)指续法

将焊丝夹在大拇指与食指、中指中间,靠中指和无名指起撑托作用,当大拇指将焊丝向前移动时,食指往后移动,然后大拇指迅速擦焊丝的表面往后移动到食指的地方,大拇指再将焊丝向前移动,如此反复将焊丝不断地送入熔池中。该方法适用于较长的焊接接头。

(2)手动法

将焊丝夹在大拇指与食指、中指之间,手指不动,而是靠手或手臂沿焊缝前后移动和手腕的上下反复运动将焊丝送入熔池中。该方法应用比较广泛。按焊丝送入熔池的方式可分为四种:压入法、续入法、点移法和点滴法。

①压入法

用手将焊丝稍向下压,使焊丝末端紧靠在熔池边沿。该方法操作简单,但是因为手拿焊丝较长,焊丝端头不稳定易摆动,造成送丝困难。

②续入法

将焊丝末端伸入熔池中,手向前移动,使焊丝连续加入熔池中。该方法适用于细焊丝或间隙较大的接头,但由于不能保证焊接质量,所以很少采用。

③点移法

以手腕上下反复动作和手往后慢慢移动,将焊丝逐步加入熔池中。采用该方法时由于焊丝的上下反复运动,当焊丝抬起时在电弧作用下,可充分地将熔池表面的氧化膜去除,从而防止产生夹渣。同时由于焊丝填加在熔池的前部边缘,有利于减少气孔,因此应用比较广泛。

④点滴法

靠手的上下反复动作,将焊丝熔化后的熔滴滴入熔池中。该方法与点移法的优点相同,所以比较常用。

2. 焊接方向选择与焊接角度

手工 TIG 焊根据焊枪的移动方向及送丝位置分为左向焊法和右向焊法。

(1)左向焊法

焊接过程中焊接热源(焊枪)从接头右端向左端移动,并指向待焊部分的操作方法称为左向焊法。左向焊法焊丝位于电弧前面。该方法便于观察熔池。焊丝常以点移法和点滴法加入,焊缝成形好,容易掌握,因此应用比较普遍(图 5-2-11)。

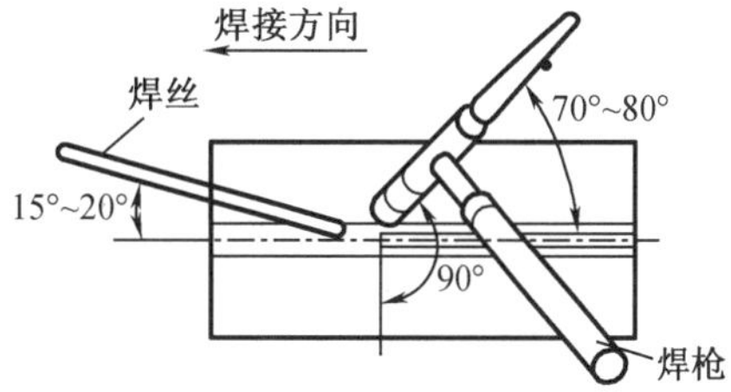

图 5-2-11　左向焊法焊枪与焊丝角度

(2)右向焊法

焊接过程中焊接热源(焊枪)从接头左端向右端移动,并指向已焊部分的操作方法称为右向焊法。右向焊法焊丝位于电弧后面。操作时不易观察熔池,较难控制熔池的温度,但熔深比左向焊法深,焊缝较宽,适用于厚板焊接,但比较难掌握。

实训活动

1. 打底焊

先查阅资料完成下面的任务单,再按此前修订确认的焊接工艺卡的工艺要求和下面任务单的方式进行打底焊操作。

(1)引弧与焊丝角度及焊接方向

本任务工件采用连弧焊进行打底焊,选择焊接方向为________;将试件间隙________的一端放于________侧,打底焊从焊件右端定位焊缝约 20 mm 坡口的一侧引弧,焊条与焊接方向之间的夹角为________(并在图 5-2-12 标注焊条与工件对应的角度)。

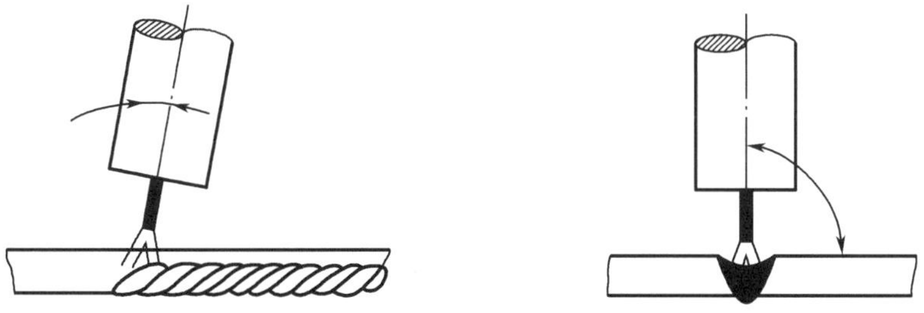

(a) 焊丝与焊接方向之间的夹角　(b) 焊丝与焊缝轴线垂直方向之间的夹角

图 5-2-12　标注焊条与工件对应的角度

引弧后,焊枪停留在原位置不动,待稍预热后,当定位焊缝外形形成熔池并出现熔孔后,开始填丝,自右向左焊接打底层焊道,沿斜坡向坡口根部移动焊枪,至坡口根部后做小幅度摆动,并在坡口两侧稍做停留,焊枪沿坡口两侧做小幅度横向摆动,如图 5-2-13(a)所示,并控制电弧在离底边 2~3 mm 处燃烧,使打底焊缝厚度保持在不超过 4 mm,如图 5-2-14(b)所示。

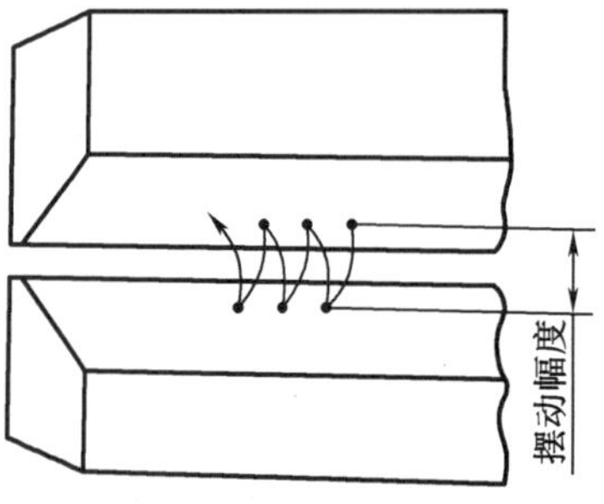

图 5-2-13　板对接焊缝根部焊道轨迹图

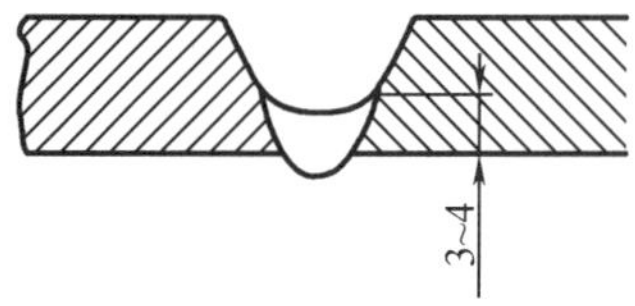

图 5-2-14　打底层焊道

当坡口底部熔孔直径达 3~4 mm 时,转入正常焊接。尽可能维持熔孔直径不变,以获得宽窄和高低均匀的反面焊缝,焊接时要注意观察熔孔尺寸,熔孔直径应比坡口间隙大 0.5~1 mm,根据坡口间隙和熔孔直径的变化来调整焊枪横向摆动幅度和焊接速度。在打底焊时,应减小焊枪倾角,使电弧热量集中在焊丝上,采用较小的焊接电流,加快焊接速度和送丝速度,熔滴要小,以避免焊缝下凹和烧穿。

焊丝填入动作要熟练、均匀,填丝要有规律,焊枪移动要平稳、速度一致。焊接时要密切注意焊接参数的变化及相互关系,随时调整焊枪角度和焊接速度。当发现熔池增大、焊缝变宽并出现下凹时,说明熔池温度太高,应减小焊枪与焊件间的夹角,加快焊接速度;当发现熔池较小时,说明熔池温度太低,应增大焊枪倾角或减慢焊接速度。通过各参数之间的良好配合,来保证背面焊缝良好的成形。

(2)接头

当焊丝用完需更换,或因其他原因需要暂时中止焊接时,会有接头存在。在焊缝中间停止焊接时,可松开焊枪上的开关,停止送丝。如果焊机有电流自动衰减装置,则应保持喷嘴高度不变,待电弧熄灭、熔池完全冷却后,再移开焊枪;若焊机没有电流自动衰减装置,则在松开开关后稍抬高焊枪,待电弧熄灭、熔池冷却凝固到颜色变黑后再移开焊枪。

(3)收弧

如果焊机有电流自动衰减装置,则焊至焊件末端时,应减小焊枪与焊件间的夹角,使热量集中在焊丝上,加大焊丝熔化量,以填满弧坑,然后切断控制开关。这时焊接电流逐渐减小,熔池也不断缩小,焊丝回抽,但不要脱离 Ar 保护区,停弧后,Ar 需延迟 10 s 左右再关闭,以防熔池金属在高温下氧化。如果焊机没有电流自动衰减装置,则在收弧处要慢慢抬起焊枪,并减小焊枪倾角,加大焊丝的熔化量,待弧坑填满后再切断电流。

(4)焊接过程性质量检查

完成打底层焊接后,清理焊渣,进行过程性质量检查,以确保整体焊接质量及后续改进,并填写表 5-2-13。

表 5-2-13 打底焊层缺陷检查表

检查项目	缺陷存在的数量	形成原因与改善措施
夹渣		
气孔		
裂纹		
未焊透		
未熔合		
焊瘤		
坡口根部熔合尺寸一致性		

2. 填充焊

先查阅资料完成下面的任务单，再按此前修订确认的焊接工艺卡的工艺要求和下面任务单的方式进行填充焊操作。

(1)清理与焊接控制

焊接前，清理前道焊缝的焊渣和飞溅物，焊接填充层时的注意事项和步骤同打底焊。焊接时焊枪应横向摆动，一般做锯齿形摆动，焊枪的摆动幅度比打底焊时稍大，在坡口两侧稍做停留，以保证坡口两侧熔合良好、焊道均匀。填充层焊道应比焊件表面低 1~1.5 mm，如图 5-2-15 所示，不要熔化坡口的上棱边。

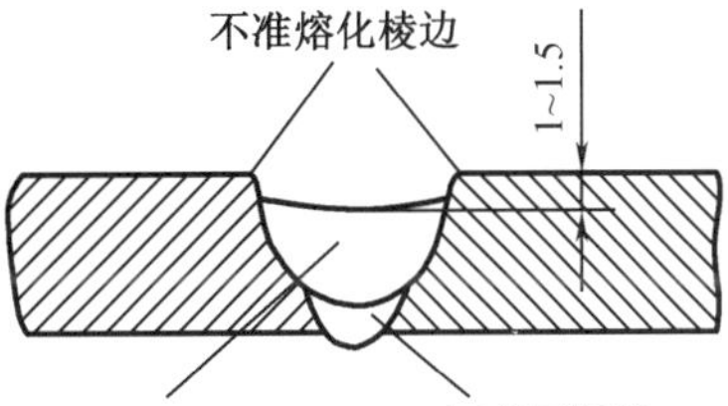

图 5-2-15 填充层焊道

说明低于试件表面及不破坏坡口边缘的原因：________________________________

____

(2)焊接过程性质量检查

完成填充层焊接后，清理焊渣，进行过程性质量检查，以确保整体焊接质量及后续改进，并填写表 5-2-14。

表 5-2-14 填充焊层缺陷检查表

检查项目	缺陷存在的数量					形成原因与改善措施
	1 层	2 层	3 层	4 层	5 层	
夹渣						
气孔						
裂纹						
未焊透						
未熔合						
焊瘤						
最上层与坡口上表面尺寸一致性						
坡口边缘完好度						

3. 盖面焊

先查阅资料完成下面的任务单,再按此前修订确认的焊接工艺卡的工艺要求和下面任务单的方式进行盖面焊操作。

焊接前,清理前道焊缝的焊渣和喷嘴上的飞溅物。调节盖面层焊接工艺参数,控制层间温度约 100 ℃。盖面焊时的焊枪角度、摆动方法与填充焊相同,焊枪横向摆动幅度比填充焊稍大,尽量保持焊接速度均匀,避免盖面层焊道中间凹陷。但要注意焊枪横向摆动幅度不宜过大,否则易出现焊波粗大和咬边现象。焊枪在坡口两侧摆动应均匀、缓慢,以防止咬边。

说明:为什么焊枪摆动幅度过大、过快容易出现咬边?

中途需要中断焊接时,要做到滞后停气,以免熔池在高温状态下发生氧化,为什么?

焊丝摆动到坡口两侧时,焊丝对准坡口棱边,不要超过棱边,形成熔池后的熔化棱边为 0.5~1 mm。收弧时一定要填满弧坑,并且收弧弧长要短,以免产生弧坑裂纹。

焊接结束后,首先关闭 Ar 瓶阀门,点动焊枪开关或焊机面板上的焊接检气开关,放掉减压器里面的余气,然后关闭焊接电源。

子任务 5-2-3　焊缝清理与检查

知识积累

知识点　手工 TIG 焊常见缺陷的产生原因及防止措施

手工 TIG 焊常见的缺陷有焊缝成形不良、烧穿、未焊透、咬边、气孔和裂纹等。

1. 焊缝成形不良

焊缝成形不良主要表现为外形尺寸超过规定的范围、高低宽窄不一、背面下凹等。焊缝成形差会影响焊接接头的强度,并造成应力集中等危害。

产生原因:焊接参数选择不当;操作不熟练;送丝方法不当或不熟练;焊枪运走不均匀;熔池温度控制不好等。

防止措施:选择适当的焊接参数;提高操作技能。

2. 烧穿

在焊接过程中熔化金属自坡口背面流出形成穿孔的缺陷，称为烧穿。

产生原因：焊接电流太大；熔池温度过高；焊件根部间隙太大；送丝不及时；焊接速度太慢等。

防止措施：选择正确的焊接参数；保证焊件的装配质量；提高操作技能。

3. 未焊透

产生原因：焊接电流太小；焊接速度太快；焊件根部间隙太小；焊件的坡口角度太小及钝边太大；电弧过长或焊偏；焊前清理不干净；操作技术不熟练。

防止措施：选择正确的焊接参数；保证焊件坡口加工质量和合适的根部间隙；正确控制熔池的温度；提高操作技能。

4. 咬边

产生原因：焊接速度过快，熔化金属冷却过快；焊接电流太大；焊枪角度不当；焊缝正面 Ar 流量太大；钨极磨的过尖；送丝速度过慢。

防止措施：选择正确的焊接参数；正确地掌握熔池温度；合理地填加焊丝；提高操作技能。

5. 气孔

产生原因：焊件、焊丝表面清理不干净；Ar 纯度不高；气体保护不良；操作不当。

防止措施：严格清理焊件、焊丝表面；Ar 质量要高；检查供气系统并确保气路畅通；提高操作技能。

6. 裂纹

裂纹产生原因：焊件或焊丝中 C、S 含量高，Mn 含量低，在焊接过程中容易产生热裂纹；焊件、焊丝表面清理不干净；焊接参数选择不当，如熔深大而熔宽窄，以及焊接速度快，使熔化金属冷却速度增加；焊件结构刚度过大也会产生裂纹。

防止措施：严格控制焊件及焊丝的 P、S 等含量；严格清理焊件表面；选择合理的焊接参数；对结构刚度较大的焊件可更改结构或采取焊前预热、焊后消氢处理。

实训活动

1. 试件焊后处理与检测评分

将焊好的试件用钢丝刷反复拉刷焊道，除去焊缝氧化层，并进一步将飞溅物等清理干净。严禁破坏焊缝原始表面，禁止用水冷却。对焊缝表面质量进行目视检验，使用 5 倍放大镜观察表面是否存在缺陷，并使用焊接检测尺对焊缝进行测量，试件外观检查的结果应满足各项要求。然后进行无损检测，试件内部质量按标准 GB/T 3323. 1-2019 评定。对试件按规范进行检测评分，Q235B 板对接平焊 TIG 焊单面焊双面成形评分标准见表 5-2-15。

表 5-2-15 Q235B 板对接平焊 TIG 焊单面焊双面成形评分表

检查项目	评判标准及得分	评判等级				自测数据	自评分数	教师测量	教师评分	备注
		Ⅰ	Ⅱ	Ⅲ	Ⅳ					
焊缝余高	尺寸标准	≤2	>2,≤3	>3,≤4	<0 或>4					
	得分标准	4 分	3 分	2 分	0 分					
焊缝高度差	尺寸标准	≤1	>1,≤2	>2,≤3	>3					
	得分标准	8 分	4 分	2 分	0 分					
焊缝宽度	尺寸标准	17~19	16~20	15~22	<15 或>22					
	得分标准	4 分	2 分	1 分	0 分					
焊缝宽度差	尺寸标准	≤1.5	>1.5,≤2	>2,≤3	>3					
	得分标准	8 分	4 分	2 分	0 分					
咬边	尺寸标准	无咬边	深度≤0.5		深度>0.5					
	得分标准	12 分	长度每 5 扣 2 分		0 分					
正面成形	标准	优	良	中	差					
	得分标准	8 分	6 分	4 分	0 分					
背面成形	标准	优	良	中	差					
	得分标准	6 分	4 分	2 分	0 分					
背面凹度	尺寸标准	≤0.5	>0.5,≤1	>1,≤2	长度>30					
	得分标准	2 分	1 分	0 分	0 分					
背面凸度	尺寸标准	≤2	>2,≤3	>1						
	得分标准	2 分	1 分	0 分						
角变形	尺寸标准	≤1	>1,≤3	>3,≤5	>5					
	得分标准	4 分	2 分	1 分	0 分					
错边量	尺寸标准	≤0.5	>0.5,≤1	>1						
	得分标准	2 分	1 分	0 分						
外观缺陷(裂纹、气孔、咬边、弧坑凹坑、夹渣、未熔合等)记录										

内部质量评分标准

考核项目	考核要求	评分要求	自查数据	自评得分	教师检查	教师评分	备注
焊缝内部质量检查	试件的射线检测按标准 GB/T 3323.1—2019 评定	Ⅰ级片无缺陷不扣分,Ⅰ级片有缺陷扣 5 分,Ⅱ级片有缺陷扣 10 分,Ⅲ级片有缺陷扣 15 分,Ⅳ级片有缺陷扣 20 分					

表 5-2-15(续)

焊缝外观(正、背面)成形评判标准								
优(10 分)	良(8 分)	中(6 分)	差(5 分)	自查数据	自评得分	教师检查	教师评分	备注
成形美观,焊缝均匀、细密,高低、宽窄一致	成形较好,焊缝均匀、平整	成形尚可,焊缝平直	焊缝弯曲,高低、宽窄相差明显					
试件综合得分								

注:1. 若试件未完成焊接,表面有修补痕迹及焊缝正反面有裂纹、夹渣、气孔、未熔合缺陷,则该件按 0 分处理。
2. 试板两端 20 mm 内的缺陷不计。

2. 工位工具清理点检与评分

焊接结束后,关闭焊接电源。按 6S 标准进行清扫场地,按规定摆放工具,整理焊接电缆,确认无安全隐患,并做好使用记录,按表 5-2-16 进行评分。

表 5-2-16 完工后工位环境点检整理评分表

序号	点检内容		点检	评分标准	自评得分	教师评分	检查记录
1	防护用品的整理	电弧焊工作服:无破损,整理规范	□合格 □不合格	0.5			
2		劳保鞋:无破损,整理规范	□合格 □不合格	0.5			
3		脚盖:无破损,整理规范	□合格 □不合格	0.5			
4		焊接手套:无破损,整理规范	□合格 □不合格	0.5			
5		面罩:无破损,遮光镜片无破损无油污;紧固无晃动,整理规范	□合格 □不合格	0.5			
6		护目镜:无破损,整理规范	□合格 □不合格	0.5			
7	焊接设备、用具	电源开关:电压指示正常、接线紧固无破损、电流保护复位正常	□合格 □不合格	0.5			
8		电焊机:进线接线正确、牢固无破损;电压电流指示正常,调节正常,摆放规范	□合格 □不合格	0.5			
9		焊把与输出电缆:输出电缆接线正确、牢固、无破损,焊把无破损、接线牢固无外露、操作灵活,整理规范	□合格 □不合格	0.5			
10		护目镜:完好,整理规范	□合格 □不合格	0.5			
11		开坡口工具:锉刀手柄牢固、纹齿正常;角磨机无破损,能正常使用,整理规范	□合格 □不合格	0.5			

表 5-2-16(续)

序号	点检内容		点检	评分标准	自评得分	教师评分	检查记录
12	焊接设备、用具	除渣工具:敲渣锤、锤子手柄牢固,錾子、钢丝刷无缺损,整理规范	□合格 □不合格	0.5			
13		焊条保温桶:无破损,能合盖,保温良好,整理规范	□合格 □不合格	0.5			
14		焊缝检测尺:无损坏,刻度线清晰,操作灵活,能正确调零,整理规范	□合格 □不合格	0.5			
15	作业环境	无未熄灭火种	□合格 □不合格	0.5			
16		灭火器:齐全,整理规范	□合格 □不合格	0.5			
17		隔断:整理规范	□合格 □不合格	0.5			
18		工位卫生清扫,整理规范	□合格 □不合格	0.5			
19		焊条材料整理规范	□合格 □不合格	0.5			
20		作业指示警示牌:醒目,正确放置	□合格 □不合格	0.5			
综合得分							

项目六　埋弧焊基础理论与操作

学习目标

知识目标

1. 掌握埋弧焊的原理与特征；
2. 熟悉埋弧自动焊设备结构及使用方法；
3. 熟悉埋弧焊焊丝和焊剂的类别和保管方法；
4. 熟悉埋弧焊的常见缺陷与防止措施。

技能目标

1. 能正确使用、调试埋弧焊设备与工具；
2. 能正确选用、保管埋弧焊的焊丝与焊剂；
3. 能正确选择埋弧焊的工艺参数；
4. 能正确进行低碳钢板或低合金高强度钢板对接埋弧焊操作；
5. 能正确进行埋弧焊的焊后处理。

任务 6-1　埋弧焊基础理论认知

知识积累

知识点 1　埋弧焊的原理与特点

1. 埋弧焊的原理

埋弧焊是由机头送进焊丝和焊剂，电弧在焊剂层下进行焊接的方法，焊丝和工件分别与焊接电源的输出端相接。焊剂由焊剂料斗输出覆盖待焊接区，同时，焊丝由自动送丝机构连续向覆盖焊剂的焊接区给送，电弧引燃后，焊剂、焊丝和母材立即在焊剂层下燃烧，电弧产生热量，熔化焊丝、焊剂和母材金属形成熔池，随着埋弧焊机向前移动形成焊缝，埋弧焊工作原理如图 6-1-1 所示。

在埋弧焊中，颗粒状焊剂对电弧和焊接区起保护和合金化作用，而焊丝则用作填充金属。熔化的熔渣覆盖住熔池金属及高温焊接区，具有良好的保护作用，未熔化的焊剂也具有隔离空气、屏蔽电弧光和热的作用，同时提高了电弧的热效率。熔融的焊剂与熔化金属之间可产生各种冶金反应，正确地控制这些冶金反应的进程，可以获得化学成分、力学性能和纯度符合预定技术要求的焊缝金属。同时，焊剂的成分也影响电弧的稳定性、电弧柱的最高温度以及热分布。熔渣的特性对焊道外表的成形也起一定的作用。如图 6-1-2 所示。

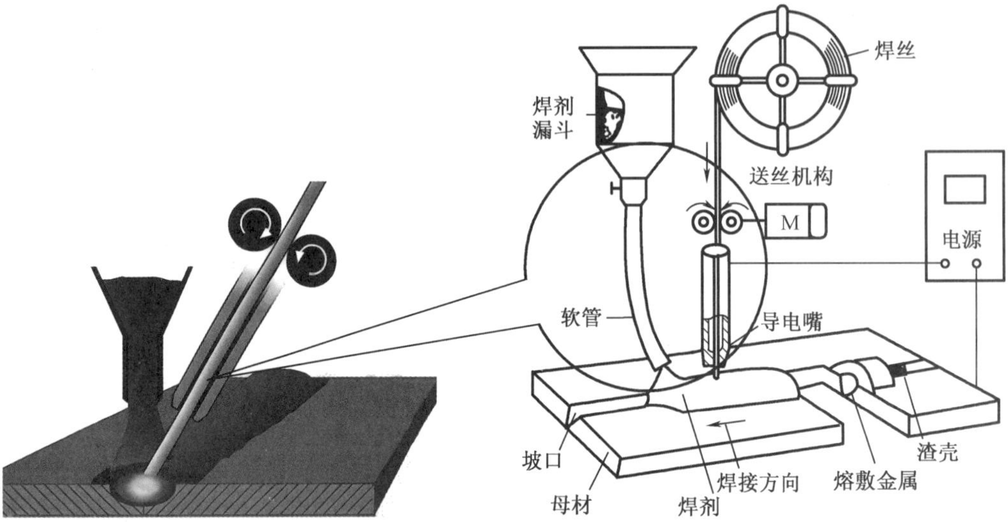

图 6-1-1 埋弧焊工作原理图

自动埋弧焊时,可以采用较短的焊丝伸出长度,并且可在焊接过程中基本保持不变。焊丝可以较高的速度自动给送,因此可以采用大电流进行焊接,从而达到相当高的熔敷率。埋弧焊是一种高电流密度焊接法,具有深熔的特点,一次熔透深度可达 20 mm 以上。因此,它是一种高效焊接法。

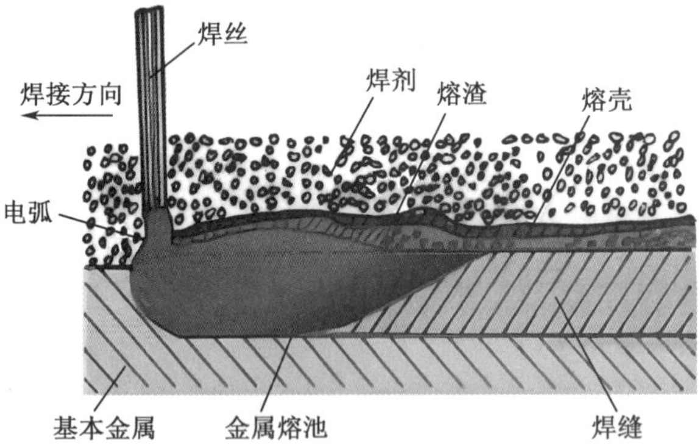

图 6-1-2 埋弧焊过程

2. 埋弧焊的特点

(1)埋弧焊的优点

a. 埋弧焊是一种高效焊接法,不仅熔敷率高,而且具有深熔能力,可以相当高的焊接速度和高的熔敷率完成厚度实际上不受限制的对接、角接和搭接接头,多丝埋弧焊特别适用于厚板接头和表面堆焊。30 mm 以下的对接接头可以不开坡口或开浅坡口焊成全焊透的焊缝。单丝或多丝埋弧焊可采用单面焊双面成形工艺,完成厚度在 20 mm 以下的直边对接接头,或以双面焊完成 40 mm 以下的直边对接和单 V 形坡口对接接头,能够获得较高的经济效益。

b. 埋弧焊时,电弧及焊接区受到良好的保护,利用焊剂对焊缝金属的脱氧还原反应和渗合金作用,可以获得力学性能优良、致密性高的优质焊缝,焊缝金属的性能容易通过焊剂和焊丝的选配任意调整,能够满足对焊缝各种性能的要求;且焊丝的熔化不产生任何飞溅,可获得外观平整光滑的优质焊缝,焊后无须修磨焊缝表面,省略了辅助工序。

c. 简化坡口准备,节省了大量的焊接材料及加工时间。

d. 焊接过程中无弧光刺激,焊工可集中注意力进行操作,劳动条件得到了改善。

e. 焊接过程稳定,不易受外界环境干扰,焊接参数调整范围广,可以适应各种形状工件的焊接,可在风力较大的露天场地施焊,易于实现焊接过程的机械化、自动化,易于控制焊道的成形,焊接质量易于保证,同时劳动强度大大降低。

(2)埋弧焊的缺点

a. 焊接设备占地面积较大,一次投资费用较高,并需要采用处理焊丝、焊剂的辅助装置。

b. 每层焊道焊接后必须清除焊渣,增加了辅助时间,如果清渣不仔细,则容易产生夹渣等缺陷。

c. 埋弧焊只能在平焊或平角焊位置下进行,对工件的倾斜度有严格的限制,否则焊剂和焊接熔池难以保持。

随着埋弧焊焊剂和焊丝新品种的开发和埋弧焊工艺的改进,目前可焊接的钢种有:所有牌号的低碳钢,ω_c<0.6%的中碳钢,各种低合金高强度钢、耐热钢、耐候钢、低温用钢、各种铬钢和铬镍不锈钢、高合金耐热钢和镍基合金等。淬硬性较高的高碳钢、马氏体时效钢、铜及其合金也可采用埋弧焊焊接,但必须采用特殊的焊接工艺才能保证接头的质量。埋弧焊还可用于不锈耐蚀、硬质耐磨金属的表面堆焊。

铸铁、奥氏体锰钢、高碳工具钢、铝和镁及其合金尚不能采用埋弧焊进行焊接。

埋弧焊是各工业部门中应用最广泛的机械化焊接方法之一,特别是在船舶制造、发电设备、锅炉压力容器、大型管道、机车车辆、重型机械、桥梁及炼油化工装备生产中已成为主导焊接工艺。

知识点 2 埋弧焊设备

1. 埋弧焊机的种类

目前在生产中使用的埋弧焊机类型很多,它们一般由机头、控制箱、导轨(或支架)及焊接电源组成。根据工作需要,埋弧焊机可做成不同的形式,一般分为自动埋弧焊机和半自动埋弧焊机两种。

(1)半自动埋弧焊机

半自动埋弧焊机(图 6-1-3)主要由送丝机构、控制箱、带软管的焊接手把及焊接电源组成。软管式半自动埋弧焊机兼有自动埋弧焊机的优点及焊条电弧焊机的机动性。半自动埋弧焊机的焊丝由送丝机构通过软管连续不断地送入电弧区,同时自动向焊接区敷施焊剂,整个焊接过程,焊机(或工件)移动以及焊接结束时填满弧坑等由焊工手工操作并控制焊接速度,其他操作(如起动、引弧、送丝)由焊机机械化控制,焊工只需按动相应的按钮。

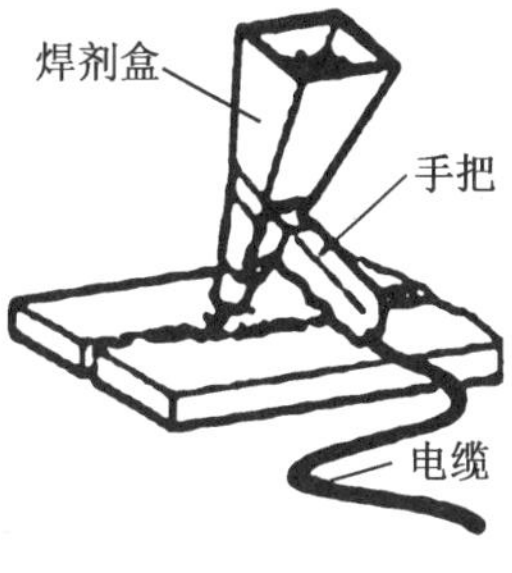

图 6-1-3 半自动埋弧焊机

在难以进行自动焊的工件上(如中心线不规则的焊缝、短焊缝、施焊空间狭小的焊缝等),可用半自动埋弧焊机进行焊接。

(2)自动埋弧焊机

自动埋弧焊机的主要功能:将焊丝通过软管连续不断地送入电弧区;传输焊接电流;使电弧沿接缝自动向前移动;控制电弧的主要参数;控制焊接的起动与停止;自动向焊接区敷施焊剂;焊接前调节焊丝端位置。

自动埋弧焊机可按照工作需要做成不同的形式,常见的有焊车式、悬挂式、机床式、悬臂式、闸架式等,其中焊车式和悬臂式自动埋弧焊机如图 6-1-4 所示。

(a) 焊车式自动埋弧焊机

(b) 悬臂式自动埋弧焊机(双弧双丝)

(c) 悬臂式自动埋弧焊机(单丝)

图 6-1-4　自动埋弧焊机

使用最普遍的是 MZ-1000 型埋弧焊机,该焊机为焊车式。MZ-1000 型埋弧焊机采用电弧电压自动调节(变速送丝)系统,送丝速度与电弧电压成正比。MZ-1000 型埋弧焊机主要由 MZT-1000 型焊接小车和 MZP-1000 型控制箱及焊接电源组成。MZT-1000 型焊接小车由机头、控制箱、焊丝盘、焊剂漏斗等组成,如图 6-1-5 所示。

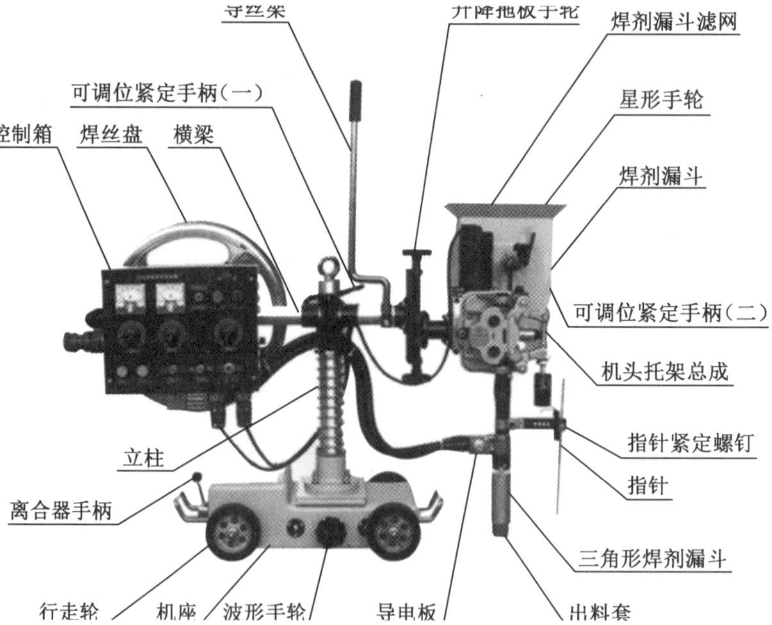

图 6-1-5　MZ-1000 型焊车式自动埋弧焊机的焊接小车构成

常用的自动埋弧焊机有等速送丝式和变速送丝式两种,送丝与控制机构一般由机头、控制箱、导轨(或支架)和焊接电源组成。等速送丝自动埋弧焊机采用电弧自身调节系统;变速送丝自动埋弧焊机采用电弧电压自动调节系统。常用国产自动埋弧焊机的主要技术参数如表 6-1-1 所示。

表 6-1-1 常用国产自动埋弧焊机主要技术参数

型号	NZA-1000	MZ-1000	MZ1-1000	MZ2-1000	MZ3-500	MZ6-2-500	MU-2×300	MU1-1000
送丝方式	变速送丝	变速送丝	等速送丝	等速送丝	等速送丝	等速送丝	等速送丝	变速送丝
焊机结构特点	埋弧、明弧两用车	焊车	焊车	悬挂式自动机头	电磁爬行焊车	焊车	堆焊专用焊机	堆焊专用焊机
焊接电流/A	200~1 200	400~1 200	200~1 200	400~1 500	180~600	200~600	160~300	400~1 000
焊丝直径/mm	3~5	3~6	1.6~5	3~6	1.6~2	1.6~2	1.6~2	焊带宽 30~80,厚 0.5~1
送丝速度/($cm \cdot min^{-1}$)	20~600(弧压反馈控制)	50~200	37~670	47~375	180~700	250~1 000	160~540	25~100
焊接速度/($cm \cdot min^{-1}$)	3.5~130	25~117	26.7~210	22.5~187	16.7~108	13.3~100	32.5~58.3	12.5~58.3
焊接电流种类	直流	直流或交流				交流	直流	直流
送丝速度调整方法	用电位器无级调整	用电位器调整直流电动机转速	调换齿轮	调换齿轮	用自耦变压器无级调节直流电动机转速		调换齿轮	用电位器无级调节直流电动机转速

2. 埋弧焊机的型号

根据标准 GB/T 10249—2010《电焊机型号编制方法》规定,埋弧焊机型号代表字母及其含义见表 6-1-2。

表 6-1-2　埋弧焊机型号代表字母及其含义

第一字母		第二字母		第三字母		第四字母	
M	埋弧焊机	Z	自动焊	省略	直流	1	焊车式
		B	半自动焊	J	交流	2	横臂式
		U	堆焊	E	交直流	3	机床式
		D	多用	M	脉冲	9	埋头悬挂式

3. 埋弧焊电源

一般埋弧焊多采用粗焊丝,电弧具有水平的静特性曲线。按照前述电弧稳定燃烧的要求,电源应具有下降外特性。在用细焊丝焊接薄板时,电弧具有上升的静特性曲线,宜采用平特性电源。

埋弧焊电源可以用交流电源(弧焊变压器)(图 6-1-6)、直流电源(弧焊发电机或弧焊整流器)(图 6-1-7)或交直流并用。应根据具体的应用条件,如焊接电流范围、单丝焊或多丝焊、焊接速度、焊剂类型等选用。

图 6-1-6　埋弧焊交流电源

图 6-1-7　埋弧焊直流电源

一般直流电源用于小电流范围、快速引弧、短焊缝、高速焊接,所采用焊剂的稳弧性较差以及对焊接参数稳定性有较高要求的场合。采用直流电源时,不同的极性将产生不同的工艺效果。采用直流正接(焊丝接负极)时,焊丝的熔敷率最高;采用直流反接(焊丝接正极)时,焊缝熔深大。

采用交流电源时,焊丝熔敷率及焊缝熔深介于直流正接和反接之间,而且电弧的磁偏吹最小。因而,交流电源多用于大电流埋弧焊和采用直流时磁偏吹严重的场合。一般要求交流电源的空载电压在 65 V 以上。

为了加大熔深并提高生产效率,多丝埋弧焊在工业生产中得到了越来越多的应用,目前应用较多的是双丝焊和三丝焊。多丝焊的电源可用直流或交流,也可以交直流联用。双丝埋弧焊和三丝埋弧焊时,焊接电源的选用及连接有多种组合。

4. 埋弧焊辅助工具

埋弧焊时，为了调整焊接机头与工件的相对位置，使接缝处于最佳施焊位置，或者为达到预期的工艺目的，一般都需有相应的辅助设备与焊机相配合。埋弧焊的辅助设备大致有以下几种类型。

（1）焊接夹具

使用焊接夹具的目的在于使工件准确定位并夹紧，以便于焊接。这样可以减少或免除定位焊缝，并且可以减少焊接变形。有时为了达到其他工艺目的，焊接夹具往往与其他辅助设备联用，如单面焊双面成形装置等。通用柔性焊接夹具工作台如图 6-1-8 所示。

图 6-1-8　通用柔性焊接夹具工作台

（2）工件变位设备

工件变位设备的主要功能是使工件旋转、倾斜、翻转，以便待焊接缝处于最佳焊接位置，达到提高生产效率、改善焊接质量、减轻劳动强度的目的。工件变位设备的形式、结构及尺寸因焊接工件而异。埋弧焊中常用的工件变位设备有滚轮架、翻转机等，如图 6-1-9 所示。

(a) 滚轮架　　(b) 翻转机

图 6-1-9　埋弧焊中常用的工件变位设备

（3）焊缝成形设备

埋弧焊的电弧功率较大，钢板对接时为防止熔化金属的流失和烧穿并促使焊缝背面成形，往往需要在焊缝背面加衬垫。最常用的焊缝成形设备除前面已提到的铜垫板之外，还有焊剂垫。焊剂垫有用于纵缝的和用于环缝的两种基本形式。

(4)焊剂回收输送设备

焊剂回收输送设备用来在焊接中自动回收并输送焊剂,以提高焊接自动化程度(图6-1-10)。采用压缩空气的吸压式焊剂回收输送设备可以安装在小车上使用。

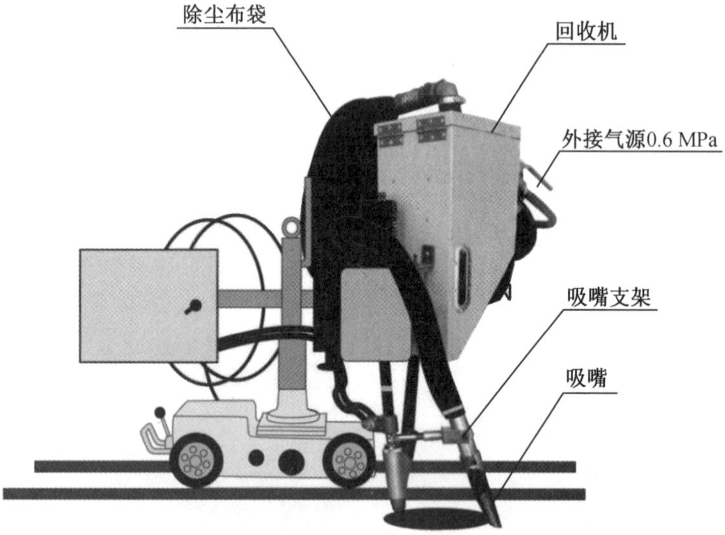

图 6-1-10 焊剂回收机

(5)焊车导轨

焊接直焊缝时,需将焊车放在导轨上自动行走。常用焊车导轨的形状如图 6-1-11 所示。一组导轨包括两根平行导轨,导轨由两根角钢组成,一根角钢直边向上,使焊车的橡胶滚轮的凹槽嵌在其中,起导向作用;另一根角钢平面向上,使焊车便于行走。导轨的长度应超过所焊焊缝的长度。

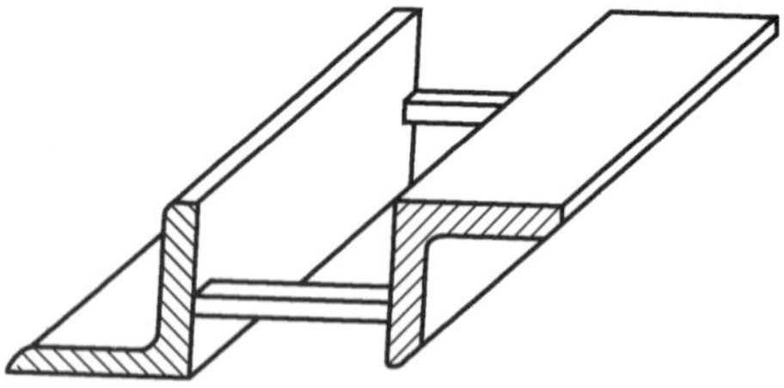

图 6-1-11 常用焊车导轨形状

知识点 3 埋弧焊焊接材料及选用

1. 埋弧焊用焊丝及选用

埋弧焊所用焊丝有实芯焊丝和药芯焊丝两类。目前,生产中普遍使用的是实芯焊丝。

焊丝的品种随所焊金属种类的增加而增加。目前,已有碳素结构钢、合金结构钢、高合金钢和各种有色金属焊丝以及堆焊用特殊合金焊丝。国产埋弧焊用焊丝已列入国家标准,可分埋弧焊用非合金钢及细晶粒钢实芯焊丝、药芯焊丝(GB/T 5293—2018)、埋弧焊用热强钢实芯焊丝、药芯焊丝(GB/T 12470—2018),埋弧焊用不锈钢焊丝(GB/T 17854—2018),埋弧焊用高强钢实芯焊丝、药芯焊丝(GB/T 36034—2018)。

焊丝按表面处理工艺不同,可分光焊丝和镀铜焊丝。对于光焊丝,应采用不影响焊缝质量的涂料进行防锈。焊丝表面应当干净、光滑,保证焊接时能顺利送进,以免给焊接过程带来干扰。除不锈钢焊丝和有色金属焊丝之外,各种低碳钢和低合金钢焊丝的表面最好镀铜。镀铜层既可起防锈作用,也可改善焊丝与导电嘴之间的电接触状况。

(1)焊丝直径

焊丝直径的选择依用途而定。半自动埋弧焊用的焊丝较细,一般直径为 1.6 mm、2 mm、2.4 mm,以便能顺利地通过软管,并且使焊工在操作中不会因焊丝的刚度太大而感到操作困难。自动埋弧焊一般使用直径为 3~6 mm 的焊丝,以充分发挥埋弧焊的大电流和高熔敷率的特点。对于一定的电流值,可能使用不同直径的焊丝。同一电流使用直径较小的焊丝时,可达到加大焊缝熔深、减小熔宽的效果。当工件装配不良时,宜选用较粗的焊丝。

(2)实芯焊丝分类

按照标准 GB/T 5293—2018《埋弧焊用非合金钢及细晶粒钢实芯焊丝、药芯焊丝和焊丝-焊剂组合分类要求》,表 6-1-3 列出了部分实芯焊丝型号及化学成分,其中字母“SU”表示埋弧焊实芯焊丝,“SU”后数字或数字与字母的组合表示其化学成分分类(图 6-1-12)。

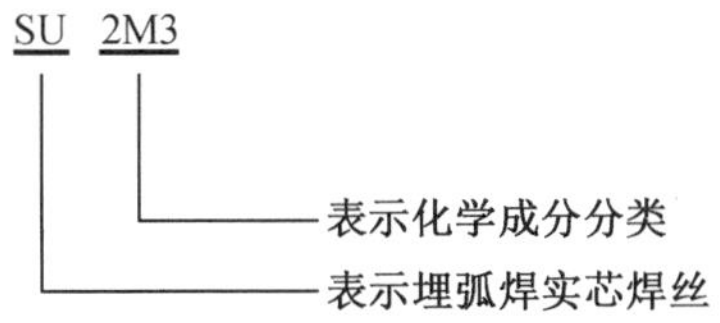

图 6-1-12 实芯焊丝型号组成

表 6-1-3 部分实芯焊丝型号及化学成分

焊丝型号	冶金牌号分类	化学成分(质量分数)/%									
		C	Mn	Si	P	S	Ni	Cr	Mo	Cu	其他
SU08	H08	0.10	0.25~0.60	0.10~0.25	0.030	0.030	—	—	—	0.35	—
SU10	H11Mn2	0.07~0.15	1.30~1.70	0.05~0.25	0.025	0.025	—	—	—	0.35	—
SU11	H11Mn	0.15	0.20~0.90	0.15	0.025	0.025	—	—	—	0.35	—
SU111	H11MnSi	0.07~0.15	1.00~1.50	0.65~0.85	0.025	0.030	—	—	—	0.35	—
SU21	H10Mn	0.05~0.15	0.80~1.25	0.10~0.35	0.025	0.025	0.15	0.15	0.15	0.40	—
SU32	H12Mn2Si	0.15	1.30~1.90	0.05~0.60	0.025	0.025	0.15	0.15	0.15	0.40	—
SU2M1	H12Mn2Mo	0.15	0.80~1.40	0.25	0.025	0.025	0.15	0.15	0.15~0.40	0.40	—
SUN21	H08MnSiNi	0.12	0.80~1.40	0.4~0.8	0.020	0.020	0.75~1.25	0.20	0.15	0.40	—
SUCC	H11MnCr	0.15	0.80~1.90	0.3	0.030	0.030	0.15	0.30~0.60	0.15	0.20~0.45	—

(3)埋弧焊焊丝选择

选择埋弧焊用焊丝时,主要考虑焊丝中 Mn、Si 和合金元素的含量。无论是采用单道焊还是多道焊,都应考虑焊丝向熔敷金属中过渡的 Mn、Si 和合金元素对熔敷金属力学性能的影响。必须保证熔敷金属中 Mn 含量最低,以防止产生焊道中心裂纹,特别是使用低 Mn 焊丝匹配中性焊剂易产生焊道中心裂纹,此时应改用高 Mn 焊丝和活性焊剂。某些中性焊剂采用 Si 代替 C 和 Mn,并将其含量降到规定值,使用时,不必采用硅脱氧焊丝。对于其他不添加 Si 的焊剂,要求采用硅脱氧焊丝,以获得合适的润湿性并防止气孔。因此焊丝、焊剂制造厂应相互配合,以使两种产品在使用时互补。

2. 埋弧焊用焊剂及其储存与烘干

(1)埋弧焊用焊剂的分类

埋弧焊用焊剂可按用途、制造方法、物理特性、颗粒构造和化学组分进行分类。

①按用途分类

焊剂按适合焊接的钢种,可分为碳钢埋弧焊焊剂、合金钢埋弧焊焊剂、不锈钢埋弧焊焊剂、铜及其合金埋弧焊焊剂、不锈钢和镍及其合金埋弧堆焊焊剂;按适用的焊丝直径,可分为细焊丝(ϕ1.6~2.5 mm)埋弧焊焊剂和粗焊丝埋弧焊焊剂;按焊接位置,可分为平焊位置埋弧焊焊剂和强迫成形焊剂;按特殊用途,可分为高速埋弧焊焊剂、窄间隙埋弧焊焊剂、多丝埋弧焊焊剂和带极堆焊埋弧焊焊剂等。

②按制造方法分类

焊剂按制造方法不同,可分为熔炼焊剂和烧结焊剂两种:熔炼焊剂是将炉料组成物按一定的配比在电炉或火焰炉内熔炼后制成的;烧结焊剂是先将配料粉碎成粉末,再用黏结剂黏合成颗料后熔烧制成的,这两种焊剂在工业生产中已得到普遍使用。

③按物理特性分类

焊剂按其在熔化状态下黏度随温度变化的特性不同,可分为长渣焊剂和短渣焊剂。黏度随着温度的降低而急剧增加的熔渣称为短渣,黏度随温度缓慢变化的熔渣称为长渣。短渣焊剂的焊接工艺性较好,有利于脱渣和焊缝成形,长渣焊剂则相反。

④按颗粒构造分类

焊剂按颗粒构造可分为玻璃状焊剂和浮石状焊剂。玻璃状焊剂颗粒呈透明的彩色,而浮石状焊剂颗粒为不透明的多孔体。玻璃状焊剂的堆散重量高于 1.4 g/cm^3,而浮石状焊剂的堆散重量则低于 1 g/cm^3,因此,玻璃状焊剂能更好地隔离焊接区,使其不受空气的侵入。

⑤按化学组分分类

按照焊剂中添加的脱氧剂、合金剂分类,可分为中性焊剂、活性焊剂和合金焊剂。不同类型焊剂可以通过相应的牌号及制造厂的产品说明书予以识别。

a. 中性焊剂是指在焊接后,熔敷金属化学成分与焊丝化学成分不产生明显变化的焊剂。中性焊剂用于多道焊,特别适用于厚度大于 25 mm 的母材焊接。中性焊剂的焊接注意事项:由于中性焊剂不含或含有少量脱氧剂,所以在焊接过程中只能依赖焊丝提供脱氧剂。单道焊或焊接氧化严重的母材时,会产生气孔和焊道裂纹。电弧电压变化时,中性焊剂能维持熔敷金属的化学成分稳定。部分中性焊剂在电弧区释放出的 O_2 与焊丝中 C 化合，能够降低熔敷金属中的含 C 量。部分中性焊剂含有硅酸盐，在电弧高温区还原成 Mn、Si，即使电弧电压变化很大时，熔敷金属的化学成分也相对稳定。熔深、热输入量和焊道数量等参数变化时，抗拉强度和冲击韧性等力学性能也会发生变化。与焊丝中 Cr 含量相比，部分中性焊剂会减少焊缝金属中的 Cr 含量。

b. 活性焊剂指加入少量锰、硅脱氧剂的焊剂。活性焊剂主要用于单道焊，特别是被氧化的母材，能够提高抗气孔能力和抗裂性能。活性焊剂的焊接注意事项：由于含有脱氧剂，熔敷金属中的 Mn、Si 含量将随电弧电压的变化而变化，Mn、Si 含量的增加将提高熔敷金属的强度，降低冲击韧性。因此，在使用活性焊剂进行多道焊时，应严格控制电弧电压。活性焊剂中，更活泼的焊剂具有较强的抗氧化性能，但在多道焊时会产生较多的问题。

c. 合金焊剂指熔敷金属为合金钢时，使用碳钢焊丝的焊剂。焊剂中添加较多的合金成分，用于过渡合金，多数合金焊剂为黏结焊剂和烧结焊剂。

(2) 对焊剂性能的基本要求

在埋弧焊中，焊剂对焊缝的质量和力学性能有很大影响，故对焊剂性能提出了下列多方面的要求：

a. 保证焊缝金属具有符合要求的化学成分和力学性能。

b. 保证电弧稳定燃烧，焊接冶金反应充分，通常焊剂的 S 含量应不大于 0.05%，P 含量应不大于 0.06%。

c. 保证焊缝金属内不产生裂纹和气孔。

d. 保证焊缝成形良好，焊道与焊道、母材之间平滑过渡，不应产生较严重的咬边现象。

e. 保证熔渣的脱渣性良好。

f. 保证焊接过程中有害气体析出量少。

(3) 埋弧焊用焊剂型号表示方法

按照国家标准 GB/T 36037—2018《埋弧焊和电渣焊用焊剂》，焊剂型号由三部分组成：

第一部分表示焊剂适用的焊接方法，“S”表示适用于埋弧焊；

第二部分表示焊接制造方法，“F”表示熔炼焊剂，“A”表示烧结焊剂，“M”表示混合焊剂；

第三部分表示焊剂适用范围代号(图 6-1-13 和图 6-1-14)。

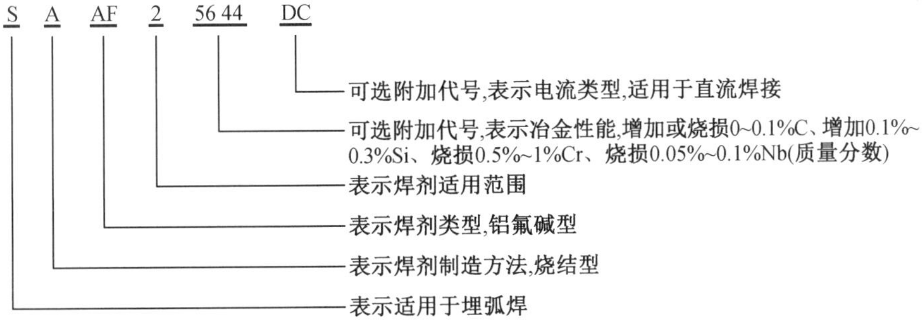

图 6-1-13 焊剂型号组成(1)

S F CS 1 67 AC H10

- H10——可选附加代号,表示熔敷金属扩散氢含量不大于10 mL/100 g
- AC——可选附加代号,表示电流类型,适用于交流和直流焊接
- 67——可选附加代号,表示冶金性能,增加0.1%~0.3%Si、增加0.1%~0.3% Mn(质量分数)
- 1——表示焊剂适用范围
- CS——表示焊剂类型,硅钙型
- F——表示焊剂制造方法,熔炼型
- S——表示适用于埋弧焊

图 6-1-14 焊剂型号组成(2)

①焊剂类型

按照国家标准 GB/T 36037—2018《埋弧焊和电渣焊用焊剂》,埋弧焊焊剂类型见表 6-1-4。

表 6-1-4 埋弧焊焊剂类型

焊剂类型	组成	特点及适用范围
硅锰型焊剂	含有大量的 MnO 和 SiO_2	焊缝金属含氧量通常较高,因而韧性受限。电流承载能力相对较高,常用于单丝或多丝高速焊接。在板材有锈或氧化皮严重的情况下,焊缝金属也能显示良好的抗气孔性。该类焊剂合金含量较高因而不适用于厚截面的多道焊接情况
硅钙型焊剂	主要由 CaO、MgO 和 SiO_2 组成	在其成分范围内,酸性最强的焊剂电流承载能力最高,常用于多丝焊接;碱性较强的焊剂常用于对强度和韧性要求更高的多道焊接。该类焊剂常用于耐磨和覆层堆焊,可以过渡合金
镁钙型焊剂	主要由 CaO、MgO 和 CaF_2 组成	因碳酸盐较多,在焊接过程中会产生 CO_2 气体,能降低焊缝金属氮和扩散氢含量。该类焊剂常用于需要高冲击韧性的多道焊或高热输入场合
镁钙碱型焊剂	主要由 CaO、MgO 和 CaF_2 和 Al_2O_3 组成	
铁粉镁钙型焊剂	主要由镁钙型加入铁粉以提高熔敷效率	因碳酸盐较多,在焊接过程中会产生 CO_2 气体,能降低焊缝金属氮和扩散氢含量。该类焊剂常用于对力学性能要求不高的厚板高热输入焊接
铁粉镁钙碱型焊剂	主要由镁钙碱型加入铁粉以提高熔敷效率	
硅镁型焊剂	主要由 MgO 和 SiO_2 以及少量 CaO 和 CaF_2 组成	可添加金属粉进行合金化,适用于焊缝金属成分有特定要求的堆焊
硅锆型焊剂	主要由 ZrO_2 和 SiO_2 组成	常用于洁净板材和薄板的高速、单道焊接,也能够过渡合金

表 6-1-4(续)

焊剂类型	组成	特点及适用范围
硅钛型焊剂	主要由 TiO_2 和 SiO_2 组成	通常用于匹配中锰或高锰含量的焊丝、焊带。焊缝金属含氧量相对较高,因而韧性受限。该类焊剂常用于单丝和多丝高速双面焊接
铝钛型焊剂	主要由 Al_2O_3 和 TiO_2 组成	冶金活性和碱性调整范围较宽,多用于单丝和多丝高速焊接,包括薄壁和角焊缝焊接
碱铝型焊剂	主要由 Al_2O_3 和 CaF_2 组成,并含有少量 SiO_2	焊缝金属氧含量较低,尤其是在多道焊接时可以获得良好韧性
硅铝酸型焊剂	主要由 Al_2O_3 和 SiO_2 组成,也包含 MgO 和 CaF_2	特别适用于各种堆焊
铝碱型焊剂	主要由 Al_2O_3 和碱性氧化物组成	冶金活性范围较宽。由于 Al_2O_3 含量高,液态熔渣快速凝固,常用于各种单丝或多丝的单道和多道焊接
硅铝型焊剂	主要由碱性氧化物和 SiO_2、Al_2O_3、ZrO_2 等组成	由于碱性大,焊缝金属含氧量低,所以韧性较高,应用于各种接头焊接和堆焊
铝氟碱型焊剂	主要由 Al_2O_3 和 CaF_2 组成	主要匹配合金焊丝用于不锈钢和镍及其合金等的接头焊接和堆焊
氟碱型焊剂	主要由碱性化合物和相对较少的 SiO_2 组成	由于碱度大,焊缝金属含氧量低,所以韧性较高,广泛在用于单丝和多丝的接头焊接和堆焊,包括电渣焊
特殊型焊剂	前述未覆盖的其他成分的焊剂归入此类	其化学组成范围不做规定,因此该类型的焊剂可能差别较大

②焊剂类型代号

埋弧焊焊剂类型代号见表 6-1-5。

表 6-1-5 埋弧焊焊剂类型代号

代号	焊剂类型	代号	焊剂类型
MS	硅锰型	CS	硅钙型
CG	镁钙型	CB	镁钙碱型
CG-1	铁粉镁钙型	CB-1	铁粉镁钙碱型
GS	硅镁型	ZS	硅锆型
RS	硅钛型	AR	铝钛型
BA	碱铝型	AAS	硅铝酸型
AB	铝碱型	AF	铝氟碱型
FB	氟碱型	AS	硅铝型

(4)焊剂的储存与烘干

埋弧焊用焊剂在空气中存放时会吸收水分,而焊剂中的水分是焊缝产生气孔和冷裂纹的主要原因,水分含量应控制在 0.1%(质量分数)以下。熔炼焊剂与烧结焊剂的吸潮性不同,烧结焊剂的吸潮性比熔炼焊剂高得多。因此,烧结焊剂在使用前应按产品说明书的规定温度进行烘干。熔炼焊剂也有一定的吸潮性,如果在空气中长时间存放,其水分也会超过标准规定。因此,熔炼焊剂同样应注意焊前的烘干。焊剂的干燥可在烘干炉内进行,烘干温度为 350~400 ℃,某些低氢碱性焊剂要求采用更高的烘干温度,使焊剂中的水分降到 0.1%(质量分数)以下。焊剂烘干时堆散层的高度不应超过 40 mm。

3. 埋弧焊焊剂与焊丝的选配

(1)选配原则

埋弧焊用焊剂与焊丝的正确选配是焊制高质量焊接接头的决定性因素之一,是埋弧焊工艺过程中的重要环节。在进行焊剂与焊丝的选配时,应着重考虑埋弧焊的工艺特点和冶金特点。

①稀释率高

在不开坡口对接焊缝单道焊或双面焊以及开坡口对接焊缝根部焊道的焊接中,由于埋弧焊焊缝熔透深度大,母材大量熔化,混入焊缝金属,稀释率可高达 70%。在这种情况下,焊缝金属的成分在很大程度上取决于母材的成分,而焊丝的成分不起主要作用。因此,选用合金元素含量低于母材的焊丝进行焊接,并不能降低接头的强度。

②热输入高

埋弧焊是一种高效焊接方法,为了获得较高的熔敷率,通常选用大电流进行焊接。因此,焊接过程中就产生了较高的输入热量,结果降低了焊缝金属和热影响区的冷却速度,从而降低了接头的强度和韧性。因此,焊接厚板开坡口焊缝填充焊道时,应选用合金成分略高于母材的焊丝并配用中性焊剂。

③焊接速度快

埋弧焊的焊接速度一般为 25 m/h,最高焊接速度可达 100 m/h。在这种情况下,焊缝的良好成形不仅取决于焊接参数的合理选配,还取决于焊剂的特性,硅钙型、锰硅型及氧化铝型焊剂的特性能满足高速埋弧焊的要求。

(2)焊丝-焊剂组合的代号

“实芯焊丝-焊剂组合”分类按照力学性能、焊后状态、焊剂类型和焊丝型号等进行划分;“药芯焊丝-焊剂组合”还要考虑熔敷金属化学成分等进行划分。“焊丝-焊剂组合”分类代号由五部分组成(图 6-1-15)。

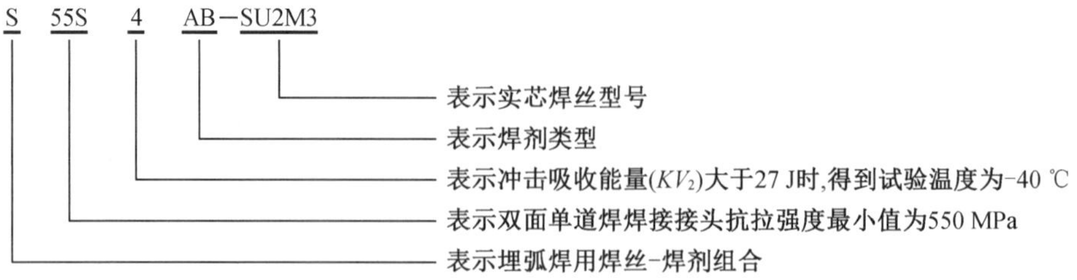

图 6-1-15 “焊丝-焊剂组合”分类代号组成

其中,第二部分表示多道焊在焊后热处理条件下熔敷金属的抗拉强度,其代号见表 6-1-6。

表 6-1-6　多道焊熔敷金属抗拉强度代号

抗拉强度代号	抗拉强度 R_m/MPa	屈服强度 R_{eL}/MPa	断后伸长率/%
43X	430~600	≥330	≥20
49X	490~670	≥390	≥18
55X	550~740	≥460	≥17
57X	570~770	≥490	≥17

或者表示用于双面单道焊时焊接接头的抗拉强度,其代号见表 6-1-7。

表 6-1-7　双面单道焊焊接接头的抗拉强度代号

抗拉强度代号	抗拉强度 R_m/MPa
43S	≥430
49S	≥490
55S	≥550
57S	≥570

第五部分表示"实芯焊丝型号或者药芯焊丝-焊剂组合"的熔敷金属化学成分分类。

除了以上强制分类代号外,可在组合分类中附加可选代号:字母"U",附加在第三部分之后,表示在规定的试验温度下,冲击吸收能量(KV_2)应大于 47 J。扩散氢代号"H×",附加在最后,其中"×"可为数字 15、10、5、4 或 2,分别表示每 100 g 熔敷金属中扩散氢含量的最大值(mL)。

实训活动

实训 1　埋弧焊原理、分类及熔滴过渡辨识训练

观看虚拟焊接实训的训练视频,或者在虚拟焊接实训车间,跟着视频熟悉埋弧焊设备的类型和设备构件间连接关系。

清点记录并思考完成下表:

完成的埋弧焊设备辨识	练习时长	各类设备的区别	共辨识到几种设备
请绘制埋弧焊的工作原理图			

熟悉埋弧焊设备的安装和调试。

清点记录并思考完成下表：

设备构件的认知	练习时长	设备构件的安装	安装后设备的调试
练习心得与反思			

熟悉埋弧焊设备的安装和调试。

清点记录并思考完成下表：

设备的使用要求	练习时长	设备的使用操作	设备各系统的调试
练习心得与反思			

任务 6-2 低碳钢板或低合金高强度钢板对接埋弧焊(自动化焊)

任务说明:

按图 6-2-1 及技术要求进行材料准备、工艺准备、焊接实施、质量检查、自我评定与总结。

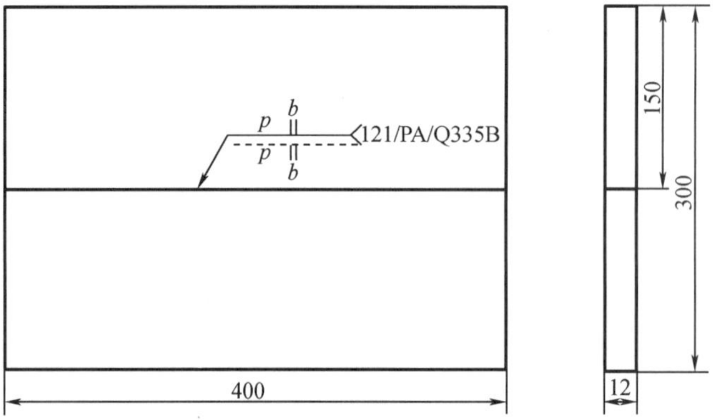

技术要求

1. 坡口为 I 形坡口;
2. 无垫板双面焊接;
3. 错边≤0. 5 mm;
4. 角变形<3°;
5. 不允许有咬边;
6. 不允许有未焊透;
7. 不允许有裂纹、气孔、夹渣;
8. 焊缝余高≤1+0. 15*b*。

图 6-2-1 Q235B 板对接平焊埋弧焊试件图

子任务 6-2-1 焊 前 准 备

知识积累

知识点 1 埋弧焊的焊接工艺

1. 焊接工艺的内容、原则和依据

(1) 焊接工艺的主要内容

焊接工艺的主要内容包括焊接工艺方法的选择;焊接工艺装备的选用;焊接坡口的设

计;焊接材料的选定;焊接参数的制定;焊件组装工艺的编制;操作技术参数及焊接过程控制技术参数的制定;焊缝缺陷检查方法及修补技术的制定。

(2)编制焊接工艺的原则

a. 保证接头的质量完全符合焊件技术条件或标准的规定。

b. 在保证接头质量的前提下,最大程度地降低生产成本,即以最高的焊接速度、最少的焊材和能量消耗,以及最短的焊接工时完成整个焊接过程。

(3)编制焊接工艺的依据

依据焊件材料的牌号和规格、焊件的形状和结构、焊接位置以及对焊接接头性能的技术要求、工厂生产车间现有焊接设备和工艺能力等。

根据上述基本原始资料,可制订初步的工艺方案,即结合工厂生产车间现有焊接设备和工艺能力,选择焊接工艺方法(如单丝焊或多丝焊,加焊剂衬垫或悬空焊,单层焊或双面焊、多层多道焊等)、焊剂-焊丝组合、焊丝直径、焊接坡口设计和组装工艺等。

2. 影响焊缝成形形状、金属成分及性能的埋弧焊工艺参数

(1)埋弧焊的焊接工艺参数种类和影响

①焊接工艺参数对焊缝金属成分和性能的影响

焊接电流、电弧电压和焊接速度三个参数合成的焊接线能量影响着焊缝的强度和韧性。焊接条件变化时,母材的稀释率、焊剂熔化比率(焊剂熔化量/焊丝熔化量)均发生变化,从而对焊缝金属性能产生影响,其中焊接电流和电弧电压对其影响较大,如图 6-2-2~图 6-2-4 所示。

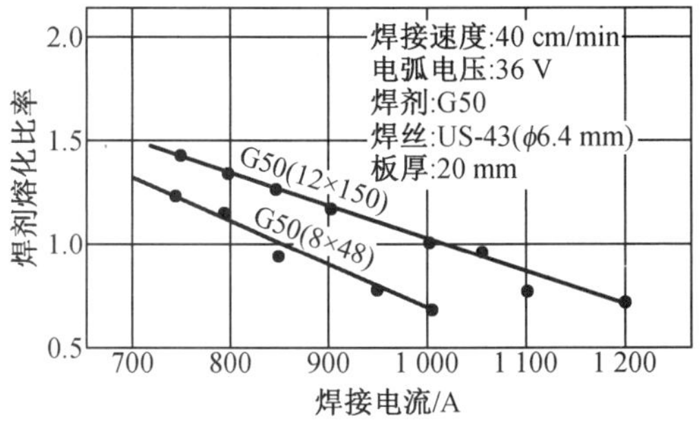

图 6-2-2 焊接电流对焊剂熔化比率的影响

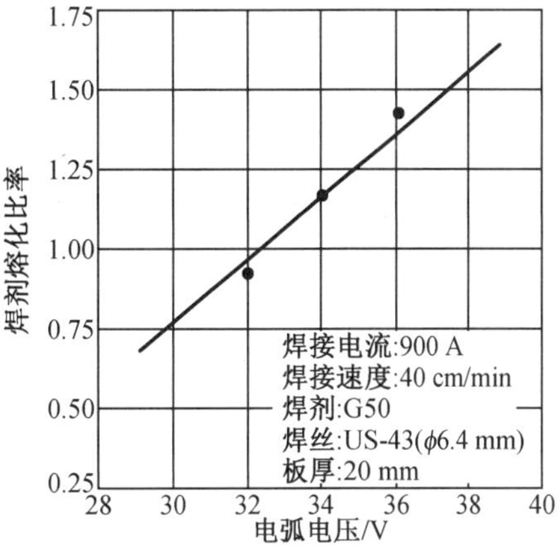

图 6-2-3 电弧电压对焊剂熔化比率的影响

由于焊剂熔化比率的变化,焊缝金属的化学成分、力学性能均发生变化,特别是烧结焊剂中合金元素的加入对焊缝金属化学成分的影响最大,图 6-2-5~图 6-2-7 反映了各种焊接参数变化对焊缝金属 Mn、Si 含量的影响。

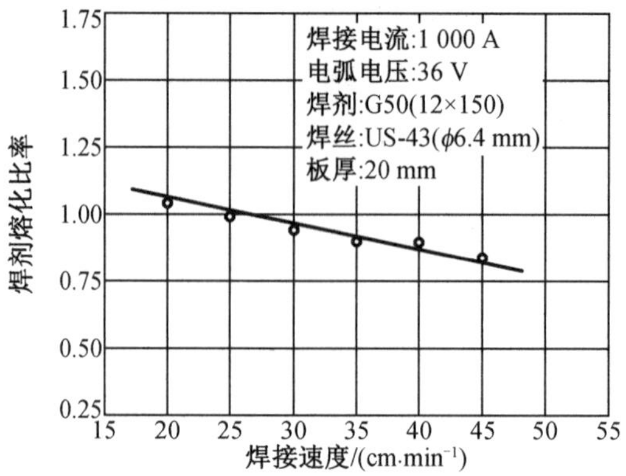

图 6-2-4　焊接速度对焊剂熔化比率的影响

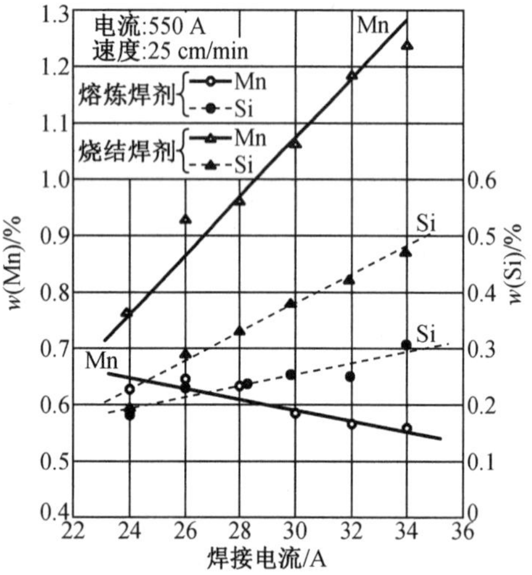

图 6-2-5　焊接电流对焊缝金属化学成分的影响

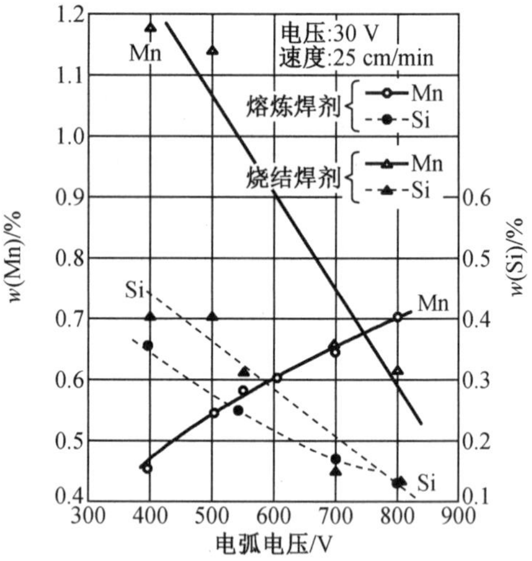

图 6-2-6　电弧电压对焊缝金属化学成分的影响

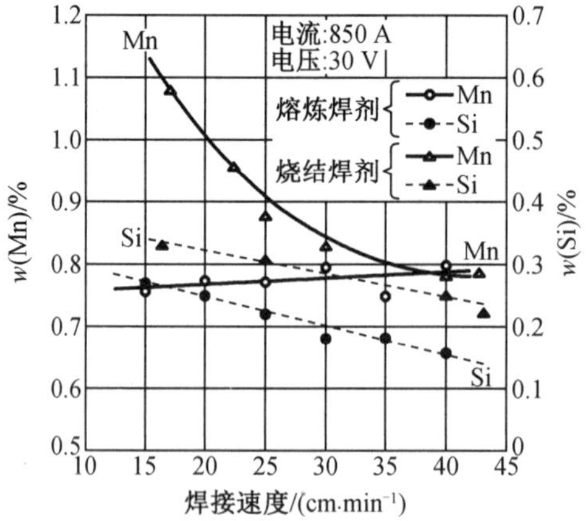

图 6-2-7　焊接速度对焊缝金属化学成分的影响

②焊接工艺参数对焊缝成形形状质量影响

埋弧焊影响焊缝成形形状质量的主要参数包括焊接电流、电弧电压、焊接速度、电源种类及极性和预热温度等；还包括焊丝伸出长度、焊丝倾角、焊丝与焊件的相对位置、焊剂颗粒度、焊剂堆敷高度和多丝间距等。

这些参数分别影响着焊缝的成形，也就影响着焊缝的抗裂性，对气孔和夹渣的敏感性。只有这些参数合理匹配，才能焊出成形良好、无任何缺陷的焊缝。

对于操作者来说，要正确调整各焊接参数，才能控制焊道的最佳成形。因此，操作者应清楚地了解各焊接参数对焊缝成形的影响规律，以及焊接熔池形成、焊缝形状和结晶过程对焊缝质量的影响。焊接参数的制定应以相应的焊接工艺试验结果或焊接工艺评定试验结果为依据。

(2)电流参数对埋弧焊焊缝成形形状质量的影响

焊接电流是决定焊丝熔化速度、熔透深度和母材熔化量的重要参数。焊接电流对熔透深度影响最大，两者几乎呈正比关系。如图 6-2-8 所示，I 形坡口和 Y 形坡口对接埋弧焊时，焊接电流与熔透深度几乎呈正比关系，相同电流时 Y 形坡口的熔深大于 I 形坡口的熔深。

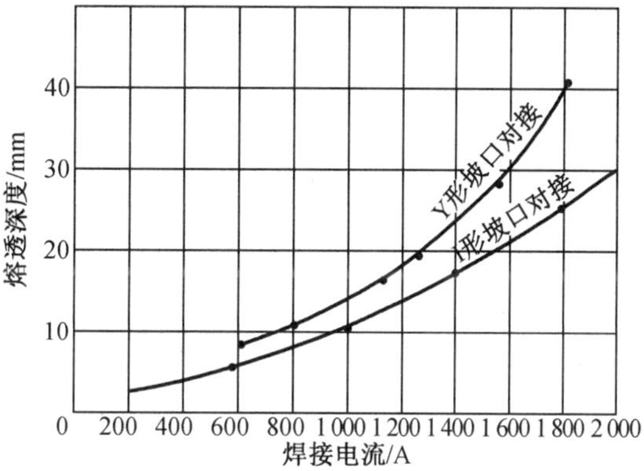

图 6-2-8 焊接电流对熔透深度的影响

如果用数学式表示，则两者的关系为

$$H=k_mI$$

式中 H——熔透深度，mm；

k_m——熔深系数，k_m 取决于焊丝直径和电流种类，对于 $\phi2$ mm 的焊丝，k_m = 1.0~1.7，对于 $\phi5$ mm 的焊丝，k_m = 0.7~1.3，采用交流埋弧焊时，k_m 一般为 1.1~1.3；

I——焊接电流，A。

各种条件下的 k_m 值见表 6-2-1。

表 6-2-1 k_m 值与焊丝直径、电流类型和极性及焊剂的关系

焊丝直径	电流类型	焊剂牌号	k_m 值(mm/100 A)	
			T 形焊缝和开坡口的对接焊缝	堆焊和不开坡口的对接焊缝
5	交流	HJ431	1.5	1.1
2	交流	HJ431	2.0	1.0
5	直流反接	HJ431	1.75	1.1
5	直流正接	HJ431	1.25	1.0
5	交流	HJ430	1.55	1.15

焊接电流对焊缝横截面形状和熔深的影响如图 6-2-9 所示。从图 6-2-9 可知，在其他参

数不变的条件下,随着焊接电流的提高,熔深和余高同时增大,焊缝形状系数变小。为防止产生烧穿和裂纹等缺陷,焊接电流不宜选的太大;但电流过小也会使焊接过程不稳定,并造成未焊透或未熔合等缺陷。因此,对于不开坡口对接焊缝,应按所要求的最低熔透深度选择焊接电流;对于开坡口焊缝的填充层,主要以获得焊缝最佳成形为准则来选定焊接电流。

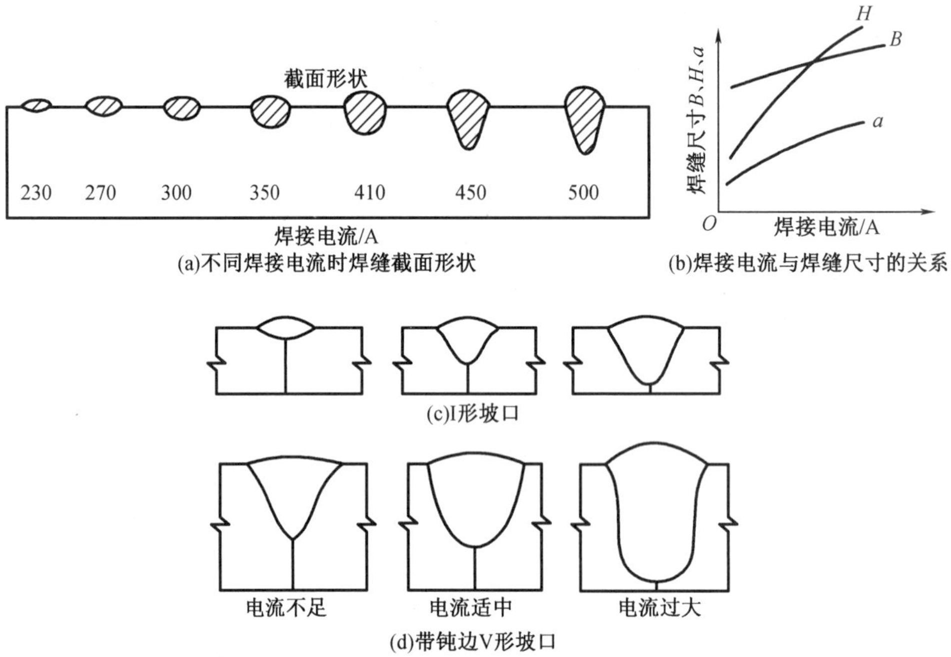

H—熔深;B—焊缝宽度;α—余高。

图 6-2-9 焊接电流对焊缝截面形状和熔深的影响

此外,焊丝直径决定了焊接电流密度,因而也对焊缝横截面形状有一定的影响。采用细焊丝焊接时,形成深而窄的焊道;采用粗焊丝焊接时,形成宽而浅的焊道。其他条件不变时,熔深与焊丝直径呈反比关系,但这种关系随电流密度的增加而减弱,这是由于随着电流密度的增加,熔池熔化金属量不断增加,熔融金属向后流动困难,熔深增加较慢,并随着熔化金属量的增加,余高增加,焊缝成形变差,所以埋弧焊时增加电流的同时要增加电弧电压,以保证焊缝成形(表 6-2-2)。

表 6-2-2 电流密度对焊缝形状、尺寸的影响(电弧电压 30~32 V,焊接速度 33 cm/min)

项目	焊接电流/A							
	700~750			1 000~1 100			1 300~1 400	
焊丝直径/mm	6	5	4	6	5	4	6	5
平均电流密度/(A · mm^{-2})	26	36	58	38	52	84	48	68
熔深 *H*/mm	7.0	8.5	11.5	10.5	12.0	16.5	17.5	19.0
熔宽 *B*/mm	22	31	19	26	24	22	27	24
成形系数 *B/H*	3.1	2.5	1.7	2.5	2.0	1.3	1.5	1.3

(3)电弧电压参数对埋弧焊焊缝成形形状质量的影响

电弧电压与电弧长度成正比关系,在相同的电弧电压和焊接电流时,选用的焊剂不同,电弧空间电场强度不同,则电弧长度不同。在其他参数不变的条件下,随着电弧电压的提高,焊缝的宽度增大,而熔深和余高则略有减小。电弧电压过高时,焊缝宽度增加,余高不够,会形成浅而宽的焊道,从而产生未焊透和咬边等缺陷。此外,焊剂的熔量增多,使焊波表面粗糙,脱渣困难。降低电弧电压,能提高电弧的挺度,增大熔深,但电弧电压过低时,熔深大,焊缝宽度窄,会形成高而窄的焊道,使边缘熔合不良,易产生热裂纹。电弧电压对焊缝截面形状和熔深的影响如图 6-2-10 所示。为了获得成形良好的焊道,电弧电压与焊接电流应相互匹配。当焊接电流加大时,电弧电压应相应提高。埋弧焊时,电弧电压是依据焊接电流调整的,即一定焊接电流要保持一定的弧长才能保证焊接电弧的稳定燃烧,所以电弧电压的变化范围是有限的。

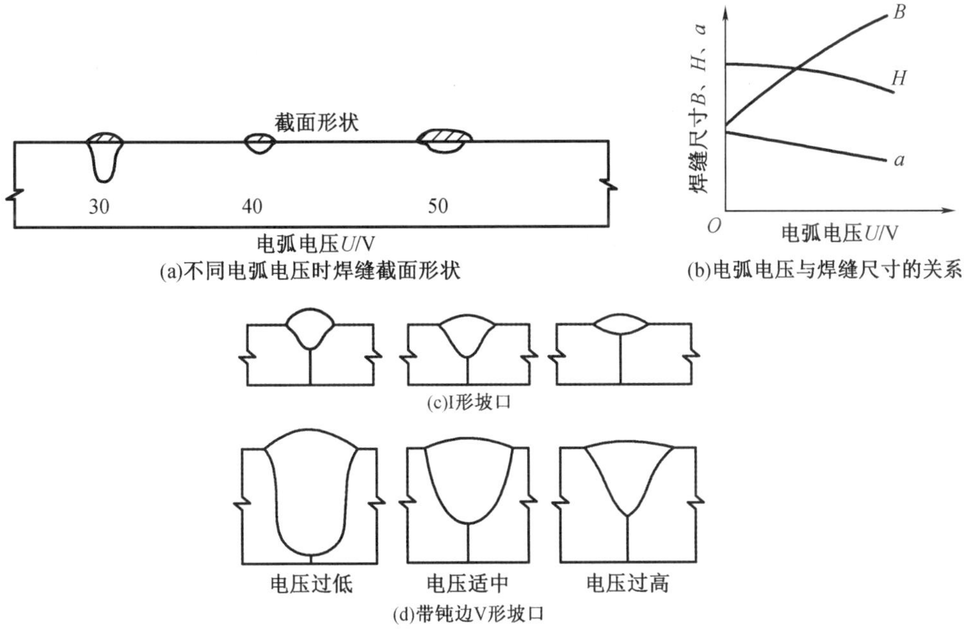

H—熔深;B—焊缝宽度;a—余高。

图 6-2-10 电弧电压对焊缝截面形状和熔深的影响

(4)焊接速度参数对埋弧焊焊缝成形形状质量的影响

焊接速度决定了单位长度焊缝上的热输入能量,对熔深和熔宽都有明显的影响。通常焊接速度小,则焊接熔池大,焊缝熔深和熔宽较大。在其他参数不变的条件下,提高焊接速度,单位长度焊缝上的热输入能量和填充金属量减少,从而使熔深、熔宽及余高都相应地减小,即熔深和熔宽与焊接速度呈反比关系,如图 6-2-11 所示。

焊接速度太快,会产生咬边和气孔等缺陷,使焊道外形恶化;焊接速度太慢,则可能引起烧穿缺陷。如果电弧电压同时较高,则可能得到截面呈蘑菇形的焊缝,这种形状的焊缝对人字形裂纹或液化裂纹较为敏感。图 6-2-12 所示为这种焊缝中产生的典型凝固裂纹。此外,还会因熔池尺寸过大而形成表面粗糙的焊缝。为此,焊接速度应与所选定的焊接电流、电弧电压相匹配。

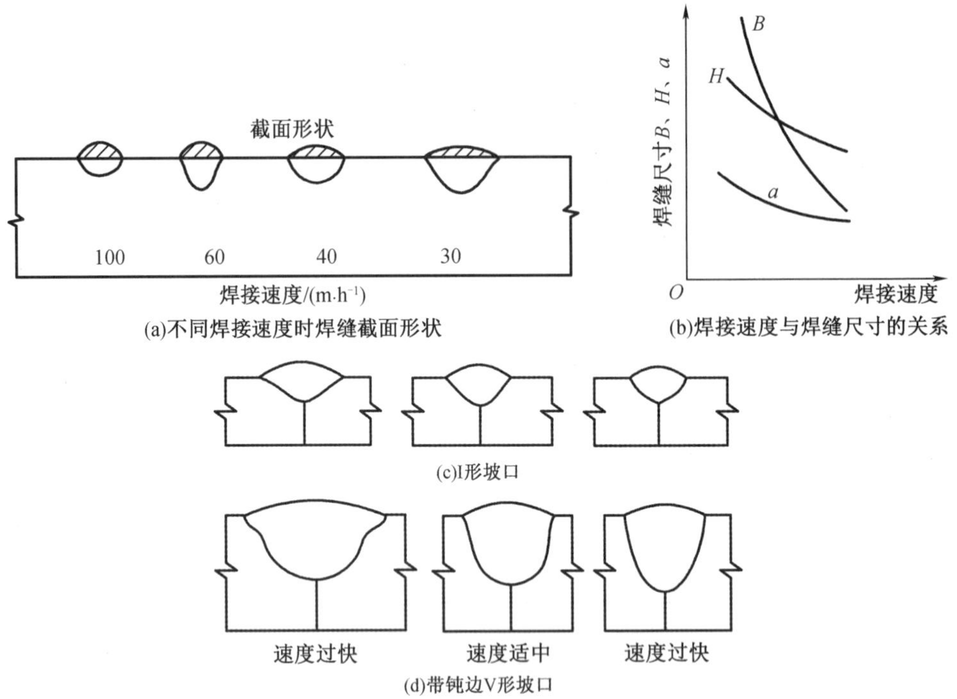

H—熔深；*B*—焊缝宽度；*a*—余高。

图 6-2-11　焊接速度对焊缝形状和熔深的影响

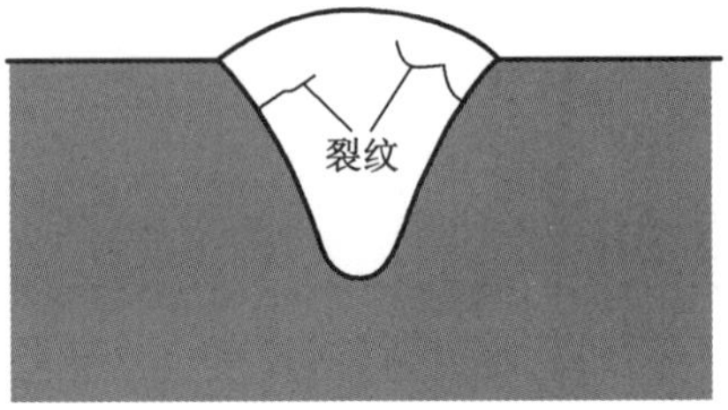

图 6-2-12　截面呈蘑菇形的焊缝及裂纹分布位置

(5)焊接电源及其极性对埋弧焊焊缝成形形状质量的影响

与采用交流电源相比，采用直流电源进行埋弧焊，能更好地控制焊道形状、熔深，且引弧容易。以直流反接(焊丝接正极)方式焊接时，可获得最大的熔深和最佳的焊缝表面；以直流正接(焊丝接负极)方式焊接时，焊丝熔化速度要比反接高 35%，使焊缝余高、熔深变小。这是因为在正接时，电弧最大的热量集中于焊丝的顶端。直流正接法埋弧焊可用于要求浅熔深的材料焊接以及表面堆焊。为了获得成形良好的焊道，采用直流正接法焊接时，应适当提高电弧电压。

(6)其他焊接参数对埋弧焊焊缝成形形状质量的影响

其他焊接参数对焊缝成形也有一定的影响，这些参数包括焊丝伸出长度、焊剂颗粒度和堆敷高度、焊丝倾角和偏移量、焊件的倾斜角度以及对接坡口形状、间隙等。

①焊丝伸出长度

焊丝的熔化速度是由电弧热和电阻热共同决定的。电阻热是指伸出导电嘴的一段焊丝通过焊接电流时产生的加热量($Q=I^2R$)。因此,焊丝的熔化速度与其伸出长度的电阻热成正比,焊丝伸出长度越长,电阻热越大,焊丝熔化速度越快,导致熔深较小,熔合比减少。

该现象在使用小于 3 mm 的细直径焊丝焊接时非常明显,因此应控制其伸出长度在 5~10 mm。在焊接电流保持不变的情况下,增加焊丝伸出长度,可使熔化速度提高 25%~50%,因此,为了保持良好的焊道成形,增加焊丝伸出长度时,应适当提高电弧电压和焊接速度。在不要求获得较大熔深时,可通过增加焊丝伸出长度来提高焊接效率;而在要求获得较大熔深时,则不推荐增加焊丝伸出长度。

为了保证焊缝成形良好,对于不同的焊丝直径,推荐以下最佳焊丝伸出长度和最大伸出长度:

a. 对于 ϕ2.0 mm、ϕ2.5 mm 和 ϕ3.0 mm 的焊丝,最佳焊丝伸出长度为 30~50 mm,最大焊丝伸出长度为 75 mm。

b. 对于 ϕ4 mm、ϕ5 mm 和 ϕ6 mm 的焊丝,最佳焊丝伸出长度为 50~80 mm,最大焊丝伸出长度为 125 mm。

②焊剂颗粒度和堆敷高度

焊剂颗粒度和堆敷高度对于焊道成形也有一定的影响。焊剂颗粒度通常用过筛的目数来表示,例如,8×48 表示 90%~95%的颗粒能通过 8 孔/in(1 in=2.54 cm)的筛,2%~5%的颗粒能通过 48 孔/in 的筛。焊剂颗粒度应根据所使用的焊接电流来选择,细颗粒焊剂适用于大的焊接电流,能获得较大的熔深和宽而平坦的焊缝表面。如果在小电流下使用细颗粒焊剂,因焊剂层密封性较好,气体不易逸出,则会在焊缝表面留下斑点;相反,如果在大电流下使用粗颗粒焊剂,则会因焊剂层保护不良,而在焊缝表面形成凹坑或出现粗糙的波纹。

焊剂颗粒度与所使用的焊接电流范围之间最合适的关系可以参考表 6-2-3。

表 6-2-3 焊剂颗粒度与焊接电流的关系

焊剂颗粒度	8×48	12×65	12×150	20×200
焊接电流/A	<600	<600	500~900	600~1 200

焊剂堆敷高度太低或太高都会使焊缝表面产生斑点、凹坑、气孔等缺陷并改变焊道的形状。焊剂堆敷密度太低,电弧不能完全埋入焊剂中,电弧燃烧不稳定且出现闪光、热量不集中的情况,降低了焊缝熔透深度。焊剂堆敷层太高,会使电弧受到熔渣壳的物理约束而形成外形凹凸不平的焊道,但熔透深度有所增加。因此,应对焊剂层的厚度加以控制,使电弧不再闪光,同时又能使气体从焊丝周围均匀地逸出。按照焊丝直径和所使用的焊接电流,焊剂层的堆敷高度通常在 25~40 mm。焊丝直径越大,焊接电流越大,堆敷高度应相应加大。

③焊丝倾角和偏移量

焊丝倾角对焊道成形有明显的影响。焊丝相对于焊接方向可以向前倾斜或向后倾斜,即前倾或后倾。顺着焊接方向倾斜称为前倾,背着焊接方向倾斜称为后倾,如图 6-2-13 所示。焊丝前倾时,电弧热量大部分集中于焊接熔池内,电弧吹力使熔池向后推移,从而形成熔深大、余高大、熔宽小的焊道;而焊丝后倾时,电弧热量大部分集中于未熔化的母材,从而形成熔深小、余高小、熔宽大的焊道。

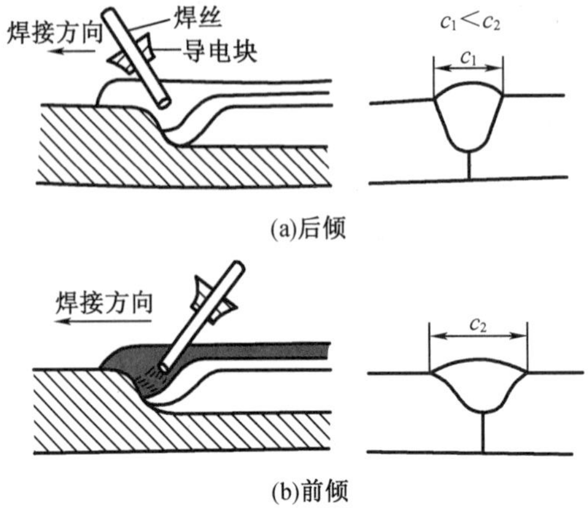

图 6-2-13　焊丝倾斜情况对焊缝形状和熔深的影响

焊接角焊缝时,焊丝与焊件之间的夹角对焊道成形也有影响,如图 6-2-14 所示。减小焊丝与底板之间的夹角,可使熔透深度增加。当夹角为 30°时,可获得最大的熔深。

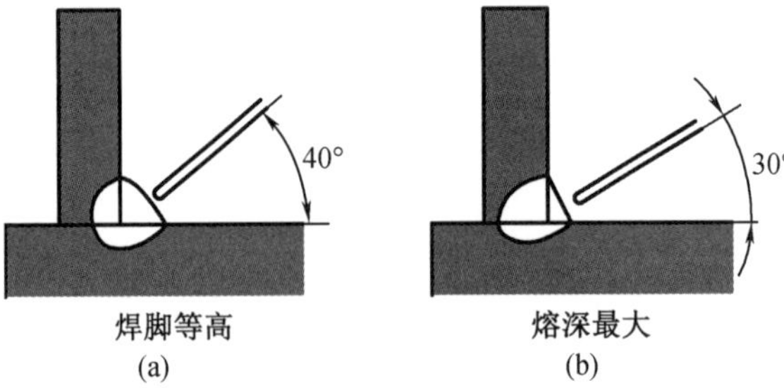

图 6-2-14　平角焊焊丝与焊件之间的夹角对焊缝成形的影响

④焊件的倾斜角度

在埋弧焊过程中,焊件的倾斜角度对焊道成形也有一定的影响。埋弧焊大多是在平焊位置进行的,但在某些特殊应用场合,必须在焊件略有倾斜的条件下进行焊接。当焊件倾斜方向与焊接方向一致时,称为下坡焊;反之,则称为上坡焊,如图 6-2-15 所示。

下坡焊时,焊件的倾斜角度加大,焊道中间下凹,熔深减小,焊缝宽度增大,焊道边缘可能出现未熔合、未焊透、焊瘤等缺陷;上坡焊时,焊件的倾斜角度对焊道成形的影响与下坡焊时相反,焊件倾斜角度加大,熔深和余高随之增大,而熔宽则减小,两侧易出现咬边缺陷(表 6-2-4)。薄板高速埋弧焊时,将焊件倾斜 15°,可防止产生烧穿缺陷,焊道成形良好;厚板焊接时,因焊接熔池体积增大,焊件倾斜角度应相应减小。上坡焊时,当焊接电流达到 800 A 时,焊件的倾斜角度应不大于 6°,否则焊道成形就会失控。无论采用何种方式,焊件的倾斜角度不宜超过 6°~8°,否则会严重破坏焊缝成形,造成焊接缺陷。

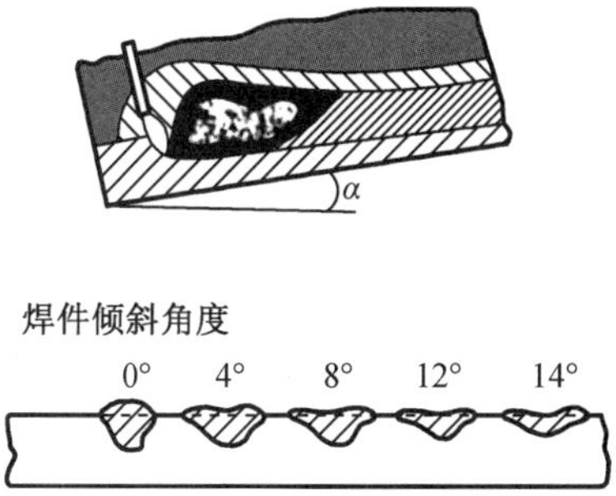

(a)下坡焊

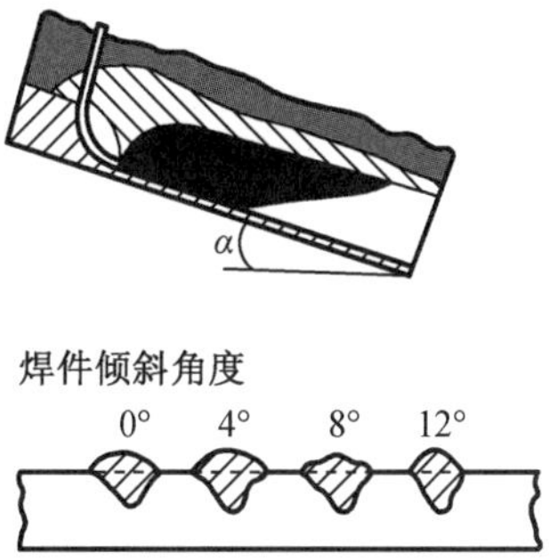

(b)上坡焊

图 6-2-15 上坡焊与下坡焊

表 6-2-4 焊件倾斜角度对焊道成形的影响

上坡焊	$\alpha<6°$	$\alpha>8°$	
焊道截面形状			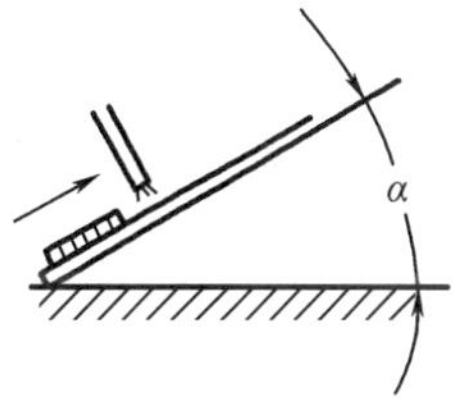
下坡焊	$\alpha<6°$	$\alpha>8°$	
焊道截面形状		 下凹	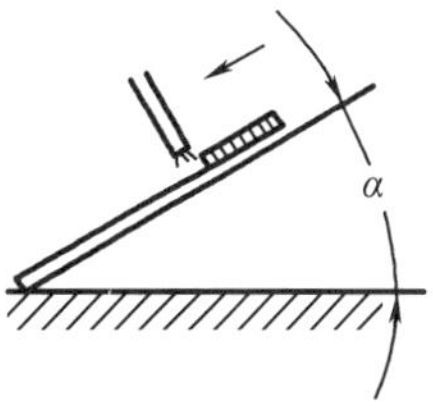

⑤对接坡口形状、间隙

在其他条件相同时，增加坡口深度和宽度，焊缝熔深增加，熔宽略有减小，余高显著减小，如图 6-2-16 所示。

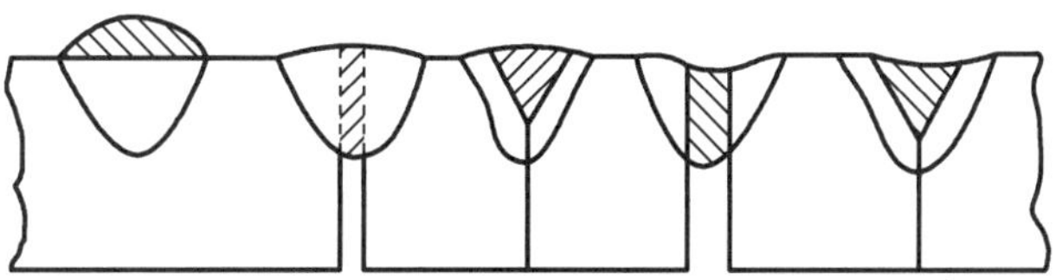

图 6-2-16 坡口形状对焊缝成形的影响

在对接焊缝中，通过改变间隙大小也可以调整焊缝形状，同时板厚及散热条件对焊缝熔宽和余高也有明显影响(表 6-2-5)。

表 6-2-5 焊缝间隙对焊缝尺寸的影响(焊丝直径 5 mm,焊剂 HJ330)

板厚/mm	焊接参数			熔深/mm			熔宽/mm			余高/mm			熔合比/%		
	电流/A	电弧电压/V	焊接速度/(cm·min^{-1})	间隙/mm											
				0	2	4	0	2	4	0	2	4	0	2	4
12	700~750	32~34	50	7.5	8.0	7.5	20	21	20	2.5	2.0	1.0	74	64	57
			134	5.6	6.0	5.5	10	11	10	2.0	—	—	71	61	46
20	800~850	36~38	20	10.0	9.5	10.0	27	27	27	3.0	2.0	2.5	60	57	52
			33.4	11.0	11.5	11.0	23	22	22	3.5	2.5	1.5	63	58	49
			134	6.5	7.0	7.0	11	11	10	2.5	—	—	72	61	45
30	900~1 000	40~42	20	10.5	11.0	10.5	34	33	35	3.5	3.0	2.5	61	59	55
			33.4	12.0	12.0	11.0	30	29	30	3.0	2.0	1.5	67	63	59
			134	7.5	7.5	7.5	12	12	12	1.5	—	—	72	72	60

3. 埋弧焊焊缝接头与坡口形式

埋弧焊可在平焊位置和横焊位置完成对接、角接、搭接和塞接焊缝,接头形式是由焊件的结构形式决定的。其中,对接接头和角接接头是埋弧焊最主要的接头形式。从结构强度的角度考虑,对接接头可以达到与母材等强的效果;而角接接头是焊接梁柱等金属构件时的主要连接形式。根据接头在结构中的受力条件,对接接头和角接接头可以加工成 V 形、I 形、U 形、J 形、Y 形、X 形、K 形及组合型坡口。

(1)埋弧焊接头和坡口形式的设计原则

埋弧焊接头和坡口形式的设计,应充分发挥埋弧焊熔深大、熔敷率高的特点。焊接接头的设计应保证结构的强度要求,即焊缝应具有足够的熔深和厚度。还要考虑经济性,即在保证熔透的前提下,减少焊接坡口的填充金属量,缩短焊接时间。从经济性角度出发,埋弧焊接头应尽量不开坡口或少开坡口。由于埋弧焊可使用高达 2 000 A 的焊接电流,单面焊熔深可达 18~20 mm,因此,对于厚度在 40 mm 以下的钢板,可采用 I 形直边对接形式进行埋弧焊来获得全焊透的对接焊缝。但这种高效焊接法在实际生产中会受到各种限制,一是普通结构钢厚板不可避免地存在着杂质的偏析,提高了深熔焊缝热裂纹的敏感性;二是采用大电流焊接时,焊接线能量大大超过了各种钢材所允许的极限,不仅使焊缝金属结晶增大,而且使热影响区晶粒急剧长大,从而使这两个区域中金属的冲击韧度明显下降。因此,这种工艺只能用于对接头质量要求不高或无冲击韧性要求的焊接结构中。

对于重要的焊接结构,如锅炉、承压容器、船舶和重型机械等,板厚大于 20 mm 的对接接头要求开一定形状的坡口,以达到优质和高效的统一。

在厚度超过 50 mm 的厚板结构中,坡口的形状对生产成本有相当大的影响。其中,U 形坡口虽然加工较费时,但焊缝截面积减小很多,焊材的损耗明显减少;双 V 形坡口与单 V 形坡口相比,在相同的板厚下,焊缝截面积可减小一半。对于厚度超过 100 mm 的特厚板结构,即使焊接坡口采用 U 形,焊缝金属的填充量仍相当庞大。为了降低生产成本,目前已广泛采用坡口倾角仅为 1°~3°的窄间隙接头形式。

对于角接接头,在保证角焊缝强度的前提下,可将角接边缘开成一定深度的坡口来减小焊缝的截面积。当板厚超过 25 mm 时,开坡口角焊缝的生产成本反而低于直角角焊缝。

(2)埋弧焊接头坡口标准

埋弧焊接头坡口的基本形式和尺寸参照国家标准 GB/T 985.2—2008《埋弧焊的推荐坡口》,该标准规定了 9 种埋弧焊单面对接焊坡口、12 种双面对接焊坡口和 2 种窄间隙埋弧焊坡口形式。坡口的制备可以采用热切割、火焰气刨、电弧气刨和机械加工等方法来完成。坡口尺寸的加工精度根据焊件的尺寸、钢种和对接头的要求来确定。

4. 埋弧焊的焊接工艺方法

(1)对接直焊缝的埋弧焊焊接方法

对接直焊缝的焊接方法有两种,即单面焊接和双面焊接,它们又可以分为有坡口(或间隙)和 I 形坡口(或间隙);根据钢板厚度不同,可分为单层焊接和双层焊接;根据防止熔池金属泄漏的不同情况,有各种衬垫法或无衬垫法。

①焊剂垫法埋弧焊

埋弧自动焊是一种深熔焊接法,且熔池体积较大,金属处于液态的时间较长。在焊接对接接头时,为了防止熔渣和熔池金属的泄漏,常用焊剂垫作为衬垫完成焊接(图 6-2-17)。焊剂垫通常由焊剂槽、加压元件、支架三部分组成。焊剂槽可用薄板卷制而成,使其有一定的柔性,便于在顶紧力的作用下与焊件背面贴紧。焊剂槽中充满颗粒度较细的焊剂,焊剂层下也可放一些纸屑,以增加焊剂层的弹性。加压元件通常采用橡皮软管或橡皮膜,通以 0.3~0.6 MPa 的压缩空气。焊剂垫支架可采用型钢或薄板压制而成,正确使用焊剂衬垫可以焊成背面焊道成形匀称、表面光滑的单面焊双面成形焊缝。在整个焊接过程中要注意防止因焊件受热变形而发生的焊件与焊剂垫脱空,严重时会导致烧穿,特别应注意防止焊缝末端出现这种现象。

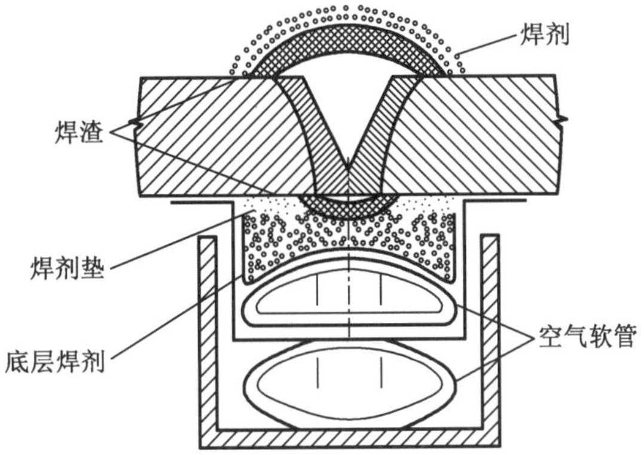

图 6-2-17　焊剂垫法埋弧焊

焊剂垫法埋弧焊焊接时,焊缝成形的质量主要取决于焊剂垫托力的大小均匀与否(图 6-2-18)、装配间隙均匀与否。

②垫板法埋弧焊

某些焊接结构的焊接接头只允许从单面进行焊接,而且要求接头全焊透。在这种情况下,可以采用永久性钢衬垫,点固在焊缝背面,垫板的材料牌号应与焊件钢材相近或完全相同。焊接过程中,焊缝熔透到垫板上,焊缝底部与垫板接触面相熔合。按设计要求,焊后将垫板永久保留或采用机械加工法把垫板去掉。

永久性钢垫板的尺寸可按表 6-2-6 选用。

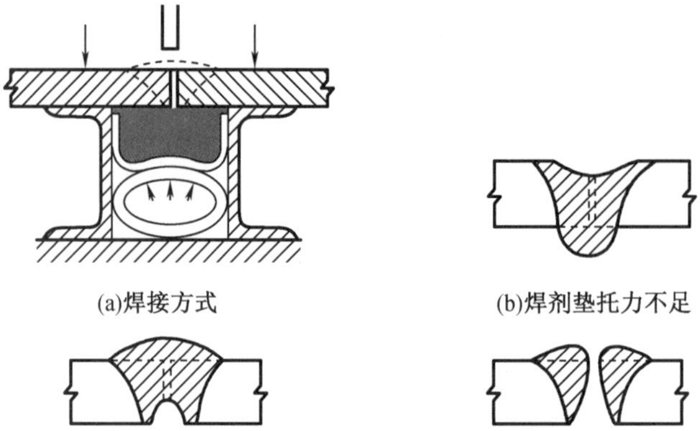

(a)焊接方式　(b)焊剂垫托力不足

(c)焊剂垫托力较大　(d)焊剂垫托力太大

图 6-2-18　焊剂垫托力大小对焊缝成形的影响

表 6-2-6　永久性钢垫板的尺寸　单位:mm

接头板厚 δ	垫板厚度	垫板宽度
3~6	$(0.5 \sim 0.7)\delta$	$4\delta+5$
6~14	$(0.3 \sim 0.4)\delta$	—

③底层焊道衬垫法埋弧焊

在一些组合式焊接坡口中,如不对称双 V 形坡口、V-U 形坡口或 U-V 形坡口以及不对称双 U 形坡口等,通常采用焊条电弧焊、气体保护焊或药芯焊丝气体保护焊等方法完成底层焊缝的焊接。这种底层焊缝成为从另一面进行埋弧焊的支托。底层焊缝的厚度,即不对称双面坡口中小坡口的深度按照正面焊缝埋弧焊参数来确定,既要保证双面焊缝之间完全焊透,又要避免烧穿。在这种情况下,双面坡口之间的钝边尺寸是很重要的坡口参数,加大钝边尺寸可降低烧穿的概率,减少填充金属量,但焊缝中母材的比例提高,使母材中的大量杂质混入焊缝,产生裂纹等缺陷,如图 6-2-19 所示。

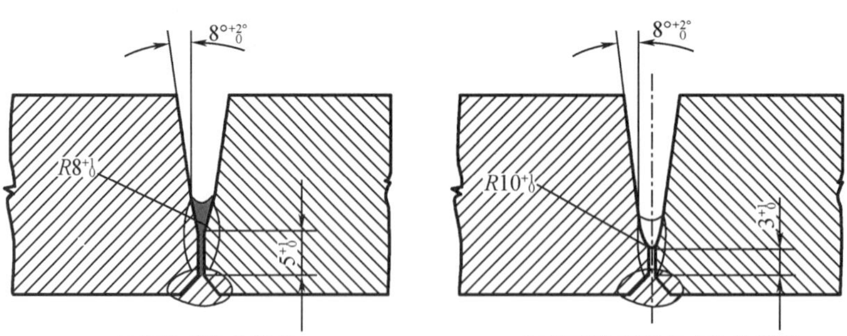

(a)容易产生热裂纹　(b)热固化不容易产生热裂纹

图 6-2-19　钝边尺寸对 U 形坡口底层埋弧焊焊缝裂纹的影响

在不开坡口 I 形直边对接接头中,当边缘加工误差较大、装配间隙宽窄不均时,往往在埋弧焊焊缝的反面先用焊条电弧焊封底 1~2 层,正面埋弧焊焊缝完成后,再用电弧气刨或其他加工方法把手工封底焊缝清除掉,然后焊上埋弧焊焊缝。

④柔性衬带埋弧焊

在薄板和薄壁管埋弧焊中,也经常使用柔性衬带支托焊接熔池。柔性衬带有以下几种:陶瓷衬带、玻璃纤维布衬带、石棉布衬带、热固化焊剂衬带等。这些衬带借助黏接带紧贴在焊缝表面,使用十分方便。热固化焊剂衬带可制成复合式柔性衬带,其结构如图 6-2-20 所示,热固化剂采用酚醛或苯树脂,焊剂层采用细颗粒焊剂加一定量的铁粉,与 5%左右的酚醛树脂混合后,加热到 100~150 ℃制成一定长度和宽度的热固化焊剂衬带。这种衬带可以用双面胶接带紧贴在焊缝背面或用磁铁支架压紧。

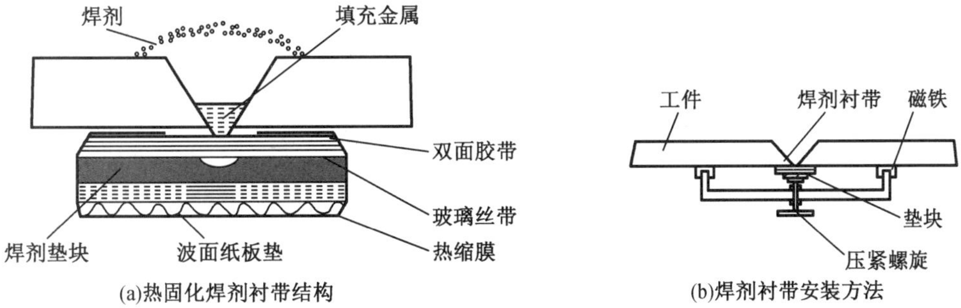

图 6-2-20 热固化焊剂衬带的结构及安装方法

⑤铜衬垫埋弧焊

铜衬垫可分成固定式铜垫板和移动式铜滑块两类。固定式铜垫板用于中厚板对接焊缝单面焊双面成形工艺,一般是将其安装在装配平台的顶紧支架上,从钢板的背面与接缝贴紧。如果焊缝背面要求有一定的余高,可在铜垫板的中间加工出如图 6-2-21 所示的凹槽。

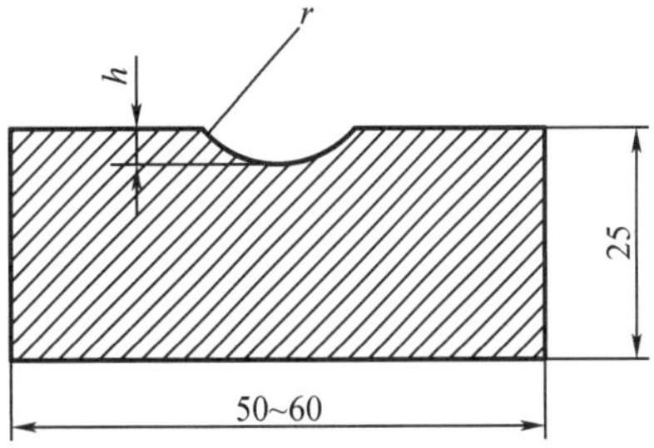

图 6-2-21 铜垫板凹槽尺寸

铜垫板应有足够大的体积,以防止其表面在焊接过程中被电弧熔化。铜垫板的截面尺寸可按所焊钢板的厚度,即所选用的焊接规范来确定,表 6-2-7 列出了几种常用的铜垫板截面尺寸。

表 6-2-7 常用的铜垫板截面尺寸 单位:mm

铜垫板厚度 δ	槽宽 b	槽深 h	凹槽半径 r
4~6	10	2.5	7.0
6~8	12	3.0	7.5
8~10	14	3.5	9.5
10~14	18	4.0	12

对于连续批量生产的应用场合,最好在铜垫板内部通水冷却,以防止因铜垫板过热而引起焊缝表面渗铜。铜垫板也可安装在焊接小车的辅助夹紧支架上,形成移动式铜滑块。这种铜滑块的典型结构如图 6-2-22 所示,因铜滑块的体积较小,故应通循环冷却水加以冷却。移动式铜滑块也可做成滚轮式结构,这样可以避免焊接电弧热量在一个部位过分集中,无须通水冷却。

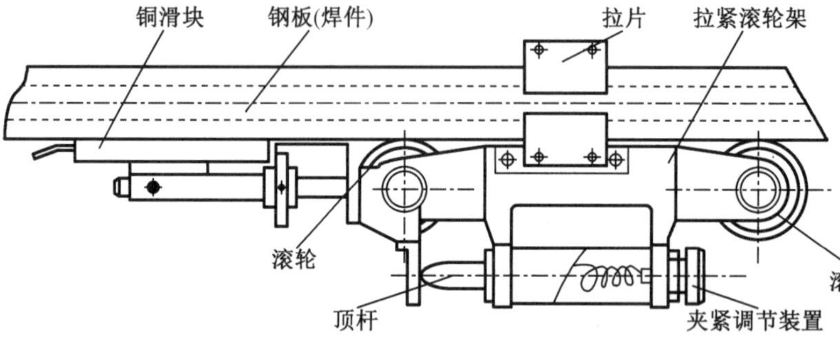

图 6-2-22 移动式水冷铜滑块的典型结构

⑥多层埋弧焊

较厚钢板(板厚超过 40~50 mm 时)通常开坡口进行多层焊接,且无论单面或双面埋弧焊,钢板都必须留有钝边(一般大于 4 mm)。对于厚度大于 40 mm 的焊件,多采用带钝边的 U 形坡口多层焊接,背面开较小的 V 形坡口,用于手工封底焊,此时钝边尺寸为 2 mm 左右。多层焊的质量很大程度上取决于第一层焊缝焊接工艺的合理选择,以及后续各层焊缝焊接顺序的合理性和成形效果。由于第一层焊缝位置较深,允许焊缝的宽度较小,故也要求热输入不能太大,电弧电压要小一些,避免产生咬边和夹渣等缺陷。一般进行第一、二层焊缝焊接时,焊丝位置位于接头中心,随着层数的增加开始采用分道焊。当焊接靠近坡口面的焊道时,焊丝应与坡口面保持一定距离,一般约等于焊丝直径,这样焊缝与侧面能形成稍具凹形的圆滑过渡,既保证熔合又利于脱渣,焊接过程中的热输入可随着焊缝层数的增加而适当加大,以提高生产效率。但也必须考虑到焊件当时的温度,如温度过高,热输入不宜加大,可稍待冷却后再焊。盖面层焊接时,为保证表面焊缝成形良好,热输入应适当减小。

(2)对接环缝的埋弧焊焊接方法

圆形筒体的对接环缝,如需要进行双面埋弧焊,可以先在焊剂垫上焊接内环缝,如图 6-2-23 所示。

焊剂垫由滚轮和承托焊机的装置组成(实践中焊剂垫形式很多),利用圆形焊件与焊剂之间的摩擦力带动旋转,同时不断地向焊剂垫添加焊剂。在进行环缝焊接时,焊接小车可固定安装在悬臂架上,焊接速度则可由筒形焊件所搁置的滚轮架(翻转架)来进行调节,一般是调节变速电动机的转速。

环缝埋弧焊时,除主要焊接参数对焊缝质量的影响,焊丝与焊件间的相对位置也起着重要作用。如图 6-2-24 所示,焊接内环缝时,焊丝的偏移是使焊丝处于下坡焊位置,这样使焊缝有足够的熔透程度;焊接外环缝时,焊丝的偏移是使焊丝处于上坡焊位置,这样既可以避免烧穿,又可以使焊缝成形美观。

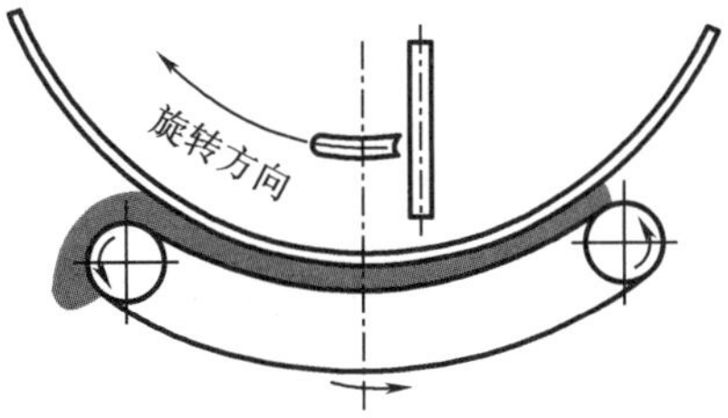

图 6-2-23 内环缝埋弧焊示意图

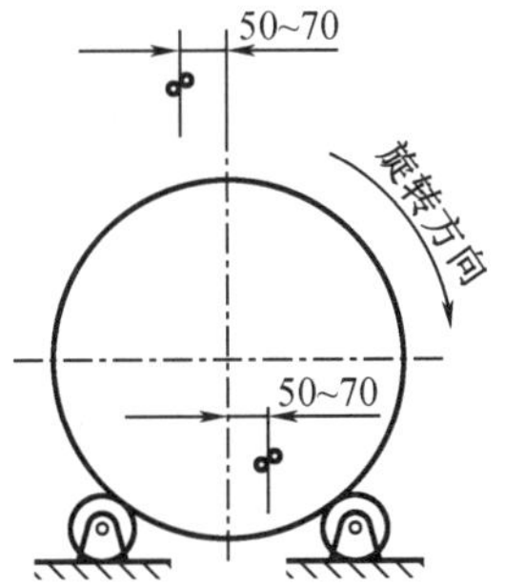

图 6-2-24 环缝埋弧焊焊丝偏移位置示意图

环缝埋弧焊焊丝的偏移距离是指与圆形焊件断面中心线的距离，它由随着圆形焊件的直径、焊接速度及焊件厚度决定。焊接内环缝时，焊件直径逐渐减小，焊丝偏移距离应相应减小。多层焊焊接时，底层焊缝要求熔透，焊缝宽度不宜过大，这就要求偏移大一些；当焊到焊缝表面时，要求有较大的熔宽，此时的偏移距离可小一些。实际操作时图 6-2-24 中所标注的焊丝偏移尺寸仅供参考，具体的偏移值需在实践中不断修正。小直径管件外环缝的焊接，焊丝偏移尺寸往往小于 30 mm。

实训活动

1. 分析与制订焊接工艺

(1)焊接工艺基本分析

根据板厚为 12 mm 和所提供的 MZ-1000 型自动埋弧焊机(含导轨)，本任务采用悬空双面焊法，焊接第一面(正面)时，焊件背面不采用任何衬垫或其他辅助装置，为防止液态金属从间隙中流失或者引起烧穿，采用半 I 形坡口，要求装配间隙为＿＿＿＿＿＿mm。

选用焊丝牌号为＿＿＿＿＿＿，选用焊剂牌号为＿＿＿＿＿＿。

焊接第一面时，应选择稍小的焊接参数，通常熔深达到板厚的＿＿＿＿＿＿即可。然后翻转焊件进行第二面(反面)的焊接，此焊接过程，应采用较大的焊接参数，以保证焊件焊透。

(2)工艺制订

根据焊接要求，结合前面所需知识进行工艺制订，完成表 6-2-8 工艺卡的编制。

表 6-2-8 Q235 钢板对接平焊埋弧焊焊接工艺卡

<table>
<tr><td colspan="2">焊接工艺卡</td><td colspan="5">编号：</td></tr>
<tr><td>材料牌号</td><td></td><td colspan="5" rowspan="9">1. 接头简图(在下图补全标注尺寸)
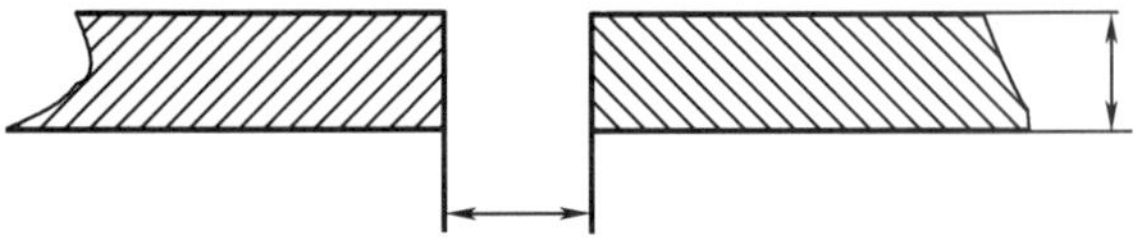
2. 定位焊简图：下图中标出定位焊的位置，并标出起焊点位置和焊接方向
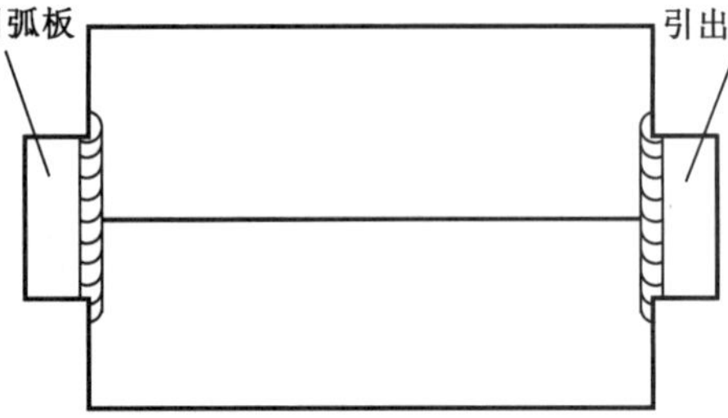
</td></tr>
<tr><td>材料规格/mm</td><td></td></tr>
<tr><td>接头种类</td><td></td></tr>
<tr><td>坡口形式</td><td></td></tr>
<tr><td>坡口角度</td><td>—</td></tr>
<tr><td>钝边</td><td>—</td></tr>
<tr><td>组对间隙/mm</td><td></td></tr>
<tr><td>焊接方法</td><td>埋弧焊</td></tr>
<tr><td>焊接设备</td><td>MZ-1000</td></tr>
<tr><td>电源种类</td><td></td><td rowspan="3">焊后热处理</td><td>种类</td><td>—</td><td>保温时间</td><td>—</td></tr>
<tr><td>电源极性</td><td></td><td>加热方式</td><td>—</td><td>层间温度</td><td>—</td></tr>
<tr><td>焊接位置</td><td></td><td>温度范围</td><td>—</td><td>测量方法</td><td>—</td></tr>
</table>

焊接参数

<table>
<tr><td>焊层</td><td>焊材型号或牌号</td><td>焊材直径/mm</td><td>焊剂型号或牌号</td><td>焊接电流/A</td><td>焊接电压/V</td><td>焊接速度/(cm · min^{-1})</td></tr>
<tr><td>正面</td><td rowspan="2">H08MnA</td><td rowspan="2">ϕ5</td><td rowspan="2">HJ431</td><td></td><td></td><td></td></tr>
<tr><td>反面</td><td></td><td></td><td></td></tr>
</table>

2. 材料、工具设备与工位领取及点检

经检查修订老师审核焊接工艺卡后，按工艺卡领取材料、工具设备及工位，并进行点检。

(1)清点试件材料和工具设备

按表 6-2-9 领用清点试件材料和工具设备。

表 6-2-9 材料工具领用表

序号	领用项名称	规格	数量	领用清点
1	试件材料	尺寸: 型号:	2 块	
2	清理工具:角磨机		1 台	
3	清理工具:钢丝刷		1 把	
4	清理工具:敲渣锤		1 把	
5	清理工具:锤子		1 把	
6	清理工具:錾子		1 把	
7	辅助用具:保温桶		1 个	
8	检测工具:焊缝检测尺		1 把	
9	劳保防护用具	焊接防护服 1 套、焊接劳保鞋 1 双、脚盖 1 套、焊接手套 1 套、护目镜 1 付	1 套	
10	焊接防护面罩		1 把	
11	焊接设备	ZX7-400 型弧焊电源 1 台、电缆 1 套、焊钳 1 把、MZ-1000 型埋弧机 1 台(含电源、焊剂回收系统及导轨)、引弧板 2 块	1 套	
12	焊接实训工位	三面围挡独立焊接操作空间:配焊接专用电源开关及接线插座 1 套、焊接工作台架 1 套、排气排烟设施 1 套、移动遮光挡板(或遮光帘)1 套、警戒标识设施 1 套	1 个	
13	焊材	H08MnA 焊丝($\phi5$)1 卷,HJ431y 焊剂 1 包	1 套	

(2)进行焊前准备工具设备等点检

按表 6-2-10 的内容进行逐项核对点检,对于发现的问题进行处理或报告管理人员进行处理,确保安全。

表 6-2-10 焊前基础点检表

序号	点检内容		点检	问题与处理记录
1	防护用品的穿戴	电弧焊工作服:无破损,扣好,领口、袖口扎紧	□合格 □不合格	
2		劳保鞋:无破损,尺码合适,鞋带扎紧	□合格 □不合格	
3		脚盖:无破损,正确扎进裤筒内,盖住脚面	□合格 □不合格	
4		焊接手套:无破损,套住手和衣袖	□合格 □不合格	
5		口罩:无破损,佩戴正确	□合格 □不合格	
6	焊接设备、用具	电源开关:电压指示正常、接线紧固无破损、电流保护复位正常	□合格 □不合格	
7		电焊机:进线接线正确、牢固无破损;电压电流指示正常,调节正常,正确接地	□合格 □不合格	
8		焊把与输出电缆:输出电缆接线正确、牢固、无破损,焊把无破损、接线牢固无外露、操作灵活	□合格 □不合格	
9		面罩:无破损,遮光镜片无破损、无油污;紧固无晃动	□合格 □不合格	
10		护目镜:完好	□合格 □不合格	
11		开坡口工具:锉刀手柄牢固、纹齿正常;角磨机无破损,能正常使用,砂轮片在正常使用范围内	□合格 □不合格	
12		除渣工具:敲渣锤、锤子手柄牢固,錾子、钢丝刷无缺损	□合格 □不合格	
13		焊条保温桶:无破损,能合盖,保温良好	□合格 □不合格	
14		焊缝检测尺:无损坏,刻度线清晰,操作灵活,能正确调零	□合格 □不合格	
15	作业环境	无易燃易爆物品	□合格 □不合格	
16		灭火器:齐全,压力指示正常	□合格 □不合格	
17		隔断:能隔断与周围区域的弧光与飞溅火星	□合格 □不合格	
18		通风、排烟除尘良好	□合格 □不合格	
19		周围人员:周围无其他人员,做好提醒	□合格 □不合格	
20		作业指示警示牌:醒目,正确放置	□合格 □不合格	

3. 接头坡口处理及装配定位

根据要求的坡口,确定各零件接头处的清理位置与范围,焊缝的两侧____________mm内要清理干净,然后采用砂轮修磨或化学处理的方式去除板材接头处表面的氧化膜、铁锈以及油和水等,清除铁锈、油污、油漆等杂物。

装配定位:将试件在装配组对好,达到相关尺寸要求。如图 6-2-25 所示,用焊条电弧焊进行定位焊,定位焊的长度在____________mm。

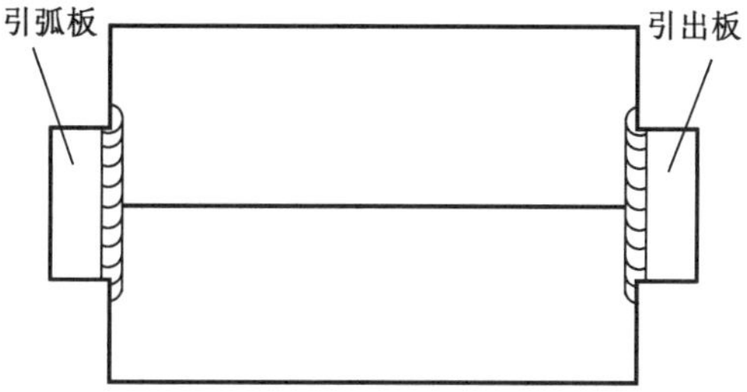

图 6-2-25　装配定位

装配完毕,应用水平尺测量找正焊件,确保钢板组对满足要求,然后检测填写表 6-2-11。

表 6-2-11　接头装配定位检测表

<table>
<tr><td colspan="10">坡口间隙尺寸设计值为____________,检测测量并在下图标注。
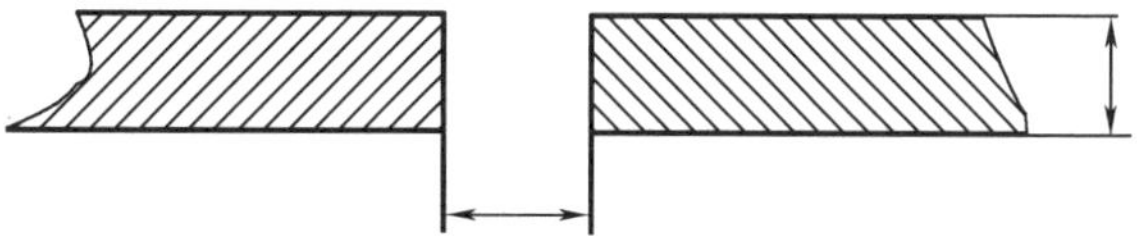</td></tr>
<tr><td colspan="10">装配定位变形控制尺寸检测(测量并标注)
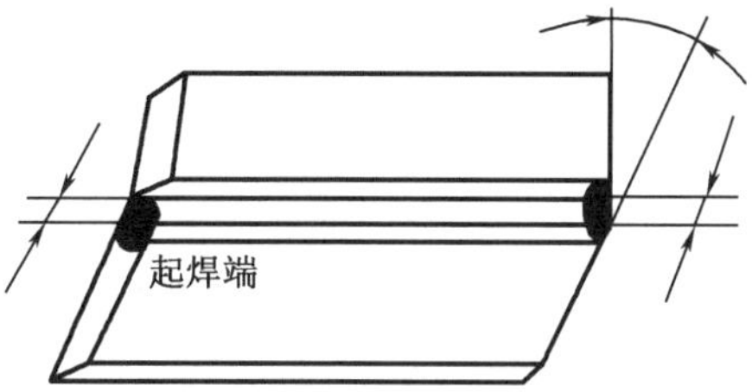
</td></tr>
<tr><td colspan="10">焊缝两侧清理检测</td></tr>
<tr><td colspan="2">焊缝两侧清理</td><td colspan="8">清理的尺寸范围</td></tr>
<tr><td rowspan="2">要求</td><td rowspan="2">处理结果</td><td colspan="4">要求值</td><td colspan="4">加工测量值</td></tr>
<tr><td>边 1</td><td>边 2</td><td>边 3</td><td>边 4</td><td>边 1</td><td>边 2</td><td>边 3</td><td>边 4</td></tr>
<tr><td></td><td></td><td></td><td></td><td></td><td></td><td></td><td></td><td></td><td></td></tr>
</table>

4. 焊丝与焊剂处理

焊前应去除焊丝表面的____________等杂质,然后装入埋弧焊机的焊丝盘内备用;焊剂焊前放入焊剂烘箱内烘干,烘干温度为____________,保温时间____________。

子任务 6-2-2 焊 接 操 作

知识积累

知识点 1 自动埋弧焊机的操作与维护

1. MZ-1000 型埋弧焊机的操作与使用

(1) 电源控制箱面板的操作与使用

MZ-1000 型埋弧焊机电源控制箱面板如图 6-2-26 所示,操作步骤如下:

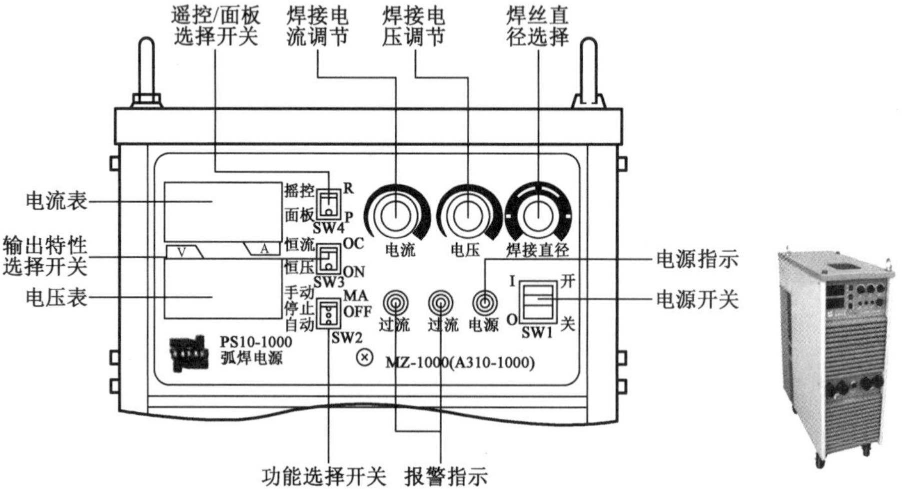

图 6-2-26 MZ-1000 型埋弧焊机电源控制箱面板

a. 按照图 6-2-27 接好各电缆,合上控制 380 V 电闸及主电源。

b. 将控制箱上的电源开关 SW1 拨到“开”位置,这时停止按钮的红灯亮。将状态选择开关 SW2 拨到“埋弧”位置。

c. 调节开关 SW3,选择恒压焊接或恒流焊接;调节开关 SW4,选择控制面板控制或遥控控制。

d. 恒压(恒流)焊接时调节电流(电压)调节旋钮,使电流(电压)表显示所需要的设定值。

e. 选择合适直径的焊丝进行焊接。

(2) MZ-1000 型埋弧焊机小车及其控制箱面板的操作与使用

MZ-1000 型埋弧焊机小车及其控制箱面板如图 6-2-28 所示，其操作方法如下：

①开关的操作

a. 行走方式选择开关处于电控状态(即小车离合器接入)时，可使小车工作于手动/停止/自动三个状态。

b. 行走方向选择开关可控制小车前进/后退。

c. 电源开关控制小车电源的开/关。

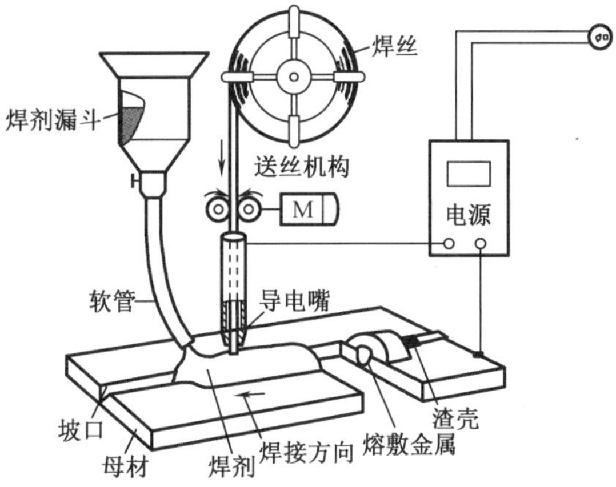

图 6-2-27 埋弧焊原理图

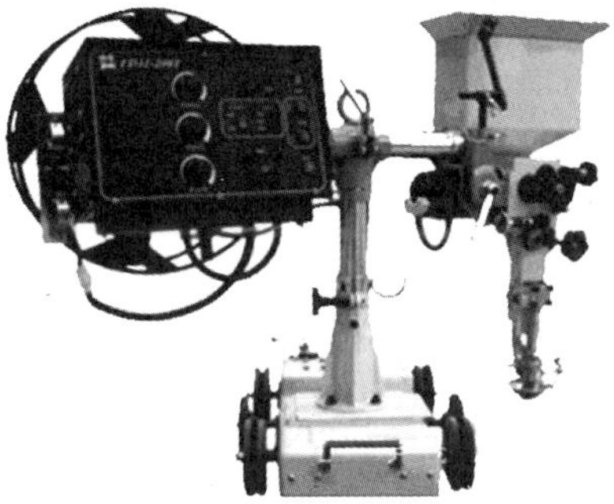

(a) 焊机小车

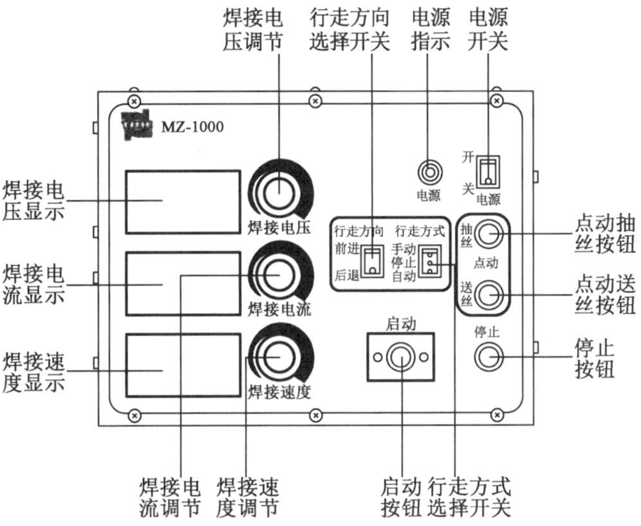

(b)控制箱面板

图 6-2-28 MZ-1000 型埋弧焊机小车及其控制箱面板

②旋钮的操作

a. 焊接电压旋钮。当电源控制箱面板 P/R 开关处于遥控(R)方式时,此旋钮用于调节焊接电压;处于面板(P)方式时,此旋钮不起作用,此时电压的调整通过调节电源控制箱面板上的焊接电压旋钮来完成。

b. 焊接电流旋钮。当电源控制箱面板 P/R 开关处于遥控(R)方式时,此旋钮用于调节焊接电流;处于面板(P)方式时,此旋钮不起作用,此时电流的调整通过调节电源控制箱面板上的焊接电流旋钮来完成。

c. 焊接速度旋钮。用于设定小车行走速度,调节范围为 20~62 m/h。

③按钮的操作

a. 点动送丝/抽丝按钮。用于点动送丝或抽丝,当焊丝可靠地接触工件时,焊丝送进自动停止,点动送丝按钮此时工作于无效状态。

b. 起动按钮。控制焊接过程开始(必须保证焊丝与工件可靠接触)。引弧成功后,控制系统对此按钮实现自锁。

c. 停止按钮。按下此按钮,系统自动执行收弧→回抽→返烧→熄弧程序。

(3)埋弧焊机的维护及常见故障处理

①埋弧焊机的维护

a. 保持焊机的清洁。保证焊机在使用过程中各部分动作灵活,特别是机头部分的清洁,避免焊剂、渣壳碎末等阻塞活动部件。

b. 经常保持焊嘴与焊丝的良好接触,否则应及时处理,以防电弧不稳。

c. 定期检查焊丝输送滚轮的磨损情况,有磨损应及时更换。

d. 定期对小车、焊丝输送机构减速箱内的运动部件加润滑油。

e. 保证电缆的连接部分接触良好。

②埋弧焊机常见故障及其处理方法

埋弧焊机常见故障及其处理方法见表 6-2-12(除必须通电观察时应注意安全外,一般须切断电源后进行检查)。

表 6-2-12 埋弧焊机常见故障及其处理方法

故障现象	可能原因	处理方法
焊接过程中焊剂停止输送或输送量很小	焊剂已用完。 焊剂漏斗间闸处被渣壳或杂物堵塞	添加焊剂。 清理并疏通焊剂漏斗
焊接过程中一切正常,而焊车突然停止行走	焊车离合器已脱开。 焊车车轮被电缆等物阻挡	锁紧离合器。 排除车轮的阻挡物
焊丝没有与焊件接触,焊接电路有电	焊车与焊件之间的绝缘被破坏	检查焊车车轮绝缘情况。 检查焊车下面是否有金属与焊件短路
焊接过程中,机头或导电嘴的位置不时改变	焊车有关部件有游隙	检查并消除游隙或更换磨损零件

表 6-2-12(续)

故障现象	可能原因	处理方法
焊机起动后,焊丝末端周期性地与焊件黏住或常常断弧	黏住是因为电弧电压太低、焊接电流太小或网络电压太低。 常常断弧是因为焊接电流太大或网络电压太高	增加电弧电压或焊接电流。 减小电弧电压或焊接电流
焊丝在导电嘴中摆动,导电嘴以下的焊丝不时发红	导电嘴磨损。 导电不良	更换新导电嘴
导电嘴末端随焊丝一起熔化	电弧太长,焊丝伸出长度太短。 焊丝送进和焊车均已停止,电弧仍在燃烧。 焊接电流太大	增加焊丝送进速度和焊丝伸出长度。 检查焊丝和焊车停止的原因。 减小焊接电流
焊接电路接通时,电弧未引燃,而焊丝黏结在焊件上	焊丝与焊件之间接触得太紧	使焊丝与焊件轻微接触
焊接停止后,焊丝与焊件黏住	“停止”按钮按下速度太快。 不经“停止 1”而是直接按下“停止 2”	慢慢按下“停止”按钮. 先按“停止 1”,待电弧自然熄灭后,再按“停止 2”

实训活动

先查阅资料完成下面的任务单,再按此前修订确认的焊接工艺卡的工艺要求和下面任务单的方式进行打底焊操作。

1. 正面焊缝焊接

(1)支撑固定

正面焊接时,采用悬空焊接,用支承垫将工件悬空支撑,不加焊剂垫,如图 6-2-29 所示。

(2)焊接调节操作

a. 将焊机头部对准引弧板,小车轨道调整至与待焊的装配间隙__________。开动小车沿间隙行走,调整轨道使小车始终对准间隙。

b. 将焊机头部对准引弧板,距焊缝起点__________mm。

c. 打开焊剂漏斗送剂扳手开关,使焊剂流下,覆盖焊接区域。

d. 检查并调整焊接参数。

e. 按下起动按钮开始焊接,焊接过程中要注意耳听眼看,发现异常应马上停机。

f. 焊机行走至引出板中央时,按下停止按钮,停止焊接。

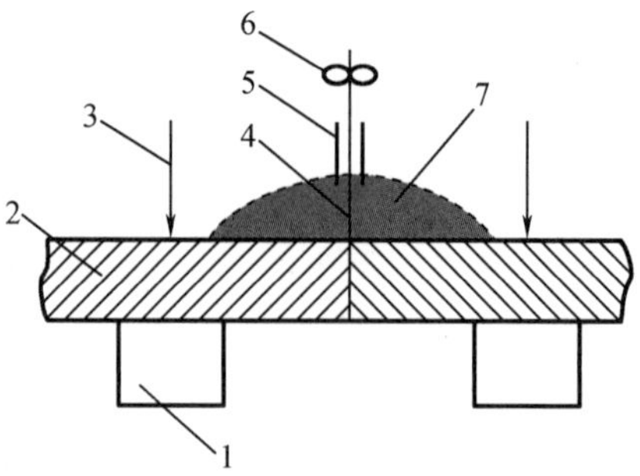

1—支承垫;2—焊件;3—压紧力;4—焊丝;5—导电嘴;6—送丝滚轮;7—预放焊剂。

图 6-2-29 正面悬空埋弧焊接示意图

(3)焊接过程性质量检查

完成正面焊接后,清理焊渣,进行过程性质量检查,以确保整体焊接质量及后续改进,并填写表 6-2-13。

表 6-2-13 打底焊层缺陷检查表

检查项目	缺陷存在的数量	形成原因与改善措施
夹渣		
气孔		
裂纹		
未焊透		
未熔合		
焊瘤		
坡口根部熔合尺寸一致性		

2. 反面焊缝焊接

正面焊缝经外观检查合格后,将焊件反面朝上(不必使用焊剂垫,因背面焊缝可托住熔池)悬空放置,如图 6-2-30 所示。

焊接步骤与正面焊缝的焊接完全相同,只是要保证反面焊缝熔深达到板厚的__________,以防止产生__________和__________缺陷。焊接反面焊缝时选用较大的焊接电流是为了避免焊件__________。

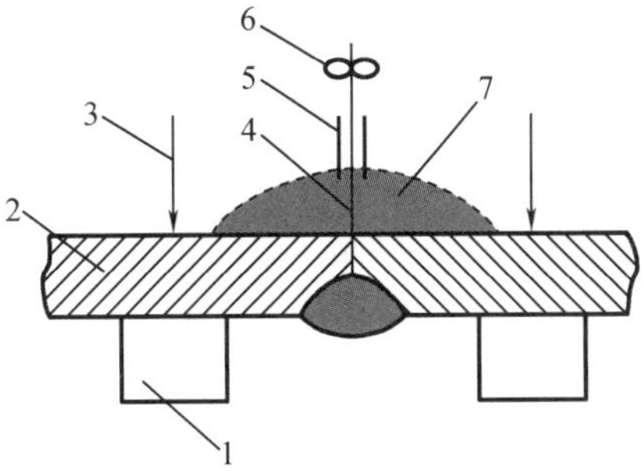

1—支承垫;2—焊件;3—压紧力;4—焊丝;5—导电嘴;6—送丝滚轮;7—预放焊剂。

图 6-2-30 反面悬空埋弧焊接示意图

子任务 6-2-3 焊后处理与检查

知识积累

知识点 1 埋弧焊常见焊接缺陷及其影响

埋弧焊时可能产生的主要缺陷,除了由于所用焊接参数不当造成的熔透不足、烧穿、成形不良外,还有气孔、裂纹、夹渣等,下面主要介绍埋弧焊的气孔、裂纹、夹渣这几种缺陷的产生原因及预防措施。

1. 气孔

(1)焊剂吸潮或不干净

焊剂中的水分、污物和氧化铁屑等都会使焊缝产生气孔,在回收使用的焊剂中这个问题更为突出。水分可通过烘干消除,烘干温度与时间由焊剂厂家规定。防止焊剂吸收水分的最好方法是正确地储存和保管。采用真空式焊剂回收器可以较有效地分离焊剂与尘土,从而减少回收焊剂在使用中产生气孔的可能性。

(2)焊接时焊剂覆盖不充分

由于电弧外露卷入空气而造成气孔。焊接环焊缝时,特别是小直径的环焊缝,容易出现这种现象,应采取适当措施,防止焊剂散落。

(3)熔渣黏度过大

焊接时进入高温液态金属中的气体在冷却过程中将以气泡形式逸出。如果熔渣黏度过大,气泡无法通过熔渣逸出,被阻挡在焊缝金属表面附近而形成气孔。通过调整焊剂的化学成分,改变熔渣的黏度即可解决。

(4)电弧磁偏吹

焊接时经常发生电弧磁偏吹现象,特别是在用直流电焊接时更为严重,电弧磁偏吹会在焊缝中形成气孔。磁偏吹的方向受很多因素的影响,例如工件上焊接电缆的连接位置、电缆接线处接触不良、部分焊接电缆环绕焊接接头造成的二次磁场等。在同一条焊缝的不同部位,磁偏吹的方向也不相同。在接近端部的一段焊缝上,磁偏吹经常发生,因此这段焊缝的气孔也比较多。为了减少磁偏吹的影响,应尽可能采用交流电源;工件上焊接电缆的连接位置尽可能远离焊缝终端;避免部分焊接电缆在工作上产生二次磁场等。

(5)工件焊接部位被污染

焊接坡口及其附近的铁锈、油污或其他污物在焊接时将产生大量气体,促使气孔生成,焊接之前坡口周围应清除干净。

2. 裂纹

通常情况下,埋弧焊接头有可能产生两种类型裂纹,即结晶裂纹和氢致裂纹。前者只限于焊缝金属,后者则可能发生在焊缝金属或热影响区。

(1)结晶裂纹

钢材焊接时,焊缝中的S、P等杂质在结晶过程中形成低熔点共晶。随着结晶过程的进行,它们逐渐被排挤在晶界,形成了“液态薄膜”。焊缝凝固过程中,由于收缩作用,焊缝金属受到拉应力。“液态薄膜”和焊缝的拉应力是形成结晶裂纹的两方面原因。

钢材的化学成分对结晶裂纹的形成有重要影响。S对形成结晶裂纹影响最大,但其影响程度又与钢中其他元素含量有关,如Mn与S结合成MnS而除去S,从而对S的有害作用起到抑制作用。Mn还能改善硫化物性能、形态及其分布等。因此为了防止产生结晶裂纹,对焊缝金属中的Mn与S的比值有一定要求。比值多大才有利于防止结晶裂纹,还与C含量有关。图6-2-31表示C、Mn、S含量与焊缝裂纹倾向的关系。可见C含量越高,要求Mn与S比值也越大。Si和Ni的存在也会增加S的有害作用。

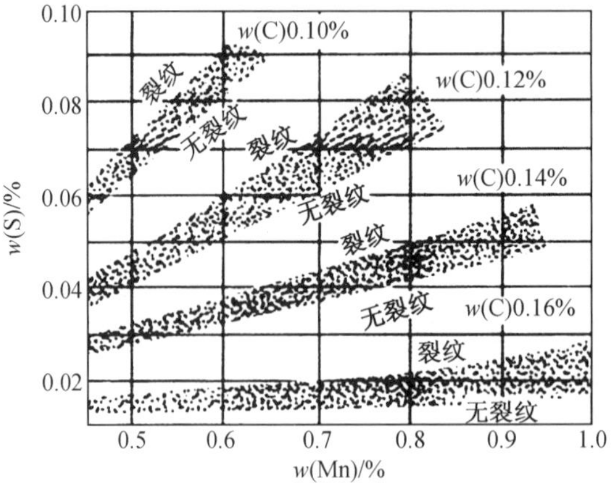

图6-2-31　Mn、C、S同时存在对结晶裂纹的影响

埋弧焊焊缝的熔合比通常比较大,因而母材金属的杂质含量对结晶裂纹倾向影响较大。母材杂质较多,或因偏析使局部C、S含量偏高,Mn与S比值可能达不到要求。可通过工艺措施(如采用直流反接、加粗焊丝以减小电流密度、改变坡口尺寸等)减小熔化比,也可以通过焊接材料调整焊缝金属的成分,如增加Mn含量,降低C、S含量等。

焊缝形状对于结晶裂纹的形成也有明显影响。窄而深的焊缝会造成对生的结晶面，“液态薄膜”将在焊缝中心形成，有利于结晶裂纹的形成。焊接接头形式不同，不但对刚性影响不同，对产生结晶裂纹的影响也不同。如图 6-2-32 所示，不同形式接头对结晶裂纹的影响，(a)、(b)两种接头抗裂性较高，(c)、(d)、(e)、(f)几种接头抗裂性较差。

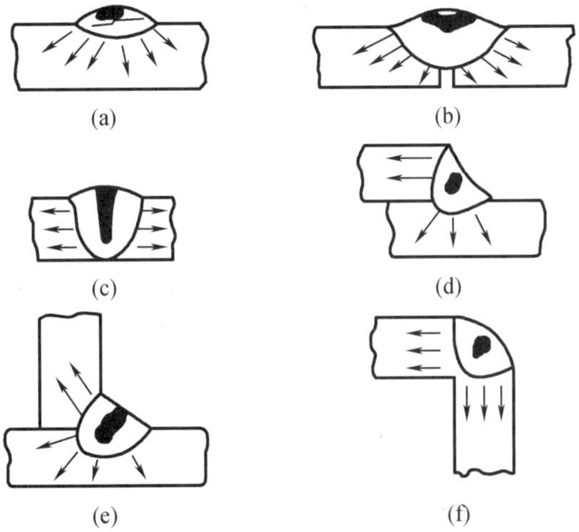

图 6-2-32 接头形式对结晶裂纹的影响

(2)氢致裂纹

氢致裂纹较多发生在低合金钢、中合金钢和高碳钢的焊接热影响区中。它可能在焊后立即出现，也可能在焊后几小时、几天、甚至更长时间出现。这种焊后若干时间才出现的裂纹称为延迟裂纹。

氢致裂纹是焊接接头氢含量、接头显微组织、接头拘束情况等因素相互作用的结果。焊接厚度 10 mm 以下的工件一般很少发现这种裂纹。工件较厚时，一方面，焊接接头冷却速度较大，对于淬硬倾向大的母材金属，易在接头处产生硬脆的组织。另一方面，焊接时溶解于焊缝金属中的氢由于冷却过程中溶解度下降，向热影响区扩散，当热影响区的某些区域氢浓度很高而温度继续下降时，一些氢原子开始结合成氢分子，在金属内部造成很大的局部应力。在接头拘束应力作用下产生裂纹。

焊接某些超高强度钢时，这种裂纹会出现在焊缝金属中。

针对氢致裂纹产生的原因，可以从以下几方面采取措施，防止其发生。

①减少氢的来源及其在焊缝金属中的溶解——采用低氢焊剂

焊剂保管中注意防潮，使用前严格烘干；焊前清理干净焊丝、工件焊口附近的锈、油污、水分等。通过焊剂冶金反应把氢结合成不溶于液态金属的化合物，如高 Mn、高 Si 焊剂可以促使 H^+结合成 HF 和 OH^-进入熔渣中，减少氢对产生裂纹的影响。

②正确选用焊接参数

选用正确的焊接参数，可以降低钢材的淬硬程度，同时有利于氢的逸出和改善应力状态，必要时可采用预热。

③采用后热或焊后热处理

焊后后热有利于焊缝中的溶解氢顺利地逸出。有些工件焊后需要进行热处理，一般情况下多采用回火处理。这种热处理的效果一方面可消除焊接残余应力，另一方面使已产生的马氏体高温回火,改善组织。同时接头中的氢可进一步逸出,有利于消除氢致裂纹,改善热影响区的延性。

④改善接头设计——降低焊接接头的拘束应力

在焊接接头设计上,应尽可能消除引起应力集中的因素。如避免缺口、防止焊缝的分布过分密集等。坡口形状尽可能对称为宜,不对称的坡口裂纹敏感性较大。在满足焊缝强度的基本要求下,应尽量减少填充金属的用量。埋弧焊时,焊接热影响区除了可能产生氢致裂纹以外,还可能产生淬硬脆化裂纹、层状裂纹等。

3. 夹渣

埋弧焊时,焊缝的夹渣除了与焊剂的脱渣性能有关外,还与工件的装配情况和焊接工艺有关。对接焊缝装配不良时,易在焊缝底层产生夹渣,焊缝成形对脱渣情况也有明显影响。平而略凸的焊缝比深凹或咬边的焊缝更容易脱渣。双道焊的第一道焊缝,当它与坡口上缘熔合时,脱渣容易,如图 6-2-33(a)所示。而当焊缝不能与坡口边缘充分熔合时,脱渣困难,如图 6-2-33(b)所示,在焊接第二道焊缝时容易夹渣。

(a)脱渣容易　　(b)脱渣困难

图 6-2-33　焊道与坡口熔合情况对脱渣的影响

焊接深度坡口时,由较多的小焊道组成的焊缝,夹渣的可能性小。而由较多的大焊道组成的焊缝,夹渣的可能性大。如图 6-2-34 所示。

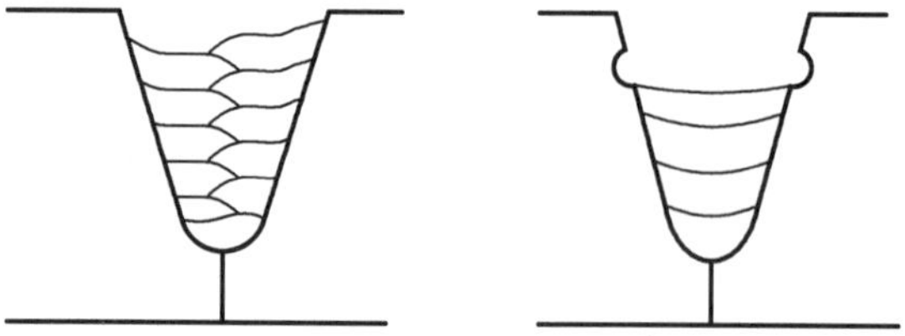

(a)脱渣容易　　(b)脱渣困难

图 6-2-34　多层焊时焊道大小对脱渣的影响

实训活动

1. 试件焊后处理与检测评分

焊接结束后,关闭焊接设备。将焊好的试件用敲渣锤除去焊剂渣壳,清扫焊剂,用钢丝刷清理焊缝表面,禁止用水冷却焊件。清扫场地,按规定摆放工具,确认无安全隐患,并做好使用记录。

对试件按规范进行焊后处理与检测评分,Q235B 板对接平焊埋弧焊双面焊评分标准见表 6-2-14。

表 6-2-14 Q235B 板对接平焊埋弧焊双面焊评分表

检查项目	评判标准及得分	评判等级				自测数据	自评分数	教师测量	教师评分	备注
		Ⅰ	Ⅱ	Ⅲ	Ⅳ					
焊缝余高/mm	尺寸标准	0~1	>1,≤2	>2,≤3	<0 或>3					
	得分标准	10 分	6 分	2.5 分	0 分					
焊缝高度差/mm	尺寸标准	0~1	>l,≤2	>2,≤3	>3					
	得分标准	10 分	6 分	2.5 分	0 分					
焊缝宽度/mm	尺寸标准	14~15	≥13,<14 或>15,≤16	≥12,<13 或>16,≤17	<12 或>17					
	得分标准	15 分	10 分	5 分	0 分					
焊缝宽度差/mm	尺寸标准	0~1	>1,≤2	>2,≤3	>3					
	得分标准	10 分	6 分	2.5 分	0 分					
咬边/mm	尺寸标准	无咬边	深度≤0.5		深度>0.5					
	得分标准	10 分	每 5 mm 长扣 2.5 分		0 分					
正面成形	标准	优	良	中	差					
	得分标准	10 分	6 分	2.5 分	0 分					
背面成形	标准	优	良	中	差					
	得分标准	10 分	6 分	2.5 分	0 分					
背面高度/mm	尺寸标准	0~1	>1,≤1	>2,≤0	长度>30					
	得分标准	2 分	1 分	0 分	0 分					
焊缝侧面夹角	尺寸标准	<90°	>90°							
	得分标准	5 分	0 分							
角变形	尺寸标准	0°~2°	2°~3°	3°~5°	>5°					
	得分标准	10 分	6 分	2.5 分	0 分					
错边量	尺寸标准	≤0.5	>0.5,≤1	>1						
	得分标准	5 分	2 分	0 分						
外观缺陷(裂纹、气孔、咬边、凹坑弧坑、夹渣、未熔合等)记录										

内部质量评分标准

考核项目	考核要求	评分要求	自查数据	自评得分	教师检查	教师评分	备注
焊缝内部质量检查	试件的射线检测按标准 GB/T 3323.1—2019 评定	Ⅰ级片无缺陷不扣分,Ⅰ级片有缺陷扣 5 分,Ⅱ级片有缺陷扣 10 分,Ⅲ级片有缺陷扣 15 分,Ⅳ级片有缺陷扣 20 分					

表 6-2-14(续)

焊缝外观(正、背)成形评判标准								
优(10 分)	良(8 分)	中(6 分)	差(5 分)	自查数据	自评得分	教师检查	教师评分	备注
成形美观,焊缝均匀、细密,高低、宽窄一致	成形较好,焊缝均匀、平整	成形尚可,焊缝平直	焊缝弯曲,高低、宽窄相差明显					
试件综合得分								

注:1. 若试件未完成焊接,表面有修补痕迹及焊缝正反面有裂纹、夹渣、气孔、未熔合缺陷,则该件按 0 分处理。

2. 试板两端 20 mm 内的缺陷不计。

2. 工位工具清理点检与评分

完工后对工位按 6S 标准进行清理清扫整顿,并做好记录,按表 6-2-15 进行评分。

表 6-2-15 完工后工位环境点检整理评分表

序号	点检内容		点检	评分标准	自评得分	教师评分	检查记录
1	防护用品的穿戴	电弧焊工作服:无破损,整理规范	□合格 □不合格	0.5			
2		劳保鞋:无破损,整理规范	□合格 □不合格	0.5			
3		脚盖:无破损,整理规范	□合格 □不合格	0.5			
4		焊接手套:无破损,整理规范	□合格 □不合格	0.5			
5		面罩:无破损,遮光镜片无破损、无油污;紧固无晃动,整理规范	□合格 □不合格	0.5			
6		护目镜:无破损,整理规范	□合格 □不合格	0.5			
7	焊接设备、用具	电源开关:电压指示正常、接线紧固无破损、电流保护复位正常	□合格 □不合格	0.5			
8		电焊机:进线接线正确、牢固无破损;电压电流指示正常,调节正常,摆放规范	□合格 □不合格	0.5			
9		焊把与输出电缆:输出电缆接线正确、牢固、无破损,焊把无破损、接线牢固无外露、操作灵活,整理规范	□合格 □不合格	0.5			
10		护目镜:完好,整理规范	□合格 □不合格	0.5			
11		开坡口工具:锉刀手柄牢固、纹齿正常;角磨机无破损,能正常使用,整理规范	□合格 □不合格	0.5			

表 6-2-15(续)

序号		点检内容	点检	评分标准	自评得分	教师评分	检查记录
12	焊接设备、用具	除渣工具:敲渣锤、锤子手柄牢固,錾子、钢丝刷无缺损,整理规范	□合格　□不合格	0.5			
13		焊条保温桶:无破损,能合盖,保温良好,整理规范	□合格　□不合格	0.5			
14		焊缝检测尺:无损坏,刻度线清晰,操作灵活,能正确调零,整理规范	□合格　□不合格	0.5			
15	作业环境	无未熄灭火种	□合格　□不合格	0.5			
16		灭火器:齐全,整理规范	□合格　□不合格	0.5			
17		隔断:整理规范	□合格　□不合格	0.5			
18		工位卫生清扫,整理规范	□合格　□不合格	0.5			
19		焊条材料整理规范	□合格　□不合格	0.5			
20		作业指示警示牌:醒目,正确放置	□合格　□不合格	0.5			
综合得分							

参考文献

[1] 中国机械工程学会焊接学会. 焊接手册:第 1 卷 焊接方法及设备[M]. 北京:机械工业出版社,2016.

[2] 中国机械工程学会焊接学会. 焊接手册:第 2 卷 材料的焊接[M]. 北京:机械工业出版社,2016.

[3] 中船舰客教育科技(北京)有限公司. 特殊焊接技术(基础知识)[M] . 北京:高等教育出版社,2020.

[4] 中船舰客教育科技(北京)有限公司. 特殊焊接技术(初级)[M] . 北京:高等教育出版社,2020.

[5] 张应立,周玉华. 焊工手册[M]. 北京:化学工业出版社,2015.

[6] 施殿宝,从零开始学技术:电焊工[M]. 北京:中国铁道出版社,2012.

[7] 徐越兰,庞怀信. 电焊工简明实用手册[M]. 南京:江苏科学技术出版社,2010.

[8] 潘继民. 焊工操作质量保证指南[M]. 北京:机械工业出版社,2010.

[9] 杨海民. 焊工快速提高[M]. 北京:北京理工大学出版社,2010.

[10] 胡宝良. 焊工快速掌握精要问答[M]. 上海:上海科学技术出版社,2010.

[11] 裘荣鹏. 焊工识图一点通[M]. 北京:机械工业出版社,2010.

[12] 陈裕川. 焊接工艺设计与实例分析[M]. 北京:机械工业出版社,2020.

[13] 史耀武. 焊接技术手册(上)[M]. 北京:化学工业出版社,2009.

[14] 苍井晃. 双色图解焊接知识与技能[M]. 王营瑞,译. 北京:机械工业出版社,2017.

[15] 周岐,王亚君,武晓峰. 小丁学电焊[M]. 北京:中国电力出版社,2012.

[16] 刘云龙. 焊工(初级)[M]. 北京:机械工业出版社,2014.

[17] 周树春,何忠刚. 气体保护焊接技术[M]. 北京:北京理工大学出版社,2015.

[18] 于增瑞. 钨极氩弧焊[M]. 北京:化学工业出版社,2014.

[19] 邱言龙,聂正斌,雷振国. 手工钨极氩弧焊技术快速入门[M]. 上海:上海科学技术出版社,2016.

[20] 陈文祥. 焊条电弧焊单面焊双面成型焊接技术研究[J]. 内燃机与配件,2020(3):95-96.